固体物理学

Solid State Physics

敬 超 曹世勋 张金仓 编著

科 学 出 版 社
北 京

内 容 简 介

本书论述了固体物理学的基础知识和理论，共分为6章内容，包括晶体结构和晶体衍射、晶体的结合、晶体中的缺陷、晶格振动和晶体的热学性质、金属自由电子论以及固体能带理论。书中系统地介绍了晶体结构及其表征、晶体的衍射原理、晶体的结合类型及其形成的物理机制和表现出的物理性质、晶体缺陷的产生和缺陷类型及其对物性的影响、晶格振动的色散关系、声子的概念以及如何利用爱因斯坦和德拜理论模型对固体比热进行解释、利用自由电子模型对固体的导电性和导热性进行解释。在固体能带理论部分主要介绍了近自由电子模型和紧束缚近似模型的基本概念与计算能带结构的基本方法以及晶体中布洛赫电子的准经典运动行为，最后依据该理论对金属、半导体、半金属和绝缘体等固体的导电性形成统一的理论解释。

本书可作为高等院校理工科相关专业本科和研究生的教科书，包括作为物理学各专业、材料科学各专业以及电子类相关专业的基础教材，也可选作参考书使用。

图书在版编目（CIP）数据

固体物理学 / 敬超，曹世勋，张金仓编著. —北京：科学出版社，2021.6

ISBN 978-7-03-068976-4

Ⅰ. ①固…　Ⅱ. ①敬…　②曹…　③张…　Ⅲ. ①固体物理学-高等学校-教材　Ⅳ. ①O48

中国版本图书馆CIP数据核字（2021）第106657号

责任编辑：刘凤娟　杨　探 / 责任校对：贾伟娟

责任印制：吴兆东 / 封面设计：无极书装

科 学 出 版 社 出版

北京东黄城根北街16号

邮政编码：100717

http://www.sciencep.com

北京中石油彩色印刷有限责任公司印刷

科学出版社发行　各地新华书店经销

*

2021年6月第　一　版　开本：720×1000　B5

2024年6月第四次印刷　印张：18

字数：353 000

定价：119.00元

（如有印装质量问题，我社负责调换）

前　言

本书是二十余年来作者在高校本科、硕士课堂教学和科研工作实践的基础上逐渐形成的。作为高等学校物理专业的重要核心课程，固体物理学方面的书籍国内外已有不少，其中不乏优秀者。作者编写本书的目的是希望能将多年的教学积累以教材形式加以总结，为读者提供一个别具特色和视野的教学用书选择。本书可用于物理学科和理工科相关专业本科教学，也可供研究生教学人员和科研人员参考。

本书的特色在于将作者长期教学实践中的经验以及科研与教学相结合的做法融入其中，对于学生较难理解的基本知识和不易掌握的薄弱环节，都尽可能详尽地进行了阐述，将基础知识的实际应用与前景等融入各个章节，如将晶体衍射、半金属性质等作者自身的研究成果以简明的方式渗透到基础知识的应用当中；书中除物理图像的描述外，对涉及的重要概念和结论，比如倒格子的定义、近自由电子模型以及紧束缚近似方法计算能带结构等，都进行了详细的推导，并在书后还给出了一些主要的数学公式和方程，以期为读者快速掌握固体物理学的基本知识构架和内容提供便捷。

以让学生尽快掌握系统的固体物理学基本知识为宗旨，本书内容包括晶体结构与衍射、晶体结合、晶体缺陷、晶格振动、自由电子论以及固体能带理论等基础知识，与以往其他绝大多数教材内容有所不同，本书不涉及半导体物理、固体磁性、超导电性等传统的专题内容。这样做一方面是为了节省较大篇幅，用以推演重要的公式和结论，另一方面可以聚焦基本概念和基础核心内容。在舍弃专题内容的同时，将注意力放在力求体现当今凝聚态物理学发展的一些热门前沿科技成就，如对量子霍尔效应、分数量子霍尔效应和反常量子霍尔效应、富勒烯、碳纳米管和石墨烯等给予了简要介绍，将这些前沿内容与书中基本知识相结合，体现出科研反哺教学和激发学生兴趣的目的。

为了便于读者解答各章习题，掌握固体物理学重要的知识内容，本书以二维码的形式（见封底）给出了习题解答方法的提示或习题答案，供读者学习参考。

本书由敬超教授、曹世勋教授和张金仓教授合作完成，第 1 章内容由曹世勋执笔、第 2 章至第 6 章内容由敬超执笔，三人一起对全书进行了统稿。

作者敬超教授在兰州大学读书期间得到前辈钱伯初教授、汪志诚教授和童志深教授分别在量子力学、热力学统计物理和固体物理学等课程的直接传授，他们对课程体系的把握为本书的架构提供了借鉴。在本书完成过程中，研究生秦宁波、孙浩东和曾辉在参考资料检索等方面给予了协助。任伟教授对本书内容提出了修改意见和建议，并对本书的出版给予了鼎力支持和帮助。不少同事在本书编写过程中也都给予了亲切的关心和鼓励。在此一并表示感谢！

由于水平所限，书中难免出现疏漏，敬请专家和读者不吝批评指正。

作　者

2021 年 1 月 25 日于上海大学

目　录

第 1 章　晶体结构和晶体衍射

本章主要内容：

晶体的结构特点：周期性和长程有序；

晶体结构的基本几何性质：对称性（平移对称性和点对称性）；

晶体衍射的基本知识：衍射条件和结构因子。

自然界的物质通常以三种形态存在，即气态、液态和固态（液晶：介于液态与固态之间的一种形态）。液态和固态又称为凝聚态，以区别于组成原子或离子之间几乎无相互作用的气态物质。固态区别于气态和液态的特点：固态物质组成粒子（原子、离子、分子或团簇）的空间位置在没有外力作用时不会有宏观尺度的变化，在低温下基本处于固定的平衡位置。

三类固体材料：

晶体：组成粒子在空间的排列具有周期性，表现为长程取向有序和平移对称性。理想晶体是指其内部组成粒子完全按照周期性排列的固体材料，也称完美晶体。实际晶体中可能会存在各种偏离周期性的粒子排列方式，称为晶体中的缺陷。

准晶体：是一种介于晶体和非晶体之间的固体结构。准晶体和晶体相似，具有长程有序结构，但不具备平移对称性。晶体具有一次、二次、三次、四次或六次旋转对称轴，但是准晶体可能具有其他的对称轴，如五次对称轴或者更高的六次以上对称轴。

非晶体：组成粒子排列无序，但由于近邻原子之间的相互作用，具有一定的短程序。

固体物理学研究的主要对象是晶体，包括单晶体和多晶体。单晶体：发育良好的石英晶体、金刚石晶体、蓝宝石晶体、岩盐晶体等（图 1-1）。多晶体：大多数金属、陶瓷等晶体（铜、铁、金、银、高温超导陶瓷材料多晶体等）都是由许多小晶粒组成的（直径大多在微米尺度）。

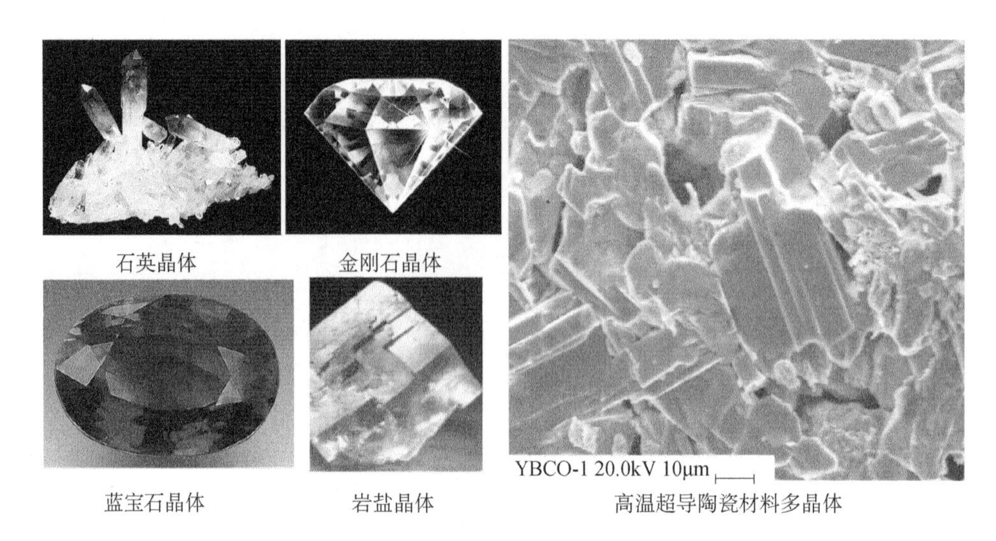

石英晶体　金刚石晶体　蓝宝石晶体　岩盐晶体　高温超导陶瓷材料多晶体

图 1-1　几种晶体的外形和多晶体微观形貌

1.1　晶体的周期性结构

1.1.1　点阵和基元

晶体中的粒子周期性排列的种类和排列规则是晶体结构研究的对象。晶体的物理性质与其组成元素有关，但是同种元素组成不同结构的晶体会表现出不同的性质。例如，碳元素组成的几种不同结构，如石墨、金刚石、C_{60}和碳纳米管等（图 1-2），其外形、导电性和机械性质等可能完全不同。

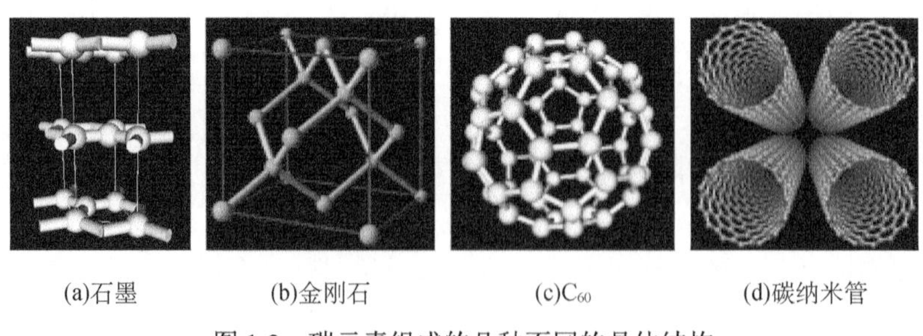
(a)石墨　(b)金刚石　(c)C_{60}　(d)碳纳米管

图 1-2　碳元素组成的几种不同的晶体结构

描述晶体结构的几个基本术语：

格点（结点）：实际晶体中组成粒子所在的位置可以抽象为一个点（一个数学意义的点，仅代表粒子所在的位置）。

点阵或格子：格点在空间中周期性重复排列所构成的阵列，通常称为布喇菲点阵（或布喇菲格子）。

基元：组成晶体的最小基本单元，它可以由一个或几个原子、离子或分子组成，整个晶体可以看成是基元在点阵上的周期性重复排列，点阵中的点即实际晶体中“基元”的抽象。整个晶体可以看作是在布喇菲点阵的每个格点上放置一个基元所构成，即

晶体结构＝基元@点阵

1.1.2　简单格子（布喇菲格子）与复式格子

基元中只包含一个原子（离子）的晶格（格子）称为简单格子（或布喇菲格子），如图 1-3（a）所示。布喇菲格子中的任一格点，其周围的情况与其他格点周围的情况完全相同。这是判断一个点阵是否为布喇菲格子的根本特征。

基元中包含两个或两个以上粒子（原子、离子或团簇）的晶格（格子）称为复式格子，如图 1-3（b）所示。如果基元中包含两种或两种以上的原子或离子，则相应空间位置等同的原子或离子构成与布喇菲格子相同的子格子，称为子晶格。复式格子是由若干个不等同粒子组成的子晶格相互位移套构而成。子晶格就是安置基元的布喇菲格子，子晶格的数目就是基元中的原子或离子数。例如，氯化钠结构（图 1-4）可以看成是由氯离子和钠离子分别组成的两个相同的面心立方结构的子晶格沿着某个边长（或对角线）方向位移 1/2 个重复周期的长度套构而成的复式格子。其中，钠离子和氯离子分别构成两个相同的子晶格。一个钠离子和一个相邻的氯离子组成基元。

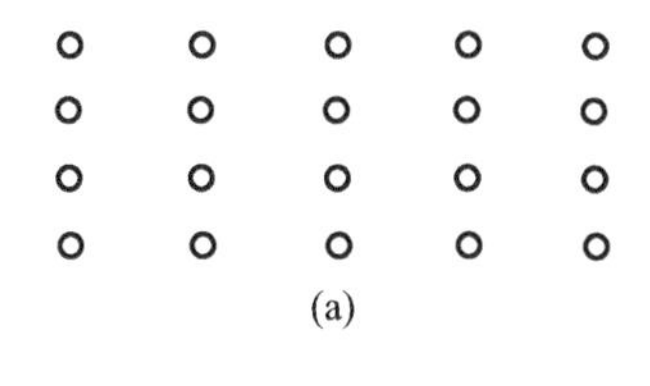

(a)

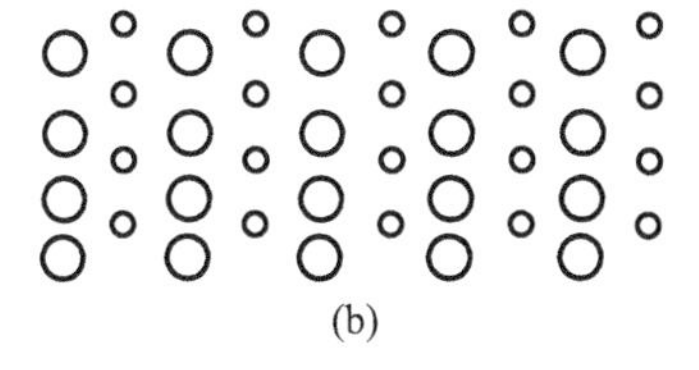

(b)

图 1-3　简单格子（a）和复式格子（b）

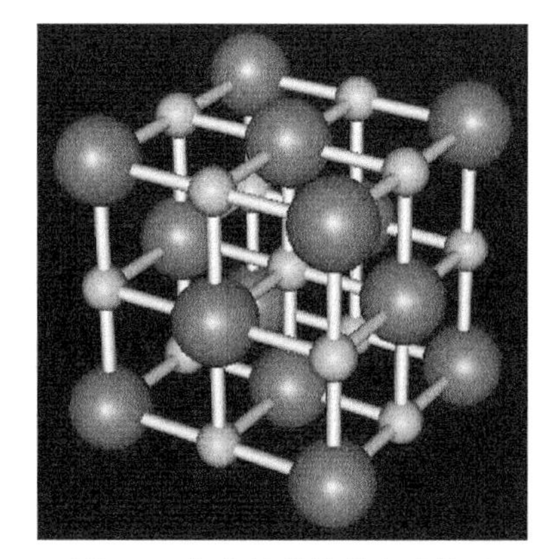

图 1-4　氯化钠结构是复式格子

小球为 Na^{+}，大球为 Cl^{-}

1.1.3　原胞和基矢

三维格子（图 1-5）的最小重复单元是平行六面体。对于最小重复单元，格点

（结点）只在平行六面体的顶角上，只包含一个原子（或格点）。这一最小平行六面体称为布喇菲格子的原胞，$\boldsymbol{a}_1,\boldsymbol{a}_2,\boldsymbol{a}_3$ 称为原胞的基矢。平行六面体的体积，即原胞的体积为 $\Omega=\boldsymbol{a}_1\cdot(\boldsymbol{a}_2\times\boldsymbol{a}_3)$。三维格子中任一格点的位置可以用格矢（也称位矢）来表示（图 1-6），即 $\boldsymbol{R}_l=n_1\boldsymbol{a}_1+n_2\boldsymbol{a}_2+n_3\boldsymbol{a}_3$。

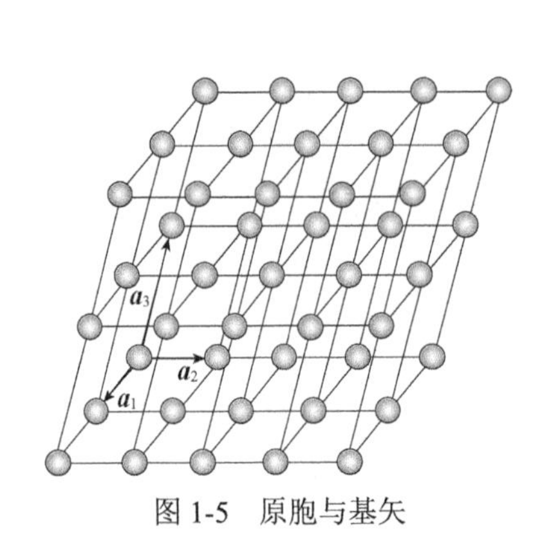

图 1-5　原胞与基矢

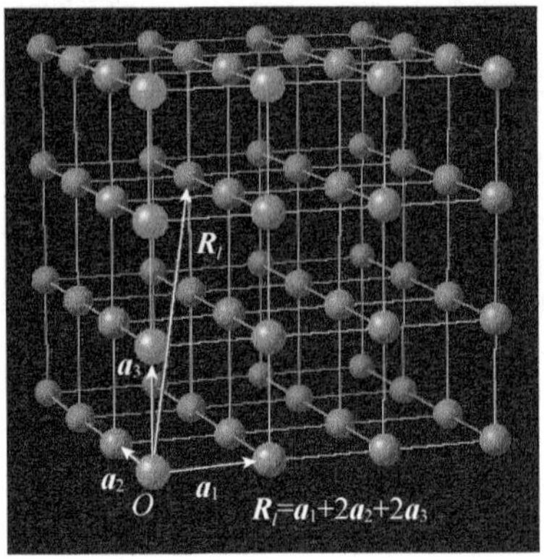

图 1-6　格矢

基矢和原胞选取的任意性（以二维格子为例）：如图 1-7 中所示两个平行四边形均可作为该二维格子的原胞（它们的面积相同），其中 $\boldsymbol{a}_1$ 和 $\boldsymbol{a}_2$ 为基矢。作为最小重复单元的原胞还可以有更多的选取方法，只要它们的面积相同即可，这也造成了原胞选取的任意性或不确定性。为了同时反映晶体的周期性和对称性，结晶学中通常以最小重复单元的整数倍作为原胞，即结晶学原胞（简称晶胞或惯用晶胞，conventional cell）。晶胞中通常包含多个原子（或格点），如图 1-7 中矩形所示，矩形不是最小重复单元，其面积是原胞的两倍。原胞和晶胞的区别在于：原胞是只考虑晶格点阵周期性的最小重复单元；而晶胞是同时计及周期性与对称性的尽可能小的重复单元。

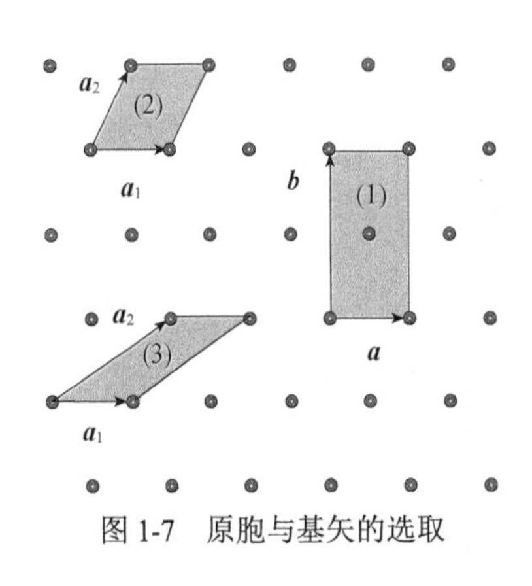

图 1-7　原胞与基矢的选取

1.1.4　威格纳–赛兹原胞

定义：取晶格中任意一个格点为原点，以这个格点与所有其他格点连线的中垂面为界面围成的距离原点最近的最小多面体，称为威格纳–赛兹原胞（Wigner-Seitz primitive unit cell，WS 原胞）。

威格纳-赛兹原胞也是一种周期性重复单元，并保持该晶格所具有的对称性。威格纳-赛兹原胞中只包含一个格点，格点在多面体的中心。它具有和原胞一样的体积。

威格纳-赛兹原胞在固体物理学中起着很重要的作用，它的取法是唯一的（后续 1.7.3 节中倒格子*（reciprocal lattice）空间中的第一布里渊区就是倒格子空间中的威格纳-赛兹原胞）。

以二维（三维）格子为例，威格纳-赛兹原胞的画法如图 1-8 所示：以任一格点为原点，作原点与所有其他格点连线的垂直平分线（面），从原点出发不跨过任何垂直平分线（面）所能到达的所有点的集合或距离原点最近的垂直平分线（面）所围成的最小面积（体积）构成威格纳-赛兹原胞。

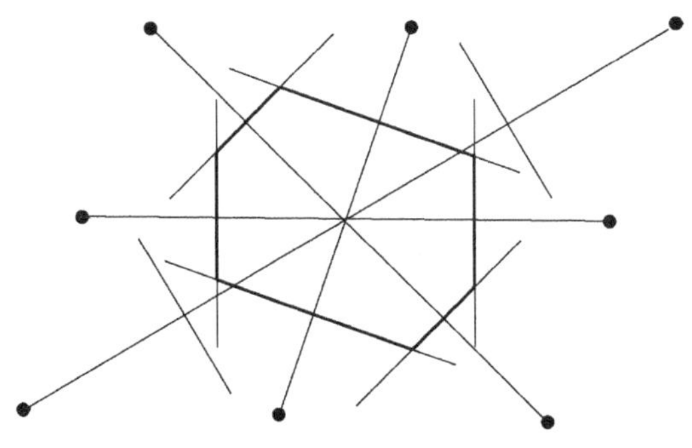

图 1-8　威格纳-赛兹原胞

几种典型晶体结构的威格纳-赛兹原胞的取法如图 1-9 所示。

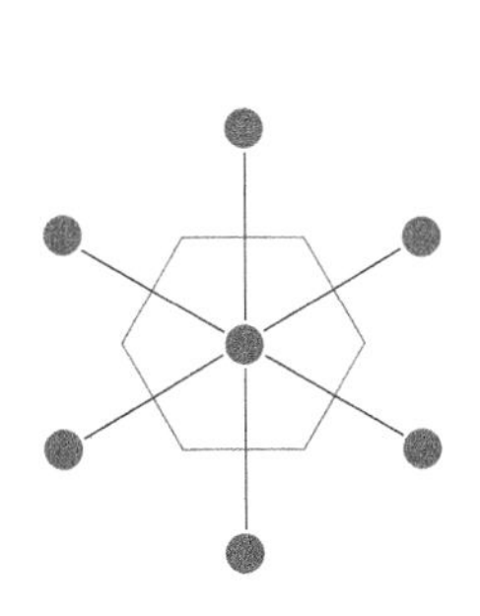

(a)二维六方格子的威格纳-赛兹原胞

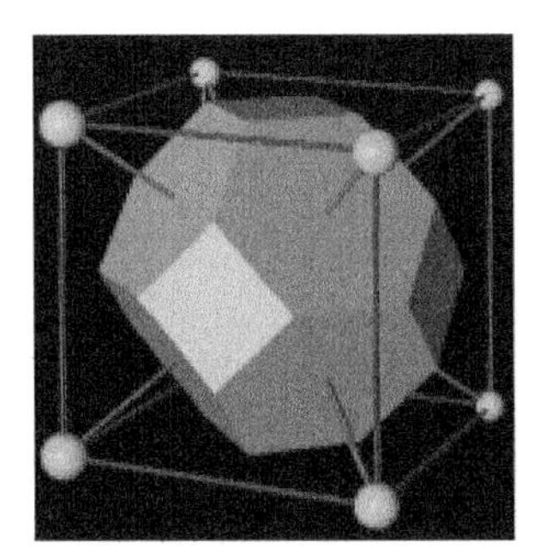

(b)体心立方格子的威格纳-赛兹原胞（截角八面体）

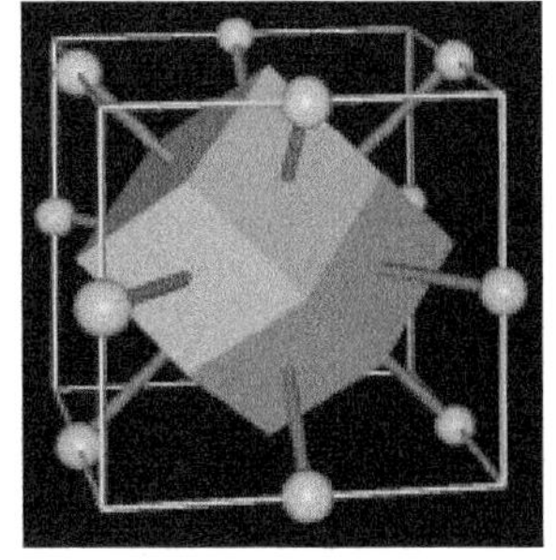

(c)面心立方格子的威格纳-赛兹原胞（菱形十二面体）

图 1-9　几种典型结构的威格纳-赛兹原胞

由此可见，原胞是最小的重复单元，威格纳-赛兹原胞的选取是唯一的，原胞中仅包含一个格点，居于原胞的中心。

* 倒格子也称倒易格子。

1.2　几种典型的晶体结构

1.2.1　简单立方

如图 1-10 所示，在立方体的每个顶角上有一个原子（格点），这样的格子称为简单立方（simple cubic，SC）格子或简立方结构。由于每个顶角原子为相邻的 8 个原胞所共有，因此每个原胞中只包含一个原子（格点）。简立方格子是简单格子（布喇菲格子）。

简立方结构的基矢可表示为

$$\boldsymbol{a}_1 = a\hat{i},\quad \boldsymbol{a}_2 = a\hat{j},\quad \boldsymbol{a}_3 = a\hat{k}$$

简立方格子原胞的体积为

$$\varOmega = \boldsymbol{a}_1 \cdot (\boldsymbol{a}_2 \times \boldsymbol{a}_3) = a^3$$

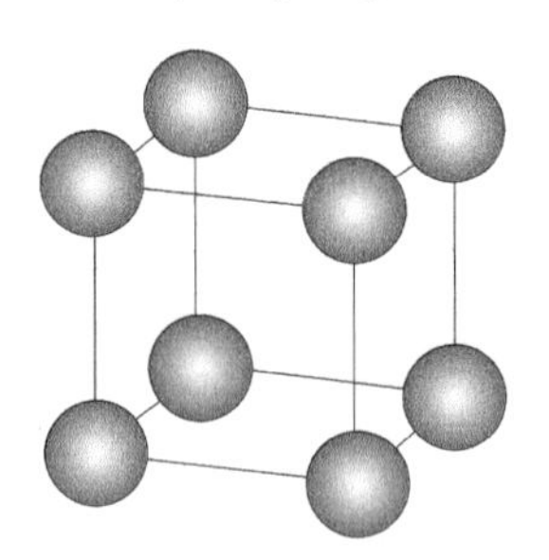

图 1-10　简立方结构

1.2.2　面心立方

如图 1-11 所示，除立方体的顶角外，在立方体的六个面的中心还有 6 个原子，称为面心立方（face centered cubic，FCC）结构。因为每个格点周围的情况完全相同，所以面心立方格子是布喇菲格子。图 1-11 为面心立方格子的晶胞，因为面上的原子（格点）为各自相邻的立方体的侧面所共有，所以 6 个面上共有 3 个原子属于该晶胞，而 8 个顶角上的原子（格点）为各自相邻的 8 个立方体所共有，因此 8 个顶角共有 1 个原子（格点）属于该晶胞，这样每个晶胞中就包含了 4 个原子（格点）。面心立方格子的原胞的取法如图 1-12 所示，其基矢可表示为

$$\boldsymbol{a}_1 = \frac{1}{2}a(\hat{j} + \hat{k})$$

$$\boldsymbol{a}_2 = \frac{1}{2}a(\hat{k} + \hat{i})$$

$$\boldsymbol{a}_3 = \frac{1}{2}a(\hat{i} + \hat{j})$$

面心立方原胞的体积 $\Omega = \boldsymbol{a}_1 \cdot (\boldsymbol{a}_2 \times \boldsymbol{a}_3) = \dfrac{1}{4}a^3$ 是面心立方晶胞体积的 1/4，所以原胞中只包含一个原子（格点）。

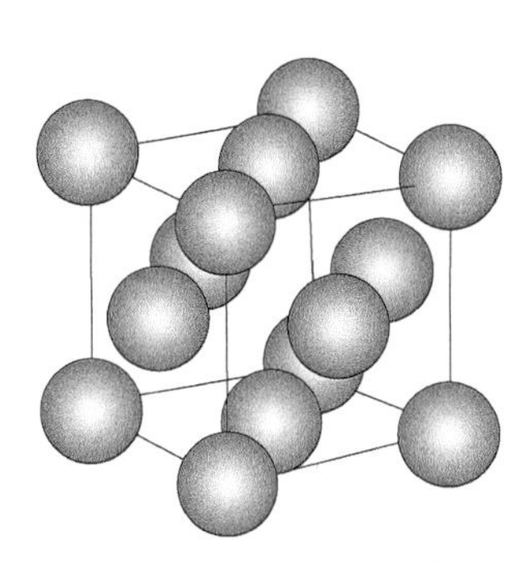

图 1-11　面心立方结构

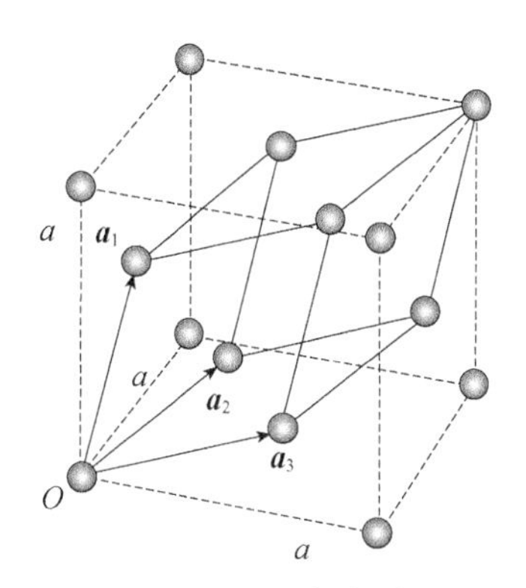

图 1-12　面心立方原胞

1.2.3　体心立方

如图 1-13 所示，除立方体的顶角外，在立方体的体心处还有一个原子，称为体心立方（body centered cubic，BCC）结构。由于位于立方体顶角和体心位置的原子（离子）都是等价的（周围情况完全相同），所以体心立方格子属于简单格子。晶胞中包含两个原子，所以原胞体积 Ω 应该是晶胞体积之半（$a^3/2$）。体心立方格子的原胞的取法如图 1-14 所示，其基矢可表示为

$$\boldsymbol{a}_1 = \frac{1}{2}a(-\hat{i} + \hat{j} + \hat{k})$$

$$\boldsymbol{a}_2 = \frac{1}{2}a(\hat{i} - \hat{j} + \hat{k})$$

$$\boldsymbol{a}_3 = \frac{1}{2}a(\hat{i} + \hat{j} - \hat{k})$$

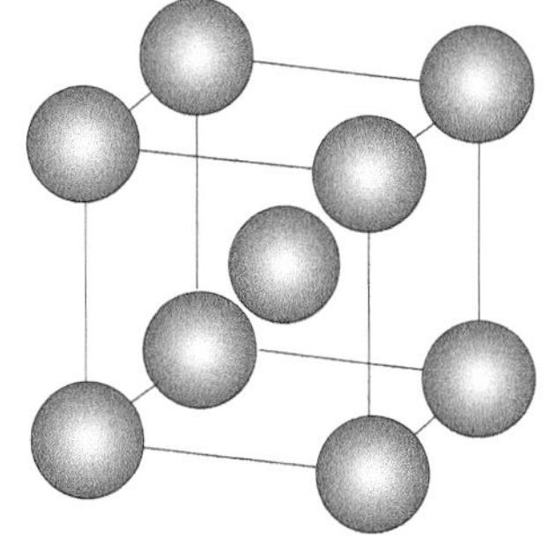

图 1-13　体心立方结构

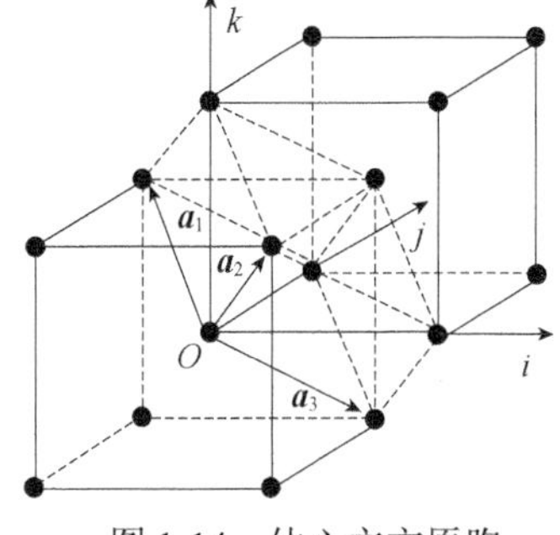

图 1-14　体心立方原胞

显然，体心立方原胞的体积 $\Omega = \boldsymbol{a}_1 \cdot (\boldsymbol{a}_2 \times \boldsymbol{a}_3) = \dfrac{1}{2}a^3$ 是体心立方晶胞体积的 1/2，所以体心立方格子原胞中只包含一个原子（格点）。

1.2.4　几种重要的复式格子

1. 氯化铯型结构（CsCl）

如图 1-15 所示，氯化铯结构由氯离子（Cl^-）与铯离子（Cs^+）各自组成一个简立方子晶格，沿立方体对角线位移一半长度套构而成。每个氯离子周围有 8 个铯离子；同样，每个铯离子周围有 8 个氯离子。由于立方体顶角格点与体心格点周围的情况不同，所以氯化铯型结构属于复式格子。氯化铯型结构相应的布喇菲格子为简立方格子，其基元由一对“氯-铯”离子组成。请特别注意氯化铯型结构（两个简立方格子套构而成的复式格子）与体心立方结构（简单格子）的区别。CsBr 也属于氯化铯型结构。

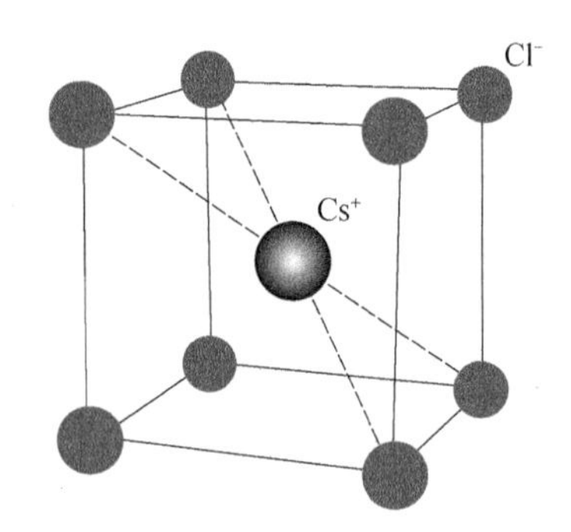

图 1-15　氯化铯型结构

2. 氯化钠型结构（NaCl）

氯化钠型结构由两个异种离子的面心立方的子晶格套构而成，每一个子晶格均为面心立方格子（图 1-16）。每个氯离子周围有 6 个钠离子，同样，每个钠离子周围有 6 个氯离子，不同离子周围的情况不同，所以氯化钠型结构是复式格子。其相应的布喇菲格子为面心立方格子，原胞的取法同面心立方结构。基元由一对“氯-钠”离子组成。许多晶体具有氯化钠型的结构，典型的化合物晶体结构如：卤族-碱金属元素化合物（ⅠA-ⅦA 族化合物）如 NaCl、NaBr、KCl、RbF 等；部分碱土金属-氧族元素化合物（ⅡA-ⅥA 族化合物）如 CaO、MgS 等也具有氯化钠型结构。

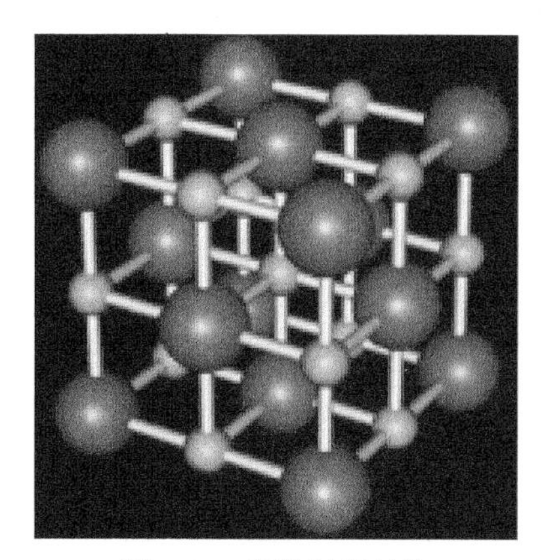

图 1-16　氯化钠型结构

3. 金刚石型结构

金刚石型结构是由碳原子组成的两个面心立方子晶格沿着立方体空间对角线的方向彼此位移对角线长度的 1/4 套构而成（图 1-17）。所以，金刚石型结构是复式格子，其相应的布喇菲格子为面心立方，原胞的取法同面心立方格子。基元中包含两个碳原子。基元所包含的两个原子虽属同一种元素碳，但相互不等价，因为它们的周围环境不同（共价键方向有所不同）。其中位于立方体对角线 1/4 处的碳原子与相邻的一个顶角原子及三个面心处的原子构成四面体结构，立方体对角线 1/4 处的碳原子处于四面体的中心，它与其他三个碳原子之间的连线（共价键）相互之间的夹角均为 109°28′16″。硅、锗单晶等都具有金刚石型结构。

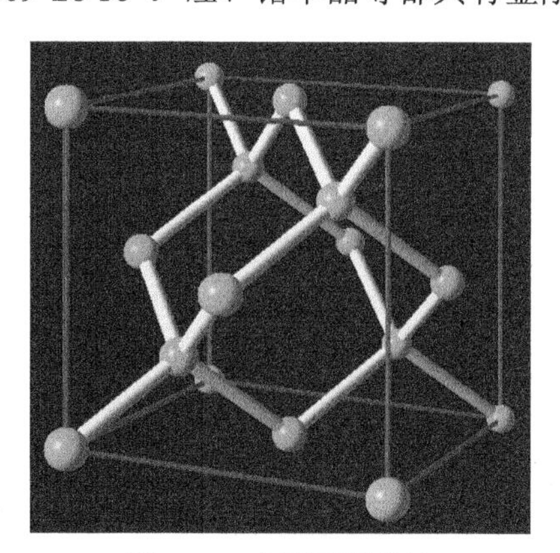

图 1-17　金刚石型结构

4. 闪锌矿型结构（立方 ZnS）

与金刚石型结构中两种不同的碳原子相对应，硫离子与锌离子各自组成面心立方子晶格，并沿着立方体空间对角线的方向彼此位移对角线长度的 1/4 套构而成（图 1-18）。与金刚石型结构类似，其基元由一对“硫-锌”离子组成，属于复式格子，其相应的布喇菲格子也是面心立方格子。锌和相邻的硫也构成四面体结构。ⅢA-ⅤA 族化合物（如 GaAs、InSb 等化合物晶体）都具有闪锌矿型结构，部分ⅡA-ⅥA 族化合物如 BeS、过渡金属氯化物（CuCl）也具有闪锌矿型结构。

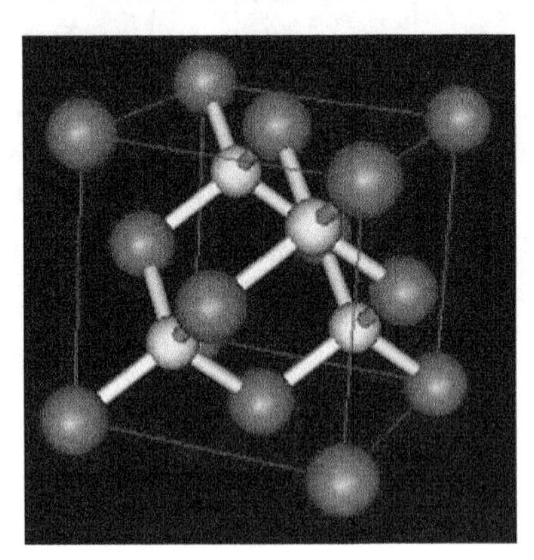

图 1-18　闪锌矿型结构

5. 钙钛矿型结构（$CaTiO_3$, $LnMnO_3$）

钙钛矿型结构原指钛酸钙（$CaTiO_3$）的结构。研究发现，许多重要的介电晶体，如钛酸钡（$BaTiO_3$）、锆酸铅（$PbZrO_3$）和铌酸锂（$LiNbO_3$）等都属于这种类型的结构。近年来，凝聚态物理领域研究热点之一的镧系锰氧化物（$LnMnO_3$）庞磁电阻体系也具有类似的结构。以 $LaMnO_3$ 体系的结构为例，其结晶学原胞如图 1-19 所示。立方体的顶角上是镧（La），锰（Mn）位于体心位置，六个面心上是三组氧（O）。上下、左右、前后三组氧周围的情况各不相同，整个晶格是由镧、锰和三组氧各自组成的简单立方结构子晶格（共五个）套构而成的。这样的结构称为钙钛矿型结构。如果把锰周围的六个氧连接起来，构成八个正三角形，它们围成一个八面体，称为氧八面体，锰处在氧八面体的中心（图 1-19（a））。整个结构又可以看作八面体的排列，镧在八个氧八面体的间隙里（图 1-19（b））。如果取氧为顶点的立方体（图 1-19（c）），则镧在体心位置，但锰就落在立方体边长的中点位置。

钙钛矿型结构的化学式为 ABO_3，其中 A 代表一价、二价或三价的金属，B 代表三价、四价或五价的金属。BO_3 称为氧八面体基团，氧八面体是钙钛矿型晶体结构的典型特征，与这类晶体的一些重要物理性质有关。钙钛矿型晶体结构中的氧八面体结构和金刚石型晶体结构中的四面体结构是固体物理学中非常重要的两大典型结构单元。高温超导体 YBCO 体系和 BiSrCaCuO 体系中也存在八面体结构或其变形体。

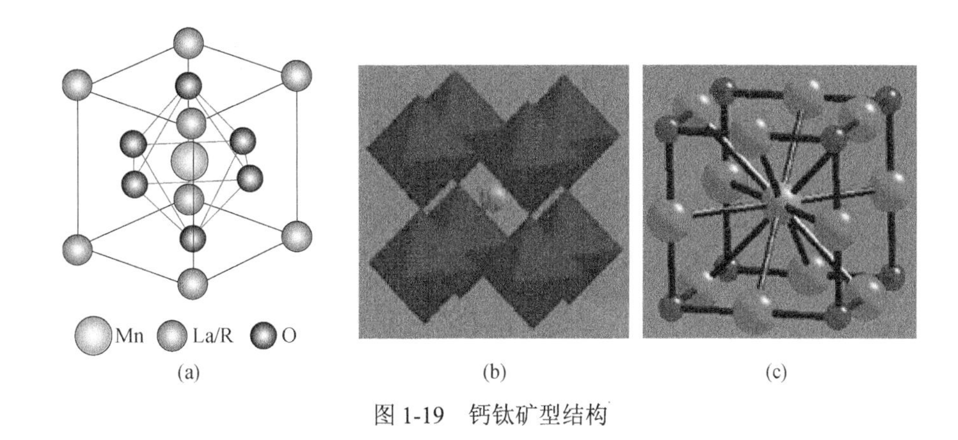

(a)　(b)　(c)

图 1-19　钙钛矿型结构

1.3　密堆积结构和配位数

粒子（原子或离子等）在晶体中的平衡位置，相应于结合能最低的位置，因而粒子在晶体中的排列应该采取尽可能的紧密方式。

配位数（coordination number）：一个粒子的周围最近邻的粒子数，可以用来描写晶体中粒子排列的紧密程度，这个数称为配位数。显然，配位数越大，晶体中粒子排列越紧密。实际晶体中，各种相互作用导致晶体结构产生畸变，所以，最近邻粒子的数目也只能是一个相对模糊的定义。尽管配位数不是一个非常严格的表示方法，但配位数还是能够帮助我们对晶体结构进行比较直观的描述。

密堆积：如果晶体由全同的一种粒子组成，同时粒子可以被看成刚性的小圆球（仅是一种近似，只适用于某些特殊情况），则这些小圆球最紧密的堆积方式称为密堆积，密堆积所对应的配位数，就是晶体结构中最大的配位数。

1.3.1　密堆积结构

把全同小圆球均匀铺满在一个平面上，使任意一个小球都和周围六个小球相切，这样，每三个相切的小球的中心构成等边三角形，每个小球的周围有六个空隙，这些小球构成一个密排面（图 1-20（a））。然后，将同样的密排面按照一定的规则层层堆积起来，使得第二层每一个小球与第一层中的三个小球紧密相切，结果是第二层的小球均放在第一层相间的三个空隙里，每三个小球的中心构成一个等边三角形，如图 1-20（b）所示。第三层密排面可以有两种堆积方式，因而可以构成六角和立方两种密堆积结构。图 1-20（c）是立方密堆积结构。

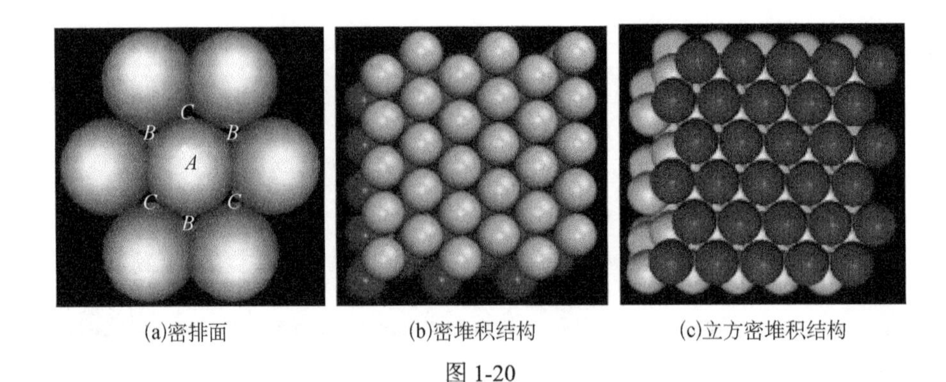

(a)密排面　(b)密堆积结构　(c)立方密堆积结构

图 1-20

1. 六角密堆积结构

如果将第三层密排面放在第二层的三个相间的空隙内，并且沿堆积方向观察使得第三层密排小球恰好与第一层完全平行对齐（图 1-21），第四层与第二层也完全相对应，按照这样的规则无限堆积下去，形成 *ABABAB*……的排列，这样的结构称为六角密堆积或简称六角密积（hexagonal close-packed，HCP）结构。许多单质金属如 Be，Cd，Mg，Ni，Zn 等都具有这种类型的晶体结构。

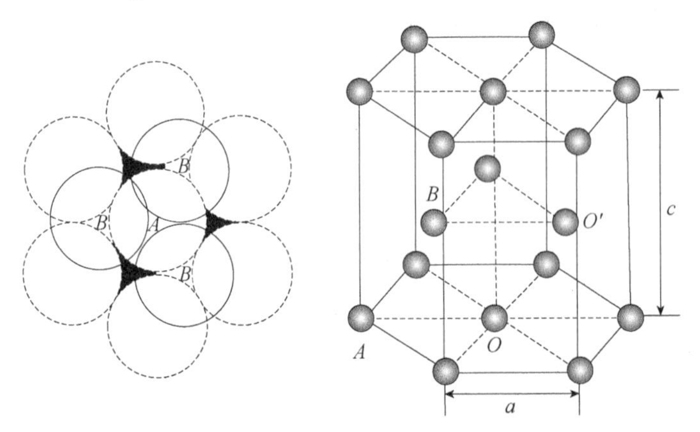

图 1-21　六角密堆积结构，密堆积平面（001）晶面

图中虚线圆代表 A 层，实线圆代表 B 层

2. 立方密堆积结构

如果将第三层放在第二层的三个相间的空隙内，但和六角密堆积不同，使得第三层的小球位于对应于第二层未占据的其他三个相间的空隙位置，形成第三层的小球既不与第一层的小球对齐，也不与第二层的小球对齐，第四层密排小球的堆积则与第一层完全平行对齐，这样每三层为一组，按照 *ABCABC*……的方式排列，重复堆积形成的结构（图 1-20（c）和图 1-22），称为立方密堆积（或称为立

方密积）结构。

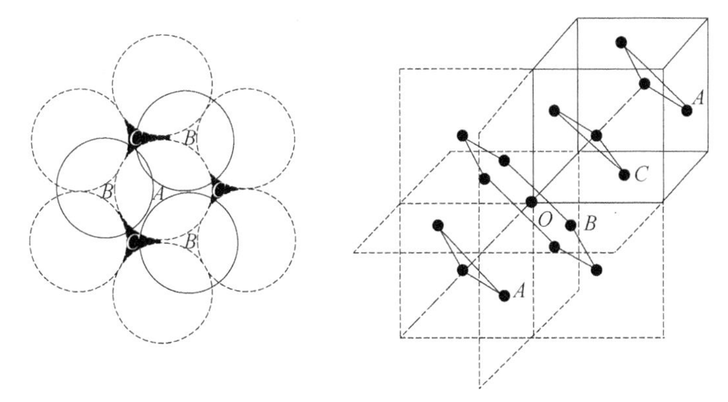

图 1-22　立方密堆积结构，密堆积平面（111）晶面

图中虚线圆代表 A 层，实线圆代表 B 层，C 层未在图中画出

1.3.2　典型晶体结构的配位数

六角密积和立方密积结构中，每个小球均与同一层中的 6 个小球相切，同时，又与上下层的 3 个小球相切，因此，每个小球有 12 个最近邻小球，即配位数是 12，这是晶体结构中最大的配位数。

如果晶体不是由同种元素组成的，相应的原子（离子）半径不同，即非全同小球组成的晶体结构，则不能够形成密堆积结构，相应的配位数就会减小。由于晶体周期性和对称性的限制，晶体不可能具有配位数 11，10 和 9，所以次一个配位数应该是 8，对应于氯化铯型结构。同样，晶体不可能具有配位数 7，下一个配位数是 6，对应于氯化钠型结构。晶体的配位数也不可能是 5，以下的配位数是 4（四面体结构），对应于金刚石型结构；配位数 3，对应于二维平面中的六角结构，如单个石墨层结构（石墨烯结构）；配位数 2，对应于一维链式结构。

1.3.3　致密度

晶体结构的致密度 p，或称为堆积因子（packing factor）是指晶胞中所有原子的体积与晶胞体积之比：

$$p=\text{晶胞中原子的体积之和}/\text{晶胞体积}$$

例如，体心立方晶胞中包含两个原子，设晶胞的边长为 a，则原子半径最大值为 $R=\dfrac{\sqrt{3}}{4}a$，因此，体心立方结构的最大致密度为 $p=\dfrac{2\times\dfrac{4\pi R^3}{3}}{a^3}=\dfrac{\sqrt{3}}{8}\pi\approx 0.680$。

1.4 晶列与晶向指数、晶面与晶面指数

1.4.1 晶列、晶向与晶向指数

通过布喇菲格子的任何两个格点可以连接一条直线，这样的直线称为晶列（图 1-23）。任一晶列包含无穷多个相同的格点，并且格点以相同的周期重复排列。通过任一格点可以连接无穷多个晶列，其中每个晶列都有一族完全等同的平行的晶列，这族晶列可以包含晶格点阵中所有的格点。晶列具有两个特征：一个是晶列的取向，称为晶向；另一个是晶列上格点的周期。

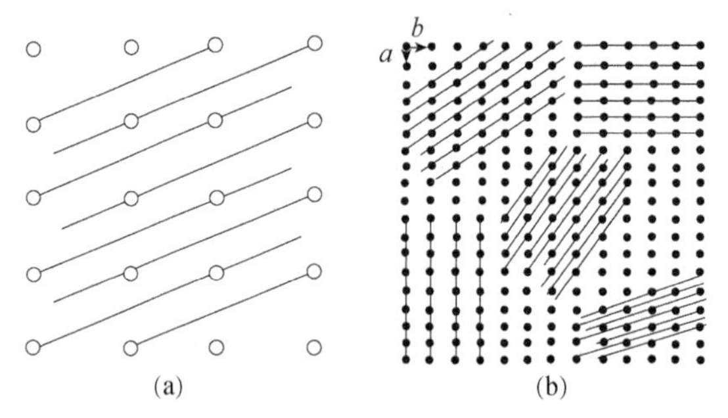

图 1-23 （a）晶列和晶向；（b）几族晶列示意图

晶向的表示方法：固体物理学中原胞是晶体结构的最小重复单元，格点只在原胞的顶点上。取某一格点 O 为原点，若原胞的基矢为 $\boldsymbol{a}_1, \boldsymbol{a}_2, \boldsymbol{a}_3$，则晶格中原点以外的任一格点 A 的格矢（或位矢）可以表示为

$$\boldsymbol{R}_l = l_1\boldsymbol{a}_1 + l_2\boldsymbol{a}_2 + l_3\boldsymbol{a}_3$$

式中 l_1、l_2、l_3 是整数（或零）。如果这三个整数是互质的（如果不是互质的，可以约化为互质的整数），就可以用这三个整数来表征晶列 OA 的方向，称为晶向指数，记为$[l_1\, l_2\, l_3]$，遇到负数，将负号记在数的上边。晶列$[l_1\, l_2\, l_3]$上格点的周期记为

$$|\boldsymbol{R}_l| = |l_1\boldsymbol{a}_1 + l_2\boldsymbol{a}_2 + l_3\boldsymbol{a}_3|$$

1.4.2 晶面与晶面指数、米勒指数

通过一个格点不仅可以作无穷多个晶列，也可以作无穷多个晶面，每个晶面都有一族完全等同的平行晶面，使得所有格点都落在这族平行晶面上（图 1-24）。晶格中可以有无穷多族的平行平面，沿不同方向可以得到面间距不同的晶面族。晶面上格点周期性重复排列的特点也由其取向和面间距决定。

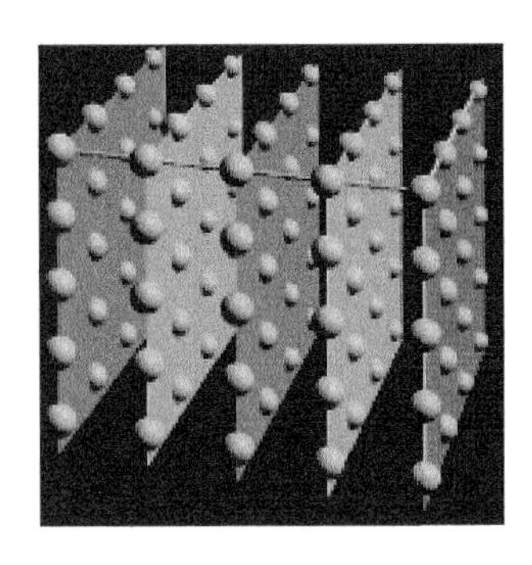
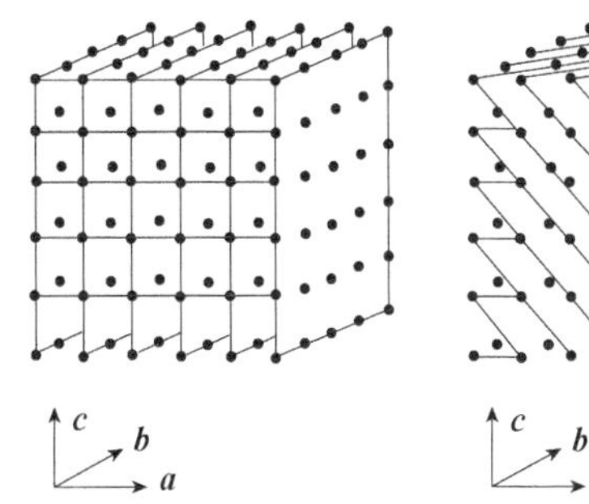

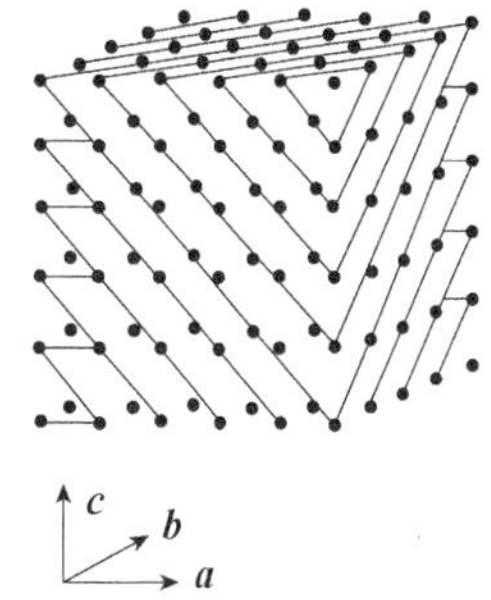

图 1-24　晶面和晶面族

晶面取向的表示方法：设某一晶面族中距离原点最近的一个晶面在原胞的三个基矢 $\boldsymbol{a}_1,\boldsymbol{a}_2,\boldsymbol{a}_3$ 方向的截距分别为 ra_1、sa_2、ta_3，将三个系数 r、s、t 的倒数 $1/r$、$1/s$、$1/t$ 约化为互质的整数 h_1、h_2、h_3，即

$$h_1:h_2:h_3=\frac{1}{r}:\frac{1}{s}:\frac{1}{t}$$

并用圆括号写成$(h_1\ h_2\ h_3)$，即为晶面指数，遇到负数，将负号记在数的上边。

结晶学中经常使用米勒指数：如果晶胞的基矢为 $\boldsymbol{a},\boldsymbol{b},\boldsymbol{c}$，某一晶面族中距离原点最近的一个晶面在晶胞的三个基矢方向的截距分别是 ra、sb、tc，将三个系数 r、s、t 的倒数 $1/r$、$1/s$、$1/t$ 约化为互质的整数 h、k、l，即

$$h:k:l=\frac{1}{r}:\frac{1}{s}:\frac{1}{t}$$

则$(h\ k\ l)$称为该晶面族的米勒指数（也可称为密勒指数）。特别需要注意的是，晶面指数是相对于原胞基矢坐标系而言的，而米勒指数是相对于晶胞基矢坐标系而言的，除简单立方结构以外，同一族晶面的晶面指数$(h_1\ h_2\ h_3)$和米勒指数$(h\ k\ l)$一般不相同。

1.4.3　六角晶体中晶面族的米勒指数

对于六角晶体（图 1-25），由于其六角面上的特殊对称性，通常采用四个晶胞基矢 $\boldsymbol{a}_1,\boldsymbol{a}_2,\boldsymbol{a}_3$ 与 $\boldsymbol{c}$，晶面指数相应记为（$h\ k\ i\ l$）。由于 $\boldsymbol{a}_3=-(\boldsymbol{a}_1+\boldsymbol{a}_2)$，同时 $i=-(h+k)$，因此六角晶体中晶面族的米勒指数可记为（$h\ k\quad l$），其中空格“　”代表 i。

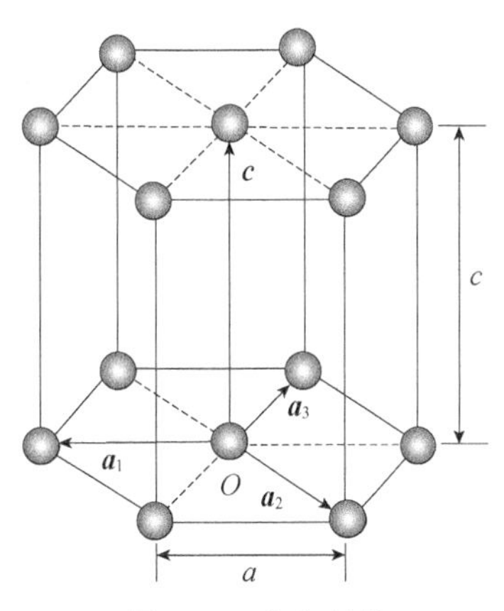

图 1-25　六角晶体

在米勒指数（或晶面指数）简单的晶面族中，其面间距 d 较大。对于一定的晶格，单位体积内格点数一定，因此，在晶面间距大的晶面

上，格点（粒子）的面密度相应较大，单位表面能量较小，容易在晶体生长过程中显露在外表，所以这样的晶面容易解理（所谓解理面，即裸露在外面的晶体表面）。同时，由于粒子的面密度较大，对 X 射线的散射能力较强，从而使得米勒指数（或晶面指数）简单的晶面族，在 X 射线衍射中的衍射强度较大。

1.5　晶体的对称性

1.5.1　对称性和对称操作

晶体在外形上的对称性主要是由于组成晶体的微观粒子在空间的周期性重复排列。这种宏观上的对称性，是晶体内在结构规律性的体现。晶体的旋转对称性是指，晶体绕某一转轴转动某一特定的角度后能够自身重合。图 1-26 显示了几种不同的几何图形的对称性。与一般的几何图形不同，由于受到晶体周期性的限制，晶体只能有为数不多的对称类型。按照空间群理论，晶体的对称类型是由少数基本的对称操作组合而成。如果基本对称操作中不包括微观的平移，则组成 32 种点群；如果包括微观的平移，就构成 230 种微观的对称性，称为空间群。

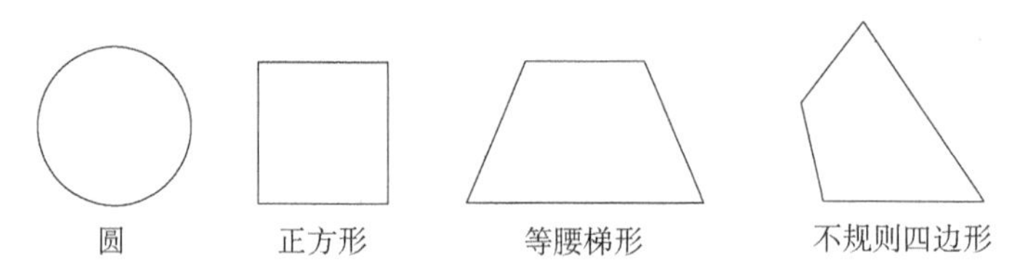

图 1-26　几种不同的几何图形的对称性

对称性：对晶体进行某种操作后晶体能够自身重合的性质。晶体的宏观对称性可以通过对称操作来完成。

对称操作：使几何图形保持不变（或自身重合）的操作称为对称操作，包括：旋转（C_n）、反演（i）、反映（m）和平移（T）等。基本的对称元素分别为对称面（或镜面）、对称中心（或反演中心）、旋转轴和旋转反演轴、平移。相应的对称操作分别是：①对称面的反映；②晶体中各个格点相对于中心的反演（S_n）；③绕转轴的一次或多次旋转；④一次或多次旋转之后再经过中心反演；⑤一次或多次平移。

1. 旋转对称操作（C_n）

若晶体绕某一固定轴转动 $\theta=2\pi/n$ 后能够与自身重合，则此转轴称为 n 度旋转对称轴。如图 1-27 所示，使晶体绕着直角坐标系 k 轴旋转 θ 角，则晶体中的某一格点坐标位置 A（x, y, z）转到 B（x', y', z'），根据几何关系，其坐标变换关系为

$$x' = OF = OE - EF = OC\cos\theta - BC\sin\theta = x\cos\theta - y\sin\theta$$

$$y' = FB = FG + GB = OC\sin\theta + BC\cos\theta = x\sin\theta + y\cos\theta$$

$$z' = z$$

用矩阵表示

$$\begin{bmatrix} x' \\ y' \\ z' \end{bmatrix} = \begin{bmatrix} \cos\theta & -\sin\theta & 0 \\ \sin\theta & \cos\theta & 0 \\ 0 & 0 & 1 \end{bmatrix} \begin{bmatrix} x \\ y \\ z \end{bmatrix}$$

矩阵

$$\boldsymbol{A}(C_n) = \begin{bmatrix} \cos\theta & -\sin\theta & 0 \\ \sin\theta & \cos\theta & 0 \\ 0 & 0 & 1 \end{bmatrix}$$

表示绕 k 轴的转动操作。

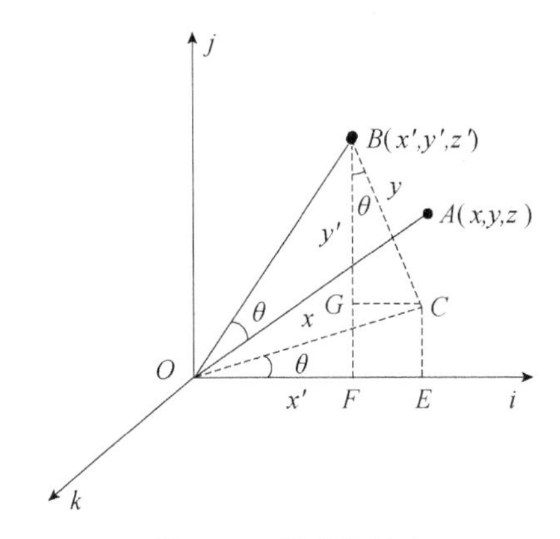

图 1-27　晶体的转动

2. 中心反演(i)

中心反演就是使某一格点坐标位置（x, y, z）变为（$-x, -y, -z$）

$$\begin{cases} x' = -x \\ y' = -y \\ z' = -z \end{cases}$$

用矩阵表示

$$\begin{bmatrix} x' \\ y' \\ z' \end{bmatrix} = \begin{bmatrix} -1 & 0 & 0 \\ 0 & -1 & 0 \\ 0 & 0 & -1 \end{bmatrix} \begin{bmatrix} x \\ y \\ z \end{bmatrix}$$

$$\boldsymbol{A}(i) = \begin{bmatrix} -1 & 0 & 0 \\ 0 & -1 & 0 \\ 0 & 0 & -1 \end{bmatrix}$$

表示中心反演。

3. 反映（或镜面）(m)

垂直于 k 轴、以 z=0 的晶面作为镜面，使某一格点坐标位置（x, y, z）变为（x, y, $-z$）

$$\begin{cases} x' = x \\ y' = y \\ z' = -z \end{cases}$$

用矩阵表示

$$\begin{bmatrix} x' \\ y' \\ z' \end{bmatrix} = \begin{bmatrix} 1 & 0 & 0 \\ 0 & 1 & 0 \\ 0 & 0 & -1 \end{bmatrix} \begin{bmatrix} x \\ y \\ z \end{bmatrix}$$

$$\boldsymbol{A}(m_z) = \begin{bmatrix} 1 & 0 & 0 \\ 0 & 1 & 0 \\ 0 & 0 & -1 \end{bmatrix}$$

表示镜面操作。

4. 旋转反演操作（S_n）

若晶体绕某一固定转轴旋转 θ=2π/n 后，再经过中心反演(i)，能够与自身重合，则此轴称为 n 度旋转反演对称轴（简称 n 度反演轴）。如果绕 k 轴转动 θ 角度后，再做中心反演

$$\boldsymbol{A}(C_n)\boldsymbol{A}(i) = \begin{bmatrix} \cos\theta & -\sin\theta & 0 \\ \sin\theta & \cos\theta & 0 \\ 0 & 0 & 1 \end{bmatrix} \begin{bmatrix} -1 & 0 & 0 \\ 0 & -1 & 0 \\ 0 & 0 & -1 \end{bmatrix} = \begin{bmatrix} -\cos\theta & \sin\theta & 0 \\ -\sin\theta & -\cos\theta & 0 \\ 0 & 0 & -1 \end{bmatrix}$$

作为特例，当沿 k 轴转动 θ=π，再做中心反演时，代入上式，可得

$$\boldsymbol{A}(C_2)\boldsymbol{A}(i) = \boldsymbol{A}(m_z) = \begin{bmatrix} -\cos\pi & \sin\pi & 0 \\ -\sin\pi & -\cos\pi & 0 \\ 0 & 0 & -1 \end{bmatrix} = \begin{bmatrix} 1 & 0 & 0 \\ 0 & 1 & 0 \\ 0 & 0 & -1 \end{bmatrix}$$

这就是（3）中的反映（或镜面）操作，即垂直于 k 轴并以 z=0 的晶面作为镜面 m_z，使某一格点坐标位置（x, y, z）变为（$x, y, -z$）的情况。

可以证明，以上的变换都是正交变换。显然，一个晶体具有的对称操作数愈多，表明它的对称性愈高。

1.5.2　晶格周期性对转轴度数的限制

考虑晶格周期性的限制，现在来看晶体有哪些可能的转动操作。

在图 1-28 中，设 A、B、C、D 是晶体中某一晶面上的一个晶列，BC 是这一晶列上相邻两个格点的距离。如果晶格绕通过格点 B 并垂直于纸面的固定转轴转

动 α 角度后，能够自身重合，即 C 点转至 C'点，则由于晶格的周期性，通过格点 C 也有一个相同的旋转轴，晶格绕通过格点 C 并垂直于纸面的转轴沿相反方向旋转相同的角度后，晶体也应该能够跟自身重合，即 B 点转至 B'点。由几何关系可得

$$B'C'=mBC=BC[1+2\cos(\pi-\alpha)]=BC(1-2\cos\alpha)$$

$$m=(1-2\cos\alpha)$$

由于$-1\leqslant\cos\alpha\leqslant1$，所以 m 只能取-1，0，1，2，3 五个整数值，即 $\alpha=0°$，$60°$，$90°$，$120°$，$180°$。将 α 写成 $2\pi/n$ 的形式，n 可以并且只能够取 1，2，3，4，6 五个值。也就是，晶体最多只能有 n=1，2，3，4，6 这五个旋转对称操作。

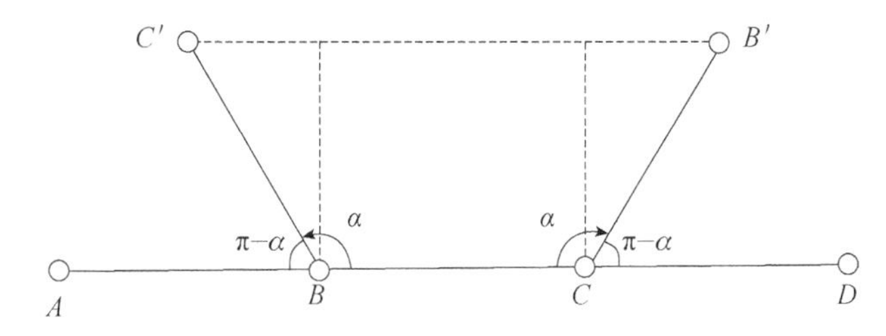

图 1-28　晶体的转轴受到周期性的限制

1.5.3　基本的对称操作

（a）n 度旋转对称轴（或 n 重旋转对称轴）：如果晶体绕某一固定轴 u 转动角度 $2\pi/n$ 后能够跟自身重合，则称 u 为 n 度旋转对称轴（或简称 n 度轴），用 n 表示。显然，由于晶格周期性的限制，n 只能取 1，2，3，4，6。因此，晶体不能有 5 度或 6 度以上的旋转对称轴（或转轴）或旋转对称操作。

图 1-29（a）是几种旋转对称轴的取法，而从图 1-29（b）可以看出，用正五边形不可能通过周期性排列，既无重叠又无空隙地充满整个空间。只有正三角形、正四边形和正六边形能够既无重叠又无空隙地充满整个空间（图 1-29（c））。因此，晶体不可能具有 5 度旋转对称轴。同样，由于晶格周期性的限制，晶体也不可能具有 6 度以上的旋转对称轴。

（b）n 度旋转反演对称轴：如果晶体绕某一固定轴 u 转动角度 $2\pi/n$ 以后，再经过中心反演（即 $\boldsymbol{r}\rightarrow-\boldsymbol{r}$），晶体能够自身重合，则称 u 为 n 度旋转反演轴（或简称 n 度反演轴），用 $\bar{n}$ 表示。同样，n 只能取 1，2，3，4，6。因此，晶体不能有 5 度或 6 度以上的旋转反演轴，只有 $\bar{1},\bar{2},\bar{3},\bar{4},\bar{6}$ 五种旋转反演轴，而其中独立的只有三种 $\bar{1}$、$\bar{2}$和$\bar{4}$，$\bar{3}$和$\bar{6}$ 不能够单独存在（图 1-30）。

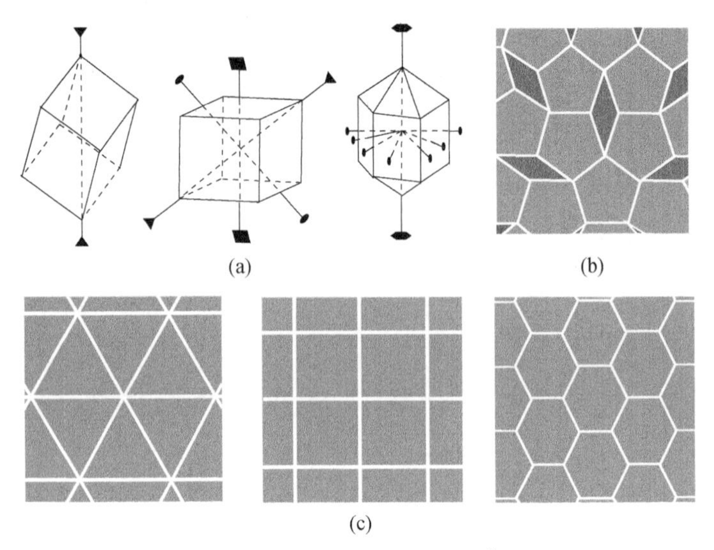

图 1-29　（a）几种 n 度旋转对称轴；（b）晶体不能有 5 度转轴；（c）正三角形、正四边形和正六边形在平面内的周期性排列

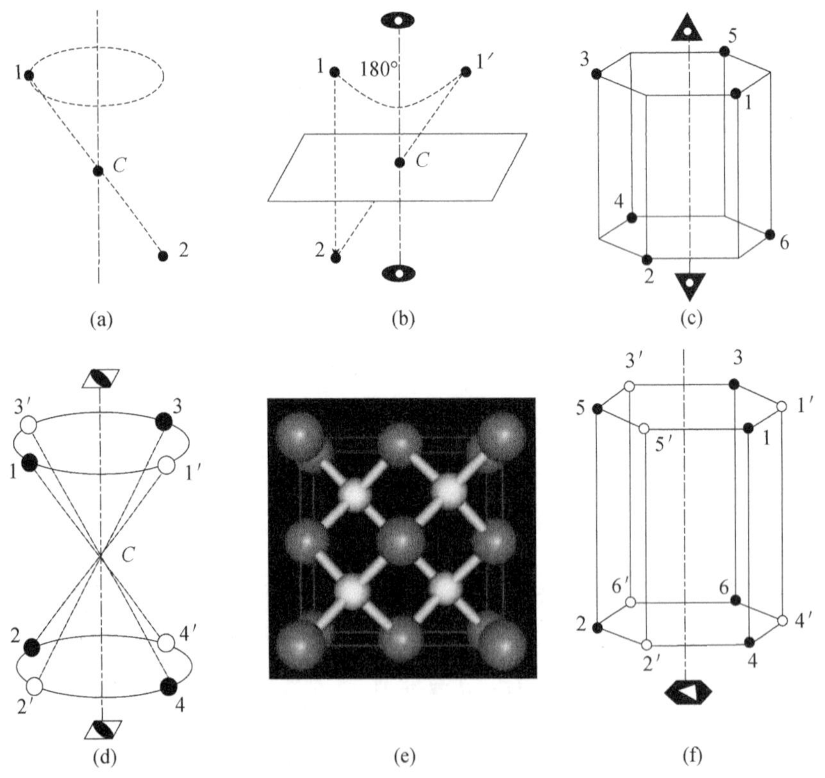

图 1-30　（a）中心反演 $\overline{1}=i$；（b）对称面 $\overline{2}=m$；（c）$\overline{3}=3+i$ 不独立；（d）对称性 $\overline{4}$；（e）金刚石结构中的 $\overline{4}$ 和 4 度螺旋轴；（f）$\overline{6}=3+m$ 不独立

关于 n 度旋转反演轴的几点说明：

$\overline{1}$：就是中心反演，称为对称心，用 i 表示，即 $\overline{1}=i$。

$\overline{2}$：就是垂直于该轴的对称面（镜像），用 m 表示，即 $\overline{2}=m$。

$\overline{3}$：它的对称性和 3 度转轴加上对称心的总效果一样，$\overline{3}=3+i$。因此，它不是一个独立的对称操作。

$\overline{4}$：对称性为 $\overline{4}$ 的轴必有和它重合的 2 度转轴。只有对称性 $\overline{4}$ 的晶体可能具有也可能不具有对称心。例如，正四面体结构具有 $\overline{4}$ 度旋转反演轴。金刚石和闪锌矿结构中的 $\overline{4}$ 度旋转反演轴：面对闪锌矿结构的上底面看到图 1-30（e），以垂直于纸面的面心的连线为轴转动 90° 后，体对角线上的球不能自身重合，再经中心反演后图形自身重合。图 1-31 用正四面体的四个顶点 1、2、4、3 能更能清楚地说明这种情况：格点 1、2、3、4 分布在如图所示的立方体不同顶角位置，沿着立方体上下底面面心连线作为旋转轴，旋转 90° 后，格点 1→1′，2→2′，3→3′，4→4′四面体 1243 变为 1′3′2′4′，两者不重合，如果上下翻转 180°，两者才能重合。因此 $\overline{4}$ 不可以看成是 4 度轴和中心反演两个独立操作的组合，$\overline{4}$ 是一种独立的对称操作。

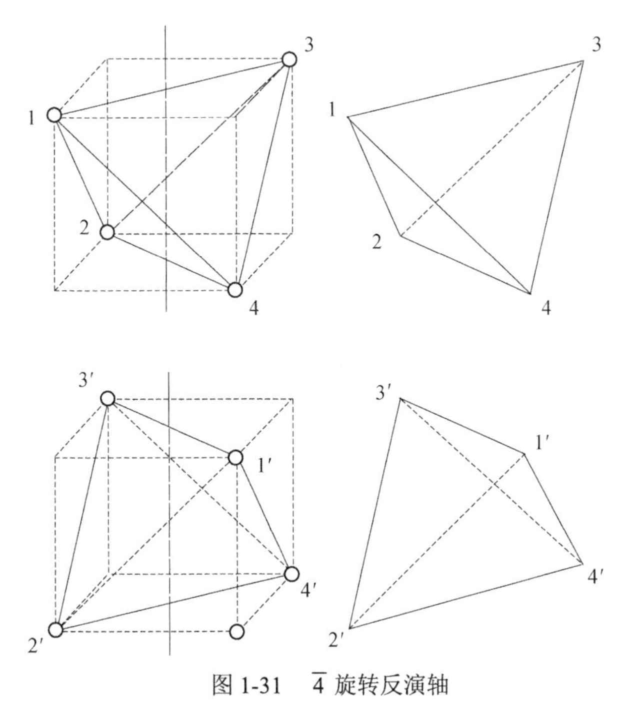

图 1-31　$\overline{4}$ 旋转反演轴

$\overline{6}$：它的对称性和 3 度转轴加上垂直于该轴的对称面的总效果一样，$\overline{6}=3+m$。因此，它不是一个独立的对称操作。

综上所述，(a) 和 (b) 两类旋转对称操作共包括了 8 种独立的对称操作。因此，晶体的宏观对称性只有以下 8 种基本的对称操作，即

1，2，3，4，6，i，m，$\bar{4}$（国际符号）

$C_1, C_2, C_3, C_4, C_6, C_i, C_s, S_4$,（熊夫利符号）

它们组合起来，得到 32 种不包括平移的宏观对称类型，称为 32 种点群，因为这些操作都要至少保持一点不动。32 种点群符号如表 1-1 所示。

表 1-1　32 种点群符号表示

符号	符号意义	熊夫利符号（对应国际符号）	数目
C_n	具有 n 度旋转轴，(n=1, 2, 3, 4, 6)	C_1, C_2, C_3, C_4, C_6（1,2,3,4,6）	5
D_n	具有 n 度旋转轴和 n 个与之垂直的 2 度轴，(n=2, 3, 4, 6)	D_2 (222), D_3, D_4 [422(42)], D_6（622）	4
C_{nh}	C_n 加上与 n 度轴垂直的水平反映面(n=2, 3, 4, 6)，h 代表水平的意思	C_{2h} (2/m), C_{3h} ($\bar{6}$), C_{4h} (4/m), C_{6h} (6/m)	4
C_i	C_1 加上对称中心（中心反演，i）	C_i ($\bar{1}$)	1
C_s	C_1 加上反映面（镜面，m 或 σ）	$C_s=C_{1h}$ (m)	1
C_{nv}	C_n 加上与通过 n 度轴的垂直反映面(n=2, 3, 4, 6)，v 代表垂直的意思	C_{2v} [mm2 (mm)], C_{3v} (3m), C_{4v} [4mm (4m)], C_{6v} [6mm (6m)]	4
D_{nh}	h 的意义同前(n=2, 3, 4, 6)	D_{2h} (mmm), D_{3h} ($\bar{6}m2$), D_{4h} (4/mmm), D_{6h} (6/mmm)	4
D_{nd}	D_n 加上通过 n 度轴及两个 2 度轴角平分线的反映面(n=2, 3)	D_{2d} ($\bar{4}2m$), D_{3d} ($\bar{3}m$)	2
S_n	只包含旋转反演轴，n=4, 6($S_1=C_i$, $S_2=C_s$, $S_3=C_{3i}$)	S_4($\bar{4}$), S_6= C_{3i}($\bar{6}$)	2
T	具有四个互相垂直的 3 度轴和三个 2 度轴（四面体的对称型性）	T(23)	1
T_d	d 的意义同前（正四面体的 24 个对称操作）	T_d ($\bar{4}3m$)	1
T_h	h 的意义同前	T_h (m3)	1
O	具有三个互相垂直的 4 度轴和六个 2 度轴，四个 3 度轴	O [432(43)], O_h (m3m)	2
总数			32

为了对点群有更好的理解，下面以 32 种点群中的立方晶系对称性最高的 O_h 群（国际符号：$m3m$）为例（如表 1-1 中最后一栏所示），分析这一 O_h 群有多少种对称操作，如图 1-32 所示。

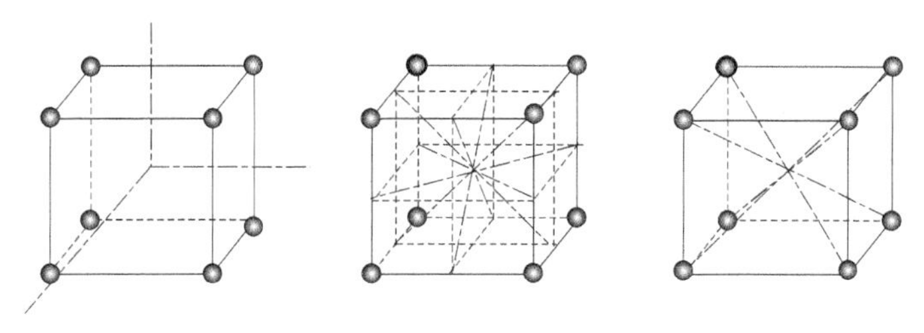

图 1-32　立方晶系对称操作数

（1）绕立方体中心轴转动 $\pi/2$、π、$3\pi/2$，有三个立方轴，对称操作数：9 种；

（2）绕立方体面对角线转动 π，有六条对角线，对称操作数：6 种；

（3）绕立方体体对角线转动 $2\pi/3$、$4\pi/3$，共四条立方体对角线，对称操作数：8 种；

（4）不动操作，对称操作数：1 种。

以上共 9+6+8+1=24 种对称操作，再加上中心反演，使立方体保持不变，立方晶系总的对称操作：24×2=48 种。

1.5.4　晶体的微观对称性

由于格点在三个方向的周期性排列，晶体除了宏观对称元素外，还具有与平移相关的微观对称性。包括平移后，又有以下两类对称操作。

平移和平移轴：图形中各点按一个矢量进行平行移动的操作称为平移。平移操作所依照的矢量所在直线称为平移轴，平移后能够自身重合的图形一定是无限周期性的。

（c）n 度螺旋轴：螺旋轴是由旋转和平移的复合操作构成的。一个 n 度螺旋轴 u 表示晶体绕该轴旋转 $2\pi/n$ 以后，再沿该轴的方向平移 $\boldsymbol{T}/n$ 的 l 倍，则晶体中的原子（离子）和相同的原子重合（其中 l 为小于 n 的整数，$\boldsymbol{T}$ 为沿 u 轴方向的周期矢量）。由于周期性的限制，晶体也只能有 1，2，3，4，6 等五种螺旋轴。图 1-33 更清楚地表示了这种 4 度螺旋轴对称操作过程：格点 A 绕图中的 u 对称轴旋转 $2\pi/4$ 至 1 点，再沿轴向平移 $\boldsymbol{T}/4$ 至格点 A_1，绕轴旋转 $2\pi/4$ 后 A_1 至 2 点，接着再沿轴向平移 $\boldsymbol{T}/4$ 至格点 A_2，依次进行下去。A_1，A_2，A_3，A_4，…等格点与 A 点等价。

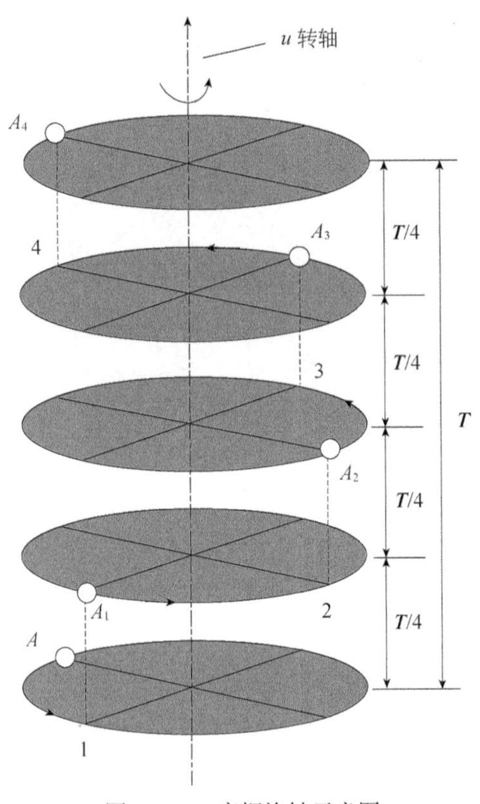

图 1-33　4 度螺旋轴示意图

在金刚石结构中（图 1-30（e）），取相对的两个底面的面心到该面一个棱的垂线的中点，连接这两个中点的直线就是一个 4 度螺旋轴。设晶格常数为 a，晶体绕该轴转 90° 后，再沿该轴平移 $a/4$，能够自身重合。

（d）滑移反映面：由平移和反映构成的复合操作。一个滑移反映面表示经过该面的镜像操作后，再沿平行于该面的某个方向平移 $\boldsymbol{T}/n$ 的距离（$\boldsymbol{T}$ 为该平移方向的周期矢量，n 为 2 或 4），晶体能够自身重合（图 1-34（a），或者先平移，再经过镜像反映，结果等效）。氯化钠型结构中就具有这样的滑移反映面：比如在氯化钠晶体中，取氯和钠的中垂面为镜面进行镜像反映，再沿平行于该面的原子排列方向平移 $a/2$，晶体能够自身重合（图 1-34（b））。

螺旋转轴和滑移反映等微观对称操作与宏观对称操作不同，这些操作不需要参照晶体中某个特定的点，并且所有微观对称操作中都包括平移操作，而平移操作能够使图形自身重合的必要条件是图形必须是无限重复的和周期性的。

由（a）类和（b）类对称操作可以导出 32 种，对应于晶体的 32 种宏观对称性，而晶体内部的微观结构——原子（离子）类别和排列的对称性类别，可以在

32 种点群的基础上，加上（c）类和（d）类对称操作，从而导出 230 种空间群来表征，每一种空间群对应于一种特殊的晶格结构。微观结构对称性及其对称元素的引入使晶体的 32 种点群扩展为 230 种空间群，或者说一个点群可扩展为若干个空间群。关于点群和空间群的理论可参考群论相关的书籍。

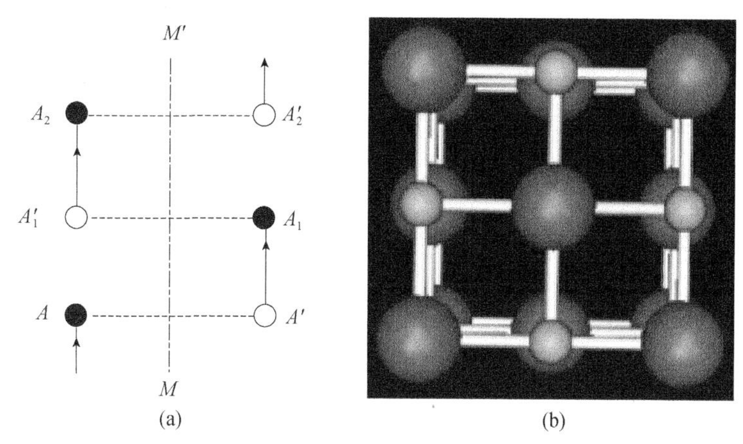

图 1-34　（a）滑移反映面；（b）氯化钠型结构中的滑移反映面

1.6　七大晶系和十四种布喇菲格子

晶体的基本性质和规则的外形特征的根本原因在于它内部的空间格子构造。在理想晶体中，其内部质点均按照空间格子的构造规律排列。平行六面体是空间格子的最小单元。整个晶体结构由平行六面体（原胞）在三维空间平行地毫无间隙地重复堆砌而成。

结晶学中一般选取既反映晶格的周期性，又反映晶体对称性的尽可能小的重复单元作为晶胞（也称为布喇菲原胞）。它和固体物理学原胞不同，不是晶体的最小重复单元，一般包括一个或几个最小重复单元，结点不仅在顶角处，也可以在体心或面心位置。布喇菲原胞（平行六面体）的基矢沿对称轴或在对称面的法向，构成晶体的坐标系。基矢的晶向就是坐标轴的晶向，称为晶轴。晶轴上的周期称为晶格常数。

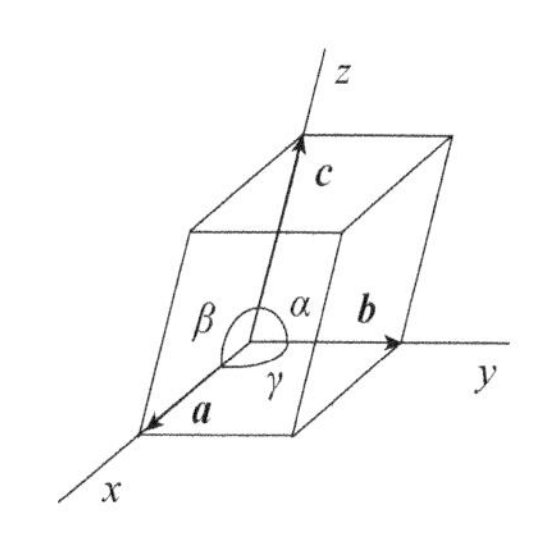

图 1-35　晶体对称轴和它们之间的夹角

设布喇菲原胞的三个基矢分别为 $\boldsymbol{a}$、$\boldsymbol{b}$、$\boldsymbol{c}$，三个基矢间的夹角分别为 α、β、γ，如图 1-35 所示。按照坐标系的性质，以基矢的长度和晶轴夹角的不同关系可以划分为七大晶系，如表 1-2 所示。每一个晶系包括一种或几种特征性的布喇菲原胞，相应有十四种布喇菲原胞。

表 1-2　七大晶系和十四种布喇菲原胞类型

晶系	基矢长度和夹角的关系	布喇菲原胞类型	特征符号
三斜晶系	$a \neq b \neq c, \alpha \neq \beta \neq \gamma \neq 90^\circ$	简单三斜	P
单斜晶系	$a \neq b \neq c, \alpha = \gamma = 90^\circ, \beta \neq 90^\circ$	简单单斜 底心单斜	P C
正交晶系	$a \neq b \neq c, \alpha = \beta = \gamma = 90^\circ$	简单正交 底心正交 体心正交 面心正交	P C I F
四方晶系 （正方晶系） （四角晶系）	$a = b \neq c, \alpha = \beta = \gamma = 90^\circ$	简单四方 体心四方	P I
六方晶系 （六角晶系）	$a = b \neq c, \alpha = \beta = 90^\circ, \gamma = 120^\circ$	简单六方	P
三方晶系 （三角晶系）	$a = b = c, \alpha = \beta = \gamma \neq 90^\circ$	简单三方	R
立方晶系 （等轴晶系）	$a = b = c, \alpha = \beta = \gamma = 90^\circ$	简单立方 体心立方 面心立方	P I F

按照布喇菲原胞中结点的分布，晶体的空间格子可分为四种类型：

（1）原始格子（P）：结点分布于平行六面体的八个顶角上。

（2）体心格子（I）：结点分布于平行六面体的顶角和体心。

（3）面心格子（F）：结点分布于平行六面体的顶角和三对面的中心。

（4）底心格子：结点分布于平行六面体的顶角及某一对面的中心。又可细分为三种类型：

（i）C 心格子（C）：结点分布于平行六面体的顶角和平行于（001）一对平面的中心；

（ii）A 心格子（A）：结点分布于平行六面体的顶角和平行于（100）一对平面的中心；

（iii）B 心格子（B）：结点分布于平行六面体的顶角和平行于（010）一对平面的中心。

一般情况下所谓底心格子即为 C 心格子，A 心格子或 B 心格子能够转换成 C 心格子。

三角晶系的空间格子虽然也是原始格子，但是由于其特殊的对称性，单独列为一类，用 R 表示。因此，标记晶体结构类别时，经常采用 P、C、I、F、R 等符号来标记。

在这每个晶系中，布喇菲原胞类型不同，为什么有些类型出现，有些类型不存在，在表 1-3 中给予了说明。

表 1-3　七大晶系和十四种布喇菲格子

晶系	原始格子	底心格子	体心格子	面心格子
三斜	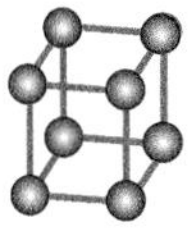	C=I	I=F	F=P
单斜	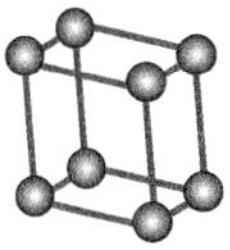	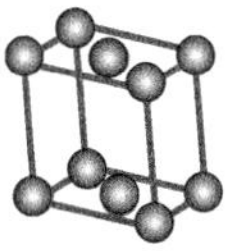	I=F	F=C
正交（斜方）	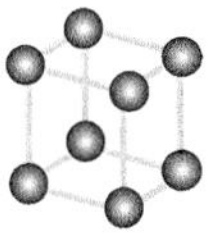	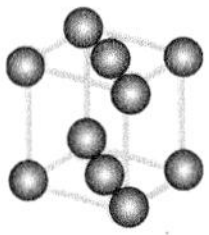	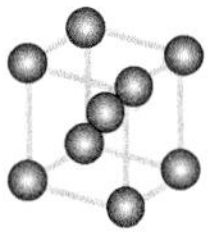	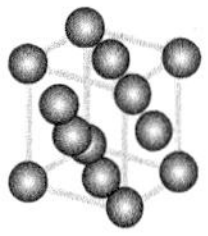
正方（四方，四角）	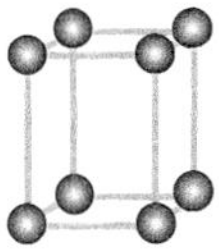	C=P	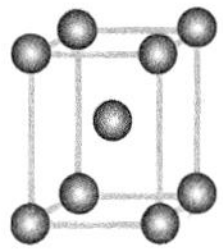	F=I
三方（三角）	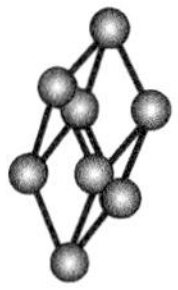	与本晶系对称性不符合	I=F	F=P
六方（六角）	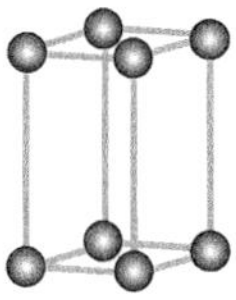	与本晶系对称性不符合	与空间格子的条件不符合	与空间格子的条件不符合
立方（等轴）	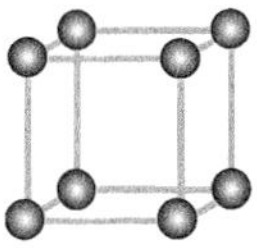	与本晶系对称性不符合	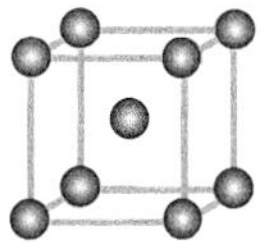	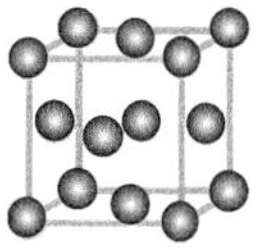

1.7　倒格子和布里渊区

如果已知晶格的基矢和晶面法线的取向，就可以确定一族晶面的米勒指数，从而得知晶面族中最靠近原点的晶面截距和面间距，即晶面族可以完全确定。反之，如果晶格的基矢未知，通过 X 射线衍射得到与晶体结构相关的一些周期性分布的点，这些点与晶格中某些晶面族有一一对应的关系，那么通过这种特定的对应关系所遵从的规律，原则上就可以确定晶格的基矢。所谓倒格子，就是类似上述与晶格中的晶面族一一对应的那些点所组成的格子，其对应关系所遵从的规律，即晶格与倒格子之间的联系，实际上是一种傅里叶变换的关系。

1.7.1　倒格子的定义

下面从晶体的周期性势函数傅里叶级数展开的角度来给出倒格子基矢定义式。

布喇菲格子具有平移对称性，因此，与位置有关的物理量，如格点密度、电子密度、质量密度和离子实周期势等都具有平移对称性，即它们是布喇菲格子的周期性函数。比如，晶体的周期势函数 $u(\boldsymbol{r})$ 就有

$$u(\boldsymbol{r}) = u(\boldsymbol{r} + \boldsymbol{R}_n) \tag{1.1}$$

式中 $\boldsymbol{R}_n$ 为平移格矢。

$$\boldsymbol{R}_n = n_1\boldsymbol{a}_1 + n_2\boldsymbol{a}_2 + n_3\boldsymbol{a}_3 \tag{1.2}$$

式中 $\boldsymbol{a}_1$，$\boldsymbol{a}_2$，$\boldsymbol{a}_3$ 为正格子原胞基矢，n_1，n_2，n_3 为整数或零。

既然 $u(\boldsymbol{r})$ 是周期函数，就可以用傅里叶级数展开

$$u(\boldsymbol{r}) = \sum_{\boldsymbol{K}_h} A(\boldsymbol{K}_h)\exp(\mathrm{i}\boldsymbol{K}_h \cdot \boldsymbol{r}) \tag{1.3}$$

傅里叶展开系数为

$$A(\boldsymbol{K}_h) = \frac{1}{\Omega}\int_{\Omega} u(\boldsymbol{r})\exp(-\mathrm{i}\boldsymbol{K}_h \cdot \boldsymbol{r})\,\mathrm{d}\boldsymbol{r} \tag{1.4}$$

式中 Ω 为原胞体积。

根据（1.1）式，（1.4）式可以写为

$$A(\boldsymbol{K}_h) = \frac{1}{\Omega}\int_{\Omega} u(\boldsymbol{r}+\boldsymbol{R}_n)\exp[-\mathrm{i}\boldsymbol{K}_h \cdot \boldsymbol{r}]\,\mathrm{d}\boldsymbol{r} \tag{1.5}$$

若令 $\boldsymbol{r}'=\boldsymbol{r}+\boldsymbol{R}_n$，则 $\boldsymbol{r}=\boldsymbol{r}'-\boldsymbol{R}_n, \mathrm{d}\boldsymbol{r}=\mathrm{d}\boldsymbol{r}'$。

因此，（1.5）式可改写为

$$\begin{aligned} A(\boldsymbol{K}_h) &= \frac{1}{\Omega}\int_{\Omega} u(\boldsymbol{r}')\exp[-\mathrm{i}\boldsymbol{K}_h \cdot (\boldsymbol{r}'-\boldsymbol{R}_n)]\,\mathrm{d}\boldsymbol{r}' \\ &= \frac{1}{\Omega}\int_{\Omega} u(\boldsymbol{r}')\exp(-\mathrm{i}\boldsymbol{K}_h \cdot \boldsymbol{r}')\exp(\mathrm{i}\boldsymbol{K}_h \cdot \boldsymbol{R}_n)\,\mathrm{d}\boldsymbol{r}' \end{aligned} \tag{1.6}$$

即有

$$A(\boldsymbol{K}_h) = A(\boldsymbol{K}_h)\exp(\mathrm{i}\boldsymbol{K}_h \cdot \boldsymbol{R}_n)$$

$$A(\boldsymbol{K}_h)[1 - \exp(\mathrm{i}\boldsymbol{K}_h \cdot \boldsymbol{R}_n)] = 0 \tag{1.7}$$

傅里叶级数展开系数 $A(\boldsymbol{K}_h) \neq 0$，因此

$$\exp(\mathrm{i}\boldsymbol{K}_h \cdot \boldsymbol{R}_n) = 1 \tag{1.8}$$

也就是说，一定存在某些 $\boldsymbol{K}_h$ 保证（1.8）式成立，使得函数 $u(\boldsymbol{r})$ 满足布喇菲格子的周期性。

利用欧拉公式，可将（1.8）式写成三角函数形式，即

$$\cos(\boldsymbol{K}_h \cdot \boldsymbol{R}_n) + \mathrm{i}\sin(\boldsymbol{K}_h \cdot \boldsymbol{R}_n) = 1 \tag{1.9}$$

因此（1.8）式成立，必有

$$\cos(\boldsymbol{K}_h \cdot \boldsymbol{R}_n) = 1, \quad \sin(\boldsymbol{K}_h \cdot \boldsymbol{R}_n) = 0 \tag{1.10}$$

因而得到

$$\boldsymbol{K}_h \cdot \boldsymbol{R}_n = 2\pi m \tag{1.11}$$

式中 m 为整数。实际上 $\boldsymbol{K}_h$ 就是我们将要定义的倒格矢。

由此可见，将实空间周期性函数通过傅里叶级数展开，就可以把实空间的正格子和傅里叶空间的倒格子联系起来。

布喇菲格子的所有格矢 $\boldsymbol{R}_n$ 满足（1.8）式或（1.11）式，矢量 $\boldsymbol{K}_h$ 端点构成倒空间的布喇菲格子，称为倒格子（reciprocal lattice）。将 $\boldsymbol{K}_h$ 写为

$$\boldsymbol{K}_h = h_1\boldsymbol{b}_1 + h_2\boldsymbol{b}_2 + h_3\boldsymbol{b}_3 \tag{1.12}$$

（1.12）式中 h_1, h_2, h_3 为整数，$\boldsymbol{K}_h$ 称为倒格矢。并令

$$\boldsymbol{b}_i \cdot \boldsymbol{a}_j = 2\pi\delta_{ij}\begin{cases}1 & (i = j)\\ 0 & (i \neq j)\end{cases} \quad (i, j = 1,2,3) \tag{1.13}$$

将（1.2）式和（1.12）式代入（1.11）式，并利用（1.13）式，得

$$\begin{aligned}\boldsymbol{K}_h \cdot \boldsymbol{R}_n &= n_1\boldsymbol{K}_h \cdot \boldsymbol{a}_1 + n_2\boldsymbol{K}_h \cdot \boldsymbol{a}_2 + n_3\boldsymbol{K}_h \cdot \boldsymbol{a}_3 \\ &= 2\pi(h_1n_1 + h_2n_2 + h_3n_3) = 2\pi m\end{aligned} \tag{1.14}$$

式中 $m = h_1n_1 + h_2n_2 + h_3n_3$ 为整数。显然，这样的规定使得（1.11）式自然成立。由（1.13）式可知，$\boldsymbol{b}_1$ 和 $\boldsymbol{a}_2, \boldsymbol{a}_3$ 垂直，因此，$\boldsymbol{b}_1$ 必与两个矢量 $\boldsymbol{a}_2, \boldsymbol{a}_3$ 的叉积 $(\boldsymbol{a}_2 \times \boldsymbol{a}_3)$ 同向，这样，可令

$$\boldsymbol{b}_1 = \lambda(\boldsymbol{a}_2 \times \boldsymbol{a}_3) \tag{1.15}$$

上式两侧点积 $\boldsymbol{a}_1$，可得

$$\boldsymbol{a}_1 \cdot \boldsymbol{b}_1 = \lambda\boldsymbol{a}_1 \cdot (\boldsymbol{a}_2 \times \boldsymbol{a}_3) = 2\pi \tag{1.16}$$

因此

$$\lambda = \frac{2\pi}{\boldsymbol{a}_1 \cdot (\boldsymbol{a}_2 \times \boldsymbol{a}_3)} \tag{1.17}$$

将（1.17）式代回（1.15）式，得

$$\boldsymbol{b}_1 = 2\pi\frac{(\boldsymbol{a}_2\times\boldsymbol{a}_3)}{\boldsymbol{a}_1\cdot(\boldsymbol{a}_2\times\boldsymbol{a}_3)} = 2\pi\frac{(\boldsymbol{a}_2\times\boldsymbol{a}_3)}{\Omega} \tag{1.18}$$

同理，可得出倒格子基矢 $\boldsymbol{b}_2$，$\boldsymbol{b}_3$。这样，就由正格子基矢 $\boldsymbol{a}_1, \boldsymbol{a}_2, \boldsymbol{a}_3$，写出倒格子基矢的定义式，即

$$\begin{cases} \boldsymbol{b}_1 = 2\pi\dfrac{(\boldsymbol{a}_2\times\boldsymbol{a}_3)}{\Omega} \\ \boldsymbol{b}_2 = 2\pi\dfrac{(\boldsymbol{a}_3\times\boldsymbol{a}_1)}{\Omega} \\ \boldsymbol{b}_3 = 2\pi\dfrac{(\boldsymbol{a}_1\times\boldsymbol{a}_2)}{\Omega} \end{cases} \tag{1.19}$$

式中 $\Omega = \boldsymbol{a}_1\cdot(\boldsymbol{a}_2\times\boldsymbol{a}_3)$ 为正格子原胞的体积。以 $\boldsymbol{b}_1, \boldsymbol{b}_2, \boldsymbol{b}_3$ 为基矢所代表的格子（点阵）称为以 $\boldsymbol{a}_1, \boldsymbol{a}_2, \boldsymbol{a}_3$ 为基矢所代表的正格子的倒格子（倒易点阵）。倒格子的位矢（倒格矢）：$\boldsymbol{K}_h = h_1\boldsymbol{b}_1 + h_2\boldsymbol{b}_2 + h_3\boldsymbol{b}_3$，其中 h_1, h_2, h_3 均为包括零的整数。

例如，面心立方格子的基矢为

$$\begin{cases} \boldsymbol{a}_1 = \dfrac{1}{2}a(\hat{j}+\hat{k}) \\ \boldsymbol{a}_2 = \dfrac{1}{2}a(\hat{k}+\hat{i}) \\ \boldsymbol{a}_3 = \dfrac{1}{2}a(\hat{i}+\hat{j}) \end{cases} \tag{1.20}$$

按照定义计算可得其倒格子基矢为

$$\begin{cases} \boldsymbol{b}_1 = \dfrac{2\pi}{a}(-\hat{i}+\hat{j}+\hat{k}) \\ \boldsymbol{b}_2 = \dfrac{2\pi}{a}(\hat{i}-\hat{j}+\hat{k}) \\ \boldsymbol{b}_3 = \dfrac{2\pi}{a}(\hat{i}+\hat{j}-\hat{k}) \end{cases} \tag{1.21}$$

显然，除了括号前的系数不同之外，基矢 $\boldsymbol{b}_1, \boldsymbol{b}_2, \boldsymbol{b}_3$ 所代表的格子应是体心立方型结构（注意：正格子基矢和倒格子基矢的量纲不同），也就是说，面心立方格子的倒格子是体心立方格子。反之，同样可以得出，体心立方格子的倒格子是面心立方格子。因此，体心立方和面心立方互为正、倒格子。

1.7.2　倒格子与正格子之间的关系

（1）正格矢：

$$\boldsymbol{R}_l = l_1\boldsymbol{a}_1 + l_2\boldsymbol{a}_2 + l_3\boldsymbol{a}_3 \tag{1.22}$$

（2）倒格矢：

$$\boldsymbol{K}_h = h_1\boldsymbol{b}_1 + h_2\boldsymbol{b}_2 + h_3\boldsymbol{b}_3 \tag{1.23}$$

（3）正、倒格子基矢之间的关系：

$$\boldsymbol{a}_i \cdot \boldsymbol{b}_j = \begin{cases} 2\pi & (i=j) \\ 0 & (i\neq j) \end{cases} \tag{1.24}$$

满足此关系的两组基矢所代表的格子互为正、倒格子。

（4）正、倒格子位矢之间的关系：$\boldsymbol{R}_l \cdot \boldsymbol{K}_h = 2\pi\mu\ (\mu = 0, \pm1, \pm2, \cdots)$，如果两个矢量满足此式，其中一个是正格矢，则另一个必为倒格矢。这个关系式在 X 射线衍射中非常重要。

（5）正、倒格子原胞体积之间的关系：$\Omega = \boldsymbol{a}_1 \cdot (\boldsymbol{a}_2 \times \boldsymbol{a}_3)$，$\Omega^* = \boldsymbol{b}_1 \cdot (\boldsymbol{b}_2 \times \boldsymbol{b}_3) = (2\pi)^3/\Omega$，除$(2\pi)^3$因子外正格子原胞的体积和倒格子原胞的体积互为倒数。

证明如下：

$$\begin{aligned}
\Omega^* = \boldsymbol{b}_1 \cdot (\boldsymbol{b}_2 \times \boldsymbol{b}_3) &= 2\pi\frac{(\boldsymbol{a}_2 \times \boldsymbol{a}_3)}{\Omega} \cdot \left[2\pi\frac{(\boldsymbol{a}_3 \times \boldsymbol{a}_1)}{\Omega} \times 2\pi\frac{(\boldsymbol{a}_1 \times \boldsymbol{a}_2)}{\Omega}\right] \\
&= \frac{(2\pi)^3}{\Omega^3}(\boldsymbol{a}_2 \times \boldsymbol{a}_3) \cdot [(\boldsymbol{a}_3 \times \boldsymbol{a}_1) \times (\boldsymbol{a}_1 \times \boldsymbol{a}_2)] \\
&= \frac{(2\pi)^3}{\Omega^3}(\boldsymbol{a}_2 \times \boldsymbol{a}_3) \cdot \{[(\boldsymbol{a}_3 \times \boldsymbol{a}_1) \cdot \boldsymbol{a}_2]\boldsymbol{a}_1 - [(\boldsymbol{a}_3 \times \boldsymbol{a}_1) \cdot \boldsymbol{a}_1]\boldsymbol{a}_2\} \\
&= \frac{(2\pi)^3}{\Omega^3}(\boldsymbol{a}_2 \times \boldsymbol{a}_3) \cdot [(\boldsymbol{a}_3 \times \boldsymbol{a}_1) \cdot \boldsymbol{a}_2]\boldsymbol{a}_1 \\
&= \frac{(2\pi)^3}{\Omega^3}(\boldsymbol{a}_2 \times \boldsymbol{a}_3) \cdot \Omega\boldsymbol{a}_1 \\
&= \frac{(2\pi)^3}{\Omega^2}(\boldsymbol{a}_2 \times \boldsymbol{a}_3) \cdot \boldsymbol{a}_1 = \frac{(2\pi)^3}{\Omega}
\end{aligned} \tag{1.25}$$

在计算（1.25）式时利用了矢量运算 $\boldsymbol{A} \times (\boldsymbol{B} \times \boldsymbol{C}) = (\boldsymbol{A} \cdot \boldsymbol{C})\boldsymbol{B} - (\boldsymbol{A} \cdot \boldsymbol{B})\boldsymbol{C}$

（6）正格子中晶面族$(h_1\,h_2\,h_3)$与倒格矢 $\boldsymbol{K}_h = h_1\boldsymbol{b}_1 + h_2\boldsymbol{b}_2 + h_3\boldsymbol{b}_3$ 正交。$(h_1\,h_2\,h_3)$所代表的晶面族平行于$\triangle ABC$所在的平面。由图 1-36 可知，$\overline{CA} = \overline{OA} - \overline{OC} = \frac{\boldsymbol{a}_1}{h_1} - \frac{\boldsymbol{a}_3}{h_3}$，$\overline{CB} = \overline{OB} - \overline{OC} = \frac{\boldsymbol{a}_2}{h_2} - \frac{\boldsymbol{a}_3}{h_3}$ 都在 ABC 平面上，只需证明 $\boldsymbol{K}_h \cdot \overline{CA} = 0$ 和 $\boldsymbol{K}_h \cdot \overline{CB} = 0$，则 $\boldsymbol{K}_h$ 与晶面族$(h_1\,h_2\,h_3)$正交。

（7）倒格矢 $\boldsymbol{K}_h$ 的长度正比于晶面族$(h_1\,h_2\,h_3)$面间距的倒数，即

$$d_{h_1h_2h_3} = \frac{\boldsymbol{a}_1}{h_1} \cdot \frac{\boldsymbol{K}_h}{|K_h|} = \frac{\boldsymbol{a}_1 \cdot (h_1\boldsymbol{b}_1 + h_2\boldsymbol{b}_2 + h_3\boldsymbol{b}_3)}{h_1|\boldsymbol{K}_h|} = \frac{2\pi}{|\boldsymbol{K}_h|} \tag{1.26}$$

（8）晶面族（$h_1 h_2 h_3$）中离原点的距离为 $\mu d_{h_1 h_2 h_3}$ 的晶面方程式可写成

$$\boldsymbol{x}\cdot\frac{\boldsymbol{K}_h}{\left|\boldsymbol{K}_h\right|}=\mu d_{h_1 h_2 h_3}\quad(\mu=0,\pm1,\pm2,\cdots) \tag{1.27}$$

其中 $\boldsymbol{x}$ 为该晶面上任意点的位矢。

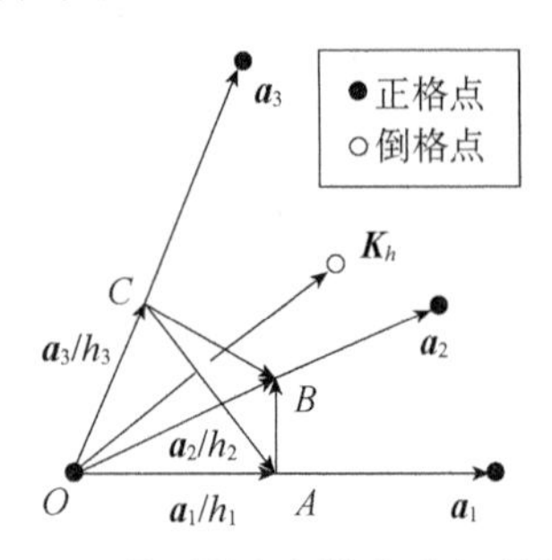

图 1-36　晶面族与倒格矢之间的关系

（9）倒格子线度的量纲为[米]$^{-1}$，而波矢的量纲也是[米]$^{-1}$，所以倒格矢也可以理解为波矢。由倒格子组成的空间可理解为波矢空间（即状态空间或 k 空间）。而正格子组成的空间是位置空间（实空间）。倒格子是晶格在状态空间的化身。倒格子的概念在固体物理学中具有非常重要的作用（后面将要学习的晶体 X 射线衍射、晶格振动、固体电子论、能带理论等都将用到倒格子的概念）。

1.7.3　布里渊区（倒格子的原胞）

在倒格子点阵中，以某一个倒格点为原点，从原点出发作所有倒格点的倒格矢 $\boldsymbol{K}_h$ 的垂直平分面，这些平面把倒格子空间分割为许多部分（图 1-37（a））。第一布里渊区是从原点出发不跨过任何垂直平分面所能达到的点的集合（即倒格子空间的 WS 原胞，是倒格子空间最小的并能够反映其对称性的重复单元）；第二布里渊区是从原点出发跨过并且只跨过一个垂直平分面所能达到的所有点的集合；…；依次类推，第 n 布里渊区是从原点出发跨过并且只跨过 $n-1$ 个垂直平分面所能达到的所有点的集合。

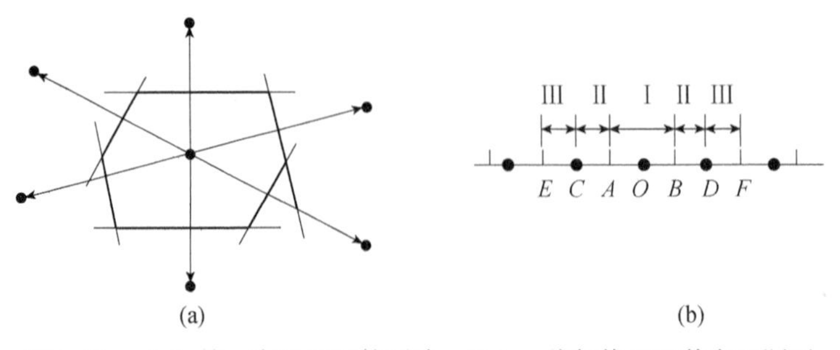

图 1-37　（a）第一布里渊区的画法；（b）一维倒格子及其布里渊区

例：一维倒格子及其布里渊区，如图 1-37（b）所示。

例：二维正方格子的倒格子与布里渊区，如图 1-38 所示。设二维正方格子的晶格常数为 a，则正格子基矢：$\boldsymbol{a}_1 = a\hat{i}, \boldsymbol{a}_2 = a\hat{j}$，倒格子基矢：$\boldsymbol{b}_1 = \dfrac{2\pi}{a}\hat{i}, \boldsymbol{b}_2 = \dfrac{2\pi}{a}\hat{j}$。

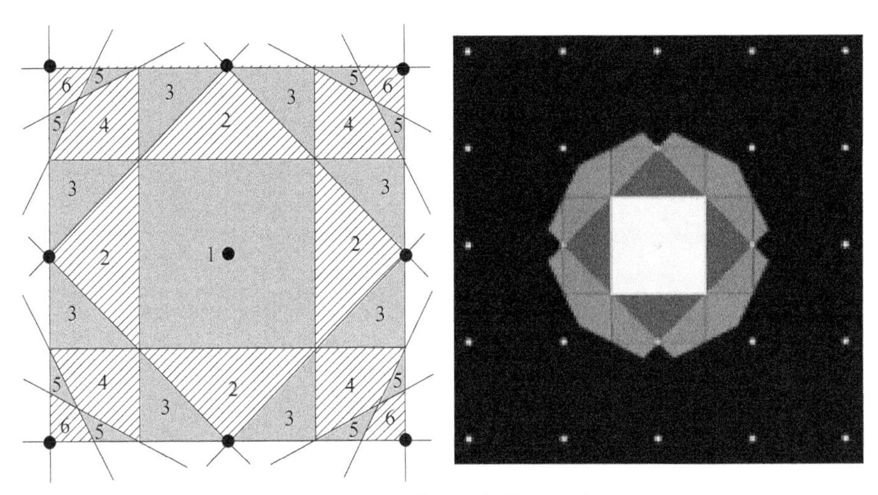

图 1-38　二维正方格子的倒格子与布里渊区

关于布里渊区的几点说明：

（1）各布里渊区体积相同，且都等于第一布里渊区（倒格子原胞）的体积；

（2）都可以通过平移若干个倒格矢回到第一布里渊区，并且既无空隙，也不重叠；

（3）第一布里渊区也称简约布里渊区；

（4）不管晶体由哪些原子组成，只要布喇菲格子相同，其倒格子就相同，布里渊区的形状也就相同。

布里渊区的概念非常重要，在以后的章节中会经常用到。下面给出四个典型结构的倒格子和布里渊区。

（1）简单立方结构原胞基矢：

$$\boldsymbol{a}_1 = a\hat{i},\quad \boldsymbol{a}_2 = a\hat{j},\quad \boldsymbol{a}_3 = a\hat{k}$$

简单立方结构倒格子基矢：

$$\boldsymbol{b}_1 = \frac{2\pi}{a}\hat{i},\quad \boldsymbol{b}_2 = \frac{2\pi}{a}\hat{j},\quad \boldsymbol{b}_3 = \frac{2\pi}{a}\hat{k}$$

倒格子原胞体积：

$$\Omega^* = \boldsymbol{b} \cdot (\boldsymbol{b}_2 \times \boldsymbol{b}_3) = \left(\frac{2\pi}{a}\right)^3$$

因此，简单立方结构的倒格子仍为简单立方结构。

（2）面心立方的倒格子是体心立方，其第一布里渊区是截角八面体（十四面体，图 1-39）。

第一布里渊区体积为 $\Omega^* = \dfrac{(2\pi)^3}{\Omega} = 4\left(\dfrac{2\pi}{a}\right)^3$，式中 Ω 为正格子原胞体积：$\Omega = \dfrac{1}{4}a^3$。

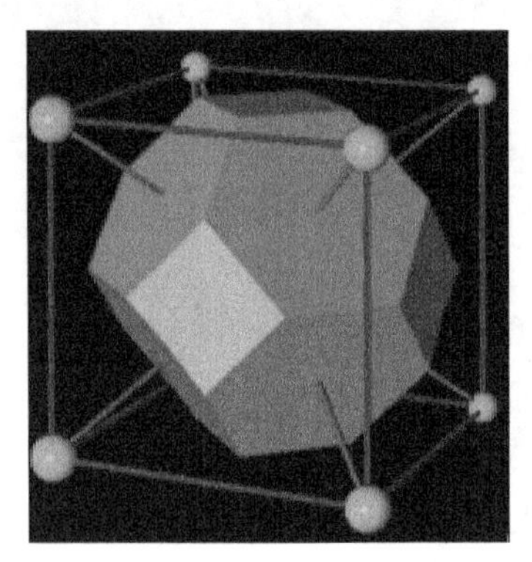

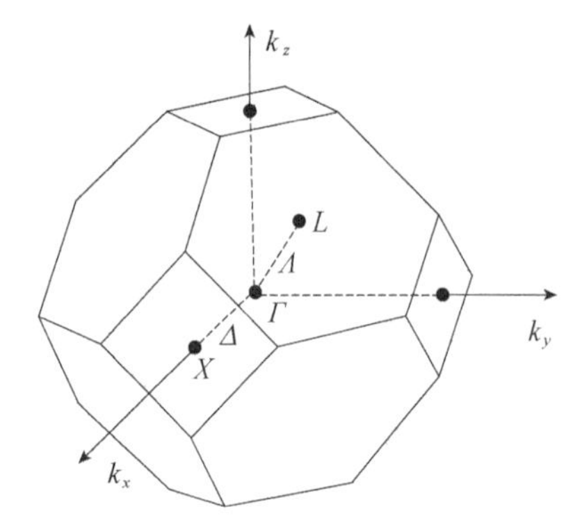

图 1-39　面心立方结构的倒格子和布里渊区

（3）体心立方的倒格子是面心立方，其第一布里渊区是菱形十二面体（图 1-40）。

第一布里渊区体积为 $\Omega^* = \dfrac{(2\pi)^3}{\Omega} = 2\left(\dfrac{2\pi}{a}\right)^3$，式中 Ω 为正格子原胞体积：$\Omega = \dfrac{1}{2}a^3$。

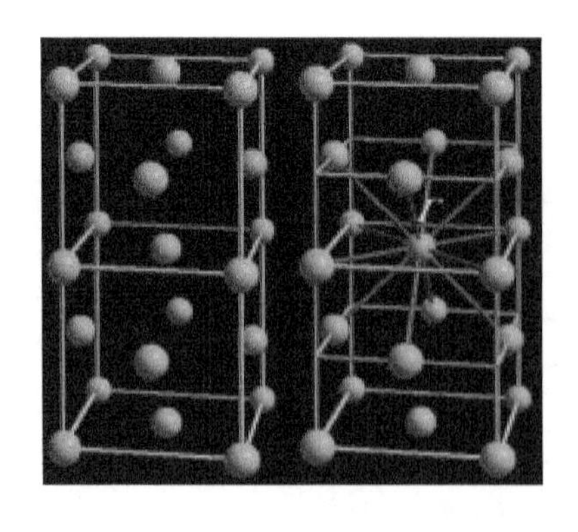

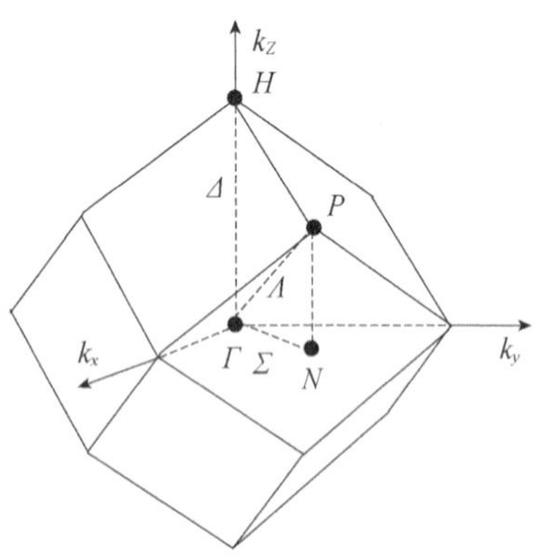

图 1-40　体心立方结构的倒格子和布里渊区

（4）简单六角结构和六角密堆积结构。

如按图 1-41 选取坐标和基矢，简单六角晶体的原胞基矢为

$$\boldsymbol{a}_1 = a\hat{i}$$

$$\boldsymbol{a}_2 = -\frac{1}{2}a\hat{i} + \frac{\sqrt{3}}{2}a\hat{j}$$

$$\boldsymbol{a}_3 = c\hat{k}$$

其原胞体积为

$$\Omega = \boldsymbol{a}_1 \cdot (\boldsymbol{a}_2 \times \boldsymbol{a}_3) = a\hat{i} \cdot \left[\left(-\frac{1}{2}a\hat{i} + \frac{\sqrt{3}}{2}a\hat{j}\right) \times c\hat{k}\right] = \frac{\sqrt{3}}{2}a^2 c$$

其倒格子基矢为

$$\boldsymbol{b}_1 = 2\pi\frac{(\boldsymbol{a}_2 \times \boldsymbol{a}_3)}{\Omega} = 2\pi\frac{\left(-\frac{1}{2}a\hat{i} + \frac{\sqrt{3}}{2}a\hat{j}\right) \times c\hat{k}}{\frac{\sqrt{3}}{2}a^2 c} = \frac{2\pi}{a}\hat{i} + \frac{2\pi}{\sqrt{3}a}\hat{j}$$

$$\boldsymbol{b}_2 = 2\pi\frac{(\boldsymbol{a}_3 \times \boldsymbol{a}_1)}{\Omega} = 2\pi\frac{(c\hat{k} \times a\hat{i})}{\frac{\sqrt{3}}{2}a^2 c} = \frac{4\pi}{\sqrt{3}a}\hat{j}$$

$$\boldsymbol{b}_3 = 2\pi\frac{(\boldsymbol{a}_1 \times \boldsymbol{a}_2)}{\Omega} = 2\pi\frac{a\hat{i} \times \left(-\frac{1}{2}a\hat{i} + \frac{\sqrt{3}}{2}a\hat{j}\right)}{\frac{\sqrt{3}}{2}a^2 c} = \frac{2\pi}{c}\hat{k}$$

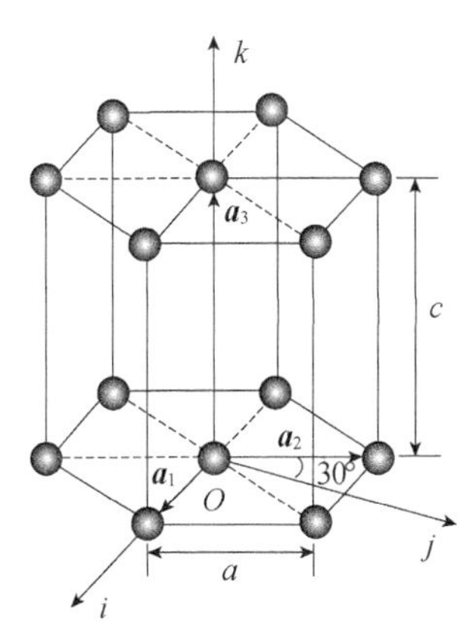

图 1-41　简单六角结构原胞的选取方法

因此，简单六角结构的倒格子仍为六角结构，其第一布里渊区体积为

$$\Omega^* = \frac{(2\pi)^3}{\Omega} = \frac{16\sqrt{3}\pi^3}{3a^2 c}$$

六角密堆积结构是一个复式格子，原胞中有两个不等价的 A 原子和 B 原子，

如图 1-42 所示，由两个简单六角布喇菲格子套构在一起而成，O 处原子到 O'处原子之间平移矢量为

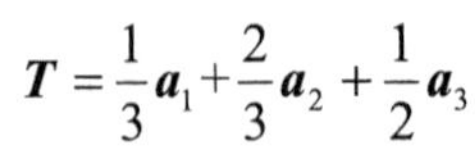

$$\boldsymbol{T}=\frac{1}{3}\boldsymbol{a}_1+\frac{2}{3}\boldsymbol{a}_2+\frac{1}{2}\boldsymbol{a}_3$$

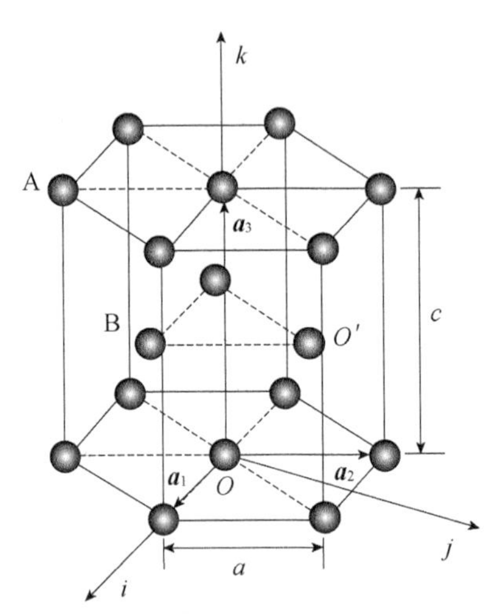

图 1-42　六角密堆积结构原胞的选取方法

六角密堆积结构与简单六角结构的布喇菲原胞相同，只是六角密堆积结构的基元内有 2 个原子，而晶胞内有 6 个原子。其倒格子仍是六角结构，如仍按上述六角结构选取坐标和基矢的方法，那么，六角密堆积结构的倒格子基矢形式和前者一样。基矢不管如何选取，其体积也跟简单六角结构的第一布里渊区体积一样，仍为

$$\Omega^*=\frac{(2\pi)^3}{\Omega}=\frac{16\sqrt{3}\pi^3}{3a^2c}$$

1.8　X 射线衍射和晶体结构的实验确定

一般而言，一项重大的科学发现往往会同时给人类提供一项重要的研究手段。例如 X 射线、电子、中子这几种波长与晶格常数相同量级的电磁波或粒子束就成为探测晶体结构的有效方法。

1895 年德国物理学家伦琴（W. C. Roentgen）在研究真空管放电时发现了一种看不见的射线，即 X 射线，并因此获得了 1901 年度诺贝尔物理学奖。几个月后，X 射线就应用到医学领域和金属零部件的内部探伤，产生了 X 射线透射学。

由于 X 射线的波长在 0.1 nm 左右，恰与晶体中原子的间距在同一数量级，因此，晶体可以作为 X 射线的衍射光栅。基于此，1912 年德国物理学家劳厄（M. V. Laue）发现了 X 射线在晶体中的衍射现象，而且弗里德里希（W. Friedrich）和尼平（P. Knipping）用实验证实了劳厄的想法，建立了劳厄衍射方程，从而揭示了 X 射线的本质是波长与原子间距同一量级的电磁波，并获得了 1914 年度诺贝尔物理学奖。劳厄方程为研究晶体的衍射提供了有效方法，由此产生了 X 射线衍射学。

1913 年英国物理学家布拉格父子（W. H. Bragg 和 W. L. Bragg）首次利用 X 射线测定了 NaCl 和 KCl 的晶体结构，提出了晶面"反射"X 射线的新假设，导出简单实用的布拉格反射方程。布拉格由此获得了 1915 年度诺贝尔物理学奖。

随着 20 世纪七八十年代中期实验技术的进步，使得人们能够获得平行度和偏振性更好、具有很宽的连续谱，并且能够选择波长的同步辐射 X 射线光源，X 射线源的亮度也得到了极大的提高。极高亮度的同步辐射 X 射线大大缩短了数据采集时间，并且显著提高了测量的精度，在实验和理论方面做出了许多重要的工作，使得 X 射线衍射成为揭示物质结构最重要、最基本的实验方法。

晶格的周期性特征决定了晶格可以作为波的衍射光栅：晶体中原子间距的数量级为 10^{-10} m，因此所用波的波长应小于 10^{-10} m。由原子物理学知道，X 射线是由被高电压 U 加速的电子，打击在靶极物质上而产生的一种电磁波。X 射线的光子能量最大值为 $h\nu_{\max}=eU$，对应的 X 射线的最短波长为 $\lambda_{\min}=\dfrac{c}{\nu}=\dfrac{ch}{h\nu}=\dfrac{ch}{eU}\approx\dfrac{12000}{U}$，式中加速电压 U 以伏特（V）为单位，波长以埃（Å）为单位，在通常的 X 射线晶体衍射中，U～40 kV，产生的 X 射线波长 λ～0.3 Å。

1.8.1　晶体中 X 射线的衍射方程

由于 X 射线源和晶体的距离，以及观测点和晶体的距离都比晶体的线度大很多，因此入射线和衍射线都可以看成波矢为 $\boldsymbol{k}$ 的平行光线。如果不考虑康普顿效应，X 射线和晶体中电子的相互作用就没有能量损失，散射前后的波长可认为保持不变。为简单起见，这里只讨论晶体由同一种原子组成的布喇菲格子，而且所有的原子均位于原胞的顶点位置，即任一原子的位矢 $\boldsymbol{R}_m$ 可表示为

$$\boldsymbol{R}_m=m\boldsymbol{a}_1+n\boldsymbol{a}_2+p\boldsymbol{a}_3 \tag{1.28}$$

晶体中任意两个原子 A、B 产生的散射波的相位差为（图 1-43(a)）

$$\Delta\varphi=\frac{2\pi}{\lambda}(AC+AD)=(\boldsymbol{k}-\boldsymbol{k}_0)\cdot\boldsymbol{R}_m \tag{1.29}$$

在 $\boldsymbol{k}$ 方向散射波的幅度为来自两个原子散射波的幅度之和，即

$$A(\boldsymbol{k}) = \alpha_A + \alpha_B e^{i(\boldsymbol{k}-\boldsymbol{k}_0)\cdot \boldsymbol{R}_m} \tag{1.30}$$

其中α_A, α_B分别为原子A、B产生的散射波的幅度，因为晶体由同种原子组成，则$\alpha_A = \alpha_B = \alpha$。所有原子对$\boldsymbol{k}$方向散射波的幅度为

$$A(k) = \sum_{j=1}^{N} \alpha_j e^{i(\boldsymbol{k}-\boldsymbol{k}_0)\cdot \boldsymbol{R}_j} \tag{1.31}$$

$\boldsymbol{k}$方向的衍射强度$I(\boldsymbol{k})$为

$$I(\boldsymbol{k}) \propto |A(\boldsymbol{k})|^2 = \sum_{j,j'\neq j} \alpha_j \alpha_{j'} e^{i(\boldsymbol{k}-\boldsymbol{k}_0)\cdot(\boldsymbol{R}_j - \boldsymbol{R}_{j'})} \tag{1.32}$$

由衍射光强分布，可以得到关于晶体结构（原子排列方式）的信息。

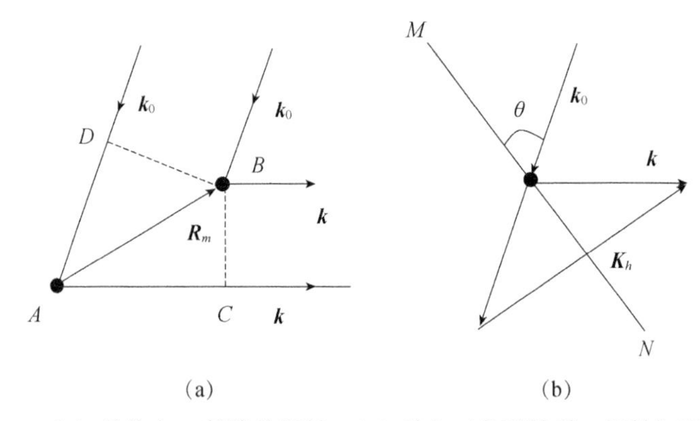

图1-43　（a）晶体中X射线的衍射；（b）波矢三角形关系，衍射加强的条件可转化为晶面的反射条件

1. 衍射加强条件——劳厄衍射方程

由图1-43（a）所示，两个原子A、B产生的散射波的相位差的表示式（1.29）可知，满足衍射加强的条件为

$$\Delta\varphi = (\boldsymbol{k} - \boldsymbol{k}_0)\cdot \boldsymbol{R}_m = 2\pi S_m \tag{1.33}$$

其中S_m为整数或零。若$\boldsymbol{k} = 2\pi\hat{s}/\lambda$，$\boldsymbol{k}_0 = 2\pi\hat{s}_0/\lambda$，$\hat{s}_0$，$\hat{s}$分别为入射波与散射波方向的单位矢量，衍射加强条件可改写为

$$(\hat{s} - \hat{s}_0)\cdot \boldsymbol{R}_m = \lambda S_m \tag{1.34}$$

上式称为劳厄衍射方程。

我们再来看衍射加强条件$(\boldsymbol{k}-\boldsymbol{k}_0)\cdot \boldsymbol{R}_m = 2\pi S_m$，其中$\boldsymbol{R}_m$为晶格中的位矢（即正格矢），因此，这里的$(\boldsymbol{k}-\boldsymbol{k}_0)$相当于倒格矢，即

$$(\boldsymbol{k} - \boldsymbol{k}_0) = m\boldsymbol{K}_h \tag{1.35}$$

上式称倒格子空间的衍射方程（也称倒格子空间的布拉格反射公式）。其意义是：当衍射波矢和入射波矢相差倒格矢的整数倍时，就满足衍射加强条件，如图1-43（b）所示。

先考虑 m=1 的情况：$(\boldsymbol{k}-\boldsymbol{k}_0)=\boldsymbol{K}_h$，此式表示 $\boldsymbol{k}_0, \boldsymbol{k}, \boldsymbol{K}_h$ 围成一个三角形（图 1-43（b））。由于（假设）反射前后波长保持不变，即 $\boldsymbol{k}_0$ 和 $\boldsymbol{k}$ 的大小相等，所以上述三角形是等腰三角形。因此，$\boldsymbol{K}_h$ 的垂直平分线必然平分 $\boldsymbol{k}_0$ 和 $\boldsymbol{k}$ 间的夹角。

2. 布拉格反射公式

倒格矢 $\boldsymbol{K}_h$ 与晶面指数为$(h_1h_2h_3)$的晶面族正交。图 1-43（b）中与纸面垂直的平面 MN 与晶面族$(h_1h_2h_3)$平行，式$(\boldsymbol{k}-\boldsymbol{k}_0)=\boldsymbol{K}_h$ 又把衍射加强的条件更为形象地表示为：$\boldsymbol{k}$ 可以认为是 $\boldsymbol{k}_0$ 经过晶面$(h_1h_2h_3)$的反射而成。衍射极大的方向正好是晶面族的反射方向，称为布拉格反射。

图 1-43（b）所示的等腰三角形关系，$mK_h=2k\sin\theta$，或 $mK_h=2(2\pi/\lambda)\sin\theta$，由于 $K_h=2\pi/2\pi d_{h_1h_2h_3}$，所以 $2d_{h_1h_2h_3}\sin\theta=m\lambda$，其中 $d_{h_1h_2h_3}$ 为晶面族（$h_1h_2h_3$）的相邻面间距，m 代表衍射级次。这就是晶体学中经常用到的布拉格反射公式。它和倒格子空间布拉格反射公式是对应的。

3. 反射球的概念

反射球（也称埃瓦尔德球（Ewald sphere））是 X 射线晶体衍射中一个很重要的基本概念，它把晶体的衍射条件和衍射照片上的斑点联系起来。考虑一级反射情况（m=1），即 $\boldsymbol{k}-\boldsymbol{k}_0=\boldsymbol{K}_h$。因为 $\boldsymbol{k}_0, \boldsymbol{k}, \boldsymbol{K}_h$ 围成一个等腰三角形，所以，$\boldsymbol{K}_h$ 两端的倒格点自然落在以 $\boldsymbol{k}_0$ 和 $\boldsymbol{k}$ 的交点 C 为中心、$2\pi/\lambda$ 为半径的球面上。反之，落在上述球面上的倒格点满足 $\boldsymbol{k}-\boldsymbol{k}_0=\boldsymbol{K}_h$，这个倒格点（对应一个倒格矢）所对应的晶面将产生反射，所以这样的球称为反射球（图 1-44）。

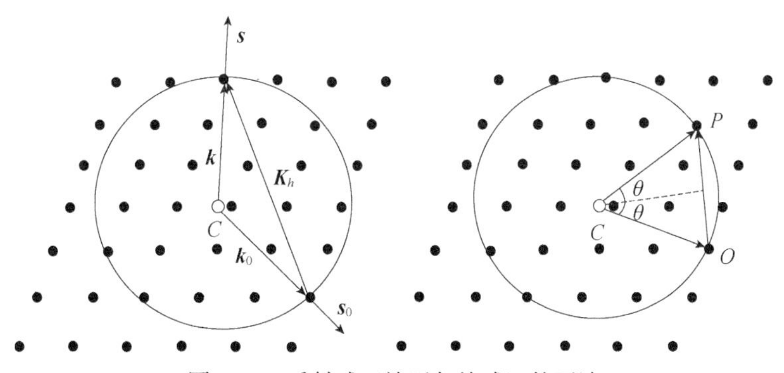

图 1-44　反射球（埃瓦尔德球）的画法

如图 1-44 所示，反射球的作法：设入射线沿 CO 方向，O 是一个倒格点（即晶体所在的位置），λ 是 X 射线的波长，则以 C（不一定是倒格点）为中心，以 $CO=2\pi/\lambda$ 为半径所作的球就是反射球。

若 P 是球面上的一个倒格点，则 CP 就是以 OP 为倒格矢的一族晶面$(h_1h_2h_3)$的反射方向，图中的虚线（倒格矢 OP 的垂直平分线）就是晶面$(h_1h_2h_3)$的迹。对于一级反射（m=1），OP 之间不含倒格点。如果 m=2，即对于二级反射，OP 之间应该还有一个倒格点。如果晶体不动，一族晶面不能产生不同的反射级，除非所用的 X 射线不是严格的平行光，或者所用的 X 射线不是单色光（即多个波长）。在实际的衍射测量中，经常会出现多级反射。对于一族晶面，如果 θ 或 λ 改变，则 m 就会等于不同的整数，不同的反射级落在照片上的不同位置。但不能理解为 $d=d_{h_1h_2h_3}$ 时，为一级反射，$d=2d_{h_1h_2h_3}$ 时产生二级反射。

4. X 射线衍射常用实验方法

X 射线和晶体的相互作用，是基于原子中电子对 X 射线的散射。散射的强度决定于原子中电子的数目和分布情况。由于原子间距和 X 射线的波长具有相同的量级，所以各个原子的散射又互相干涉，在一定的方向构成衍射极大。X 射线的衍射图形在一定程度上反映晶格中原子的排列情况，可以用来分析晶体中原子的排列，从而确定晶体的结构。常用的 X 射线衍射方法有如下几种。

1）劳厄法

采用波长连续变化的 X 射线照射固定不动的单晶体。连续谱的波长有一个范围，从 λ_0（短波限）到 λ_m。图 1-45（a）为倒格点以及两个极限波长反射球的截面。大球以 B 为中心，其半径为 $2\pi/\lambda_0$；小球以 A 为中心，其半径为 $2\pi/\lambda_m$。在这两个球之间，以线段 AB 上的点为球心有无限多个球，其半径从 BO 连续变化到 AO。凡是落到这两个球面之间的区域的倒格点，均满足布拉格反射条件，它们将与对应某一波长的反射球面相交而获得衍射。图 1-45（b）是作者利用劳厄衍射方法测得的稀土铁基氧化物 $TbFeO_3$ 单晶劳厄衍射图。

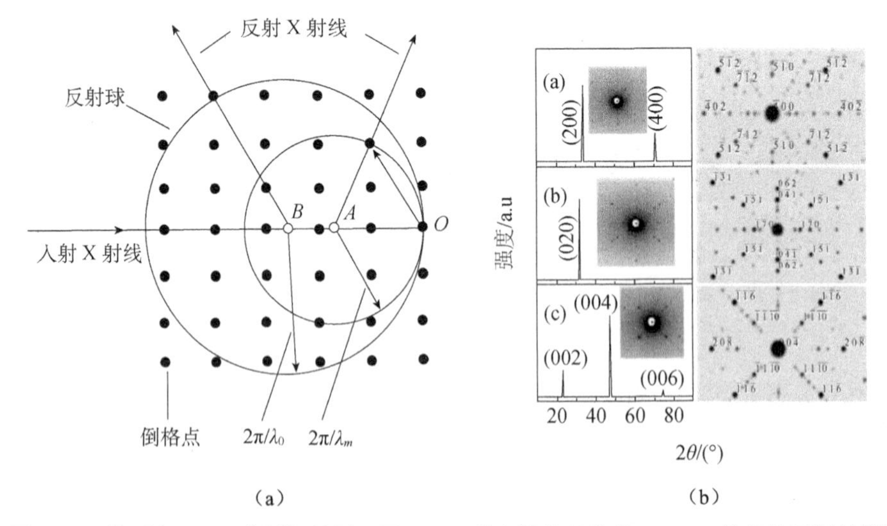

图 1-45　劳厄法：（a）劳厄衍射原理图；（b）稀土铁基氧化物 $TbFeO_3$ 单晶劳厄衍射图[1]

2）转动晶体法

转动晶体法采用波长一定的特征 X 射线照射转动的单晶体，并用一张以旋转轴为中轴的圆筒形底片来记录。晶体绕晶轴旋转相当于其倒格点围绕过原点 O 并与反射球相切的一根轴转动，于是某些格点将瞬时地通过反射球面。凡是倒格矢 $\boldsymbol{K}_h$ 的数值小于反射球直径（$K_h=2\pi/d\leqslant4\pi/\lambda$）的那些倒格点，都有可能与球面相遇而产生衍射，如图 1-46 所示。

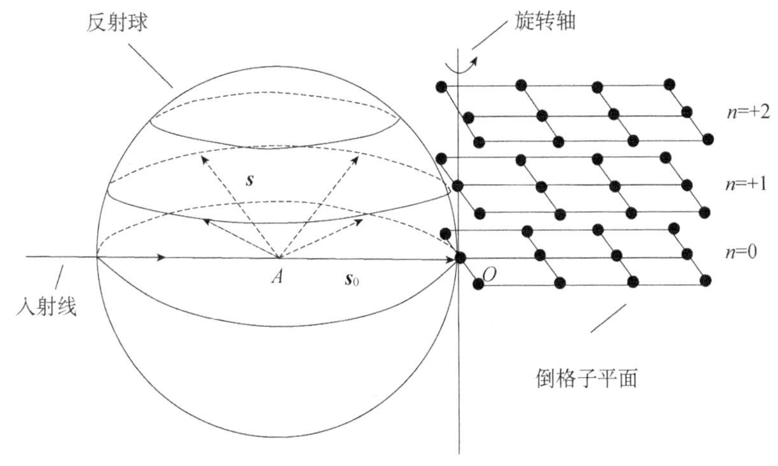

图 1-46　转动晶体法，图中 $\boldsymbol{s}$ 和 $\boldsymbol{s}_0$ 分别代表入射 X 射线波矢和反射 X 射线波矢方向

3）多晶粉末法

多晶粉末法采用波长为 λ 的特征 X 射线照射晶体，所谓多晶体是数量众多的单晶小颗粒的堆积体，也就是无数个单晶体围绕所有可能的轴取向随机且混乱的集合体。同一晶面族的倒格矢长度相等，但不同小单晶颗粒的方位不同，其倒格矢量的端点构成一球面，即倒易球，如图 1-47（a）所示，O 为倒易球的球心位置，倒易球的半径为 $2\pi/d_{hkl}$，d_{hkl} 的面指数为（hkl）。

晶面的面间距。O^* 为反射球的球心位置，反射球的半径为 $2\pi/\lambda$。不同晶面族所对应的倒易球与反射球相交的圆环（图中虚线所示）满足布拉格反射条件，产生衍射，这些圆环与反射球中心连起来构成反射圆锥，如图 1-47（a）所示。图 1-47（b）是作者利用多晶粉末 X 射线衍射方法测得的 $Ni_{50-x}Cu_xMn_{38}Sn_{12}$($x$=0, 2, 4, 6)合金多晶粉末 X 射线衍射图。

5. 近代的电子衍射和中子衍射是 X 射线衍射方法测定晶体结构的重要补充

电子衍射：电子衍射是以电子束直接入射在晶体上而形成的。电子束的德布罗意（de Broglie）波的波长 $\lambda=h/p$，而 $p^2/(2m)=eU$，其中 U 是电子的加速电压，因此

$$\lambda_{\min} = \frac{h}{(2meU)^{1/2}} \approx \left(\frac{150}{U}\right)^{1/2} \quad (\text{Å}) \tag{1.36}$$

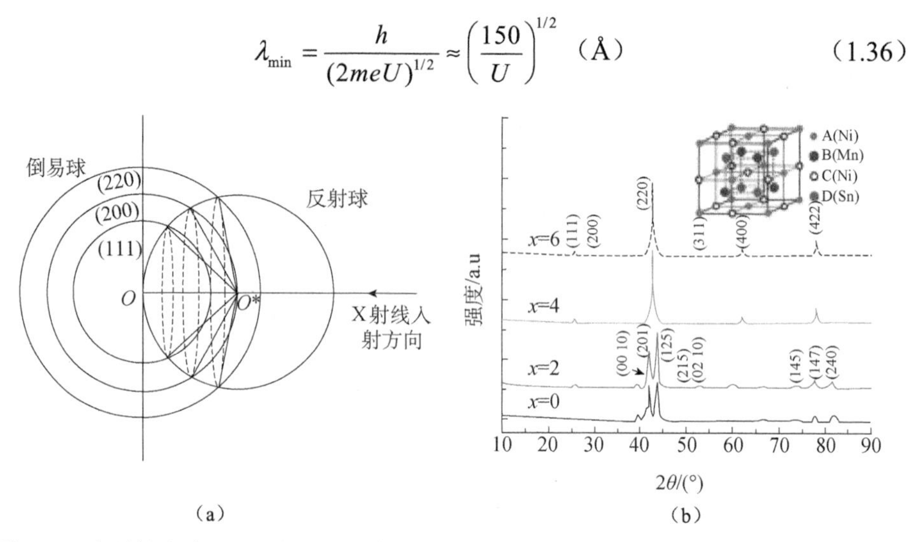

图 1-47　多晶粉末法：（a）多晶粉末法衍射原理图；（b）室温下测得的 $Ni_{50-x}Cu_xMn_{38}Sn_{12}$ (x=0, 2, 4, 6)合金多晶粉末 X 射线衍射图，右上角结构对应于 x=6 的合金样品，是一种面心立方复式格子，不同的 Cu 掺杂，衍射峰发生变化，晶体结构发生转变[2]

显而易见，使用 150 V 的加速电压即能产生波长为 1 Å 的电子波，而产生 X 射线的情况则需要约 12000 V。因此，能量在 20～300 eV 范围的低能电子束适合用于晶体结构的研究。电子衍射是探测物质结构的又一个重要手段。20 世纪 80 年代，第一个二十面体相的 AlMn 合金准晶结构就是由电子衍射获得的。由于电子带负电荷，电子与固体中的原子核和电子都有很强的相互作用。即电子波不仅受到电子的散射，而且也受到带正电荷的原子核的散射，所以电子波在晶体中的透射能力很弱，通常只有几个原子层间距的量级。实际科研工作中常用 50～100 keV 的高能电子束，正入射时的透射深度约为 500 Å；如果有小角倾斜，只能穿透大约 50 Å。因此，电子束衍射主要应用于薄膜样品或晶体表面结构的研究。在此基础上构造了高分辨电子显微镜，其分辨率可达 0.1～0.2 nm，能够直接得到层内原子排列的图像，并从已知的放大倍数推断相应的晶体结构参数。

将高能电子束掠入射到样品表面，研究其反射信号的方法称为反射式高能电子衍射（reflected high energy electron diffraction，RHEED）。高能电子的平均自由程远大于低能电子的平均自由程，但由于采用掠入射方式，在垂直表面方向对样品的穿透深度也只有几个原子层的量级。由于 RHEED 对表面形貌的变化非常敏感，常用于晶体表面成核、薄膜样品的生长等研究。

此外，对于块体样品，还可以通过减薄样品的方法利用透射电子显微镜（transmission electron microscope，TEM）研究晶体的结构。如图 1-48 所示，O 点为反射球的球心，也是放置样品的位置。N_{hkl} 是晶面（hkl）的法线方向，倒格矢

K_{hkl}平行于晶面（hkl）的法线方向。由于入射电子波长λ很短（如 100 kV 加速电压下，电子波长仅为 0.0370 Å），因此反射球（也称为埃瓦尔德球，其半径为 $2\pi/\lambda$）接近于平面。当晶体中有多个晶面同时满足衍射条件时，反射球球面上有多个倒易杆，从光源 O 点出发，从而形成以 O'为中心，多个像点（斑点）分布四周的图谱，这就是该晶体的衍射花样图谱。此时，O^*和 G 点均是倒格点，为虚拟存在的点，而像点 O'和 G'则已经是实空间中呈现出的真实的点了，这样反射球上的倒格点通过投影转换到了实空间。在透射电子显微镜实验中，电子波长短、衍射角 2θ 很小，在 10^{-3}～10^{-2} rad 量级范围，可以近似认为$\triangle OO^*G$ 相似于$\triangle OO'G'$，由此可得

$$\frac{R}{L}=\frac{K_{hkl}}{2\pi/\lambda}$$

$$R = L\lambda\frac{K_{hkl}}{2\pi} \tag{1.37}$$

式中 L 为样品到成像点中心的距离，称为相机长度；$L\lambda$ 则称为相机常数。这里应该强调一下，（1.37）式中出现 2π 的原因是本书定义的倒格子基矢含有系数 2π，因此反射球半径是$2\pi/\lambda$，而不是$1/\lambda$。

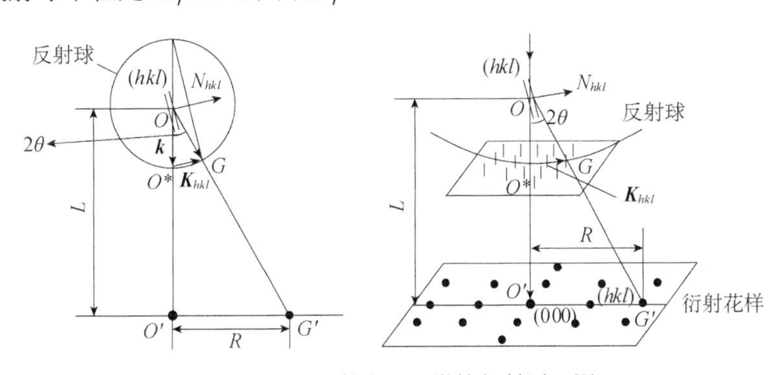

图 1-48　透射电子显微镜衍射原理图

根据（1.37）式，可将实空间中呈现的某一衍射斑点 G'到透射电子中心点 O'的距离 R 和倒空间中倒格矢的长度 K_{hkl}通过相机常数 $L\lambda$ 联系在一起，即晶体中的微观结构可通过测定电子衍射花样（在实空间中呈现），经过转换，获得倒格子的相应参数，再由倒格子的定义就可推知各衍射晶面之间的相对位向关系，从而获得晶体的结构参数。应该指出的是，在倒空间中，图 1-48 中画出的是倒易杆，而不是倒格点，这是因为透射电子显微技术采用的样品是薄样品（200 nm 左右的厚度，这样的样品厚度才能保证电子束穿透样品成像），而二维薄样品晶体的倒格点表现出倒易杆。图中衍射花样就是这些倒易杆与反射球球面相交的点在实空间（如底片）上呈现的衍射斑点。图 1-49（a）是关于 $La_{2-2x}Sr_{1+2x}Mn_2O_7$ 单晶再入型电荷有序相变的电子衍射实验结果。

中子衍射：中子质量约为电子质量的 2000 倍。如果能量相同，则中子波长约为电子波长的 $1/2000^{1/2}$。能量为 0.08 eV 的中子，其波长约为 1 Å，与室温（300 K）下的热运动能量（k_BT=0.026 eV）同数量级，这种中子称为热中子，特别适合于对晶体中晶格振动的研究。中子不带电荷，主要是受原子核的散射。中子衍射的强弱与原子序数有密切的关系，特别适合对原子序数相近的原子或同位素的分辨。对于较轻的原子（从氢到碳），中子衍射的分辨率远高于 X 射线，作为重要的补充手段，常用于决定氢、碳等原子序数小的轻原子在晶格中的位置。值得注意的是，因为中子还具有磁矩，与晶体中的原子磁矩有强的相互作用，尤其适用于确定磁性原子在晶格中的位置。在研究磁性材料的磁结构，即原子磁矩的取向、排列、磁相变等方面，中子衍射有着非常重要且不可替代的作用。图 1-49（b）是作者利用 $Co_4Nb_2O_9$ 样品测得的中子衍射图，根据图谱可以分析样品的磁结构类型，插图是通过衍射数据拟合得到的其磁结构中 Co1 和 Co2 离子磁矩的大小。

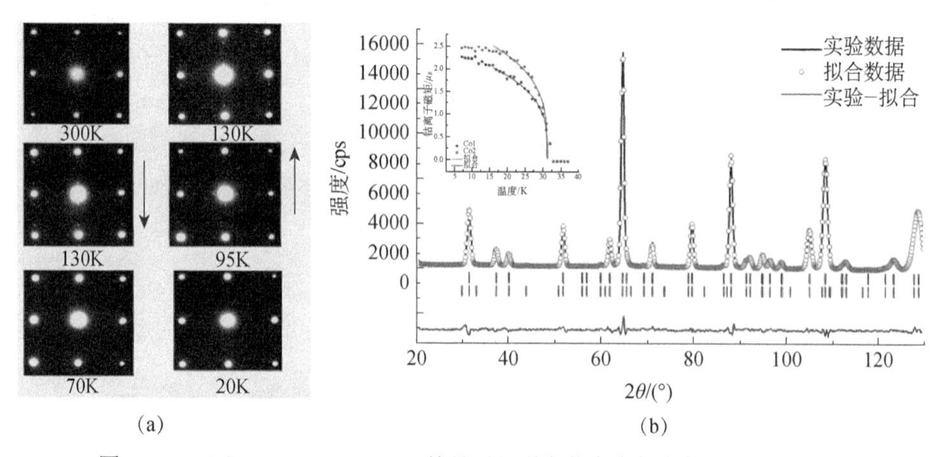

图 1-49　（a）$La_{2-2x}Sr_{1+2x}Mn_2O_7$ 单晶再入型电荷有序相变的电子衍射图；（b）$Co_4Nb_2O_9$ 样品的中子衍射图[3]（彩图见封底二维码）

1.8.2　原子散射因子和几何结构因子

晶体对 X 射线的衍射，可以归结为晶体内每个原子对 X 射线的散射。原子的散射是原子内每个电子对 X 射线的散射。由于原子的线度和 X 射线的波长具有相同的数量级，所以应该考虑各部分电子云的散射波之间的相互干涉。

1. *原子散射因子定义*

原子散射因子定义：整个原子内所有电子相干散射波的合成振幅与一个假设位于原子核处电子的散射振幅之比。

由于电子数目和分布的情况不同，不同原子的散射因子也不同，即不同原子对 X 射线的散射能力不同。

2. *原子散射因子的计算方法*

如以原子核为原点，由于一个位于 $\boldsymbol{r}$ 处的电子与位于原点的电子对波矢为 $\boldsymbol{k}$ 的散射波的相位差为 $\delta=(\boldsymbol{k}-\boldsymbol{k}_0)\cdot\boldsymbol{r}$，可得原子散射因子 $f=\sum_j \alpha \mathrm{e}^{\mathrm{i}(\boldsymbol{k}-\boldsymbol{k}_0)\cdot\boldsymbol{r}_j}/\alpha$ $=\sum_j \mathrm{e}^{\mathrm{i}(\boldsymbol{k}-\boldsymbol{k}_0)\cdot\boldsymbol{r}_j}$。设 $\rho(\boldsymbol{r})\mathrm{d}\tau$ 是电子分布函数，则原子散射因子为

$$f=\int \mathrm{e}^{\mathrm{i}(\boldsymbol{k}-\boldsymbol{k}_0)\cdot\boldsymbol{r}}\rho(\boldsymbol{r})\mathrm{d}\tau \tag{1.38}$$

原子散射因子除与具体的原子结构有关外，还与散射波的方向有关。如图 1-50 所示，将 z 轴取为沿 $\boldsymbol{k}-\boldsymbol{k}_0$ 方向，令 $\boldsymbol{K}=\boldsymbol{k}-\boldsymbol{k}_0=K\hat{s}$，$\hat{s}$ 为沿 z 轴单位矢量，则 $(\boldsymbol{k}-\boldsymbol{k}_0)\cdot\boldsymbol{r}=Kr\cos\theta$，采用球坐标系，如果电子的分布函数是球面对称的，则（1.38）式可以化为

$$\begin{aligned} f&=\int_0^{\infty}\int_0^{2\pi}\int_0^{\pi}\rho(\boldsymbol{r})\mathrm{e}^{\mathrm{i}Kr\cos\theta}r^2\sin\theta\mathrm{d}\theta\mathrm{d}\varphi dr=-2\pi\int_0^{\infty}\int_0^{\pi}\rho(\boldsymbol{r})r^2\frac{1}{\mathrm{i}Kr}\mathrm{de}^{\mathrm{i}Kr\cos\theta}\mathrm{d}r\\ &=-2\pi\int_0^{\infty}\rho(\boldsymbol{r})r^2\frac{1}{\mathrm{i}Kr}\left[\mathrm{e}^{-\mathrm{i}Kr}-\mathrm{e}^{\mathrm{i}Kr}\right]\mathrm{d}r\\ &=\int_0^{\infty}4\pi\rho(\boldsymbol{r})r^2\frac{\sin(Kr)}{Kr}\mathrm{d}r \end{aligned} \tag{1.39}$$

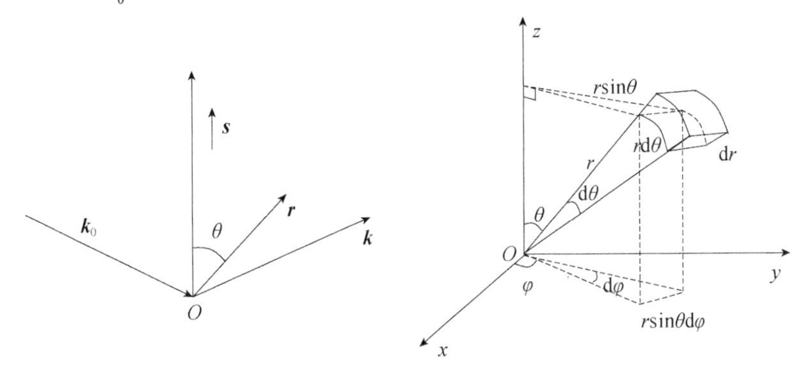

图 1-50　原子散射因子的计算

如果引入径向分布函数：$U(\boldsymbol{r})=4\pi r^2\rho(\boldsymbol{r})$，于是 $U(\boldsymbol{r})\mathrm{d}r$ 就表示电子在半径为 $\boldsymbol{r}$ 和 $\boldsymbol{r}+\mathrm{d}\boldsymbol{r}$ 的球壳内的分布概率。则

$$f=\int_0^{\infty}U(\boldsymbol{r})\frac{\sin(Kr)}{Kr}\mathrm{d}r \tag{1.40}$$

对于前向散射，$\boldsymbol{k}=\boldsymbol{k}_0$，$K=0$，$\sin(Kr)/(Kr)=1$，于是就有 $f=\int_0^{\infty}U(\boldsymbol{r})\mathrm{d}r=Z$。$Z$ 为散射中心包含的电子数，如散射中心为中性原子，则 Z 为原子序数。即沿入射方向，原子散射波的振幅等于各个电子散射波的振幅之和。一般情况下，只有知道了电子的分布函数，才能够计算原子散射因子的值。量子力学中采用哈特里自恰场的方法已经将许多原子的电子分布函数计算出来，因此，可以计算绝大多数

原子的散射因子。也就是说，由量子力学的计算能够预测原子散射因子。反之，如果实验上测定了原子散射因子，也可以用来检验理论计算结果。

应用傅里叶变换可得，$U(\boldsymbol{r})=\dfrac{2r}{\pi}\int_0^{\infty}Kf\sin(Kr)\mathrm{d}r$，因此，从实验上测量的原子散射因子，可用来求出电子在原子内的分布情况。

晶格结构在X射线衍射中的作用：①从结构分析的角度来看，对于布喇菲格子，如果只要求反映周期性，则原胞中只包含一个原子，因而如果决定了基矢，也就决定了原胞的几何结构；②对于复式格子，不仅要确定基矢，而且要确定晶胞中原子的相对位置，才能决定其几何结构。因此，决定晶胞结构不仅要研究衍射斑点（条纹）的位置，而且要研究其相对强度。劳厄方程和布拉格反射决定了来自各个散射中心的衍射加强条件，至于满足这一条件是否一定相应于一个明锐的衍射斑点（条纹），还要看在这一条件下来自各个散射中心的散射波叠加之后的振幅。如这一散射振幅为零，尽管满足劳厄方程或布拉格反射条件，仍然观察不到衍射斑点（条纹）。散射中心自身的散射本领是由几何结构因子所表达的，正如原子散射因子描写原子的散射本领一样。

3. 几何结构因子定义

几何结构因子的定义：对于一定的入射方向，晶胞中所有原子或离子沿某一方向散射波的振幅与一个电子的散射波的振幅之比。

几何结构因子不仅与晶胞内原子的散射因子有关，而且还依赖于晶胞内原子的相对排列情况。同时，也与所考虑的衍射方向有关。

我们知道，原胞反映晶格的周期性，而晶胞同时还能够反映晶体的特殊对称性。因此，在讨论几何结构因子时，通常采用结晶学原胞（晶胞）。即使对于布喇菲格子，一个晶胞中也会包含多个原子。在整个晶体中，各晶胞中的相应原子都各自分别组成一个子晶格，这些子晶格具有相同的周期性。

4. 几何结构因子的计算方法

可以将几何结构因子直接用晶胞内原子或离子的散射因子表述如下：

$$F(\boldsymbol{K})=\sum_j f_j \mathrm{e}^{\mathrm{i}\boldsymbol{K}\cdot\boldsymbol{R}_j} \tag{1.41}$$

这里$\boldsymbol{K}=\boldsymbol{k}-\boldsymbol{k}_0$为散射波与入射波的波矢之差，而$\boldsymbol{R}_j$为晶胞中所包含原子或离子的位矢。通常取晶胞的某一顶角为原点，而将原子位矢用晶胞基矢表示：$\boldsymbol{R}_j=u_j\boldsymbol{a}+v_j\boldsymbol{b}+w_j\boldsymbol{c}$，其中系数$u_j, v_j, w_j$为一些有理分数。例如，常见晶胞中原子、离子的位置表示可用原子或离子在晶胞中的相对坐标来表示。如CsCl型晶胞中含有两个离子，各离子的坐标如下：

$$(000),\quad \left(\frac{1}{2},\frac{1}{2},\frac{1}{2}\right)$$

由于在衍射极大方向必须满足 $\boldsymbol{k}-\boldsymbol{k}_0=\boldsymbol{K}_{h'k'l'}=m\boldsymbol{K}_{hkl}$，其中 $\boldsymbol{K}_{hkl}$ 为相对于晶胞基矢建立的倒格子在该方向的最短倒格矢，在计算几何结构因子时，(1.41）式中 $\boldsymbol{K}$ 须代之以 $\boldsymbol{K}_{h'k'l'}$，否则没有实际意义。根据几何结构因子表达式，衍射波幅可以表示为

$$A(\boldsymbol{k})\propto\sum_{P=1}^{N}F_P\mathrm{e}^{\mathrm{i}\boldsymbol{K}_{h'k'l'}\cdot\boldsymbol{R}_P} \tag{1.42}$$

其中 $\boldsymbol{R}_P$ 为第 P 个晶胞的位矢，求和对整个晶体中的所有晶胞进行，F_P 包含对一个晶胞内所有原子或离子求和。衍射波的强度正比于几何结构因子的平方，即

$$\begin{aligned}&I(\boldsymbol{k})\propto\left|A(\boldsymbol{k})\right|^2\\&I(\boldsymbol{k})\propto\sum_{P=1}F_PF_{P'}{}^{*}\mathrm{e}^{\mathrm{i}\boldsymbol{K}_{h'k'l'}\cdot(\boldsymbol{R}_P-\boldsymbol{R}_{P'})}\end{aligned} \tag{1.43}$$

(1.43）式中 $\boldsymbol{K}_{h'k'l'}$ 是基矢为 $\boldsymbol{a}^*,\boldsymbol{b}^*,\boldsymbol{c}^*$ 的倒格矢，必有 $\mathrm{e}^{\mathrm{i}\boldsymbol{K}_{h'k'l'}\cdot(\boldsymbol{R}_P-\boldsymbol{R}_{P'})}=1$。而且每个晶胞的几何结构因子 F 都相同，从而可得

$$\begin{aligned}I(\boldsymbol{k})&=I_{h'k'l'}\propto F(\boldsymbol{K}_{h'k'l'})F^*(\boldsymbol{K}_{h'k'l'})\\&=\left[\sum_j f_j\cos 2\pi m(hu_j+kv_j+lw_j)\right]^2+\left[\sum_j f_j\sin 2\pi m(hu_j+kv_j+lw_j)\right]^2\end{aligned} \tag{1.44}$$

因此，如果已知原子散射因子 f_j，就可以由衍射强度推出晶胞中原子的排列情况。反之，已知晶胞中原子的排列规则，也可以决定衍射加强和消失的规律。

5. 几种常见晶体结构的衍射消失条件

下面分别讨论以下三种典型晶体结构的衍射消失条件。

1）体心立方结构

体心立方晶胞中包含两个原子，坐标分别为 $(0,0,0),\left(\frac{1}{2},\frac{1}{2},\frac{1}{2}\right)$，代入（1.44）式可得

$$I_{hkl}\propto f^2\left[1+\cos\pi m(h+k+l)\right]^2+f^2\left[\sin\pi m(h+k+l)\right]^2 \tag{1.45}$$

在（1.45）式中，当 $m(h+k+l)$=奇数时，$I_{hkl}=0$；当 $m(h+k+l)$=偶数时，$I\propto 4f^2$。因此，对于单一元素组成的体心立方晶体，衍射面指数之和 $m(h+k+l)$为奇数的衍射（也称反射）消失（也称消光）。

2）面心立方结构

面心立方晶胞中包含 4 个原子，坐标分别为 $(0,0,0),\left(\frac{1}{2},\frac{1}{2},0\right),\left(\frac{1}{2},0,\frac{1}{2}\right)$,

$\left(0,\frac{1}{2},\frac{1}{2}\right)$，代入（1.44）式可得

$$\begin{aligned}I_{hkl} &\propto f^2[1+\cos\pi m(h+k)+\cos\pi m(k+l)+\cos\pi m(l+h)]^2 \\ &+f^2[\sin\pi m(h+k)+\sin\pi m(k+l)+\sin\pi m(l+h)]^2\end{aligned} \tag{1.46}$$

由（1.46）式分析可知，对于面心立方结构，衍射面指数中 mh，mk，ml 部分为偶数（包括零）、部分为奇数的衍射消失。

3）金刚石结构

金刚石结构晶胞中包含 8 个原子，坐标分别为 $(0,0,0)$, $\left(\frac{1}{4},\frac{1}{4},\frac{1}{4}\right)$, $\left(\frac{1}{2},\frac{1}{2},0\right)$, $\left(\frac{1}{2},0,\frac{1}{2}\right)$, $\left(0,\frac{1}{2},\frac{1}{2}\right)$, $\left(\frac{1}{4},\frac{3}{4},\frac{3}{4}\right)$, $\left(\frac{3}{4},\frac{3}{4},\frac{1}{4}\right)$, $\left(\frac{3}{4},\frac{1}{4},\frac{3}{4}\right)$

代入（1.41）式可得

$$\begin{aligned}F_{HKL} &= \sum_j f_j \mathrm{e}^{\mathrm{i}\boldsymbol{K}\cdot\boldsymbol{R}_j} = \sum_j f_j \mathrm{e}^{\mathrm{i}2\pi m(hu_j+kv_j+lw_j)} \\ &= f\left[1+\mathrm{e}^{\mathrm{i}\frac{\pi}{2}m(h+k+l)}+\mathrm{e}^{\mathrm{i}\pi m(h+k)}+\mathrm{e}^{\mathrm{i}\pi m(h+l)}+\mathrm{e}^{\mathrm{i}\pi m(k+l)}\right. \\ &\quad \left.+\mathrm{e}^{\mathrm{i}\frac{\pi}{2}m(h+3k+3l)}+\mathrm{e}^{\mathrm{i}\frac{\pi}{2}m(3h+3k+l)}+\mathrm{e}^{\mathrm{i}\frac{\pi}{2}m(3h+k+3l)}\right] \\ &= f\left[1+\mathrm{e}^{\mathrm{i}\frac{\pi}{2}m(h+k+l)}\right]\left[1+\mathrm{e}^{\mathrm{i}\pi m(h+k)}+\mathrm{e}^{\mathrm{i}\pi m(h+l)}+\mathrm{e}^{\mathrm{i}\pi m(k+l)}\right]\end{aligned} \tag{1.47}$$

根据（1.47）式，讨论 mh, mk, ml 可能出现的情况：

（1）mh, mk, ml 中两个是奇数，一个是偶数，这时 $F=0, I=0$；

（2）mh, mk, ml 中两个是偶数，一个是奇数，这时 $F=0, I=0$；

（3）mh, mk, ml 均为偶数，但 $m(h+k+l)/2$ 为奇数，这时 $F=0, I=0$；

（4）mh, mk, ml 均为偶数，且 $m(h+k+l)/2$ 为偶数，这时 $F=8f$, $I\propto 64f^2$；

（5）mh, mk, ml 均为奇数，这时 $F=4(1\pm\mathrm{i})f$, $I\propto 32f^2$。

由上述分析可知，金刚石型结构衍射强度 $I_{hkl}\neq 0$ 的条件：衍射面指数 mh, mk, ml 都是奇数；或衍射面指数 mh, mk, ml 都是偶数（包括零），且 $m(h+k+l)/2$ 也是偶数。

对于不同种原子（离子）组成的复式格子，有些衍射峰会产生部分消光，如 NaCl 和 KBr 晶体，碱金属离子和卤族离子各自组成一套面心格子的子晶格，如果其中一个在立方体顶角，则另三个在立方体面心，它们的坐标分别为(0,0,0), (1/2,0,1/2), (1/2,1/2,0), (0,1/2,1/2)和(1/2,1/2,1/2), (1/2,0,0), (0,1/2,0), (0,0,1/2)。设碱金属离子和卤族离子的原子散射因子分别为 f_1 和 f_2，由（1.41）式可求出其几何结构因子和衍射强度。其几何结构因子为

$$\begin{aligned} F_{HKL} &= \sum_j f_j \mathrm{e}^{\mathrm{i}\boldsymbol{K}\cdot\boldsymbol{R}_j} = \sum_j f_j \mathrm{e}^{\mathrm{i}2\pi m(hu_j+kv_j+lw_j)} \\ &= \sum_j f_1 \mathrm{e}^{\mathrm{i}2\pi m(hu_j+kv_j+lw_j)} + \sum_j f_2 \mathrm{e}^{\mathrm{i}2\pi m(hu_j+kv_j+lw_j)} \\ &= f_1\left[1+\mathrm{e}^{\mathrm{i}\pi m(h+k)}+\mathrm{e}^{\mathrm{i}\pi m(h+l)}+\mathrm{e}^{\mathrm{i}\pi m(k+l)}\right] \\ &\quad + f_2\left[\mathrm{e}^{\mathrm{i}\pi m(h+k+l)}+\mathrm{e}^{\mathrm{i}\pi ml}+\mathrm{e}^{\mathrm{i}\pi mk}+\mathrm{e}^{\mathrm{i}\pi mh}\right] \end{aligned} \tag{1.48}$$

由（1.48）式可知，当 mh, mk, ml 均为偶数时，$F = 4(f_1 + f_2)$，其衍射强度为 $I \propto 16(f_1 + f_2)^2$；当 mh, mk, ml 均为奇数时，$F = 4(f_1 - f_2)$，其衍射强度为 $I \propto 16(f_1 - f_2)^2$。

对于 NaCl 晶体，Cl^-和 Na^+的散射因子非常接近，因此，当 mh, mk, ml 均为奇数时，$I \propto 16(f_1 - f_2)^2 \approx 0$。但对于 KBr 晶体来说，$Br^-$和 K^+的散射因子很不相同，因而，当 mh, mk, ml 均为奇数时，$I \propto 16(f_1 - f_2)^2 \neq 0$，但相比于 mh, mk, ml 均为偶数时的情况，衍射强度会弱很多，这可从图 1-51 关于 KBr 晶体的 X 射线衍射实验中很明显地观察到：(111), (311), (331)等衍射面指数全为奇数时的衍射峰强度明显弱于(200), (220), (222), (420)等衍射面指数全为偶数时的衍射峰强度。

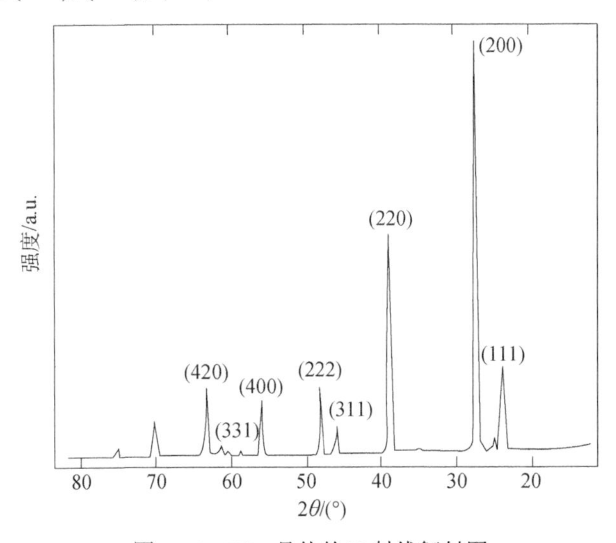

图 1-51　KBr 晶体的 X 射线衍射图

习　　题

1.1　氯化钠型结构与金刚石型结构是复式格子还是布喇菲格子？各自的基元是什么？写出这两种结构的原胞与晶胞基矢。设晶格常数为 a。

1.2　下图中分别是边长为 a 的有心和无心两种正六边形二维格子，它们是布喇菲格子还是复式格子？应如何选取其基矢和原胞？

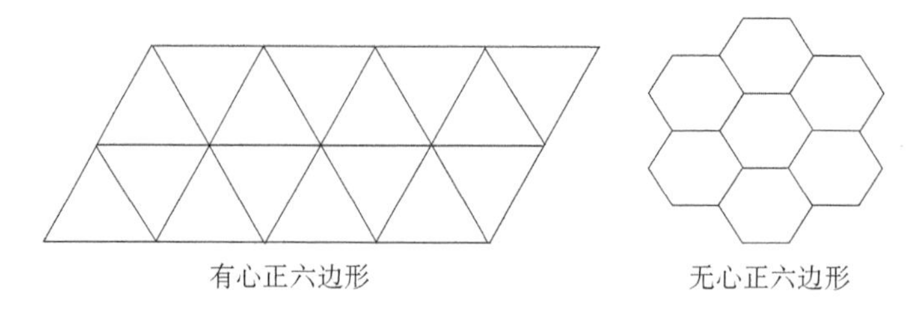

1.3　底心四方、面心四方和底心立方格子可以转化成哪种布喇菲格子？

1.4　若在面心立方结构的体心位置上也有一个原子，试确定此结构的布喇菲格子的原胞，以及每个基元内包含几个原子，设立方体边长为 a。

1.5　在六角晶系中晶面常用 4 个指数$(hkil)$来表示，如图所示，前三个指数表示晶面族中最靠近原点的晶面在互成 120° 的共平面轴 $\boldsymbol{a}_1, \boldsymbol{a}_2, \boldsymbol{a}_3$ 上的截距分别为 $a_1/h, a_2/k, a_3/i$，第 4 个指数表示该晶面在六重轴 c 上的截距，其值为 c/l。证明：$i=-(h+k)$，并将下列用(hkl)表示的晶面

$$(001), (\bar{1}33), (1\bar{1}0), (3\bar{2}3), (100), (010), (\bar{2}\bar{1}3)$$

改用$(hkil)$表示。

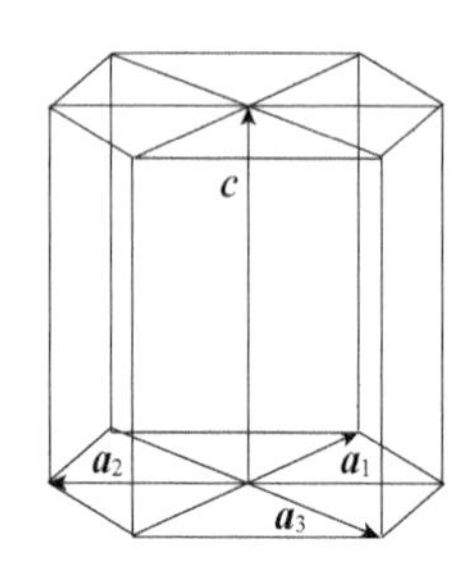

1.6　已知面心立方结构的晶格常数为 a，试求（110）和（111）晶面族的原子数面密度。

1.7　证明：理想六角密堆积结构的 c/a 是 $\sqrt{\frac{8}{3}}\approx 1.633$。

1.8　金刚石结构中，其四面体键之间的夹角同立方体体对角线之间的夹角相等，利用初等矢量分析方法求出这个夹角的大小。

1.9　如果将等体积硬球分别排成下列结构，设 x 表示硬球所占体积与总体积之比，证明：

（1）简单立方结构的 $x=\frac{\pi}{6}\approx 0.52$；

（2）体心立方结构的 $x=\frac{\sqrt{3}\pi}{8}\approx 0.68$；

（3）面心立方结构的 $x=\frac{\sqrt{2}\pi}{6}\approx 0.74$；

（4）六角密堆积结构的 $x=\dfrac{\sqrt{2}\pi}{6}\approx 0.74$；

（5）金刚石结构的 $x=\dfrac{\sqrt{3}\pi}{16}\approx 0.34$。

1.10　晶体宏观对称性的基本对称操作有哪些？并证明：由于受到周期性的限制，晶体中只能有 1, 2, 3, 4, 6 重旋转对称轴，5 重和大于 6 重的对称轴不存在。

1.11　证明：面心立方结构的倒格子是体心立方结构。

1.12　考虑晶面$(h_1\,h_2\,h_3)$，证明：

（1）倒格矢 $\boldsymbol{K}(h_1h_2h_3)=h_1\boldsymbol{b}_1+h_2\boldsymbol{b}_2+h_3\boldsymbol{b}_3$ 垂直于这族平面$(h_1\,h_2\,h_3)$；

（2）两个相邻晶面的面间距 $d(h_1\,h_2\,h_3)$为

$$d(h_1h_2h_3)=\frac{2\pi}{|\boldsymbol{K}(h_1h_2h_3)|}$$

1.13　四方晶系中原胞基矢表达式为

$$\boldsymbol{a}=a\hat{i},\ \boldsymbol{b}=a\hat{j},\ \boldsymbol{c}=c\hat{k}$$

（1）给出其倒格子基矢；

（2）推导出四方晶系中晶面的面间距表达式。

1.14　证明晶面族（hkl）的面间距：

（1）对晶格常数为 a 的简单立方晶体，有

$$d(hkl)=\frac{a}{\sqrt{h^2+k^2+l^2}}$$

（2）对基矢为 $\boldsymbol{a}_1,\boldsymbol{a}_2,\boldsymbol{a}_3$ 的正交晶系，有

$$d(hkl)=\frac{1}{\sqrt{\left(\dfrac{h}{a_1}\right)^2+\left(\dfrac{k}{a_2}\right)^2+\left(\dfrac{l}{a_3}\right)^2}}$$

1.15　六角晶格的基矢可以取为

$$\boldsymbol{a}=\frac{\sqrt{3}a}{2}\hat{i}+\frac{a}{2}\hat{j},\quad \boldsymbol{b}=-\frac{\sqrt{3}a}{2}\hat{i}+\frac{a}{2}\hat{j},\quad \boldsymbol{c}=c\hat{k}$$

试求：

（1）原胞的体积；

（2）倒格子基矢，并由此说明其倒格子是什么结构；

（3）第一布里渊区体积。

1.16　如果平面正三角形结构相邻原子间距为 a。

（1）试求正格子原胞基矢和倒格子原胞基矢；

（2）画出第一和第二布里渊区，求第一布里渊区内切圆的半径。

1.17　证明：第一布里渊区的体积为

$$\Omega^{*}=\frac{(2\pi)^{3}}{\Omega}$$

式中 Ω 是晶体原胞的体积。

1.18　证明：劳厄方程与布拉格公式是一致的。

1.19　证明：在氯化钠型离子晶体中晶面族(hkl)的衍射强度为

$$I_{hkl}\propto\begin{cases}\left|f_{\mathrm{A}}+f_{\mathrm{B}}\right|^{2}, & \text{当}(hkl)\text{为偶数时}\\ \left|f_{\mathrm{A}}-f_{\mathrm{B}}\right|^{2}, & \text{当}(hkl)\text{为奇数时}\\ 0, & \text{其他情况}\end{cases}$$

式中 f_{A}、 f_{B} 分别为正、负离子的散射因子。

1.20　金刚石的晶体结构是一类典型的结构，如果晶胞是惯用立方体，晶胞由八个原子组成。

（1）给出这个晶胞的结构因子。

（2）求结构因子的诸零点并证明金刚石结构所允许的反射满足 $h+k+l=4n$，且所有指数都是偶数，n 是任何整数；或者所有指数都是奇数。

1.21　分别给出体心立方和面心立方晶胞的几何结构因子和消光条件。

1.22　如果简单立方晶体的晶格常数为 a，入射光束与衍射光束之间的夹角为 2θ，证明：

$$\sin\theta=\frac{\lambda}{2a}\sqrt{h^{2}+k^{2}+l^{2}}$$

式中(hkl)为米勒指数，λ为入射光波长。

1.23　下图是单斜原胞基矢的取法，三个基矢的长度及其之间的夹角分别为 $a_1=4\ \text{Å}, a_2=6\ \text{Å}, a_3=8\ \text{Å}, \alpha=\beta=90°, \gamma=120°$，试求：

（1）倒格子原胞基矢；

（2）倒格子的原胞体积（即布里渊区体积）；

（3）（210）晶面族的面间距；

（4）（210）晶面反射的布拉格角（已知入射 X 射线波长 λ＝1.54 Å）。

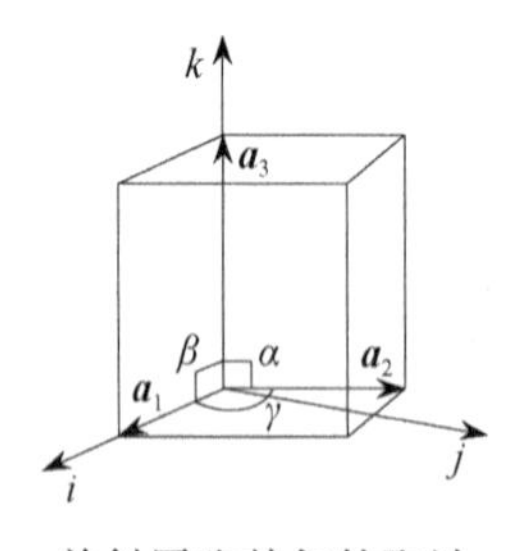

单斜原胞基矢的取法

1.24　体心立方晶体铁（Fe）的（110）晶面产生 X 射线衍射的布拉格角为 22°，X 射线波长为 λ＝1.54 Å，试计算：

（1）Fe 的晶格常数；

（2）(111)晶面反射的布拉格角；

（3）Fe 的密度（已知 Fe 的原子量是 55.8）。

1.25　用波长 $\lambda=1.54\ \text{Å}$ 的 X 射线入射到镍(Ni)晶体上，试用布拉格公式确定，能够获得从(111), (200), (220)晶面上衍射极大值的入射角的数值（已知 Ni 为面心立方结构，晶格常数为 3.52 Å）。

1.26　在晶体的 X 射线衍射中，证明：

（1）如果 X 射线的波长改变 $\Delta\lambda$，反射线束将偏转一个角度

$$\Delta\theta = \frac{\Delta\lambda}{\lambda}\tan\theta$$

式中 θ 为布拉格角。

（2）当晶体发生体膨胀时，反射线束将偏转一个角度

$$\Delta\theta = -\frac{\beta}{3}\tan\theta$$

式中 β 是晶体的体胀系数。

习题解答提示及参考答案见封底二维码。

第 2 章　晶体的结合

本章主要内容：

本章主要介绍晶体的结合力与结合能的一般性质、晶体的五种基本结合类型及其形成晶体的基本特点。

按照能量最低原理，如果孤立原子、离子或分子能够聚合在一起形成稳定的晶体结构，那么形成晶体后的总能量应该比这些孤立粒子系统独立存在时的能量更低。正因为如此，我们可以从能量的角度来理解形成晶体的物理机制。本章首先介绍结合力与结合能的一般性质，然后再具体介绍由各种不同结合方式形成的晶体类型及其特点。

2.1　结合力和结合能的一般性质

2.1.1　晶体的结合力和结合能

晶体中原子（离子）能够结合在一起的物理根源是它们之间存在相互作用，这种相互作用就是结合力，也被称为化学键。而其结合的强弱可由结合能来表征。下面就晶体的结合力和结合能的概念给予阐述。

与气体和液体相比，在绝对零度且不受外力的条件下，固体（或晶体）材料中的原子应该处在固定的位置（不考虑零点振动能）。晶体中各个原子之间总是同时存在吸引力和排斥力，如图 2-1（a）所示。在给晶体施加拉力或者压力的情况下，晶体的宏观尺寸就会伸长或缩短，从微观角度上考虑，就是其组成粒子之间的距离变大或者变小。如果对固体没有施加外力，粒子之间的平衡间距为 r_0，此时粒子之间的吸引力和排斥力相等，粒子所受合力为零，达到平衡状态。当对固体施加拉力时，粒子的间距 $r>r_0$，这时，粒子间的吸引力大于排斥力；反之，当对固体施加压力时，粒子的间距 $r<r_0$，这时，粒子间的排斥力大于吸引力。

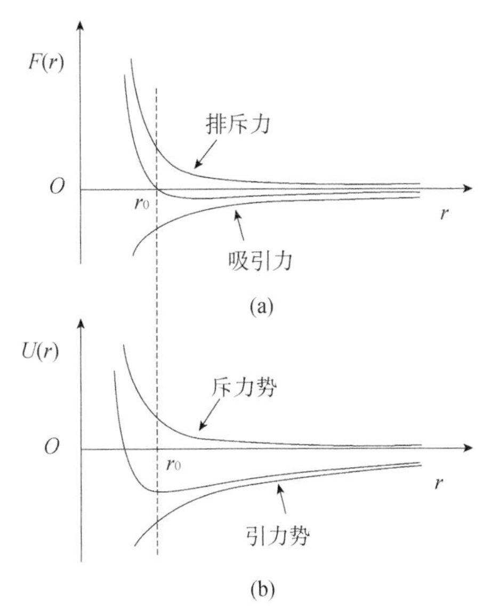

图 2-1　原子间相互作用力（a）和作用势能（b）与原子之间距离的关系

从能量角度来考虑，不管是压缩晶体还是拉伸晶体，都需要施加外力，那么外力就要对晶体做功，根据能量守恒，这部分能量传递给晶体，使晶体的内能增加。从微观上考虑，如果两粒子之间的总势能为 $U(r)$，那么两粒子之间的作用力就是

$$F(r)=-\frac{\partial U(r)}{\partial r} \tag{2.1}$$

两粒子的相互作用势包括吸引势和排斥势，实验表明吸引势和排斥势对晶体内能的贡献具体可表示为

$$u_{\text{吸引}}(r)=-\frac{A}{r^m},\quad u_{\text{排斥}}(r)=\frac{B}{r^n} \tag{2.2}$$

这里 A, B, m, n 都是大于零的常数。如图 2-1（b）所示，由于吸引势比排斥势衰减得慢，所以总有 $m<n$。两粒子间的总势能为

$$U(r)=-\frac{A}{r^m}+\frac{B}{r^n} \tag{2.3}$$

根据（2.3）式，当势能对粒子间距的一阶导数等于零时，势能取极小值，即

$$\left.\frac{\mathrm{d}U(r)}{\mathrm{d}r}\right|_{r=r_0}=0 \tag{2.4}$$

可求出平衡粒子间距 r_0

$$r_0=\sqrt[n-m]{\frac{Bn}{Am}} \tag{2.5}$$

这也是常数项 B 与平衡原子间距和常数项 A 之间的关系

$$B=\frac{Am}{n}r_0^{n-m} \tag{2.6}$$

将（2.6）式代入（2.3）式，可得平衡时的总势能

$$U_C=U(r_0)=-\frac{A}{r_0^m}\left(1-\frac{m}{n}\right) \tag{2.7}$$

晶体的内能是指晶体在平衡状态下的总能量，包括晶体中所有粒子的动能和所有粒子间的相互作用势能。对于离子晶体和分子晶体来说，价电子局域在离子或分子上，晶体总能量不必考虑价电子的贡献。在本章中，仅考虑绝对零度，即温度 T=0 K 时，体系的基态能量，同时将离子实近似看成是经典粒子，忽略量子力学零点振动能的影响。因此，离子晶体和分子晶体的内能只需计入离子实或分子间的相互作用势能 U，即 $E_0=U$。

晶体的结合能（内聚能）是指大量自由粒子结合成晶体的过程中释放出的能量。在 $r=r_0$ 处，晶体内能具有最小值 U_C ($U_C<0$)，即与分离成各个孤立原子的情况相比，各个原子聚合起来形成晶体后，系统的总能量下降$|U_C|$，常把 U_C 的绝对值称为晶体的结合能（内聚能）。$|U_C|$愈大，相应的晶体愈稳定。

另外，还有一个重要参数，即在 $r=r_m$ 处，原子间相互作用的总合力 F 也存在一个极值，r_m 可由下式决定：

$$\left.\frac{\mathrm{d}F}{\mathrm{d}r}\right|_{r=r_m}=-\left.\frac{\mathrm{d}^2U(r)}{\mathrm{d}r^2}\right|_{r=r_m}=0 \tag{2.8}$$

由此可得

$$r_m=\sqrt[n-m]{\frac{n(n+1)B}{m(m+1)A}}=r_0\sqrt[n-m]{\frac{n+1}{m+1}} \tag{2.9}$$

2.1.2　晶体结合力的来源

晶体靠结合力结合在一起，关于吸引力和排斥力的物理根源，人们自然会想到来自离子实与离子实、电子与电子、电子与离子实之间的库仑相互作用。除此之外，在后面的内容中将会看到，还有一种相互作用被称为来自原子或分子之间的电偶极矩相互作用，其本质上还是一种库仑相互作用。不管是上述哪一种相互作用产生的吸引力或排斥力，都可以归结为异性电荷之间的库仑吸引力和同性电荷之间的库仑排斥力。更深入地理解其相互作用力，还需借助于量子力学知识加以描述，如排斥力还应包括由泡利不相容原理引起的排斥。那么，磁力和万有引力是否对晶体的结合有贡献呢？实际上这两种力的贡献也是存在的，但这两种力极其微弱，一般情况下可以忽略不计。

2.1.3　晶体的物理特征量

1. 晶胞参数

在一定温度下，不受外力的晶体具有确定的晶胞参数。根据热力学原理，一旦给出内能的具体函数形式，就可根据极值条件（2.4）式 $\left.\frac{\mathrm{d}U(r)}{\mathrm{d}r}\right|_{r=r_0}=0$ 来确定晶体中的粒子平衡间距，进而可以获得晶胞参数等晶体的结构信息。

2. 体弹性模量和压缩系数

晶体的体弹性模量定义为

$$B_m=-V\left(\frac{\partial p}{\partial V}\right)_T \tag{2.10}$$

根据压力 p 与晶体内能的关系，并考虑到晶体体积是粒子间距的函数，可得

$$p=-\frac{\partial U}{\partial V}=-\frac{\partial U}{\partial r}\cdot\frac{\partial r}{\partial V} \tag{2.11}$$

在温度不变的情况下，压力对晶体的体积求导数

$$\begin{aligned}\frac{\partial p}{\partial V}&=-\frac{\partial}{\partial V}\left(\frac{\partial U}{\partial V}\right)=-\frac{\partial}{\partial V}\left(\frac{\partial U}{\partial r}\cdot\frac{\partial r}{\partial V}\right)\\&=-\frac{\partial}{\partial V}\left(\frac{\partial U}{\partial r}\right)\cdot\left(\frac{\partial r}{\partial V}\right)-\frac{\partial U}{\partial r}\cdot\frac{\partial}{\partial V}\left(\frac{\partial r}{\partial V}\right)\\&=-\frac{\partial^2 U}{\partial r^2}\cdot\frac{\partial r}{\partial V}\cdot\frac{\partial r}{\partial V}-\frac{\partial U}{\partial r}\cdot\frac{\partial^2 r}{\partial V^2}\\&=-\frac{\partial^2 U}{\partial r^2}\cdot\left(\frac{\partial r}{\partial V}\right)^2-\frac{\partial U}{\partial r}\cdot\frac{\partial^2 r}{\partial V^2}\end{aligned} \tag{2.12}$$

根据平衡时 $\frac{\partial U}{\partial r}=0$，（2.12）式可写为

$$\frac{\partial p}{\partial V}=-\frac{\partial^2 U}{\partial r^2}\cdot\left(\frac{\partial r}{\partial V}\right)^2 \tag{2.13}$$

将（2.11）式代入（2.10）式，并利用（2.13）式，则体弹性模量可表示成

$$B_m=V\left(\frac{\partial^2 U}{\partial V^2}\right)_T=V\left(\frac{\partial^2 U}{\partial r^2}\right)\left(\frac{\partial r}{\partial V}\right)^2 \tag{2.14}$$

当 $T=0$ K 时，原子间的平衡间距为 r_0，假设晶体中含有 N 个原胞，每个原胞的体积应与 r_0^3 成正比，因此，晶体的平衡体积应为

$$V_0=N\beta r_0^3 \tag{2.15}$$

其中 β 是与晶体结构有关的参数。设晶体的晶格常数为 a：

对于简单立方晶体：$\beta = 1$　$(r_0 = a)$

对于面心立方晶体：$\beta = \dfrac{\sqrt{2}}{2}$　$(2r_0 = \sqrt{2}a)$

对于体心立方晶体：$\beta = \dfrac{4\sqrt{3}}{9}$　$(2r_0 = \sqrt{3}a)$

对于氯化钠型晶体：$\beta = 2$　$(2r_0 = a)$

对于氯化铯型晶体：$\beta = \dfrac{8\sqrt{3}}{9}$　$(2r_0 = \sqrt{3}a)$

对于闪锌矿型晶体：$\beta = \dfrac{16\sqrt{3}}{9}$　$(4r_0 = \sqrt{3}a)$

将（2.15）式代入（2.14）式，计算可得平衡时晶体的体弹性模量为

$$B_m = V\left(\frac{\partial^2 U}{\partial V^2}\right) = V\left(\frac{\partial^2 U}{\partial r^2}\right)\left(\frac{\partial r}{\partial V}\right)^2 = N\beta r_0^3\left(\frac{\partial^2 U}{\partial r^2}\right)\frac{1}{(3N\beta r_0^2)^2} = \frac{1}{9N\beta r_0}\left(\frac{\partial^2 U}{\partial r^2}\right)_{r=r_0} \tag{2.16}$$

平衡原子间距为 r_0 时，（2.3）式总势能对原子间距 r 求二阶导数，并将（2.6）式代入，最后可求得

$$\begin{aligned}\left(\frac{\partial^2 U}{\partial r^2}\right)_{r=r_0} &= -\frac{m(m+1)A}{r^{m+2}} + \frac{n(n+1)B}{r^{n+2}}\bigg|_{r=r_0} \\ &= -\frac{m(m+1)A}{r_0^{m+2}} + \frac{n(n+1)}{r_0^{n+2}}\frac{mr_0^{n-m}A}{n} = \frac{m(n-m)A}{r_0^{m+2}}\end{aligned} \tag{2.17}$$

将（2.17）式代入（2.16）式，最后可得

$$B_m = \frac{1}{9N\beta r_0}\left(\frac{\partial^2 U}{\partial r^2}\right)_{r=r_0} = \frac{1}{9N\beta r_0}\frac{m(n-m)A}{r_0^{m+2}} = \frac{1}{9N\beta r_0^3}\frac{m(n-m)A}{r_0^m}$$

结合（2.7）式和（2.15）式，可将体弹性模量写成更简洁的形式，即

$$B_m = \frac{mn|U_C|}{9V_0} \tag{2.18}$$

晶体的压缩系数即为体弹性模量的倒数 $K = \dfrac{1}{B_m}$。

2.2　五种基本的晶体结合类型

按晶体结合力（或称化学键）的不同性质，可将晶体分为五种基本类型，即按离子键结合形成的离子晶体、共价键结合形成的共价晶体（原子晶体）、分子键

（范德瓦耳斯键）结合形成的分子晶体（范德瓦耳斯晶体）、金属键结合形成的金属晶体以及氢键结合形成的氢键晶体，下面逐个介绍以上五种基本的晶体结合类型。

2.2.1　离子结合与离子晶体

离子晶体是由正负离子在晶体中周期性交替排列而形成的，它们靠异号电荷之间的库仑相互作用力结合在一起。ⅠA、ⅦA 族元素形成的晶体，如 NaCl，KCl，CsCl 等都属于离子晶体。Na 原子和 Cl 原子相互靠近时，Na 原子很容易失去一个电子，形成组态为 $1s^22s^22p^6$ 的满壳层结构，而 Cl 原子得到一个电子形成组态为 $1s^22s^22p^63s^23p^6$ 的满壳层结构。元素周期表中有些元素很容易失去电子，而有些元素很容易得到电子。为了表示不同原子对价电子束缚能力的强弱，人们引入了电离能、亲和能以及电负性这三个物理量来加以描述。

1. 原子的电负性

电离能：一个中性原子失去一个电子成为正离子时所需要施加的能量。电离能可以用来表示原子对价电子束缚能力的强弱。对于容易失去电子的原子，电离能比较小；反之，电离能就比较大。

亲和能：一个中性原子从外界获得一个电子而转变成负离子时向外界释放的能量。亲和能同样可以来表示原子对价电子束缚能力的强弱。容易获得电子的原子，亲和能比较大；反之，亲和能就比较小。

电离能和亲和能这两个物理量分别从外界施加能量与向外界释放能量这两个方面来表征原子失去电子及获取电子的能力，它们都是原子对电子的吸引能力的表征，为了统一起来，人们引进了电负性的概念，并给出了具体的定义。电负性的定义形式有多种，如马利肯（R. S. Mulliken）提出的定义形式和鲍林（Pauling）提出的定义形式。

1）马利肯电负性定义

马利肯电负性定义是由马利肯提出的，定义形式比较简单，即

$$\chi = 0.18\times(\text{电离能}+\text{亲和能}) \tag{2.19}$$

这里乘以系数 0.18 的目的是让 Li 的电负性 $\chi_{\text{Li}} \approx 1$。

2）鲍林电负性定义

鲍林电负性定义形式由鲍林提出，形式稍微复杂些，表示如下：

$$\chi_A - \chi_B = 0.102\sqrt{\varDelta} \tag{2.20}$$

其中 χ_A, χ_B 为 A、B 两原子的电负性，而

$$\varDelta = E(A-B) - \sqrt{E(A-A)\times E(B-B)} \tag{2.21}$$

式中 $E(\mathrm{A-B})$，$E(\mathrm{A-A})$和 $E(\mathrm{B-B})$分别代表化合物 AB 分子中 A—B 键能以及单质分子中 A—A 键能和 B—B 键能（单位：kJ/mol）。也就是说，Δ 等于 A—B 键能与 A—A 键能和 B—B 键能的几何平均值之差。

指定最大电负性的 F 原子，其电负性值为 $\chi_{\mathrm{F}}=4$，其他原子的电负性可根据（2.20）式很容易地相对求出。例如，已知 H—F 键能、H—H 键能和 F—F 键能分别为 565 kJ/mol，436 kJ/mol 和 155 kJ/mol，则由（2.21）式可求得 $\Delta=565-\sqrt{436\times155}\approx305.04$，这样就可根据（2.20）式求出 H 原子的电负性，即 $\chi_{\mathrm{H}}=\chi_{\mathrm{F}}-0.102\sqrt{\Delta}=4-0.102\sqrt{305.04}\approx2.2$。

电负性有各种定义形式，而且不同形式得出的电负性在数值上会有所差别。尽管如此，电负性随原子序数出现规律性的变化趋势是完全一致的。从表 2-1 中可以看出，同一周期内的元素由左至右电负性逐渐增强，ⅠA 族元素的电负性为最小，而ⅦA 族元素的电负性为最大，过渡族元素的电负性数值大小比较接近。对同一族来说，自上而下电负性逐渐减弱，所以表 2-1 处在右上角的 F 元素具有最大的电负性，而处在左下角的元素的电负性最小。这种变化趋势可以这样来解释：对于具有 Z 个价电子的原子，每一个价电子不仅受到带正电的原子实的库仑吸引作用，而且还会受到其他（$Z-1$）个价电子对它的平均排斥作用，这种作用可以看作是分布在原子周围的电子云起着屏蔽原子实的作用，如果完全屏蔽，对于一价离子，价电子只受到一个正电荷$+e$ 的作用。但实际上，由于许多价电子属于同一壳层，对原子的屏蔽作用只是部分的，因此，作用在价电子的有效电荷应介于$+e$ 和$+Ze$ 之间，并随着 Z 的增大而加强。因此，价电子被束缚的强弱与原子在元素周期表中的位置相关，在同一个周期中原子束缚电子的能力从左至右不断增强，电负性逐渐增大；在同一族中元素自上而下价电子距原子核越来越远，库仑作用相对减弱，表现为电负性逐渐减弱。

表 2-2 是元素的电离能和内聚能的实验值，电离能是指电离出一个电子所需的能量（第一电离能），这里内聚能是指在绝对零度和标准大气压下固体形成孤立中性原子所需要的能量。从表 2-2 中可以看出，同一周期从左到右电离能逐渐增加。对于过渡族元素，其电离能的数值变化因内层电子对价电子的束缚而变得较为复杂。另外，从表中还可以看出，不同族之间内聚能的变化范围很宽，惰性气体晶体束缚比较弱，比主族ⅣA 族约小两个数量级，过渡族金属的内聚能比较大，可以理解为是由过渡族元素内层电子的作用造成的。

另外，在表 2-3 中给出了元素周期表中各元素的电子亲和能。

表 2-1　元素周期表中元素的电负性

Mn 1.5	→ 电负性

周期	IA	IIA	IIIB	IVB	VB	VIB	VIIB	VIII			IB	IIB	IIIA	IVA	VA	VIA	VIIA	0
1	H 2.1																	He —
2	Li 1.0	Be 1.5											B 2.0	C 2.5	N 3.0	O 3.5	F 4.0	Ne —
3	Na 0.9	Mg 1.2											Al 1.5	Si 1.8	P 2.1	S 2.5	Cl 3.0	Ar —
4	K 0.8	Ca 1.0	Sc 1.3	Ti 1.5	V 1.6	Cr 1.6	Mn 1.5	Fe 1.8	Co 1.8	Ni 1.8	Cu 1.9	Zn 1.6	Ga 1.6	Ge 1.8	As 2.0	Se 2.4	Br 2.8	Kr —
5	Rb 0.8	Sr 1.0	Y 1.2	Zr 1.4	Nb 1.6	Mo 1.8	Tc 1.9	Ru 2.2	Rh 2.2	Pd 2.2	Ag 1.9	Cd 1.7	In 1.7	Sn 1.8	Sb 1.9	Te 2.1	I 2.5	Xe —
6	Cs 0.7	Ba 0.9	La~Lu 1.1~1.2	Hf 1.3	Ta 1.5	W 1.7	Re 1.9	Os 2.2	Ir 2.2	Pt 2.2	Au 2.4	Hg 1.9	Tl 1.8	Pb 1.8	Bi 1.9	Po 2.0	At 2.2	Rn —
7	Fr 0.7	Ra 0.9	Ac~Lr 1.1															

表 2-2　元素周期表中电离能和内聚能

Mn 7.43 2.92	第一电离能 /eV 内聚能 /（eV/atom）

周期	ⅠA	ⅡA	ⅢB	ⅣB	ⅤB	ⅥB	ⅦB	Ⅷ			ⅠB	ⅡB	ⅢA	ⅣA	ⅤA	ⅥA	ⅦA	0
1	H 13.595 —																	He 24.58 —
2	Li 5.39 1.63	Be 9.32 3.32											B 8.30 5.81	C 11.26 7.37	N 14.54 4.92	O 13.61 2.6	F 17.42 0.84	Ne 21.56 0.020
3	Na 5.14 1.113	Mg 7.64 1.51											Al 5.98 3.39	Si 8.15 4.63	P 10.55 3.43	S 10.36 2.85	Cl 13.01 1.40	Ar 15.76 0.080
4	K 4.34 0.934	Ca 6.11 1.84	Sc 6.56 3.90	Ti 6.83 4.85	V 6.74 5.31	Cr 6.76 4.10	Mn 7.43 2.92	Fe 7.90 4.28	Co 7.86 4.39	Ni 7.63 4.44	Cu 7.72 3.49	Zn 9.39 1.35	Ga 6.00 2.81	Ge 7.88 3.85	As 9.81 2.96	Se 9.75 2.46	Br 11.84 1.22	Kr 14.00 0.116
5	Rb 4.18 0.852	Sr 5.69 1.72	Y 6.5 4.37	Zr 6.95 6.25	Nb 6.77 7.57	Mo 7.18 6.82	Tc 7.28 6.85	Ru 7.36 6.74	Rh 7.46 5.75	Pd 8.33 3.89	Ag 7.57 2.95	Cd 8.99 1.16	In 5.78 2.52	Sn 7.34 3.14	Sb 8.64 2.75	Te 9.01 2.19	I 10.45 1.11	Xe 12.13 0.16
6	Cs 3.89 0.804	Ba 5.21 1.90	La 5.61 4.47	Hf 7.0 6.44	Ta 7.88 8.10	W 7.98 8.90	Re 7.87 8.03	Os 8.7 8.17	Ir 9.0 6.94	Pt 8.96 5.84	Au 9.22 3.81	Hg 10.43 0.67	Tl 6.11 1.88	Pb 7.41 2.03	Bi 7.29 2.18	Po 8.43 1.5	At — —	Rn 10.74 0.202
7	Fr — —	Ra 5.28 1.66	Ac 6.9 4.25															

表 2-3　元素周期表中各元素的电子亲和能[4]

Ni 1.15 ← 电子亲和能 /eV

周期	ⅠA	ⅡA	ⅢB	ⅣB	ⅤB	ⅥB	ⅦB	Ⅷ			ⅠB	ⅡB	ⅢA	ⅣA	ⅤA	ⅥA	ⅦA	0
1	H 0.754																	He 0.078
2	Li 0.620	Be 0.24											B 0.28	C 1.268	N 0.9	O 1.462	F 3.399	Ne —
3	Na 0.546	Mg 0.32											Al 0.46	Si 1.385	P 0.743	S 2.077	Cl 3.615	Ar —
4	K 0.501	Ca —	Sc —	Ti 0.2	V 0.5	Cr 0.66	Mn —	Fe 0.25	Co 0.7	Ni 1.15	Cu 1.226	Zn 0	Ga 0.30	Ge 1.2	As 0.80	Se 2.021	Br 3.364	Kr —
5	Rb 0.486	Sr —	Y 0.03	Zr 0.5	Nb 1.0	Mo 1.0	Tc 0.7	Ru 1.1	Rh 1.2	Pd 0.6	Ag 1.303	Cd —	In 0.30	Sn 1.25	Sb 1.05	Te 1.971	I 3.061	Xe —
6	Cs 0.472	Ba —	La 0.5	Hf —	Ta 0.6	W 0.6	Re 0.15	Os 1.1	Ir 1.6	Pt 2.128	Au 2.309	Hg —	Tl 0.3	Pb 1.1	Bi 1.1	Po 1.9	At 2.8	Rn —
7	Fr —	Ra —	Ac —															

事实上，电负性小的元素容易失去电子，属于金属性元素；而电负性大的元素容易得到电子，属于非金属性元素；电负性介于金属性元素和非金属性元素之间的属于半金属性或半导体性元素。

2. 离子对的形成

如前所述，Na 原子容易失去一个电子形成满壳层结构，其对电子的束缚力很弱，电负性 $\chi=0.9$。而 Cl 原子的情况恰恰相反，很容易获得一个电子，形成满壳层结构，它对电子有很强的束缚力（$\chi=3.0$）。当这两个原子靠近时，Na 原子将一个价电子转移给 Cl 原子，分别形成 Na^+和 Cl^-，Na 原子电离掉一个价电子需要的能量为 5.14 eV，Cl 原子获得一个电子后释放的能量为 3.7 eV，在形成正、负离子对时，需要从外界输入的能量为 5.14−3.7=1.44 eV，这样一来，形成离子后，还不如两个中性原子单独存在时的能量更低，应该是不稳定的，但考虑到离子形成晶体时，NaCl 晶体的内聚能应该是库仑吸引势和排斥势的代数和，粗略估计一下，晶体平衡时 Na^+和 Cl^-最近邻（r_0=2.81 Å）的每对离子的库仑吸引势为

$$U_{吸引}(r_0)=-\frac{1}{4\pi\varepsilon_0}\frac{e^2}{r_0}(\mathrm{J})=-\frac{(1.6\times10^{-19})^2}{4\pi\times8.85\times10^{-12}\times2.81\times10^{-10}}(\mathrm{J}) \approx -5.11\ \mathrm{eV} \tag{2.22}$$

这里虽然只考虑了最近邻正、负离子对的作用势能，没有考虑排斥势能，但这个数值大小已经比较接近 NaCl 晶体的内聚能实验值（7.9 eV/分子）。因此，Na^+和 Cl^-靠近形成 NaCl 分子时，会释放 7.9−1.44=6.46 eV 的能量，即形成 NaCl 分子的势能会比两个孤立原子单独存在时的能量之和低约 6.46 eV，所以形成晶体后能量更低更稳定。

3. 离子结合

碱金属元素 Li, Na, K, Rb, Cs 和卤族元素 F, Cl, Br, I 形成的化合物，ⅡB-ⅥA 族元素形成的化合物，如 CdS, ZnSe 等都属于离子结合形成的晶体，称为离子晶体。

离子晶体的结合力主要依靠正、负离子间的静电库仑力。同性电荷产生斥力，因此，一种离子的最近邻必为异性离子，这也决定了晶格只能是复式格子。

图 2-2 分别为离子晶体 NaCl 和 CsCl 的晶体结构：在图 2-2（a）中，小球代表钠离子(Na^+)，大球代表氯离子(Cl^-)，Na^+与 Cl^-通过离子键相结合。在图 2-2（b）中小球代表铯离子(Cs^+)，大球代表氯离子(Cl^-)，Cs^+与 Cl^-也是通过离子键相结合，每个 Cs^+与 8 个 Cl^-相邻近，同样，每个 Cl^-与 8 个 Cs^+相邻近，Cs^+和 Cl^-在三维空间交替排列形成 CsCl 晶体。

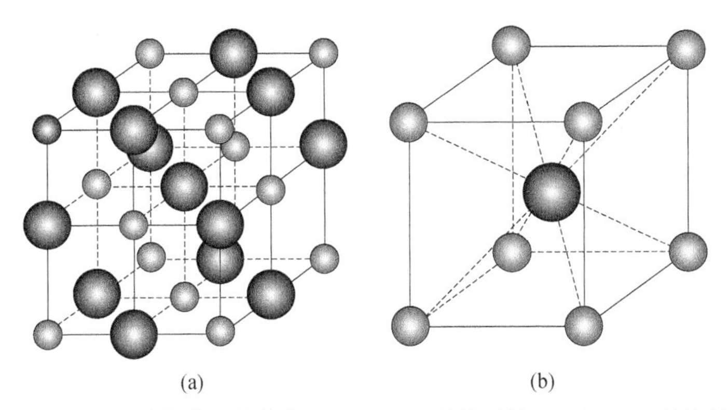

图 2-2　碱卤化合物的晶体结构：（a）NaCl 晶体结构；（b）CsCl 晶体结构

每个离子周围最近邻的离子个数称为配位数。形成离子晶体的原则：①每个离子的最近邻都是异号离子，相互间存在吸引能；②配位数越大越好。形成离子晶体结构主要有如下三种结构堆积方式，即图 2-3 所示的氯化铯型、氯化钠型和闪锌矿型的堆积方式，它们的配位数分别为 8, 6, 4。

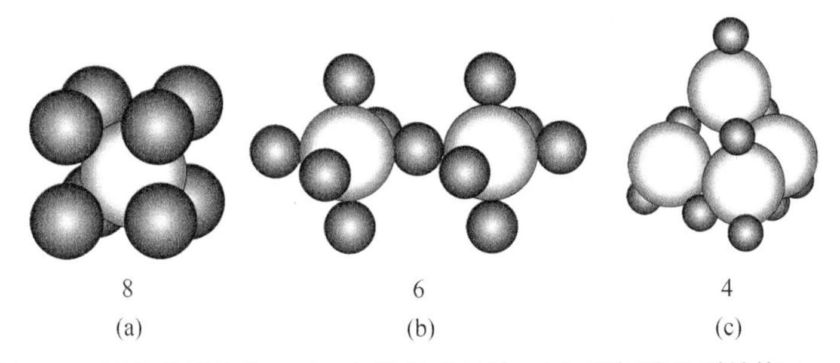

图 2-3　氯化铯型结构（a）、氯化钠型结构（b）和闪锌矿型结构（c）晶体中的离子堆积方式

在大多数情况下，可以近似认为负、正离子最近邻之间的距离为负、正离子的半径之和，负、正离子的半径之比对形成离子晶体的结构类型具有很大的影响。在离子晶体中，每个正离子周围的负离子形成一个配位多面体，而每个负离子的周围同样也形成一个相同形状的配位多面体。通常情况下，负离子的半径比正离子的半径大，一个晶体结构的临界半径之比几乎总是由正离子周围负离子的配位情况所决定，如果负离子的半径大于某一临界值，则正离子就不可能跟周围所有的负离子相接触。在配位数一定时，只有当正离子周围的负离子半径和正离子半径之比小于某个临界值时，形成的晶体结构才是稳定的。每种晶体结构类型都有一个离子半径比值的极限，高于这个比值，结构将不稳定。最稳定的结构总是具有最大容许的配位数，这是因为晶体的静电能会随着相互接触的异号离子数的增多而明显地降低。图 2-4 是氯化钠型晶体（100）面的离子分布情况。设正离子处

于立方体顶角，要求 $2r^- \leqslant d=\sqrt{2}(r^+ + r^-)$，得 $r^-/r^+ \leqslant 2.41(r^+/r^- \geqslant 0.41)$。当 $r^-/r^+ \geqslant 2.41$ 时，只能形成配位数更低的闪锌矿结构。表 2-4 中给出了不同配位数的负离子和正离子的临界半径之比。许多离子晶体的半径之比满足表格中的规则。

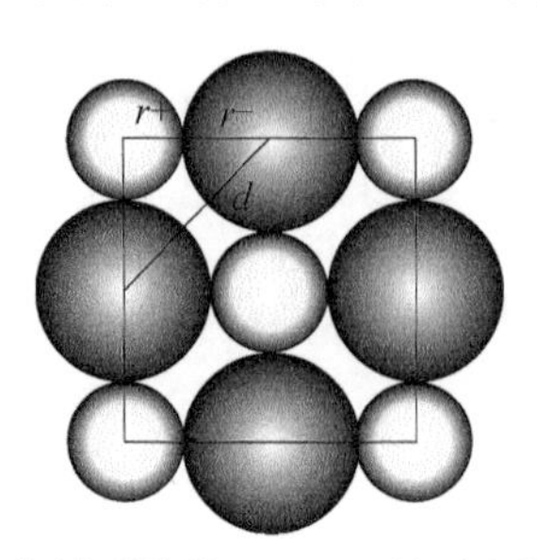

图 2-4　氯化钠型结构（100）晶面上的离子分布

表 2-4　离子晶体不同配位数的负、正离子半径之比 r^-/r^+

配位数	r^-/r^+	正离子周围负离子的配置	结构类型
8	$r^-/r^+ \leqslant 1.37$	位于立方体的顶角	氯化铯型
6	$1.37 \leqslant r^-/r^+ \leqslant 2.41$	位于八面体的顶角	氯化钠型
4	$2.41 \leqslant r^-/r^+ \leqslant 4.44$	四面体的顶角	闪锌矿型

表 2-5 给出了部分离子晶体负、正离子最近邻距离及其离子半径之比和晶体的结构类型。表 2-5 中给出的晶体结构类型一栏是按表 2-4 中负、正离子半径满足的关系计算而得到的，但并不是所有离子晶体都能满足这种关系，这说明实际晶体的结合比较复杂，离子半径并不是确定晶体结构的唯一主要因素，譬如 RbF 在表 2-5 中可归于氯化铯型结构，但实际上则属于氯化钠型结构。

表 2-5　部分离子晶体负、正离子最近邻距离 d（单位：Å）及其离子半径之比和晶体的结构类型

		$Li^+(0.60)$	$Na^+(0.95)$	$K^+(1.33)$	$Rb^+(1.48)$	$Cs^+(1.69)$
F^- (1.36)	d	2.01	2.31	2.67	2.82	3.00
	$r^- + r^+$	1.96	2.31	2.69	2.84	3.05
	r^-/r^+	2.27	1.43	1.02	0.92	0.80
	晶体结构类型	氯化钠型结构	氯化钠型结构	氯化铯型结构	氯化铯型结构	氯化铯型结构
Cl^- (1.81)	d	2.57	2.82	3.15	3.29	3.57
	$r^- + r^+$	2.41	2.76	3.14	3.29	3.50
	r^-/r^+	3.02	1.91	1.36	1.22	1.07
	晶体结构类型	闪锌矿型结构	氯化钠型结构	氯化铯型结构	氯化铯型结构	氯化铯型结构

续表

Br^- (1.95)	d	2.75	2.99	3.30	3.43	3.71
	r^-+r^+	2.55	2.90	3.28	3.43	3.64
	$r^-/r+$	3.25	2.05	1.47	1.32	1.15
	晶体结构类型	闪锌矿型结构	氯化钠型结构	氯化钠型结构	氯化铯型结构	氯化铯型结构
I^- (2.16)	d	3.00	3.24	3.53	3.67	3.95
	r^-+r^+	2.76	3.11	3.49	3.64	3.85
	r^-/r^+	3.60	2.27	1.62	1.46	1.28
	晶体结构类型	闪锌矿型结构	氯化钠型结构	氯化钠型结构	氯化钠型结构	氯化铯型结构

4. 离子晶体的马德隆（Madelung）常数

离子晶体中正、负离子在空间中周期性交替排列，所有离子之间存在静电相互作用，产生静电势能，包括最近邻、次近邻、第三近邻等。如果某一离子最近邻、次近邻、第三近邻、…的离子数分别为 n_1, n_2, n_3，…，最近邻必是异性离子，次近邻则是同性离子，正、负离子在空间交替排列。当正、负离子的电子分布具有满壳层球对称分布时，或当离子间距远大于离子半径时，正、负离子可作为点电荷处理，从而得到总的库仑相互作用势能。先看两个离子之间的库仑作用，正-负离子的库仑吸引势能为

$$u_{异号}(r) = -\frac{z_1 z_2 e^2}{4\pi\varepsilon_0 r} \tag{2.23}$$

式中 z_1，z_2 分别代表正、负离子所带电荷数。

同号离子的库仑排斥势能为

$$u_{同号}(r) = \frac{z_1 z_2 e^2}{4\pi\varepsilon_0 r} \tag{2.24}$$

当正、负离子间距小于平衡间距时，离子之间产生泡利排斥能

$$u_{排斥}(r) = \frac{b}{r^n} \tag{2.25}$$

设最近邻离子之间的距离为 r，根据（2.23）式～（2.25）式，并将离子做上标记，第 i 个离子与第 j 个离子之间的距离为 r_{ij}，则 $r_{ij}=\alpha_{ij}r$，第 i 个离子和第 j 个离子之间的相互作用势能可写成

$$u(r) = \pm\frac{z_1 z_2 e^2}{4\pi\varepsilon_0 r_{ij}} + \frac{b}{r_{ij}^n} \tag{2.26}$$

因此，N 个离子组成离子晶体的总相互作用势能可写为

$$U(r)=\frac{N}{2}\sum_{i(i\neq j)}^{N}u(r_{ij})=\frac{N}{2}\sum_{i(i\neq j)}^{N}\left(\pm\frac{z_1z_2e^2}{4\pi\varepsilon_0r_{ij}}+\frac{b}{r_{ij}^n}\right)$$
$$=\frac{N}{2}\left[\frac{z_1z_2e^2}{4\pi\varepsilon_0r}\sum_{i(i\neq j)}^{N}(\pm\frac{1}{\alpha_{ij}})+\frac{1}{r^n}\sum_{i(i\neq j)}^{N}\frac{b}{\alpha_{ij}^n}\right] \tag{2.27}$$

（2.27）式中除以 2 的原因是避免同一个相互作用势能被重复计算两次。令

$$\alpha=\sum_{i(i\neq j)}^{N}\left(\pm\frac{1}{\alpha_{ij}}\right) \tag{2.28}$$

并规定同号离子取负号，异号离子取正号，称为马德隆常数，并令

$$B=\sum_{i(i\neq j)}^{N}\frac{b}{\alpha_{ij}^n} \tag{2.29}$$

（2.27）式最后可写为

$$U(r)=-\frac{N}{2}\left(\frac{z_1z_2e^2}{4\pi\varepsilon_0r}\alpha-\frac{B}{r^n}\right) \tag{2.30}$$

式中 α 可由晶体结构求得，而 B 和 n 可由实验测定。

排斥项有时也经常写成中心力场的形式，即

$$u_{排斥}(r)=\lambda\exp(-r_{ij}/\rho) \tag{2.31}$$

排斥项来源于泡利不相容原理，也就是说离子靠近时拒绝电子云交叠，这一表达形式也是一个经验公式，式中参量 λ 和 ρ 由实验测得。在离子晶体中经常使用这种排斥项形式，是因为其近似形式优于 b/r^n 的形式。下面介绍离子晶体马德隆常数的计算方法。

5. 离子晶体的马德隆常数计算

晶体由许多晶胞组成，每个晶胞中的正、负离子数相同。选取晶胞中某一个正（或负）离子作为参考离子，如果晶胞足够大，则其他晶胞内的离子对参考离子的作用很小，作为近似，只需考虑晶胞内离子对参考离子的作用即可；如果晶胞不够大，就需要多考虑几个晶胞。以氯化钠结构为例，介绍马德隆常数的具体计算方法。

图 2-5 是一个氯化钠晶胞，选晶胞中心的空心圆为 Cl^- 作为参考离子，参考离子到其他离子的距离为

$$r_{ij}=(n_1^2+n_2^2+n_3^2)^{1/2}r=\alpha r \tag{2.32}$$

式中

$$\alpha=(n_1^2+n_2^2+n_3^2)^{1/2}$$

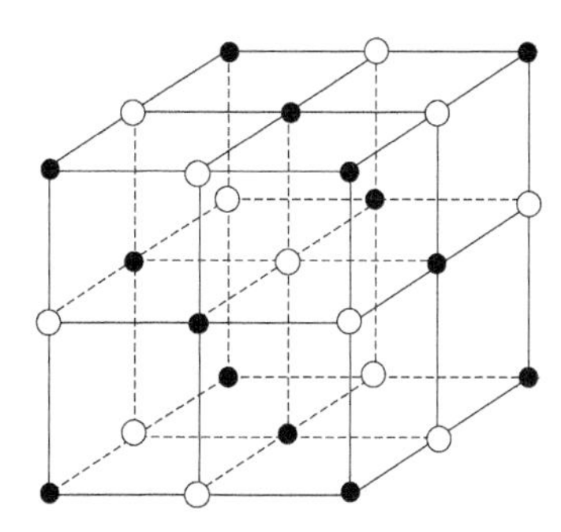

图 2-5 氯化钠晶体最近邻和次近邻原子排布情况

空心圆表示 Cl^-，实心圆表示 Na^+

参考离子的最邻近有 6 个 Na^+，以最近邻 r 为单位长度，其位置分别为(±1,0,0), (0,±1,0)，(0,0,±1)，因此可得

$$\alpha_1 = (n_1^2 + n_2^2 + n_3^2)^{1/2} = 1 \tag{2.33}$$

参考离子的次邻近有 12 个 Cl^-，其位置分别为(±1,±1,0), (±1,0,±1), (0,±1,±1)，可得

$$\alpha_2 = (n_1^2 + n_2^2 + n_3^2)^{1/2} = \sqrt{2} \tag{2.34}$$

参考离子第三邻近有 8 个 Na^+，其位置分别为(±1,±1,±1)，可得

$$\alpha_3 = (n_1^2 + n_2^2 + n_3^2)^{1/2} = \sqrt{3} \tag{2.35}$$

第四近邻共有 6 个同号负离子（图 2-5 中未显示，已经超出所选参考离子所在的晶胞），其位置分别为(±2,0,0), (0, ±2,0), (0,0, ±2)，可得

$$\alpha_4 = (n_1^2 + n_2^2 + n_3^2)^{1/2} = \sqrt{4} \tag{2.36}$$

第五近邻共有 24 个异号正离子，其位置分别为(±2, ±1, 0), (±1, ±2, 0), (±2, 0, ±1), (±1, 0, ±2), (0, ±2, ±1), (0, ±1, ±2), (±2, ∓1, 0), (∓1, ±2, 0), (±2, 0, ∓1), (∓1, 0, ±2), (0, ±2, ∓1), (0, ∓1, ±2)，可得

$$\alpha_5 = (n_1^2 + n_2^2 + n_3^2)^{1/2} = \sqrt{5} \tag{2.37}$$

以此类推，找出第 n 个紧邻离子数，将（2.33）式~（2.37）式，…，代入（2.28）式可得马德隆常数

$$\alpha = 6 - 12\times\frac{1}{\sqrt{2}} + 8\times\frac{1}{\sqrt{3}} - 6\times\frac{1}{\sqrt{4}} + 24\times\frac{1}{\sqrt{5}} + \cdots \approx 1.748 \tag{2.38}$$

几种常见离子晶体类型的马德隆常数列于表 2-6 中。

表 2-6 几种常见离子晶体类型的马德隆常数

晶体结构类型	M	晶体结构类型	M
氯化钠型结构	1.747558	纤锌矿（六角 ZnS）结构	1.641
氯化铯型结构	1.76267	萤石（CaF_2）结构	5.039
闪锌矿型结构（立方 ZnS）	1.6381	金红石（TiO_2）结构	4.816

6. 关于（2.30）式排斥项中参量 B 和 n 的实验确定

由实验确定（2.30）式中的 B 和 n 值后，就可以求出离子晶体的结合能（内聚能）。根据（2.30）式，平衡时

$$\left.\frac{\mathrm{d}U(r)}{\mathrm{d}r}\right|_{r=r_0}=-\frac{N}{2}\left(-\frac{z_1z_2e^2}{4\pi\varepsilon_0r^2}\alpha+\frac{nB}{r^{n+1}}\right)=0 \tag{2.39}$$

解得

$$B=\frac{z_1z_2e^2\alpha}{4\pi\varepsilon_0n}r_0^{n-1} \tag{2.40}$$

将（2.40）式代入（2.30）式，可求出平衡时离子晶体的结合能为

$$U_C(r_0)=-\frac{N\alpha z_1z_2e^2}{8\pi\varepsilon_0r_0}\left(1-\frac{1}{n}\right) \tag{2.41}$$

将（2.41）式代入（2.18）式给出的体弹性模量表达式，可得

$$B_m=\frac{mn|U_C|}{9V_0}=\frac{mnN\alpha z_1z_2e^2}{72V_0\pi\varepsilon_0r_0}\left(1-\frac{1}{n}\right)=\frac{(n-1)N\alpha z_1z_2e^2}{72V_0\pi\varepsilon_0r_0} \tag{2.42}$$

这里利用了（2.30）式库仑势能项中的 r 幂次 m=1。现以氯化钠型离子晶体为例，N 个正、负离子组成晶体的总体积应为 $V_0=\frac{N}{8}\times(2r_0)^3=Nr_0^3$，而 $z_1=z_2=1$，将这些值代入（2.42）式，即有

$$B_m=\frac{(n-1)\alpha e^2}{72\pi\varepsilon_0r_0^4} \tag{2.43}$$

因此

$$n=1+\frac{72\pi\varepsilon_0r_0^4B_m}{\alpha e^2} \tag{2.44}$$

晶格参数可由 X 射线衍射实验测得，然后计算出正、负离子的平衡间距 r_0；体弹性模量 B_m 可由力学实验测得。将 r_0 和 B_m 数值代入（2.44）式就可得出 n 值。再将 n 值、r_0 值以及 $z_1=z_2=1$ 代入（2.40）式，就能确定 B 值。表 2-7 是一些离子晶体重要参量的实验值与计算值。

表 2-7　典型离子晶体的实验值和理论值比较

晶体	r_0/Å	B_m/($\times10^{10}$ Pa)	n	(U/每对离子)/($\times10^{-18}$ J)	
	实验值	实验值	理论值	实验值	理论值
NaCl	2.82	2.40	7.77	−1.27	−1.25
NaBr	2.99	1.99	8.09	−1.21	−1.18
KCl	3.15	1.75	8.69	−1.15	−1.13
KBr	3.30	1.48	8.85	−1.10	−1.08
RbCl	3.29	1.56	9.13	−1.11	−1.10
RbBr	3.43	1.30	9.00	−1.06	−1.05

7. 离子晶体的特点

由于离子晶体中正、负离子间有很强的吸引力，决定了离子结合的稳定性好、硬度大，一般具有较高的熔点；离子晶体如果受到较大的外力作用，会引起离子发生相对移动，从而破坏离子键，因此，离子晶体呈现脆性；固态下离子不易运动，因此离子晶体的导电性能很差。由于形成离子键，原子外层电子被牢固地束缚着，光的能量不足以激发外层电子，因此，大多数离子晶体对可见光透明，在远红外区有一特征吸收峰。

2.2.2　范德瓦耳斯结合与分子晶体

常温下为气态的物质（如 Cl_2、SO_2、HCl、H_2、O_2 等）以及惰性气体（如 Ne、Ar、Kr、Xe），在极低温下可依靠范德瓦耳斯力结合而形成晶体。在这些晶体中基元都是一些分子，大部分有机化合物也属于分子晶体。事实上，惰性气体的原子具有闭合的电子壳层，满壳层结构的惰性气体 He, Ne, Ar, Kr, Xe 无极性（原子正、负电荷重心重合，称为非极性分子），也可以看成单原子分子，因此也常把这类晶体称为分子晶体。另外，价电子已用于形成共价键，具有稳定电子结构的分子具有极性（正、负电荷重心不重合，称为极性分子），如 NH_3, SO_2, HCl，在极低温下也可以形成分子晶体。

1. 范德瓦耳斯结合力的来源

早在 1873 年，范德瓦耳斯（van der Waals）认为中性分子之间存在着“分子力”的作用，当时他并没有指出这种力的起因，后来的研究才搞清楚这种力是由于瞬时偶极矩相互作用引起的。进一步的研究表明极性分子和非极性分子之间分子力的来源不同。所谓极性分子，就是两种电负性不相等的原子组成分子时，化学键上的电子常偏向于电负性较大的原子，而电负性比较弱的原子表现出带正电的效果；而非极性分子的正、负电荷重心是重合的。

分子晶体通常存在三种相互作用力。

（1）弥散力：是指非极性分子之间瞬时偶极矩产生的作用力，又称为范德瓦耳斯-伦敦（London）力。如 He 原子，原子核外的两个电子形成满壳层结构，具有稳定的球对称结构，因此是非极性的。当两个 He 原子相互靠近时，两原子中电子的瞬时位置表现出的瞬时电偶极矩发生相互作用，一种瞬时位置可以使两原子相互吸引，另一种瞬时位置可以使两原子相互排斥。按玻尔兹曼统计分布，在低温下，处于相互吸引状态的概率总是比处于相互排斥状态的概率要大得多。也就是说，当两个电偶极矩处于方向一致时的概率大，系统的能量为最低，于是两原子之间总体上表现为吸引力，如图 2-6（a）所示。理论和实验都表明，由瞬时偶极矩相互作用形成的吸引能与两原子间的距离 r^6 成反比。

（2）取向力：极性分子固有偶极矩产生的作用力，又称为范德瓦耳斯-葛生（Keesom）力。极性分子总存在一定大小的电偶极矩。当电偶极矩的取向完全一致时，电偶极矩的相互作用势能即分子间的吸引能为最低（绝对值最大）。但是，在一定的温度下，分子的热运动常会扰动它们的取向，使其相互作用能的绝对值变小，所以由取向力引起的分子间的吸引能与温度有关。吸引能也与两原子间的距离 r^6 成反比。取向力如图 2-6（b）所示。

（3）感应力：当两个极性分子相互靠近时，由于分子固有偶极矩的相互作用，分子不仅会产生取向转动运动，而且由于分子中的电子云相对于带正电的原子核发生位移，因而产生附加的感应电偶极矩。如图 2-6（c）所示，这样就产生了除上面所述的取向力之外的附加吸引力，即为感应力，这种来源于极性分子之间的相互感应而产生的力又被称为范德瓦耳斯-德拜力。理论计算证明，这种感应力引起的分子间吸引能也与分子间距离 r^6 成反比。

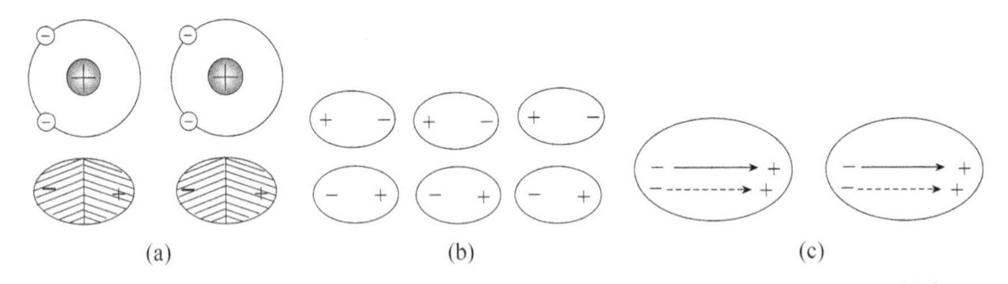

图 2-6　范德瓦耳斯力示意图：（a）He 原子产生的瞬时电偶极矩形成的弥散力；（b）极性分子之间产生的取向力；（c）极性分子之间产生的感应力

一般情况下，对于非极性分子只存在弥散力，而对于极性分子三种作用力可能同时存在。

综上所述，形成分子晶体的来源无论是弥散力、取向力或是感应力，吸引势均与 r^6 成反比。为了对这一规律有较为直观的理解，将两个具有相互作用的偶极矩看作是两个全同的谐振子的相互作用。为简单起见，以一维为例来加以说明，下面是关于两个全同的谐振子发生相互吸引作用能的推导。

如图 2-7 所示，两个具有相互作用的偶极矩可以类比为两个全同谐振子，每个谐振子带有正电荷$+e$ 和负电荷$-e$，每个谐振子的动量分别为 p_1 和 p_2，谐振子力常数均为 c，正、负电荷之间的距离分别为 x_1 和 x_2，哈密顿算符可写为

$$H = H_0 + H_1 \tag{2.45}$$

$$H_0 = \frac{p_1^2}{2m} + \frac{1}{2}cx_1^2 + \frac{p_2^2}{2m} + \frac{1}{2}cx_2^2 \tag{2.46}$$

其频率为

$$\omega=\sqrt{\frac{c}{m}} \tag{2.47}$$

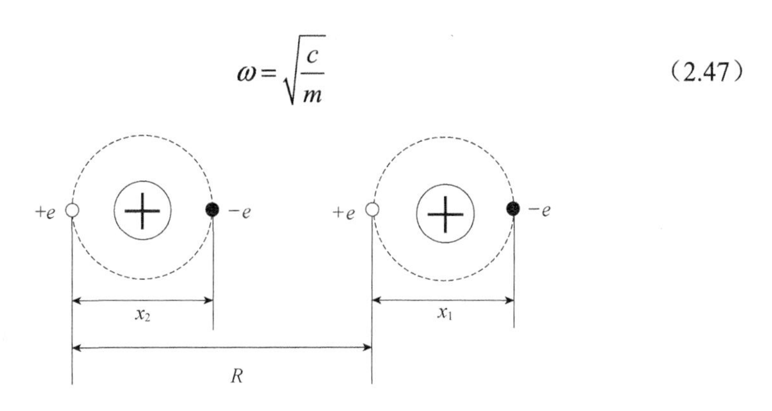

图 2-7　两个瞬时偶极矩相互作用示意图

如果两个分子靠得很近，足以发生相互作用的话，那么相互作用势能可写为

$$\begin{aligned}
H_1&=\frac{e^2}{4\pi\varepsilon_0 R}+\frac{e^2}{4\pi\varepsilon_0(R+x_1-x_2)}-\frac{e^2}{4\pi\varepsilon_0(R+x_1)}-\frac{e^2}{4\pi\varepsilon_0(R-x_2)}\\
&=\frac{e^2}{4\pi\varepsilon_0 R}\left[1+\frac{1}{1+\left(\frac{x_1-x_2}{R}\right)}-\frac{1}{1+\frac{x_1}{R}}-\frac{1}{1+\frac{-x_2}{R}}\right]=\frac{e^2}{4\pi\varepsilon_0 R}\left[1+1-\frac{1}{\left[1+\left(\frac{x_1-x_2}{R}\right)\right]^2}\Bigg|_{\frac{x_1-x_2}{R}=0}\left(\frac{x_1-x_2}{R}\right)\right.\\
&\quad+\frac{1}{2}2\frac{1}{\left[1+\left(\frac{x_1-x_2}{R}\right)\right]^3}\Bigg|_{\frac{x_1-x_2}{R}=0}\left(\frac{x_1-x_2}{R}\right)^2-1+\frac{1}{\left[1+\left(\frac{x_1}{R}\right)\right]^2}\Bigg|_{\frac{x_1}{R}=0}\frac{x_1}{R}-\frac{1}{2}2\frac{1}{\left[1+\left(\frac{x_1}{R}\right)\right]^3}\Bigg|_{\frac{x_1}{R}=0}\left(\frac{x_1}{R}\right)^2\\
&\quad\left.-1+\frac{1}{\left(1-\frac{x_2}{R}\right)^2}\Bigg|_{\frac{x_2}{R}=0}\left(-\frac{x_2}{R}\right)-\frac{1}{2}2\frac{1}{\left(1-\frac{x_2}{R}\right)^3}\Bigg|_{\frac{x_2}{R}=0}\left(-\frac{x_2}{R}\right)^2+\cdots\right]\\
&\approx\frac{e^2}{4\pi\varepsilon_0 R}\left[2-2-\frac{x_1-x_2}{R}+\frac{x_1}{R}-\frac{x_2}{R}+\left(\frac{x_1-x_2}{R}\right)^2-\left(\frac{x_1}{R}\right)^2-\left(\frac{x_2}{R}\right)^2\right]\\
&=-\frac{2e^2x_1x_2}{4\pi\varepsilon_0 R^3}
\end{aligned} \tag{2.48}$$

将（2.46）式和（2.48）式代入（2.45）式可得

$$H=\frac{p_1^{\ 2}}{2m}+\frac{cx_1^{\ 2}}{2}+\frac{p_2^{\ 2}}{2m}+\frac{cx_2^{\ 2}}{2}-\frac{2e^2x_1x_2}{4\pi\varepsilon_0 R^3} \tag{2.49}$$

很显然，（2.49）式中含有交叉项，实际上代表两个耦合在一起的谐振子。我们通

过简正变换，可以把两个相互作用的振子看作正则坐标系下以不同频率独立振动的谐振子。

设正则坐标为 x_s，x_a，并令

$$x_s = \frac{1}{\sqrt{2}}(x_1 + x_2),\quad x_a = \frac{1}{\sqrt{2}}(x_1 - x_2)$$
$$x_1 = \frac{1}{\sqrt{2}}(x_s + x_a),\quad x_2 = \frac{1}{\sqrt{2}}(x_s - x_a) \tag{2.50}$$

从数学上来说，就是使 H 算符对角化，设 x_s 和 x_a 对应的动量分别为 p_s 和 p_a，可得

$$p_1 = \frac{1}{\sqrt{2}}(p_s + p_a),\quad p_2 = \frac{1}{\sqrt{2}}(p_s - p_a) \tag{2.51}$$

变换之后的哈密顿量可写为

$$\begin{aligned} H = H_0 + H_1 &= \frac{p_1^2}{2m} + \frac{cx_1^2}{2} + \frac{p_2^2}{2m} + \frac{cx_2^2}{2} - \frac{2e^2 x_1 x_2}{4\pi\varepsilon_0 R^3} \\ &= \frac{p_s^2}{2m} + \frac{1}{2}\left(c - \frac{2e^2}{4\pi\varepsilon_0 R^3}\right)x_s^2 + \frac{p_a^2}{2m} + \frac{1}{2}\left(c + \frac{2e^2}{4\pi\varepsilon_0 R^3}\right)x_a^2 \end{aligned} \tag{2.52}$$

令 $x=\dfrac{2e^2}{4\pi\varepsilon_0 R^3}$ 为小量，因此耦合谐振子的两个频率应为

$$\begin{aligned} \omega &= \left(\frac{c \pm 2e^2/(4\pi\varepsilon_0 R^3)}{m}\right)^{\frac{1}{2}} = \left(\frac{c}{m}\right)^{\frac{1}{2}}\left(1 \pm \frac{2e^2}{4\pi\varepsilon_0 c R^3}\right)^{\frac{1}{2}} = \omega_0 (1 \pm x)^{\frac{1}{2}} \\ &= \omega_0\left[1 + \frac{1}{2}(1 \pm x)^{-\frac{1}{2}}\Big|_{x=0}(\pm x) - \frac{1}{8}(1 \pm x)^{-\frac{3}{2}}\Big|_{x=0}(\pm x)^2 + \cdots\right] \\ &\approx \omega_0\left[1 \pm \frac{1}{2}x - \frac{1}{8}x^2\right] \end{aligned} \tag{2.53}$$

（2.53）式计算中利用了泰勒级数展开。根据谐振子能量公式

$$E = \left(n + \frac{1}{2}\right)\hbar\omega \tag{2.54}$$

n=0 时称为零点能

$$\begin{aligned} E &= \frac{1}{2}\hbar\omega_s + \frac{1}{2}\hbar\omega_a = \frac{1}{2}\hbar\omega_0\left[1 + \frac{1}{2}x - \frac{1}{8}x^2\right] + \frac{1}{2}\hbar\omega_0\left[1 - \frac{1}{2}x - \frac{1}{8}x^2\right] \\ &= \hbar\omega_0 - \hbar\omega_0\frac{1}{8}x^2 = \hbar\omega_0 - \hbar\omega_0\frac{1}{8}\left(\frac{2e^2}{4\pi\varepsilon_0 c R^3}\right)^2 = \hbar\omega_0 - \frac{a}{R^6} \end{aligned} \tag{2.55}$$

式中 $a = \dfrac{\hbar\omega_0 e^4}{32\pi^2\varepsilon_0^2 c^2}$，（2.55）式第二项称为范德瓦耳斯相互作用能。

这就从理论上证明了上述三种相互作用力所表现的作用势与两个原子之间的距离的六次方呈反比关系。而排斥势能只能根据经验式给出，其表达式为$\frac{b}{r^{12}}$。

因此，两分子间的相互作用能可表示成

$$U(r)=-a/r^6+b/r^{12} \tag{2.56}$$

2. 伦纳德-琼斯(Lennard-Jones)势

若引入两个参数，分别为 σ 和 ε，并令 $a=4\varepsilon\sigma^6$, $b=4\varepsilon\sigma^{12}$，可将（2.56）式改写为

$$U(r)= 4\varepsilon[(\sigma/r)^{12}-(\sigma/r)^6] \tag{2.57}$$

这种形式的内能表达式就称为伦纳德-琼斯势，式中的两个参数 σ 和 ε 可通过气体分子的实验数据获得。

分子晶体的结构特点：因为分子间吸引能、排斥能分别与 r^6 和 r^{12} 成反比，所以分子晶体中原子之间的相互作用范围比离子晶体要小很多。另外，范德瓦耳斯力没有方向性，也没有最近邻必须是异号离子的限制，因此在组成分子晶体时排列越密越好，每个分子周围最近邻原子数愈多，晶体配位数愈大，原子排列愈密，分子晶体内聚能就愈大，愈稳定。惰性气体原子构成的分子晶体多数都具有面心立方结构。

当惰性元素组成分子晶体时，每个原子不仅与最近邻的原子产生相互作用，而且还与次近邻、三近邻、四近邻、…的原子产生相互作用。

假设晶体由 N 个原子组成，每个原子将与其他 $N-1$ 个原子发生相互作用，其相互作用能 $U_1(r)$可表示为

$$U_1(r) =n_1U(r)+n_2U(\alpha_2r)+n_3U(\alpha_3r)+\cdots \tag{2.58}$$

式中 n_1, n_2, n_3, …为最近邻、次近邻、第三近邻、…的原子个数，r, α_2r, α_3r, …分别表示最近邻、次近邻、第三近邻、…的原子间距。根据（2.57）式，其中一个原子与第 i 个近邻原子间的互作用能可写为

$$U(\alpha_ir)=4\varepsilon[(\sigma/(\alpha_ir))^{12}-(\sigma/(\alpha_ir))^6]=\alpha_i^{-12}4\varepsilon(\sigma/r)^{12}-\alpha_i^{-6}4\varepsilon(\sigma/r)^6 \tag{2.59}$$

将（2.59）式代入（2.58）式，得

$$U_1(r)=A_{12}4\varepsilon(\sigma/r)^{12}-A_64\varepsilon(\sigma/r)^6 \tag{2.60}$$

式中

$$\begin{cases} A_{12}=n_1+n_2\alpha_2^{-12}+n_3\alpha_3^{-12}+n_4\alpha_4^{-12}+\cdots & (2.61\text{a}) \\ A_6=n_1+n_2\alpha_2^{-6}+n_3\alpha_3^{-6}+n_4\alpha_4^{-6}+\cdots & (2.61\text{b}) \end{cases}$$

A_{12}、A_6 与具体的晶体结构有关。

对于面心立方结构的晶体，最近邻、次近邻、第三近邻、…的原子个数分别为 12, 6, 24, …，对应的原子间距分别为 $r, \sqrt{2}r, \sqrt{3}r, \cdots$，即 $\alpha_1=1$，$\alpha_2=\sqrt{2}$，$\alpha_3=\sqrt{3}$，…，将（2.61a）式和（2.61b）式分别代入数值可得

$$A_{12}=12+6(\sqrt{2})^{-12}+24(\sqrt{3})^{-12}+\cdots\approx 12.13 \tag{2.62}$$

$$A_6=12+6(\sqrt{2})^{-6}+24(\sqrt{3})^{-6}+\cdots\approx 14.45 \tag{2.63}$$

由 N 个惰性气体原子组成的分子晶体的总内能可表示成

$$U(r)=NU_1(r)/2=2NA_{12}\varepsilon(\sigma/r)^{12}-2NA_6\varepsilon(\sigma/r)^6 \tag{2.64}$$

由 $U(r)$可以给出分子晶体的原子间平衡间距 r_0，内聚能 U_C，体弹性模量 B_m（以面心立方结构为例，$\beta=\sqrt{2}/2, A_{12}=12.13, A_6=14.45$）。

1）平衡间距 r_0 的计算

$$\left.\frac{\partial U(r)}{\partial r}\right|_{r=r_0}=-\frac{24NA_{12}\varepsilon\sigma^{12}}{r_0^{13}}+\frac{12NA_6\varepsilon\sigma^6}{r_0^7}=0 \tag{2.65}$$

$$r_0=\sqrt[6]{\frac{2A_{12}}{A_6}\sigma^6}=\sqrt[6]{\frac{2A_{12}}{A_6}}\sigma\approx 1.09\sigma \tag{2.66}$$

2）平衡时内聚能 U_C 的计算

将 r_0 代入内聚能表达式（2.64），得

$$U_C=U(r_0)=-\frac{2NA_{12}\varepsilon\sigma^{12}}{\left(\sqrt[6]{\frac{2A_{12}}{A_6}}\sigma\right)^{12}}+\frac{2NA_6\varepsilon\sigma^6}{\left(\sqrt[6]{\frac{2A_{12}}{A_6}}\sigma\right)^6}=-\frac{NA_6^2}{2A_{12}}\varepsilon\approx -8.6N\varepsilon \tag{2.67}$$

3）体弹性模量 B_m 的计算

$$B_m=\frac{mn|U_C|}{9N\beta r_0^3}=-\frac{12\times 6\times\frac{NA_6^2}{2A_{12}}}{9N\beta\left(\sqrt[6]{\frac{2A_{12}}{A_6}}\right)^3\sigma}=4\sqrt{\frac{A_6^5}{A_{12}^3}}\varepsilon\sigma^{-3}\approx 75\varepsilon\sigma^{-3} \tag{2.68}$$

综上所述，分子晶体的原子间平衡间距 r_0，内聚能 U_C，体弹性模量 B_m 分别为

$$\begin{aligned} r_0&\approx 1.09\sigma\\ U_C&\approx -8.6N\varepsilon\\ B_m&\approx 75\varepsilon\sigma^{-3}\end{aligned} \tag{2.69}$$

表 2-8 分别列出了惰性元素伦纳德-琼斯势的参数 ε 和 σ 数值以及形成晶体的实验和理论参数比较。

表 2-8　惰性元素伦纳德–琼斯势的参数 ε 和 σ 数值以及形成晶体的实验和理论参数比较

元素	Ne		Ar		Kr		Xe	
ε/eV	0.0031		0.0104		0.0140		0.0200	
σ/Å	2.74		3.40		3.65		3.98	
参数来源	实验	理论	实验	理论	实验	理论	实验	理论
平衡原子间距/Å	3.13	2.99	3.75	3.71	3.99	3.98	4.33	4.34
内聚能/(eV/atom)	−0.02	−0.027	−0.08	−0.089	−0.11	−0.12	−0.17	−0.172
体弹性模量/($\times10^9$ Pa)	1.1	1.81	2.7	3.18	3.5	3.46	3.6	3.81

3. 分子晶体的特点

惰性元素的电子云分布具有球对称性，符合密堆积原则，惰性元素晶体结合时以密堆积方式排列，使得势能最低，因此，Ne、Ar、Kr 和 Xe 的晶体都是面心立方结构。它们是透明的绝缘体，熔点极低，分别为 24 K、84 K、117 K 和 161 K。

2.2.3　共价结合与共价晶体

原子之间靠共价键结合的晶体称为共价晶体，氢分子是典型的共价键结合的分子。共价键的结合需要用量子力学基本知识加以描述。当两个氢原子相距很远时，它们的电子都有相同的能量，处在相同的 1s 能级上；当两个氢原子相互靠近形成氢分子时，两个 1s 轨道发生交叠，这时每个电子都受到两个氢核的作用，成为氢分子中的电子。电子不再是处于氢原子的 1s 能级，而是处于氢分子的某个能级。对应的波函数由两个氢原子的 1s 能级波函数组合而成。有两种组合方式：一种组合方式是分子轨道上两个电子自旋方向相反，使两个氢原子结合成键，对应于氢分子的基态（成键态）；另一种组合方式是同一轨道上自旋方向相同的两个电子，它们相互排斥，促使两个氢原子分离，对应于氢分子的排斥态（反键态）。图 2-8 是成键态和反键态的能级，以及两个氢原子体系的内能 $U(r)$随原子间距 r 的变化。对于成键态，内能 $U(r)$有一个极小值，这时的 r_0 即对应于氢分子中两氢原子的间距，而$|U_b(r_0)|$即为氢分子的解离能（结合能）。

成键态的电子云（波函数）绝大部分分布在两个氢核之间，每个电子都为两个氢核所共有，依靠电子所带的负电荷把两个带正电荷的氢核紧紧束缚在一起，形成共价键。相反，反键态的两个电子云（波函数）各自分布在两个氢核的周围，因此不能把两个氢原子结合在一起。成键态和反键态中的电子云分布示意图如图 2-9 所示。

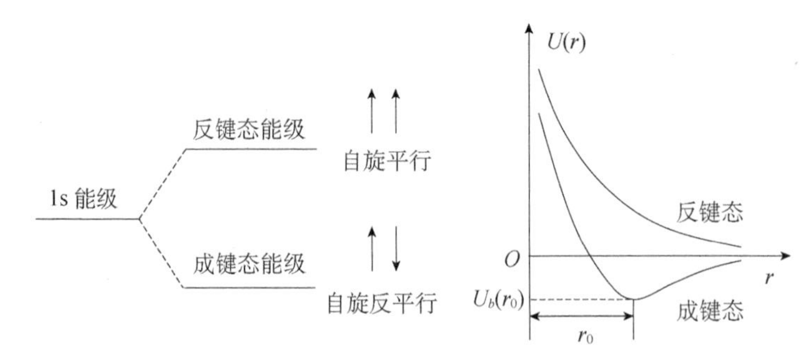

图 2-8　两个氢原子体系的成键态和反键态能级示意图及内能 $U(r)$ 随原子间距 r 的变化

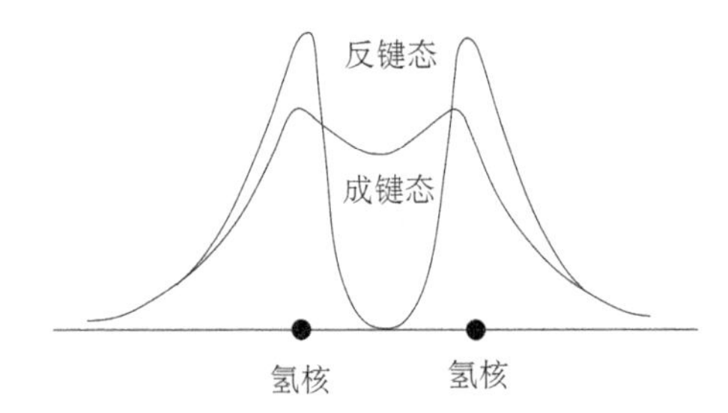

图 2-9　成键态和反键态中的电子云分布

1. 共价键的基本特征

共价键有两个明显的特点就是共价键的方向性和饱和性，下面分别给予介绍。

1）共价键的方向性

当两个原子中未配对的自旋方向相反的电子结合成共价键后，电子云就会发生交叠。成键越稳固，相应电子云的交叠程度越高，这说明具有自旋方向相反电子的两个原子，一定是在电子云密度最大的方向上形成共价键，这也说明了共价键具有方向性。

图 2-10 是氮气分子的电子结构和两个氮原子相互靠近时形成氮气分子的三个共价键，氮原子共有 7 个电子，电子组态是 $1s^22s^22p^3$，由于氮原子含有三个未配对的 2p 电子，它们分别处于相互垂直的 $2p_x$、$2p_y$ 和 $2p_z$ 三个轨道上，它们可以和其他原子的电子形成三个共价键，两个氮原子就可以形成三个共价键。这三个未配对的 2p 轨道，如图 2-10 所示，当两个氮原子沿 z 轴相互靠近时，两个 p_z 电子相互交叠，交叠后的电子云分布在两个氮原子连线的周围，这就是所谓的“头对头”形成的 σ 键，两个 p_x，p_y 轨道上的电子分别在 x 轴和 y 轴形成“肩并肩”型的 π 键（图中 y 轴未画出）。

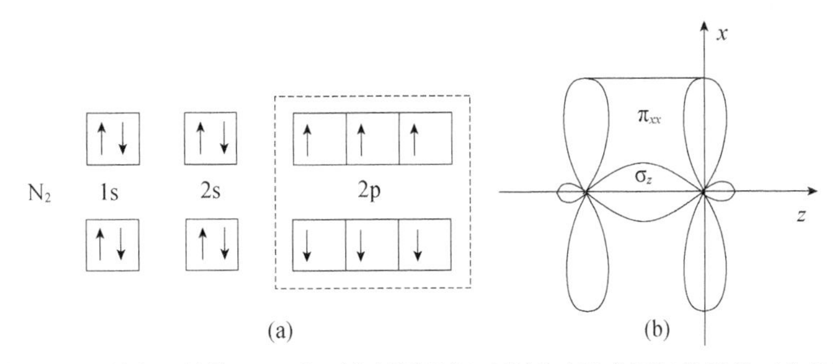

图 2-10　氮气分子的电子结构（a）和两个氮原子相互靠近时形成氮气分子的三个共价键（b）

图 2-11 是氨气分子 NH_3 中的共价键。氮原子和氢原子结合时，三个未配对的 $2p_x$、$2p_y$ 和 $2p_z$ 在三个相互垂直轨道上可以和三个氢原子结合形成共价键，成为氨气分子 NH_3，这三个键的夹角均应接近 90°。实际上，由于三个垂直方向上电子云的相互排斥作用，三个键角均略大于 90°。

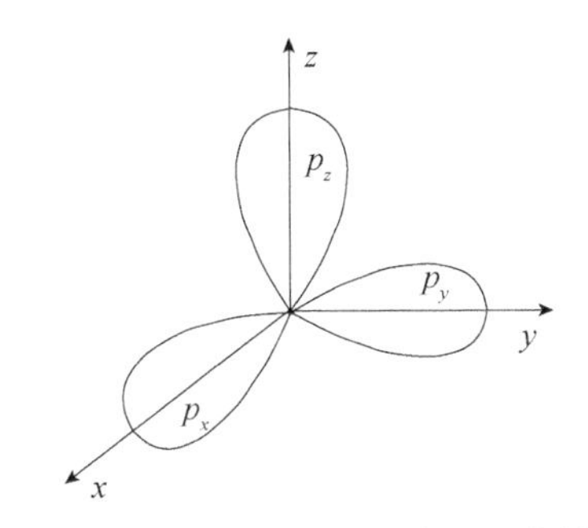

图 2-11　氨气分子 NH_3 中的共价键

2）共价键的饱和性

一个电子与另一个电子配对以后就不能再与第三个电子成对；同一原子中自旋相反的两个电子也不能与其他原子的电子配对形成共价键。共价键只能由自旋未配对的电子形成，因此，一个原子只能形成一定数目的共价键，这就是共价键的饱和性。因此，以共价键形式结合的原子，能形成共价键的数目决定于它最外层的未配对价电子数，有一个最大值。价电子壳层如果不到半满，所有电子都可以是不配对的，成键的数目就是价电子数 N；价电子壳层超过半满时，根据泡利不相容原理，部分电子必须自旋相反配对，形成的共价键数目小于价电子数目。ⅣA 族至ⅦA 族的元素共价键数目符合 $8-N$ 原则。

对于外壳层为 ns 及 np 的原子来说，原子满壳层电子数为 8，如果原子的价电子数 $N<4$，这些电子都可以成为自旋未配对的电子，所以这种原子最多可以形成 N 个共价键。

轨道杂化：甲烷 CH_4。碳原子基态的价电子组态为 $1s^2 2s^2 2p^2$，可知 $1s^2$、$2s^2$ 是满壳层结构，电子自旋相反，不能对外形成共价键；只有 p 壳层是半满的，按照电子配对理论，碳原子对外只能形成两个共价键，只能形成 CH_2。实际上 C 与 H 结合的过程中，C 中一个 2s 电子被激发到 2p 轨道，这样一个 C 原子便可以形成四个共价键。电子处在杂化轨道上，能量比基态高，即轨道杂化需要一定的能量，这看似不合理，但经过杂化后，成键的数目增多了，而且由于电子云更加密集在四面体顶角方向上，使得成键能力更强了，形成共价键时能量的下降足以补偿轨道杂化的能量。图 2-12 是碳原子电子轨道杂化前后电子云的分布情况。杂化后形成四面体对称的共价键结构。

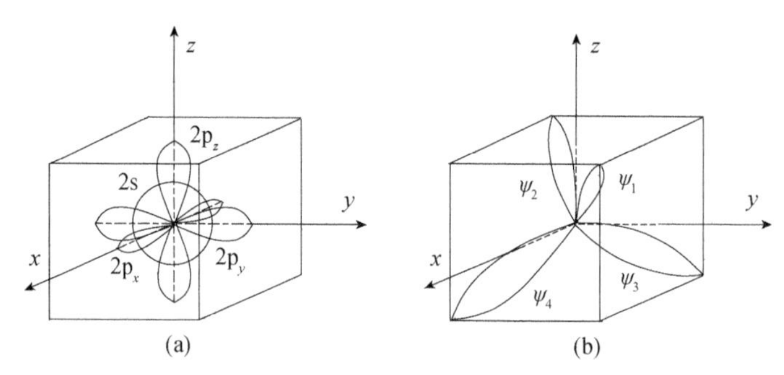

图 2-12　碳原子电子轨道杂化前后电子云的分布情况：(a) 杂化前；(b) 杂化后

金刚石结构与甲烷 CH_4 的成键情况非常类似。金刚石有四个等强度的 C═C 共价键，也是分布在正四面体的四个顶角方向。当碳原子结合组成晶体时，因为 2s 态与 2p 态的能量非常接近，碳原子中的一个 2s 电子就会被激发到 2p 态，形成新的电子组态 $1s^2 2s^1 2p^3$，电子从 2s 激发到 2p 需 4 eV 的能量，而形成一个 C═C 键后，能量会降低 3.6 eV，因此，这样的激发和轨道杂化是有利于总能量降低的。因此，碳原子就有四个未配对电子，分别是 $2p_x$、$2p_y$、$2p_z$ 和 2s 电子，这四个价电子态（轨道）“混合”起来，重新组成四个等价的态，即重新组合成四个新的未配对的 sp^3 杂化轨道，其电子波函数分别为

$$\begin{aligned}&\psi_1=\frac{1}{2}(\varphi_{2s}+\varphi_{2p_x}+\varphi_{2p_y}+\varphi_{2p_z}),\quad \psi_2=\frac{1}{2}(\varphi_{2s}-\varphi_{2p_x}-\varphi_{2p_y}+\varphi_{2p_z})\\&\psi_3=\frac{1}{2}(\varphi_{2s}-\varphi_{2p_x}+\varphi_{2p_y}-\varphi_{2p_z}),\quad \psi_4=\frac{1}{2}(\varphi_{2s}+\varphi_{2p_x}-\varphi_{2p_y}-\varphi_{2p_z})\end{aligned}\tag{2.70}$$

2. 共价晶体的结构和特点

1）共价晶体的结构

共价键的饱和性及方向性决定了原子形成共价晶体具有特定的结构；共价键的饱和性决定了共价晶体的配位数，它只能等于原子的共价键数。

由于物质结构的多样性和复杂性，也存在一些特例：对于 $A^N B^{8-N}$ 型化合物晶

体(GaAs, N=3、ZnS, N=2)，A 和 B 两个原子价电子之和为 8，相互结合时，把各自的全部价电子都贡献出来，归两个原子所共有，使两个原子都形成闭合的 sp 电子壳层，因此配位数为 4，形成闪锌矿结构（立方 Z_nS 结构）。

2）极性键和非极性键

同种原子形成共价键时，两原子电负性相同，对电子的吸引力相同，电子在各个原子处出现的概率是对称的，因此，两个原子间不会有偶极矩产生，称之为非极性键。

不同种原子间形成共价键时，两原子电负性不同，对电子的吸引力不同，形成共价键后的配对电子云密度常偏向于电负性较大的原子，两个原子间有偶极矩产生，称之为极性键。极性键实际上是共价键与离子键的混合体，离子键可以认为是极性最强的极性键。

3）共价晶体的内聚能

共价晶体的内聚能必须采用量子力学进行计算。表 2-9 是共价晶体的实验和理论参数比较。

表 2-9　共价晶体的实验和理论参数比较[25]

元素	晶格常数/Å		内聚能/(eV/atom)		体弹性模量/(×10^{11} Pa)	
	实验	理论	实验	理论	实验	理论
C	3.567	3.602	7.37	7.58	4.43	4.33
Si	5.429	5.451	4.63	4.67	0.99	0.98
Ge	5.652	5.655	3.85	4.02	0.77	0.73

4）共价晶体的特点

共价晶体是以原子作为结合的基本单元，因此，以共价键形成的晶体也被称为原子晶体。

在结合过程中，自旋相反的两个电子配对，在两个原子核之间的区域将形成较大的电子云密度，与原子核形成较强的吸引力，并使两个原子形成满壳层电子结构。

如前所述，如果价电子壳层中的电子数目不到半满，形成共价键的数目与价电子数相等；如果价电子壳层中的电子数目超过半满，形成共价键的数目等于未填充的量子态数，这也意味着共价键的饱和性；原子只能在特定方向上形成共价键，即共价键具有方向性；共价晶体结构稳定，共价键的强弱取决于形成共价键的两个电子波函数的交叠程度。共价键的饱和性及方向性，决定了晶体具有很高的熔点、很高的硬度和脆性，又由于价电子定域在共价键上，共价晶体一般属于绝缘体或半导体，各种晶体之间的差别也很大，导电性能差别也很大。例如，金刚石为绝缘体，Si、Ge 为半导体；金刚石的熔点为 3280 K，Si 为 1693 K，而 Ge

为 1209 K。

实际上，除了典型的离子晶体、共价晶体外，还有许多晶体既是离子性结合的又是共价性结合的。如 InSb 晶体的共价键结合就属于这种情况，由于 Sb 的电负性比 In 大，电子更偏向于分布在 Sb 原子周围，因此 InSb 共价晶体中具有部分离子性结合，如图 2-13 所示。

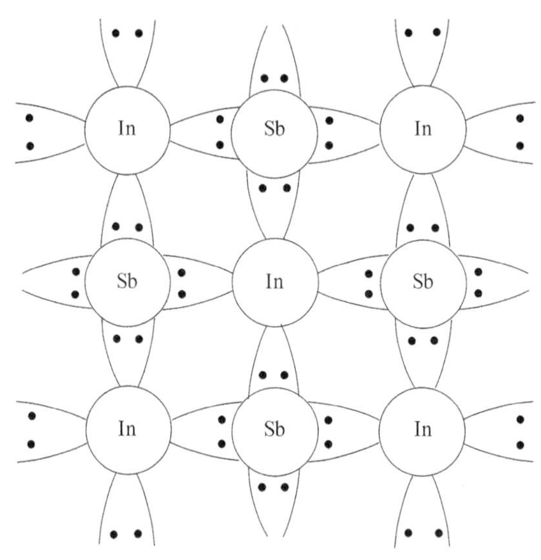

图 2-13　共价晶体 InSb 中具有部分离子性结合

2.2.4　金属结合与金属晶体

第 ⅠA、ⅡA 族元素及过渡族元素都是典型的金属晶体。金属原子的电负性都比较小，原子对最外层电子的束缚力比较弱，当这些元素组成晶体时，晶体中存在大量能够自由移动的电子，在外场的作用下做定向移动，因此具有较高的电导率。实际上，ⅠA、ⅡA 族和过渡族元素组成金属晶体时，每个原子的价电子不再被束缚在原子最外层，价电子都不再属于某个原子，而是为所有原子共有，可以在整个晶体中运动。离子实（或原子实，正离子）被浸泡在自由电子的“海洋”中，离子实和电子云之间的库仑相互作用使整个金属结合在一起。结合力主要是离子实和电子云之间的库仑引力。

1. 金属的晶体结构

因为电子云与正离子间的库仑引力没有方向性，所以对晶体结构没有特殊要求，只要求排列紧密，结合能最低，结合最稳定。大多数金属晶体具有密堆积结构，即面心立方（例如 Cu、Ag、Au 等）或六角密积（例如 Be、Mg、Zn、Cd 等），配位数均为 12。体心立方也是一种比较普遍的金属晶体的结构，配位数仅次于密堆积结构，配位数为 8。具有体心立方结构的金属有 Li, Na, K, Rb, Cs, Mo, W 等。

2. 金属晶体的内聚能

金属晶体的内聚能必须用量子力学方法进行计算。金属晶体的一些实验和理论参数列于表 2-10 中。

表 2-10　典型金属晶体的晶格常数、内聚能和体弹性模量的实验值及理论值比较[26]

金属	晶格常数/(×0.529 Å)		内聚能/(×13.6 eV/atom)		体弹性模量/($\times10^{11}$ Pa)	
	实验	理论	实验	理论	实验	理论
Li	6.60	6.40	0.122	0.121	0.132	0.148
Be	6.02	5.93	0.244	0.294	1.15	1.35
Na	7.98	7.69	0.083	0.081	0.085	0.090
Mg	8.46	8.42	0.112	0.121	0.369	0.405
Al	7.60	7.59	0.244	0.282	0.880	0.801
K	9.90	9.57	0.069	0.066	0.040	0.044
Ca	10.52	10.00	0.134	0.164	0.152	0.167
Cu	6.81	6.79	0.257	0.309	1.42	1.58

3. 金属晶体的特点

金属晶体中共有化电子可以在整个晶体内自由运动，因此晶体内存在大量自由电子，金属晶体具有良好的导电性和导热性；也由于金属晶体中大量自由电子的存在，使可见光无法进入晶体，而被金属晶体表面所反射，因此具有光泽的表面；金属键没有方向性，因此金属晶体具有延展性，容易进行机械加工等。

从结合能方面来说，金属晶体的结合能比离子晶体和共价晶体低一些，但是过渡族金属的结合能较大。

2.2.5　氢键结合与氢键晶体

氢键是一种由于氢原子结构上的特殊性所形成的特异键型。氢键在大多数传统的固体材料中很少出现，但在诸如冰和很多有机分子材料中很常见，如磷酸二氢钾（KH_2PO_4）、固体氟化氢[$(HF)_n$]、蛋白质、脂肪和醣等都含有氢键的形式。在生命物质中，由于生命物质主要由蛋白质、核酸、碳水化合物、脂类等有机物以及水和无机盐组成，氢键在其中起着非常关键的作用。液态水也是由氢键结合而成，我们日常生活中更是离不开水，水是必不可少的生命物质。

氢原子属于 IA 族，其核外只有一个 1s 电子，但它很难跟其他原子形成离子键。这是由于氢原子的第一电离能特别大（13.6 eV），比同族的 Na、K 等元素的电离能高得多（Na 为 5.14 eV，K 为 4.34 eV）。由于氢原子的特殊性，当氢原子唯一的电子与其他原子形成共价键后，氢核就暴露在外，它还可以通过库仑力的作用与另一个电负性较大的原子相结合。即氢原子在特定条件下可以同时和两个电负性很大、原子半径较小的原子（如 O, F, N 等）结合，其中与一个电负性较大的原子结合较强，具有共价键性质，用短键符号“—”表示，另一个靠静电作用同另一个电负性较大的原子结合形成氢键，用长键符号“……”表示。

通过氢键结合而形成的晶体称为氢键晶体，另外，氢键也比较弱，约 0.5 eV，仅为共价键平均强度的十分之一。液态水中的氢键和固态冰中的氢键不同之处在于氢键在水中不断地断开和重新形成。

1. 水分子之间的氢键结合

水分子由氢键结合形成液态水或固态冰。氧原子的价电子组态是 $2s^22p^4$，它可以构成四个 sp^3 杂化轨道。水分子本身的形状类似于正四面体，两个氢原子分别占据正四面体的两个顶角，带正电，另外两个正四面体顶角带负电，电荷分布构型如图 2-14 所示。这样一来，一个水分子中带正电的四面体顶角和另一个水分子中带负电的四面体顶角通过电偶极矩静电吸引构成氢键。共价键 H—O—H 键角为 104.52°，键长为 0.9572 Å，水分子形成的电偶极矩 μ=6.17×10^{-30} C • m。通过水分子的构型，可以拓展理解所有含水化合物的结构。

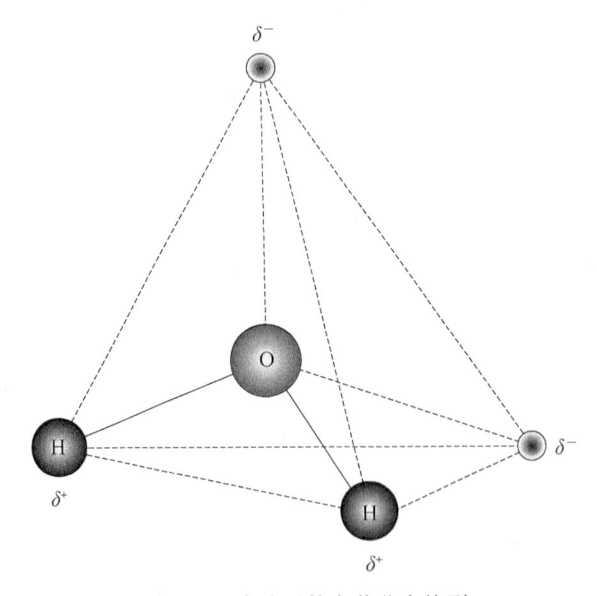

图 2-14　水分子的电荷分布构型

这样，每个水分子就可以和近邻的四个水分子形成以氢键相连接，近邻的四个水分子处在四面体的顶角位置，如图 2-15 所示。

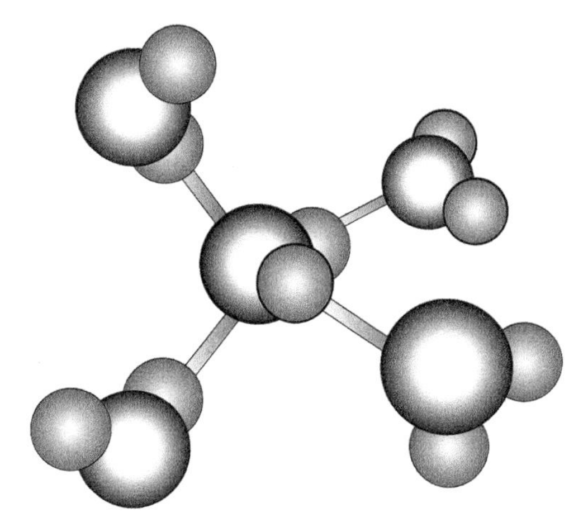

图 2-15　水分子靠氢键结合起来形成的冰晶体四面体结构

大球代表氧原子，小球代表氢原子

2. 冰晶体的形成

冰（H_2O）是一种典型的氢键晶体，其中的氢原子同时与两个氧原子相结合，即形成 O—H……O，但 H……O 结合较弱。水在不同的温度和压力条件下，可形成十种以上的冰晶体结构，如在大气压下，温度在 0～−80 ℃的条件下，为六方结构的冰晶体，在−80～−130 ℃条件下形成立方结构的冰晶体等。截至目前，冰被认为是能够由简单分子结合形成类型最多的化合物结构。在图 2-15 中，水分子以氢键形成的四面体又组合起来进一步形成如图 2-16 所示的六方晶体结构。

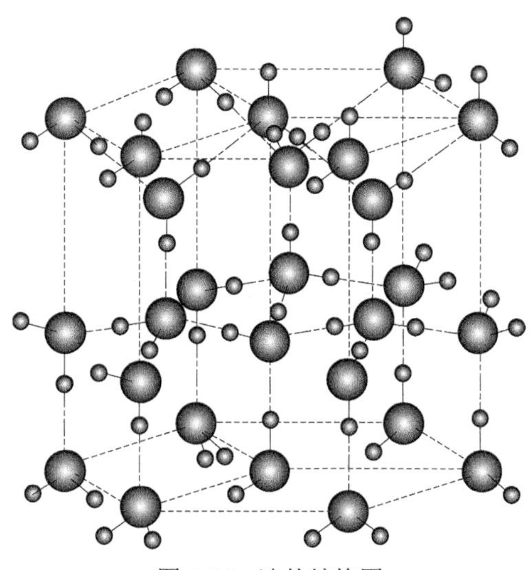

图 2-16　冰的结构图

大球代表氧原子，小球代表氢原子，点划线画出了六方晶胞，由三个单胞组成

我们日常生活中遇到的冰、雪和霜都属于这种结构，其晶胞参数为 a=4.5227 Å，c=7.3671 Å，晶胞中包含 4 个水分子，其密度为 0.9168 g/cm^3（在标准条件下水的密度为 1 g/cm^3，所以在一般情况下，冰都会漂浮在水面上）。每个氢键都存在 O—H……O 和 O……H—O 两种概率相等的氢原子分布方式（能量相同的简并态），图 2-16 中任意选择了一种分布方式，但每个氧原子严格地只能和两个氢原子形成共价键。氢原子与离其较近的一个氧原子形成共价键，而与离其较远的另一个氧原子形成氢键；对于氧原子来说，只能有两个氢原子离它很近，也即只能形成两个共价键，但即使是在这样的限制条件下，冰晶体中氢原子仍然有很多不同的选取方式，形成多种构型，每种构型与水分子的某种取向相对应，当冰冷却到某一温度时，它就冻结到某种可能的构型，正因为这一因素，冰晶体会出现很多构型，不可能出现完全整齐的一种构型，这样就造成系统的微观状态数目很多。按照统计物理学知识，系统的熵与微观状态数目的自然对数成正比，因此，即使在绝对零度下，冰晶体仍然具有很大的熵。图 2-17 是冰晶体中水分子氢和氧的可能构型，在这 16 种可能的构型中，由于每个氧原子只能和 2 个氢原子靠近，所以实际只有图 2-17（c）中的 6 种可能存在的构型，只占 6/16。1 mol 冰中有 $2N_A$（N_A 为阿伏伽德罗常量）个氢原子，每个 H 在 O—O 之间有两个占据位置，即 O—H……O 和 O……H—O 可供选择，考虑到 H—O 之间可能的构型为 6/16，那么微观状态数应为

$$\Omega = 2^{2N_A}\left(\frac{6}{16}\right)^{N_A} = \left(\frac{3}{2}\right)^{N_A} \tag{2.71}$$

冰晶体的熵为

$$S = k_B \ln\Omega = k_B N_A \ln\left(\frac{3}{2}\right) = R\ln\left(\frac{3}{2}\right) = 3.37\ \text{J/(mol}\cdot\text{K)} \tag{2.72}$$

式中 k_B 和 R 分别为玻尔兹曼常量和普适气体常数。

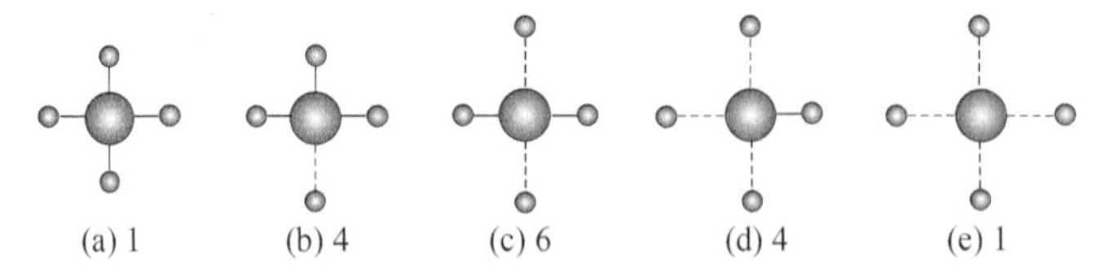

图 2-17　冰晶体中水分子氢和氧的可能构型

这一数据与实验的测定值（3.430 J/（mol · K））符合得很好，这也为当初认为冰晶体具有无序结构的假设提供了有力证据。

值得一提的是，冰也可以和许多小分子形成种类繁多的晶态化合物，其中最重要的是天然气与水在高压下结晶形成的天然气水化合物，它的外形和冰相似，

可以燃烧，因此被称为可燃冰。比如，在中国南海海底已发现储量非常大的可燃冰，这为解决能源紧缺问题提供了新的途径。

3. 氢键的特性

氢键的饱和性：冰晶体的键结构为 O—H……O，如果再有第三个氧原子向氢原子靠近，就会受到已结合的两个氧原子的负电排斥，不能与氢原子结合，因此氢键具有饱和性。

氢键的方向性：每个氧原子按四面体结构形式与其他四个氢原子邻接。氢原子与一个氧原子以共价键结合，与另一个氧原子以氢键结合，氢键能使分子按特定的方向连接起来，所以氢键具有方向性。

4. 氢键晶体的特点

氢键晶体有以下基本特点：饱和性——只能形成一个氢键；氢键较弱，结合能较低；熔点低、沸点低、硬度小以及导电性差。

2.2.6　混合键晶体

由于晶体结构的复杂性，多数晶体的结合力属于混合型，例如，石墨晶体是金刚石的同素异构体，其结合力却与金刚石完全不同，具有特殊的混合结构。关于碳的不同结构类型，表现出迥然不同的物理特性，也是当今凝聚态物理研究的热点前沿领域，国内外在这一研究领域已经获得了巨大的科学成就。关于碳的各种结构类型，除了前面介绍的纯粹的共价晶体金刚石结构外，下面对碳的其他各种同素异构体给予简单的介绍，其中就涉及混合键晶体结构的概念。

1. 石墨晶体

图 2-18 是层状石墨结构图，在每层内，原子排列成六角网状结构，层与层之间按 ABAB…的顺序堆积。在石墨晶体中，每个碳原子以其最外层的三个价电子与其最近邻的三个碳原子组成共价键，这三个键几乎在同一平面上，使晶体呈层状结构；而另一个价电子可以在此平面内自由的运动，具有金属键的性质，所以石墨的导电性很好。具体来说，层内三个价电子形成 sp^2 杂化轨道，C—C 键归一化的 sp^2 杂化轨道波函数为

$$\begin{aligned}
\psi_1 &= \frac{1}{\sqrt{3}}\left(\varphi_{2s} + \sqrt{2}\varphi_{2p_x}\right) \\
\psi_2 &= \frac{1}{\sqrt{6}}\left(\sqrt{2}\varphi_{2s} + \sqrt{3}\varphi_{2p_x} - \varphi_{2p_y}\right) \\
\psi_3 &= \frac{1}{\sqrt{6}}\left(\sqrt{2}\varphi_{2s} - \sqrt{3}\varphi_{2p_x} - \varphi_{2p_y}\right)
\end{aligned} \tag{2.73}$$

这三个杂化轨道形成的 C—C 键相互作用较强，在同一平面内呈 120°（六角平面网状结构），分别与相邻的三个碳原子形成三个共价键，键长约为 1.42 Å。

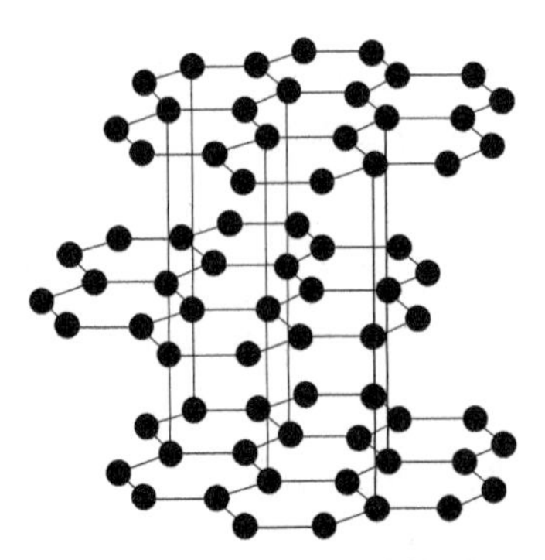

图 2-18　层状石墨结构图

在同一层面内，每个原子多余的 p_z 电子可沿层平面自由移动，使其具有金属键的性质，因此，石墨晶体具有良好的导电性。层与层之间靠很弱的范德瓦耳斯力结合形成分子键，层与层间的距离为 3.40 Å，远大于层内的 C—C 键长，这就造成了石墨晶体中层与层之间易于滑移，因此，石墨晶体表现出特有的润滑性质。

由于在石墨晶体中层与层之间缺少可移动的电子，因此层间电导率只有层内电导率的千分之一，表现出明显的各向异性。碱金属、碱土金属、氧化物以及硫化物等物质的原子或分子排成平行于石墨层的单层，按一定的次序插进石墨晶体层与层之间形成石墨插层化合物，可改变其电导率，层面内电导率甚至超过导电性能优良的金属铜而成为所谓的人造金属。石墨晶体层与层之间依靠分子晶体的瞬时偶极矩的相互作用而结合，这是石墨质地疏松的根源。

具有六角蜂窝状层状结构的石墨，在十万个大气压以上和适当的高温条件下，可以变为立方结构的金刚石，即为人造金刚石。也就是说，在特殊条件下，可以改变物质内部电子云的分布，从而改变价键（结合力）的性质，使物质发生结构相变。

2. 富勒烯晶体

1985 年英国科学家克罗托（H. W. Kroto）、美国的柯尔（F. Curl）和斯莫利（R. E. Smalley）等合作研制出 C_{60} 分子，并提出 C_{60} 的结构模型，因此获得了 1996 年诺贝尔化学奖。C_{60} 也是一种混合键晶体，其分子结构如图 2-19（a）所示，它是由 60 个碳原子形成共价键而组成的笼状分子，其中有 20 个类似于苯环的准六边形和 12 个五边形组成的闭合的 32 面体团簇结构，共有 60 个顶角，每个顶角放置一个碳原子，近似于一个半径为 0.71 nm 的 32 面体球，形状类似一个足球，故被称为足球烯（footballene 或 socerballene），也被称为富勒烯（fullerene）或巴基球（buckyball）。五边形由 sp^3 杂化轨道形成的 C═C 共价键，键角接近金刚石四面体的键角 109°28′。而两个六边形的共棱是由碳原子 sp^2 和 sp^3 形成的双键五边形和仅为 sp^3 形成的单键共棱的六边形。C_{60} 分子之间主要靠范德瓦耳斯力结合而形成晶体。

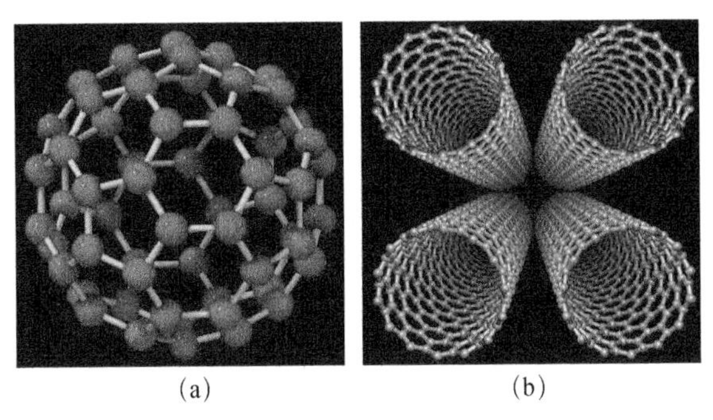

图 2-19　C_{60}（a）和碳纳米管（b）的结构模型

3. 碳纳米管

1991 年日本科学家饭岛（Iijima）博士发现了一种针状的管形单质碳纳米管（carbon nanotubes）。碳纳米管又称巴基管（buckytubes），其结构是由一个六角形网状组成的空心管，如图 2-19（b）所示。管道非常细，直径可小于 0.5 nm，而长度却很长，可达其直径的数千倍。碳纳米管有很多独特的物理性质，因此人们期待其能在科技领域得到广泛的应用。例如，在未来的半导体材料应用领域，代替 Si 基半导体材料，使其制造的电子芯片和器件体积更小、能耗更低以及效率更高等。巨大的长度和直径比使其有望用作坚韧的碳纤维，其强度可达钢的 100 倍，而重量仅为钢的 1/6。它还有望用作催化剂载体、分子吸收剂和近场发射材料等。

4. 石墨烯

石墨烯（graphene）是碳原子紧密堆积成单层二维蜂窝状晶格的一种碳质新材料，厚度仅为 0.335 nm，是头发丝的二十万分之一，是构建其他维数碳质材料（零维富勒烯、一维碳纳米管和三维石墨）的基本单元，如图 2-20 所示。

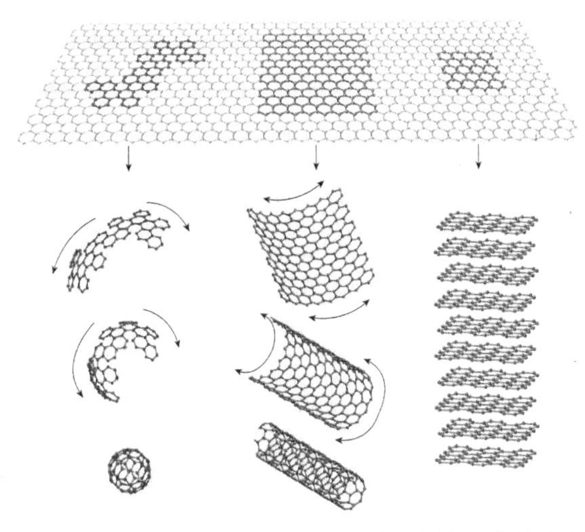

图 2-20　二维石墨烯可以组成巴基球零维结构、碳纳米管一维结构和石墨三维结构[5]

石墨烯具有极好的结晶性、电学性能、力学性能和导热性能等特性。石墨烯是在2004年由英国曼彻斯特大学的两位科学家安德烈·盖姆（Andre Geim）和康斯坦丁·诺沃肖洛夫（Konstantin Novoselov）发现。由于他们在石墨烯材料方面的卓越研究，获得了2010年诺贝尔物理学奖。最初获得石墨烯的方法是采用机械剥离法，即利用机械外力克服石墨层与层之间较弱的范德瓦耳斯力，经过不断地剥离，从而获得数层甚至单层石墨烯的一种方法。这是一种非常简便的方法，具体的操作是：将胶带黏附在高定向热解石墨表面，然后将黏有石墨片的胶带与新胶带的黏性面通过按压紧贴在一起，再轻轻地撕开胶带，这样就可以将石墨片一分为二。不断地重复上述操作，薄片就会变得越来越薄，而石墨片呈现的颜色也会变得越来越淡。将这些胶带黏贴在硅片上，靠范德瓦耳斯力和毛细力的作用，剥离所得的石墨片便会附着在硅片上，再将样品放入丙酮溶液中，溶去残胶，最终可获得仅由一层碳原子构成的薄片，这就是石墨烯。随着对石墨烯生长技术的深入研究，目前逐渐发展出多种制备方法，包括SiC表面外延生长法、电弧放电法、氧化还原法、化学气相沉积法、偏析生长法以及自上而下合成法等多种方法。

石墨烯的发现推翻了以往人们认为任何二维晶体由于其本身热力学扰动而不能在常温常压下稳定存在的观念。事实上，石墨烯不仅在室温环境下能够存在，而且还相当稳定。石墨烯是完美的二维晶体结构，只包含蜂窝形六角结构，如果有少量的五边形出现，会使二维石墨烯翘曲。如包含12个五边形就会形成富勒烯，而碳纳米管也可以被看作是卷曲成圆筒的石墨烯。

石墨烯就是单层的石墨片，因而其碳原子的排列方式应与石墨单原子层一样，即sp^2杂化轨道成键可形成二维蜂窝状碳原子排列的平面结构。碳原子有4个价电子，一个2s电子受激发跃迁至$2p_z$轨道上，另一个2s电子与$2p_x$和$2p_y$上的电子通过sp^2杂化形成三个“头对头”的σ键，即每个碳原子和相邻的三个碳原子结合形成三个等效的σ键，因此，碳原子的配位数为3。σ键与其他碳原子链接成六角形的蜂窝式层状结构，每两个相邻碳原子间的键长为1.42 Å，键与键之间的夹角为120°。$2p_z$轨道上的未成键电子，可与近邻碳原子的$2p_z$轨道上未成键电子在与平面呈垂直方向形成“肩并肩”的π键，新形成的π键呈半填满状态，而每个碳原子垂直于层平面的$2p_z$轨道可以形成贯穿全层类似苯环的多原子大π键，电子在其内部可以自由地移动，这就决定了石墨烯具有优良的导电性能。

石墨烯是一种典型的零带隙半金属材料，其电子能谱表现出电子的能量和动量呈线性关系，其导带和价带可相交于布里渊区中的一点–狄拉克点。正是这一特殊能带结构决定了石墨烯具有一些独特的物理性质：在狄拉克点附近，电子的静止有效质量为零，为典型的狄拉克费米子特征，其费米速度高达10^6 m/s，接近光速的1/300，这样就导致石墨烯即使在室温下载流子也具有很高的迁移率，单层石墨烯的电子迁移率都在 15 000 $cm^2/(V \cdot s)$ 左右。此外，电子波在石墨烯中传输方式具有二维电子气的特征，因此极易在高磁场下形成朗道能级，出现量子霍尔效应；由于电子赝自旋的发生，电子在传输过程中对声子散射并不敏感，在室温条件下就能观察到石墨烯的这种量子霍尔效应。

由于石墨烯中单层碳原子 sp^2 杂化后形成牢固的 C=C 键，而在石墨层间则主要依靠范德瓦耳斯力和 π 电子的耦合作用而结合，因此具有出色的力学性能，它是已知强度最高的材料之一，同时兼具很好的韧性，且可以弯曲，石墨烯的理论杨氏模量可达 1.0 TPa，固有的拉伸强度为 130 GPa。另外，二维石墨烯和三维材料不同，可显著削弱晶界处声子的边界散射，具有特殊的声子扩散模式（关于声子的概念将在第 4 章中给予详细阐述），因而石墨烯具有非常好的导热性能，无缺陷单层石墨烯的热导率高达 5300 $W/(m \cdot K)$ [27]；石墨烯由单层或数层碳原子组成，因此，石墨烯也具有优异的透光性：对于理想的单层石墨烯，波长在 400—800 nm 范围内的光吸收率仅为 2.3%，看上去几乎是透明的，反射率也可以忽略不计。

石墨烯的其他独特性能还包括可以使质子高效率地穿过，显示出在过滤领域应用的巨大潜力，未来石墨烯基膜可用于水和气体净化等领域。此外，石墨烯的比表面积可达 2630 m^2/g，分子吸附和脱离石墨烯表面时会产生局部载流子浓度的剧烈变化，从而导致其电阻发生突变，根据这一特性可制成各种高灵敏度传感器，用于环境监测。总的来说，基于石墨烯独特的力学、热学、光学和电学等方面的优异性能，在材料、能源和环保三大领域都具有广泛的应用前景。就其特异的电学性能来说，石墨烯可作为晶体管的绝佳材料，被认为未来有望取代硅芯片，可以制备各种电子器件，韩国三星率先制备出了石墨烯触摸屏，美国利用石墨烯已经制备出电池表带。石墨烯在场效应管、高频器件、逻辑电路、传感器、存储器件、透明电极、光电探测器、量子点器件以及能源存储与转换（超级电容器、锂电池、太阳能电池和燃料电池）等诸多方面都具有潜在的电学应用。而利用石墨烯的力学、热学和结构特性，可研制出用于各种场合的功能性复合材料，如结构增强复合材料、防腐涂层材料、新型导热材料、电磁防护材料和储氢材料等，这些复合材料将对现有材料领域的应用产生颠覆性影响。未来石墨烯在应用上的突破将创造巨大的经济效益和社会效益。

最后，对本章涉及的五种结合类型给予扼要总结。从这五种基本结合类型来看，元素的电负性与晶体的结合类型密不可分。电负性差别比较大的原子，易于形成离子晶体，如 ⅠA 族的碱金属和ⅦA 族的卤族元素。但随着元素之间电负性差别的减小，离子性结合逐渐过渡到共价结合，如ⅢA-ⅤA 族化合物。一般来说，电负性差值较小的元素之间的成键主要是共价键和金属键。

元素周期表中同一族的元素随着周期变大，电负性从强到弱发生变化，如ⅣA

族元素 C, Si, Ge, Sn, Pb 形成共价晶体的结合由强逐渐减弱，以至于它们的结合类型从共价键结合逐渐转变为金属键结合，电学性质上则由绝缘体到半导体，最终过渡到金属导体。ⅣA 族元素可形成最典型的共价晶体，按 C, Si, Ge, Sn, Pb 顺序，它们的电负性渐次减弱。C 的电负性最强，形成的金刚石具有最强的共价键，导电性上是典型的绝缘体，而 Si 和 Ge 晶体的电负性次之，它们的共价键较金刚石弱，导电性上则表现出半导体性质。Sn 晶体的共价键更弱，在不同温度下会分别表现出半导体（13 ℃以下）和金属性质（13 ℃以上），而 Pb 的电负性更弱，所以 Pb 晶体已经是属于金属晶体了。最后表 2-11 给出五种晶体结合类型的比较。

表 2-11　五种结合力形成晶体的特点比较

晶体类型	结合方式	结构单元	晶体特点	形成机制	结合能	典型晶体
离子晶体	离子键，正、负离子交替排列，通过库仑相互作用形成晶体	离子	熔点高、硬度大、膨胀系数小、易沿解理面解理	电负性差异大的原子形成的结合	很强 数 eV/键	NaCl KCl NaBr CsCl LiF
分子晶体	范德瓦耳斯键，由偶极矩的作用结合形成晶体	分子、原子	熔点低、沸点低、易压缩、绝缘体，对原子排列无特殊要求，一般为密堆积结构	惰性原子或价电子形成共价键的分子之间形成的结合	很弱 ~0.1 eV/键	惰性（气体）晶体 Ar 有机化合物晶体 CH_4
共价晶体	共价键，两原子共有的自旋相反配对键合形成晶体	原子	熔点高、硬度大、绝缘体或半导体、化学惰性大、只能取有限的几种晶体结构类型	电负性接近且较大的原子或同种原子形成的结合	很强 数 eV/键	金刚石 Si Ge InSb
金属晶体	金属键，共有化电子与正离子实通过库仑相互作用形成晶体	金属离子	电导率和热导率高、密度大、具有延展性，对原子排列无特殊要求，原子尽可能采用密排结构	电负性较小的原子形成的结合	较强 ~1 eV/键	Na Cu Ag Au Fe
氢键晶体	氢键，带正电的氢核通过库仑相互作用与另一个电负性较大的原子相结合而形成晶体	分子	熔点低、沸点低、硬度小、导电性差	氢原子和原子半径小而电负性很大的原子（O, F, N, Cl）形成的结合	弱 ~0.5 eV/键	冰(H_2O) NH_3 磷酸二氢钾 (KH_2PO_4)

习　　题

2.1　设两原子之间的互作用能可表示为 $u(r)=-\dfrac{\alpha}{r^m}+\dfrac{\beta}{r^n}$，式中第一项为引力能，第二项为排斥能，$\alpha$ 和 β 均为大于零的常数。试证明：要使此原子系统处于平衡状态，必须满足 $n>m$。

2.2　原子（离子）所组成晶体的体积可写成 $V=Nv=N\beta r_0^3$，式中 v 为每个原子平均占据的体积，r_0 为原子（离子）间的最短距离；β 为与结构有关的常数。试求出下列各种结构的 β 值：简单立方结构；面心立方结构；体心立方结构；金刚石结构；氯化钠结构。

2.3　晶体中相邻两原子之间的相互作用能可表示为

$$U(r)=-\frac{\alpha}{r^m}+\frac{\beta}{r^n}$$

求平衡时：

（1）原子间距 r_0；　　（2）结合能 E_b；

（3）体弹性模量；　　（4）若 $m=2, n=10, r_0=3$ Å, $E_b=4$ eV，求出 α 和 β 的值。

2.4　证明 $2N$ 个离子组成的一维晶体链，其马德隆常数 $M=2\ln 2$。

2.5　试说明为什么当正、负离子半径 $r^-/r^+>1.37$ 时不能形成氯化铯型结构；当 $r^-/r^+>2.41$ 时不能形成氯化钠型结构。当 $r^-/r^+>2.41$ 时，将形成什么结构？已知 RbCl、AgBr 及 BeS 中的正、负离子半径如下表所示：

	r^+/nm	r^-/nm
RbCl	0.149	0.181
AgBr	0.113	0.196
BeS	0.034	0.174

若把它们看成典型的离子晶体，试问它们最可能具有什么晶体结构？若把正、负离子都近似看成是刚性小球，试计算这些晶体的晶格常数。

2.6　由实验测得 NaCl 晶体的密度为 2.16 g/cm³，其体弹性模量为 $B_m=2.41\times10^{10}$ N/m²。试求此晶体中每对离子的内聚能（U_C/N）（已知马德隆常数 M=1.7476，Na 和 Cl 的原子量分别为 23 和 35.45）。

2.7　考察一条直线，其上载有电荷为 $\pm q$ 交错的 $2N$ 个离子，最近邻之间的排斥能为 $\frac{A}{R^n}$。

（1）试证明在平衡时

$$U(R_0)=-\frac{2Nq^2\ln 2}{4\pi\varepsilon_0 R_0}\left(1-\frac{1}{n}\right)$$

（2）令晶体被压缩，使 $R=R_0(1-\delta)$，试证明在晶体被压缩单位长度的过程中外力所做功的主项为 $\frac{1}{2}c\delta^2$，其中 $c=\frac{(n-1)q^2\ln 2}{4\pi\varepsilon_0 R_0}$。

2.8　利用伦纳德-琼斯势计算 Ne 在体心立方结构和面心立方结构中的结合能之比。

习题解答提示及参考答案见封底二维码。

第 3 章　晶体中的缺陷

本章主要内容：

本章主要阐述晶体缺陷的形成机制和缺陷的类型；根据热力学统计物理的基本知识计算热缺陷的统计数目；介绍晶体中粒子的扩散机制和离子晶体的导电机制。

第 1 章和第 2 章中我们都假设晶体是完整的，即完整晶体拥有严格的周期性结构，具有空间平移对称性质，这种情况只有在绝对零度下才可能存在，而实际晶体总是存在这样或那样的缺陷。缺陷就是对完整晶体结构周期性的偏离。缺陷产生的原因是多方面的，温度引起的热涨落可以使原子离开正常格点而产生缺陷，而晶体化学组分与理想晶体组分的偏离也能产生缺陷。

晶体的物理和化学性质与晶体中存在缺陷的种类、多少和空间分布具有密切的关系，例如，在硅（Si）单晶中掺入杂质原子磷（P）或硼（B），将分别导致其具有电子型（n 型）或空穴型（p 型）导电类型；高温超导体中的载流子浓度依赖于其中作为合金溶质的杂质或氧空位的浓度。许多晶体的颜色和光学特性也可由缺陷决定；晶体的力学性质通常会受到缺陷的重要影响。因此，如何控制晶体中的缺陷是十分重要的一项研究课题。

本章主要针对缺陷的分类、缺陷产生的物理机制以及缺陷对晶体物理性质的影响做简要介绍。

3.1　缺陷的分类

晶体中的缺陷按几何构型或尺度来分类，可分为点缺陷、线缺陷和面缺陷等几种基本类型。下面我们分别介绍这几种缺陷类型。

3.1.1　点缺陷的形成及类型

最简单的缺陷类型是点缺陷，它是在格点附近一个或几个晶格常数的微观区域内组成晶体的粒子（原子或离子）排列偏离严格的周期性，它的尺度只有一个或几个原子的大小。点缺陷是以空位、填隙原子、杂质原子等而形成的畸变区域。

1. 热缺陷

在一定温度下，晶体中的原子（离子）由于热涨落而脱离正常格点是符合一定的统计规律的，虽然原子的热振动引起的热振幅和平均能量是一定的，但是，对于具体某个原子来说，热振动的振幅和能量总是时刻都在发生着变化，在某一时刻可能获得足够的能量而脱离正常的格点位置，并进入晶体的间隙位置或者迁移到晶体的表面，导致原来的格点位置不被原子所占据，成为一个空的格点，称为空位。由于空位的出现，周围原子的力平衡被打破，造成周围近邻原子也都偏离了正常的平衡位置，在达到新的平衡后，周围就出现了晶格的畸变并形成点缺陷。由于热涨落而使晶体中一些原子脱离正常格点位置引起空位或者填隙原子，这类点缺陷又称为热缺陷。下面介绍几种热缺陷类型。

1）肖特基缺陷

在一定温度下，晶体中的原子由于热涨落获得足够的能量，离开正常格点位置，迁移至晶体表面，于是在晶体中出现不被原子占据的空格点，这样的热缺陷称为肖特基缺陷（Schottky defect），如图 3-1（a）所示。

2）弗仑克尔缺陷

在一定温度下，由于热涨落，晶体中原子脱离正常格点迁移到间隙位置，形成一个填隙原子，同时在原来的格点位置处产生一个空位，这种填隙原子和空位成对出现的热缺陷称为弗仑克尔缺陷（Frenkel defect），如图 3-1（b）所示。

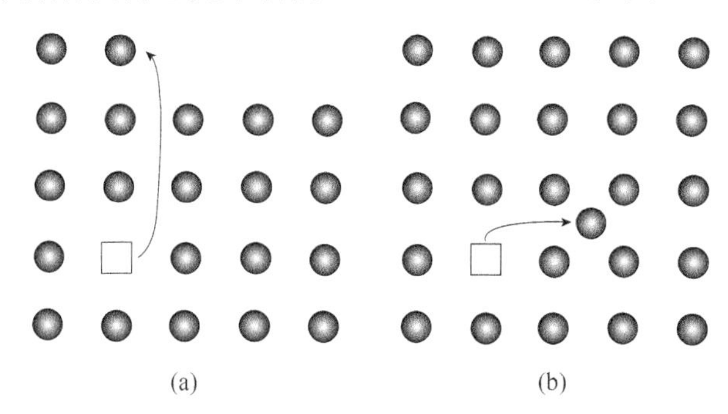

图 3-1　两种基本的热缺陷：（a）肖特基缺陷；（b）弗仑克尔缺陷

填隙原子构成缺陷时，必须使原子挤入晶格的间隙位置，所需的能量要比生成空位缺陷的能量大些，因此，对于大多数的情形，特别是在温度不太高的情况下，肖特基缺陷存在的可能性大于弗仑克尔缺陷。

3）间隙（填隙）原子

弗仑克尔缺陷是空位和填隙原子成对出现，并不断产生和复合，在一定温度下达到动态平衡。另外，晶体表面格点上的原子由于热涨落，获得足够的能量，进入晶体内部格点之间的间隙位置，使周围的晶格发生畸变，占据间隙位置的原子就形成点缺陷，因为这些间隙位置在理想情况下是不被原子占据的。应该指出，产生间隙原子可能需要较大的能量使原子挤入不被原子占据的间隙位置，因此，造成间隙原子的能量远大于产生空位的能量。

以上三种缺陷类型，即肖特基缺陷、弗仑克尔缺陷和间隙原子都是靠原子的热涨落获取足够的能量而运动迁移的，是一种正常的热平衡现象，是实际晶体的本征特性。晶体内部的点缺陷具有热涨落的随机性，缺陷的产生和复合不断地发生着变化，在一定温度下，达到动态平衡，缺陷浓度达到一定的平衡浓度。此三类点缺陷统称为热缺陷。

2. 杂质原子

在晶体中的另一类点缺陷是杂质原子，它们是外来原子，不同于理想晶体的原子类型。按照杂质原子在晶体中占据的不同位置，可分为填隙式杂质和替位式杂质两类，如图 3-2 所示。

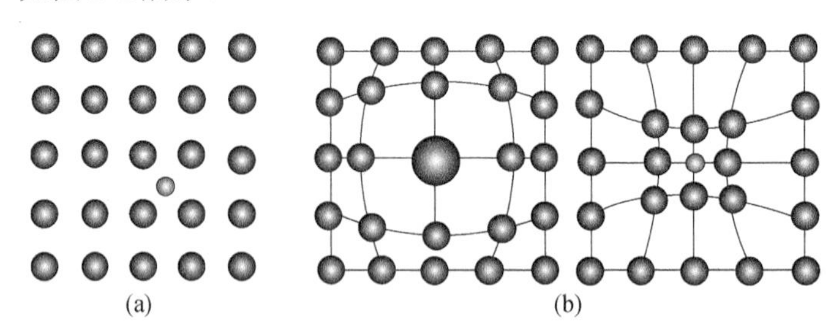

图 3-2　杂质缺陷类型：（a）填隙式杂质；（b）替位式杂质

在晶体的制备过程中，不论是因为原料的纯度还是因为生产工艺，如真空度等，都不可避免地引入杂质原子。另外，为了改变材料的物理性能，也会人为地引入某些杂质原子。若杂质原子取代基质原子而占据格点位置，则称为替位式杂质。当外来的杂质原子比晶体本身的原子尺寸小时，这些比较小的外来原子很可能存在于间隙位置，称它们为填隙式杂质。填隙式杂质的引入往往使晶体的晶格常数增大，引起周围晶格畸变，使晶格系统的内能增加。而引入替位式杂质时，由于杂质原子半径和基质原子半径不同，同样会引起杂质原子周围的晶格畸变，使晶格的内能增加。如果替位式杂质的原子半径与基质原子半径相差比较小，则引起周围的晶格弹性畸变就比较小，内能增加就小。反之，将引起较大的晶格畸变，内能增加就比较大。对于前者来说，内能增加较小，相比较熵增就比较大，这样，总的自由能降低就比较多，因而，在热力学上有利于形成这类替位式杂质。

有控制地引入杂质的方法很多，如在半导体工业中常通过高温扩散或离子注入等方法，将特定杂质原子或离子引入到晶体中，获得人工设计调控的电学和光学等特性。如在锗和硅中掺入三价态的 B, Al, Ga, In 或五价的 P, As, Sb 等，称为受主杂质（B, Al, Ga, In 比 Si, Ge 少一个价电子）和施主杂质（P, As, Sb 比 Si，Ge

多一个价电子)，分别形成多数载流子为空穴的 p 型半导体材料和多数载流子为电子的 n 型半导体材料，从而使锗和硅的导电性能获得极大的改变。譬如，十万个 Si 原子中掺入一个 B 原子的缺陷可以使 Si 的电导率增加大约一千倍。

3. 反位缺陷

对于复式格子，晶体中少量原子（离子）排错位置，落到另一个子晶格的格点上，这种缺陷称为反位缺陷（antisite defect)。如碱卤族化合物 NaCl 晶体中，理想情况是 Na^+和 Cl^-分别形成面心立方结构的子晶格，记为 $Na^+_{Na^+}$ 和 $Cl^-_{Cl^-}$；若 Na^+排在 Cl^-的子晶格格点上，则记为 $Na^+_{Cl^-}$；反之，若 Cl^-落在 Na^+子晶格格点上，则记为 $Cl^-_{Na^+}$。其反位缺陷的形成过程可以用化学方程加以描述，即

$$Na^+_{Na^+} + Cl^-_{Cl^-} \longrightarrow Na^+_{Cl^-} + Cl^-_{Na^+}$$

反位缺陷可通过中间形成弗仑克尔缺陷而产生，其生成过程可经过如下步骤：

（1）在 Na^+的子晶格上形成弗仑克尔缺陷

$$Na^+_{Na^+} \longrightarrow Na^+_i + V_{Na^+}$$

式中 Na^+_i 代表 Na^+处于间隙位置，V_{Na^+}代表 Na^+空位；

（2）间隙 Na^+_i 与处于正常格点位置的 Cl^-交换位置

$$Na^+_i + Cl^-_{Cl^-} \longrightarrow Na^+_{Cl^-} + Cl^-_i$$

式中 Cl^-_i 代表 Cl^-处于间隙位置；

（3）间隙 Cl^-_i 可以消除 V_{Na^+} 空位而形成 Cl^-的反位缺陷

$$Cl^-_i + V_{Na^+} \longrightarrow Cl^-_{Na^+}$$

式中 V_{Na^+} 代表 Na^+空位。

将上述三个方程相加，得出的结果就是

$$Na^+_{Na^+} + Cl^-_{Cl^-} \longrightarrow Na^+_{Cl^-} + Cl^-_{Na^+}$$

以上几个步骤的过程如图 3-3 所示。

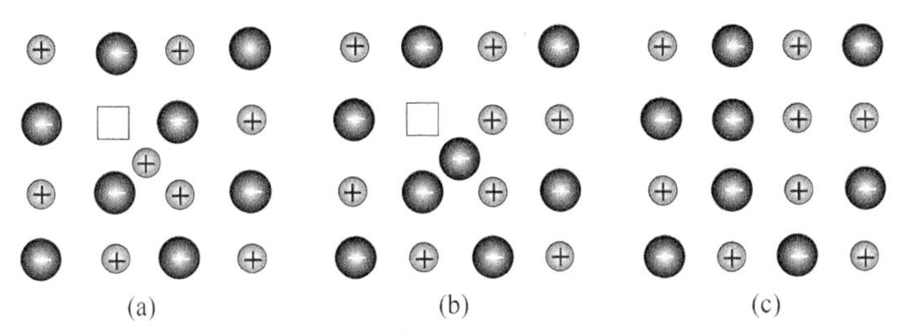

图 3-3 NaCl 晶体中反位缺陷的形成过程：(a) 在 Na^+的子晶格上形成弗仑克尔缺陷；(b) 间隙 Na^+_i 与处于正常格点位置的 Cl^-交换位置；(c) 间隙 Cl^-_i 进入空位而形成 Cl^-的反位缺陷

3.1.2　热缺陷的统计数目和缺陷数目测量

热缺陷的数目与晶体中原子总数相比虽然是一个很小的数值，但其绝对数目还是比较大的，因此，可以利用热力学统计原理进行计算。

在热平衡状态下，热缺陷的数目达到平衡。根据热力学原理，一个晶体的平衡态将由晶体的自由能决定，晶体的自由能与晶体的内能、熵以及绝对温度之间的关系为

$$F = U - TS \tag{3.1}$$

式中 F, U, T, S 分别表示晶体的自由能、内能、绝对温度和熵。

当晶体中存在热缺陷时，从两个方面改变晶体的自由能：一方面，由于晶格畸变引起晶体内能增加，使自由能增加；另一方面就是由于热缺陷破坏了晶体的完整周期性，晶格上的原子排列变得更加无序，晶格的微观状态数目增加了，系统变得更加混乱，引起熵的增大，使自由能减小。在温度一定时，总的自由能变化为

$$\Delta F = \Delta U - T\Delta S \tag{3.2}$$

晶体的稳定性与自由能的变化有关。当晶体中出现缺陷时，由于缺陷引起的内能变化、自由能变化和由于熵增加引起的自由能变化正好相反，因此，在温度不变的情况下，系统自由能实际上是缺陷数目的函数。在某一温度下，产生的点缺陷数目正好使自由能达到最小值，使系统处于稳定状态，缺陷的动态数目达到平衡。如果考虑晶体是由 N 个全同粒子组成的，假设点缺陷的形成能随温度变化不明显，点缺陷之间无相互作用等因素，当晶体处在热平衡状态时，晶体中缺陷的数目可由自由能极小的条件求得

$$\left(\frac{\partial \Delta F}{\partial n}\right)_T = 0 \tag{3.3}$$

1. 肖特基缺陷的统计数目

令 u_v 表示产生一个空位的形成能，如果整个晶体产生 n 个空位，则其内能将增加

$$\Delta U = nu_v \tag{3.4}$$

根据热力学原理，熵变的表达式为

$$\Delta S = k_B \ln \Omega \tag{3.5}$$

式中 k_B 为玻尔兹曼常量。设晶体由 N 个原子组成，在晶体中产生 $n(n \ll N)$ 个空位的方式数目为

$$\Omega = C_N^n = \frac{N!}{n!(N-n)!} \tag{3.6}$$

将（3.6）式代入（3.5）式，可得晶体的熵增加为

$$\Delta S = k_B \ln \frac{N!}{n!(N-n)!} \tag{3.7}$$

晶体中存在 n 个缺陷时，晶体自由能的改变为

$$\begin{aligned}\Delta F &= \Delta U - T\Delta S \\ &= nu_v - Tk_B \ln \frac{N!}{n!(N-n)!}\end{aligned} \tag{3.8}$$

根据（3.8）式，并由热平衡时（3.3）式自由能极小条件和斯特林近似公式（当 N 为很大的数时，$\ln N! \approx N\ln N - N$），可求出空位缺陷的热平衡数目，即

$$\begin{aligned}\left(\frac{\partial \Delta F}{\partial n}\right)_T &= u_v - k_B T \frac{\partial}{\partial n}\{(N\ln N - N) - (n\ln n - n) - [(N-n)\ln(N-n) - (N-n)]\} \\ &= u_v - k_B T \ln \frac{N-n}{n} = 0\end{aligned}$$

考虑到 $n \ll N$，最后得肖特基缺陷数目

$$n \approx N\exp(-u_v / (k_B T)) \tag{3.9}$$

由（3.9）式可以看出，肖特基缺陷的数目对温度特别敏感，温度升高，缺陷数目以指数的形式迅速增多，如纯铜，若 T=1000 K，u_v=1 eV，则可以算出缺陷的浓度在 10^{-5} 量级。而室温时，缺陷的浓度在 10^{-17} 量级，相差 12 个数量级。可见，在高温下，相对于室温时晶体的缺陷浓度非常高，如果将样品在高温时缓慢冷却到室温，点缺陷会有充分的时间迁移至晶体表面，使大部分空位消失；如果在高温下急冷（淬火）到室温，大部分点缺陷来不及运动迁移而被保留下来，即所谓的“冻结”，这时室温下保留了大量的空位，实际的空位浓度远高于该温度下的平衡浓度，从而获得了大量的过饱和空位（这为在室温下测量和研究高温下的空位浓度提供了有利条件）。

2. 弗仑克尔缺陷的统计数目

在一定温度下，热缺陷不断地产生和复合，当空位和间隙原子相遇时，间隙原子又重新回到正常格点的位置，因此，空位和间隙同时消失，在热平衡状态下，弗仑克尔缺陷的数目达到动态平衡。热平衡状态下晶体中弗仑克尔缺陷的统计数目同样可由自由能极小的条件进行计算。

令 u_i 表示一个原子从格点位置迁移到间隙位置所需要的能量，当晶体产生 n 个空位和 n 个间隙原子时，整个系统的内能将增加

$$\Delta U = nu_i \tag{3.10}$$

设由 N 个原子组成的晶体，有 N' 个间隙位置，产生 n 个空位的可能方式为

$$\Omega_1 = \frac{N!}{n!(N-n)!} \tag{3.11}$$

弗仑克尔缺陷中空位和间隙原子成对出现，因此间隙原子也是 n，这 n 个间隙原子排列在 N'个间隙位置的可能方式为

$$\Omega_2 = \frac{N'!}{n!(N'-n)!} \tag{3.12}$$

这样，从 N 个格点上取出 n 个原子并把它们排列在 N' 个间隙位置上的总的方式数目为

$$\Omega = \Omega_1 \cdot \Omega_2 = \frac{N!}{n!(N-n)!} \cdot \frac{N'!}{n!(N'-n)!} \tag{3.13}$$

将（3.13）式代入（3.5）式，可得熵的增加为

$$\Delta S = k_{\mathrm{B}} \ln \Omega = k_{\mathrm{B}} \left[\ln \frac{N!}{n!(N-n)!} + \ln \frac{N'!}{n!(N'-n)!} \right] \tag{3.14}$$

利用斯特林近似公式，（3.14）式化为

$$\begin{aligned} \Delta S &= k_{\mathrm{B}} \{ [N \ln N - N] - [(N-n)\ln(N-n) - (N-n)] - [n \ln n - n] \\ &\quad + [N' \ln N' - N'] - [(N'-n)\ln(N'-n) - (N'-n)] - [n \ln n - n] \} \\ &= k_{\mathrm{B}} [N \ln N + N' \ln N' - (N-n)\ln(N-n) - (N'-n)\ln(N'-n) - 2n \ln n] \end{aligned} \tag{3.15}$$

将（3.10）式和（3.15）代入（3.2）式，可得系统总的自由能变化为

$$\begin{aligned} \Delta F &= \Delta U - T\Delta S \\ &= nu_i - Tk_{\mathrm{B}} [N \ln N + N' \ln N' - (N-n)\ln(N-n) - (N'-n)\ln(N'-n) - 2n \ln n] \end{aligned} \tag{3.16}$$

由（3.16）式，利用热平衡时自由能极小条件 $\left(\frac{\partial \Delta F}{\partial n} \right)_T = 0$，得到

$$\left(\frac{\partial \Delta F}{\partial n} \right)_T = u_i - k_{\mathrm{B}} T \ln \frac{(N-n)(N'-n)}{n^2} = 0 \tag{3.17}$$

即

$$n^2 = (N-n)(N'-n) \exp(-u_i / (k_{\mathrm{B}} T))$$

考虑到 $N, N' \gg n$，故得

$$n = \sqrt{NN'} \exp(-u_i / (2k_{\mathrm{B}} T)) \tag{3.18}$$

3. 利用正电子湮没技术测量空位缺陷的基本方法

利用正电子湮没技术（positron annihilation technique，PAT）可测量固体材料中的缺陷浓度。正电子是人类发现的第一种反粒子，正电子的质量、自旋等都与电子相同，但电荷符号相反。正电子可通过放射性同位素的衰变而产生，例如，放射性同位素 ^{22}Na 在衰变过程中可发出 1.28 MeV 的 γ 光子，几乎同时（相差 3 ps（皮秒），1 ps=10^{-12} s）发射正电子。当正电子进入晶体后，由于正电子带正电，受

到同样带正电的原子实的强烈排斥，正电子与原子实产生非弹性碰撞而损失能量，在 1～3 ps 内慢化成能量约为 $3k_{\mathrm{B}}T/2$ 的热化正电子，室温时其能量约为 0.025 eV，因此，热化的正电子在固体扩散过程中不会激发缺陷。正电子在扩散过程中遇到电子后就会发生湮没，或与电子发生相互作用而形成亚稳态原子——正电子偶素（positronium）（类似于氢原子），然后发生湮没。处在间隙区的正电子遇到电子而发生的湮没称为自由态湮没；如果晶体中存在空位缺陷，当正电子扩散到空位缺陷处时，会被缺陷所俘获形成俘获态正电子，而后发生的湮没叫缺陷态湮没。正电子或正电子偶素湮没后发出 0.511 MeV 的 2 个 γ 光子，根据发出 1.28 MeV 的 γ 光子作为产生正电子的起始信号，湮没后发出 0.511 MeV 的 γ 射线作为终止信号，测量两者的时间间隔，通过大量湮没事件的统计结果，就可以获得正电子寿命谱。

正电子的寿命长短依赖于正电子在传播路径上遇到的电子密度，因此，正电子在完整晶体中的寿命和在空位缺陷处的寿命不同。空位缺陷处的电子密度会明显低于正常格点处的电子密度。在空位缺陷态缺少了带正电的原子实的情况下，呈负电性而俘获正电子，这样一来，正电子在空位缺陷处的被俘获概率大、寿命长，而正电子被空位俘获的概率和寿命与空位数或浓度成正比，通过对正电子寿命谱的测定可得到晶体中的空位浓度。另外，通过数据分析，还可以进一步获得固体中空位缺陷的尺寸大小和分布等情况。

图 3-4 就是利用放射源 ^{22}Na 产生的正电子测量了 Ni_3Al 合金的正电子平均寿命与温度的实验曲线，并采用自由态和缺陷态的二态模型对实验结果进行拟合的曲线。

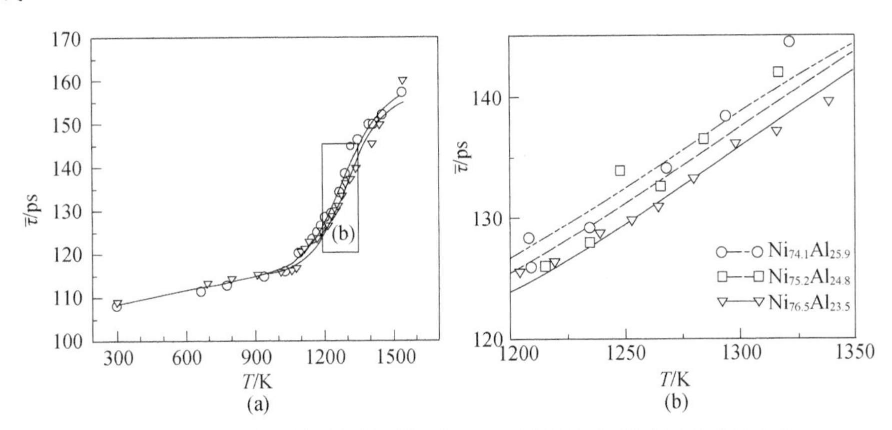

图 3-4　Ni_3Al 合金的正电子平均寿命 $\bar{\tau}$ 与温度 T 的实验关系曲线以及利用自由态和缺陷态的二态模型拟合的曲线[6]

3.1.3 色心

晶体中的点缺陷借助于它们的有效电荷而束缚着电子或空穴，如果这些电子或空穴导致可见光的激发，则这些点缺陷称为色心。色心的出现引起晶体有附加的光吸收带，使晶体着色，这也是色心名称的由来。

许多方法都可以将无色的材料变成能够显示出强烈色彩的材料。使晶体着色的手段包括：掺入化学杂质，在晶体中形成吸收中心；引入过量的金属离子，形成负离子空位，正电性的负离子空位束缚着从金属原子中电离的电子，从而形成可见光吸收中心；X 射线、中子或电子轰击使晶体产生缺陷，可以束缚电子或空穴，形成可见光吸收中心；电解过程产生的缺陷，也可以形成可见光吸收中心。

研究手段：精细的光谱测量、电子自旋共振、电子-核双共振等。

最常见的色心是 F 心（F 来源于德文 Farbe 彩色一词）。完整的碱卤晶体是无色透明的，众多的色心缺陷能使晶体呈现一定颜色，典型的色心是 F 心。把碱卤晶体在碱金属的蒸气中加热，然后使之骤冷到室温，则原来透明的晶体就出现了颜色，这个过程称为增色过程，这些晶体在可见光区段各有一个吸收带称为 F 带，而把产生这个带的吸收中心叫做 F 心。氯化钠（NaCl）在 Na 蒸气中加热后变成淡黄色；氯化钾（KCl）在 K 蒸气中加热后变成紫色；氟化锂（LiF）在 F 蒸气中加热后变成粉红色等。图 3-5 是几种碱卤族化合物晶体的 F101 光吸收带。图中 LiCl，NaCl，KCl，RbCl 和 CsCl 光吸收带的峰值位置分别在 3.1 eV，2.7 eV，2.2 eV，2.0eV 和 2.0 eV。

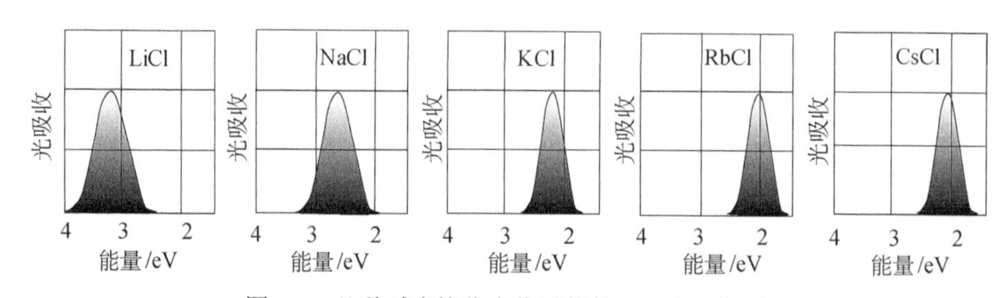

图 3-5　几种碱卤族化合物晶体的 F 心光吸收带

电子型色心：电子自旋共振方法对 F 心的研究表明，它是由一个负离子晶格空位束缚一个电子构成的，如图 3-6（a）所示，当过量的碱金属原子加入到卤化碱晶体中时，就会出现负离子空位。碱金属原子的价电子由于不被原子束缚，能在晶体中自由移动，最终会被束缚在一个负离子空位上。在完整周期性晶格中，一个负离子晶格空位的作用犹如一个孤立的正电荷，它能吸引并能捕获一个电子。因此 F 心属于电子型色心。

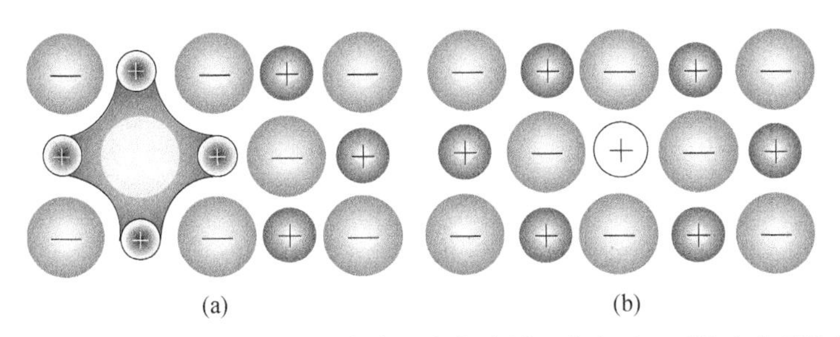

图 3-6　F 心和 V 心：（a）F 心是一负离子空位束缚一个电子，而这个电子就分布在空位附近的正离子实附近；（b）V 心是碱卤晶体卤素离子过量，晶体中出现相应数量的正离子空位，它等价于一个带负电荷的中心

F 心可以认为是一个卤素负离子空位加上一个靠库仑场被束缚在三维无限深势阱中的电子，利用这一简化模型做如下描述。

在 $x=y=z=0$ 和 a 处 $\psi=0$，由薛定谔方程很容易求出电子的波函数表达式为

$$\Psi_{nlm}=\sqrt{\frac{8}{a^3}}\sin\left(\frac{l\pi x}{a}\right)\sin\left(\frac{m\pi y}{a}\right)\sin\left(\frac{n\pi z}{a}\right)$$

其能量本征值为

$$E_{nlm}=\frac{\pi^2\hbar^2}{2ma^2}(l^2+m^2+n^2)$$

式中 l, m, n 为正整数。基态时，$l=m=n=1$，这时 Ψ_{111} 相当于基态 s 态，能量为

$$E_{111}=\frac{3\pi^2\hbar^2}{2ma^2}$$

$\Psi_{211}, \Psi_{121}, \Psi_{112}$ 相当于 2p 态，是三重简并态，能量都相同，能量为

$$E_{211}=\frac{3\pi^2\hbar^2}{ma^2}$$

按照原子中偶极矩的跃迁规则，F 心光跃迁线对应的峰值能量为

$$E=E_{211}-E_{111}=\frac{3\pi^2\hbar^2}{2ma^2}\propto a^{-2}$$

上述简单的势阱模型可以定性阐明实验结果，碱卤晶体中 F 心、F_2 心、F_3 心的峰值波长与晶格常数的关系如图 3-7 所示。

实验观测得到莫尔沃-伊维（Mollow-Ivey）定则

$$E=57a^{-1.77}$$

式中 a 为晶格常数，利用简单的三维势阱模型得到的理论结果与上式非常接近，因此，这种简单模型能很好地定性解释实验现象。

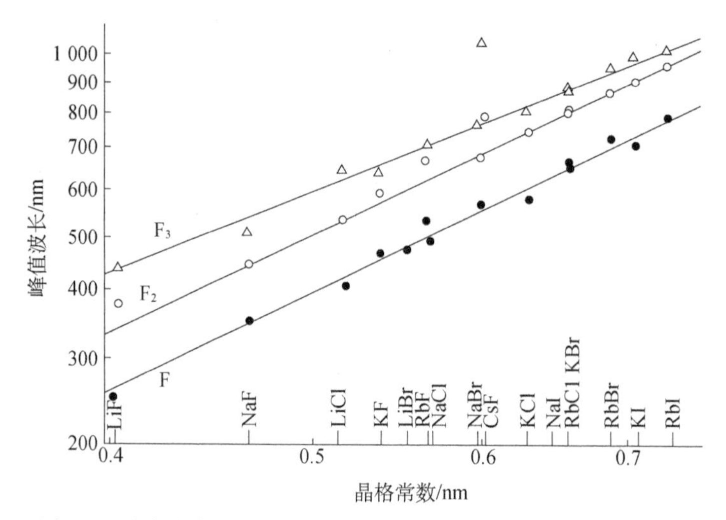

图 3-7　碱卤族化合物中的空位缺陷 F，F_2，F_3 的 Mollow-Ivey 图

图 3-8 是 NaCl 型晶体结构形成的 M 心（F_2 心）和 R 心（F_3 心）。M 心是由沿〈110〉方向相邻的两个 F 心组成，它的光吸收带称为 M 带；R 心是由（111）面上三个相邻 F 心组成的色心，其吸收带为 R 带。

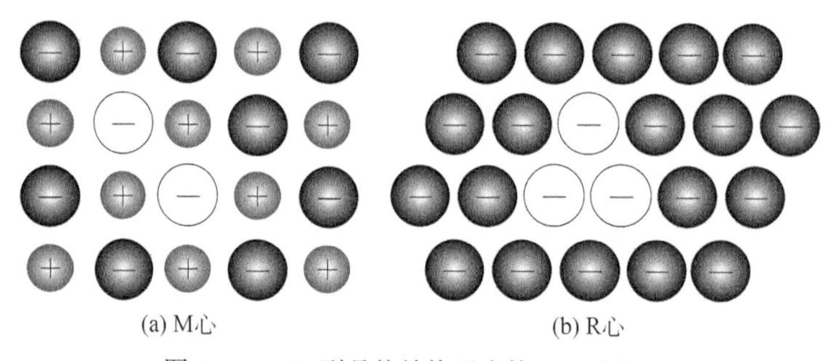

图 3-8　NaCl 型晶体结构形成的 M 心和 R 心

空穴型色心：碱卤晶体在卤素蒸气中加热处理后造成卤素离子过量，晶体中出现相应数量的正离子空位。每个正离子空位等价于一个带负电荷的中心，处在格点位置上的卤素原子应该变成负离子才能与邻近区域保持局域电中性。为此，它要从晶体中邻近离子获取一个电子，失去电子的离子又需要从其邻近的离子夺取电子，因此缺一个电子的状态在晶体中移动，这相当于一个带正电$+e$的粒子在晶体中运动，这一粒子被称为空穴。空穴遇到正离子空位（即带负电荷的中心）被捕获形成 V 心，如图 3-6（b）所示。

碱卤晶体中还存在不含正离子空位而能捕获一个空穴的色心，这里不再赘述，只简单提一下，如：相邻两个卤素（LiF 中的 F^-）负离子 X^-捕获一个空穴形成的色心记为 X_2^-，称为 V_K 心；一个填隙卤素离子 X^-与相邻的在正常格点的 X^-一起捕获一个空穴形成的色心称为 H 心。

3.1.4　线缺陷

晶体中的线缺陷主要是各种类型的位错，是指晶体中周期性遭受破坏的区域形成一条线，这一区域包括一列原子或几列原子发生错排产生的线形格点畸变区域而形成的位错线、点缺陷链等。

位错的概念起源于 20 世纪 30 年代，当时是为了解释金属晶体的塑性形变（plastic deformation）而提出的缺陷模型。所谓塑性形变是指应力超过弹性极限后，晶体所产生的永久形变或不可逆形变。如图 3-9 所示，当纯铝晶体的形变达到约 10^{-5} 之前发生的形变是弹性的，服从胡克定律，一旦超过此值便表现为塑性形变。1926 年弗仑克尔（J. Frankel）首先应用简单的方法计算了晶体的理论强度，他假设滑移面两侧的原子像刚体一样，所有原子同步平移，发生刚性滑移。在弹性形变内，应力和位移服从胡克定律。

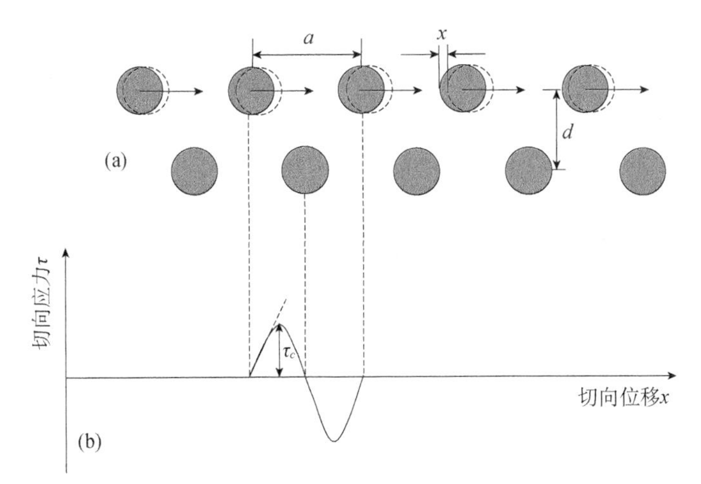

图 3-9　估算临界切应力的模型：（a）两个原子面间的切向位移；（b）切向应力和切向位移之间的关系

1. 晶体临界切应力的计算

在切应力的作用下，晶面上的原子由一个平衡位置运动到另一个平衡位置，切应力 τ 呈周期性的变化，位移为 x 时，τ 近似满足正弦变化关系，即

$$\tau = \frac{Ga}{2\pi d}\sin\frac{2\pi x}{a} \tag{3.19}$$

式中 a 表示剪切方向上的原子间距，d 为上下原子面的面间距，G 为相应的切变模量。在切应变较小的情况下，取近似

$$\tau \approx G\frac{x}{d}$$

最大切应力为

$$\tau_{\max} = \frac{Ga}{2\pi d}$$

这就是发生塑性形变的临界切应力τ_c，如图 3-9（b）所示。若 $a=d$，则有

$$\tau_{\max} = \frac{G}{2\pi} \tag{3.20}$$

实验值比上述理论值小 2～4 个数量级。例如，一般金属的切变模量计算值 $G=10^4\sim10^5$ MPa，$\tau_{\max}=10^3\sim10^4$ MPa，但一般金属的实际切变模量仅有 1～10 MPa，实测值比理论值低了 3 个数量级。说明上述简单模型不符合真实的晶体变形特点。实际晶体中的缺陷，会削弱晶体的机械强度，所以屈服力会比理论值显著减小。后来人们又提出了滑移从晶体的局部区域开始，逐步扩大到整个晶面上的模型，如图 3-10 所示，该模型与上述刚性模型的区别在于滑移时晶体的上半部并不是整体地刚性移动。由逐步滑移模型估算出来的弹性位移，附近的原子有较小的屈服力，与实验结果吻合得比较好。当晶体滑移时，在已经滑移区域和未滑移区域边界地带的原子组态不同于理想晶体中的格点排列情况，附近有较小的弹性偏移，而呈现出特殊的原子排列方式，其他区域的原子仍然处于未滑移状态。1934 年泰勒（G. I. Taylor）、奥罗万（E. Orown）和波朗依（M. Polanyi）几乎同时提出了晶体中包含这种形式的缺陷的假说，并称之为位错。1956 年布拉格等利用透射电子显微镜技术观察到了位错形态及其运动的实验数据。在随后的实验中位错理论被越来越多的实验所证实，得到了人们的普遍认可。

2. 位错类型

位错包括刃型位错、螺型位错和混合型位错三种类型，下面分别给予介绍。

1）刃型位错

如图 3-10（a）所示，设想 *ABEF* 平面的上部晶体向右推移，原来与 *AB* 重合，经过这样的推压后，相对于 *AB* 滑移一个原子间距 *b* 至 *A'B'*，*EF* 是已滑移区域与未滑移区域的交界线，称为位错线，刃型位错的位错线与滑移方向垂直。

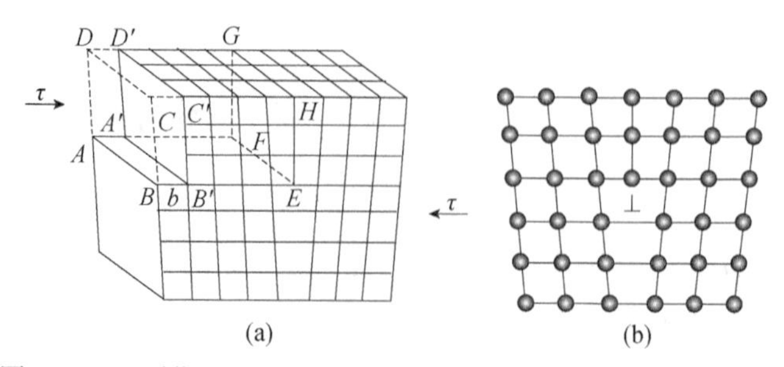

图 3-10　刃型位错：（a）滑移过程；（b）位错线和滑移方向垂直

ABEF 面以上至 *EFGH* 面以左的原子向右推移一个原子间距，*ABCD* 晶面推移至 *A'B'C'D'* 晶面处，此时上下原子对齐，在 *EH* 处不能对齐，多出了一排原子。图 3-10（b）是图 3-10（a）中在晶体中垂直于 *EF* 方向的一个原子平面的情况。刃型位错的另一个特征是位错线 *EF* 上带有一个多余的半截晶面，即图 3-10（a）中的 *EFGH* 晶面，该晶面在图 3-10（b）中只能看到 *EH* 这条棱边。晶体的上半部分由于多余一个半晶面，晶格原子受压缩应力作用，而使原子间距有所缩短；晶体的下半部分则受张应力作用而使晶格稍微有所膨胀。

实际晶体往往是由许多块具有完整性结构的小晶体组成的，这些小晶体彼此间的取向有着小角倾斜，为了使接合部分的原子尽可能地规则排列，就需要每隔一定距离多生长出一层原子面，这些多生长出来的半截原子面的顶端原子链也是刃型位错。

A. 刃型位错的中心区域量度

考虑简单立方晶体，由于刃型位错的存在，晶体中会出现一个多余的半截晶面，如图 3-11（a）所示，晶面 A 和晶面 B 中的原子相对于未滑移前的位移分别为 u(A)和 u(B)，用错排度（disregistry）表示刃型位错的中心区域结构，错排度定义为滑移面上下两侧的晶面 A 和晶面 B 上原子的相对位移差，即

$$\Delta u=u(\mathrm{B})-u(\mathrm{A}) \tag{3.21}$$

以滑移矢量长度为单位的错排度（$\Delta u/b$）与沿滑移方向 x 的关系示于图 3-11（b）中。位错宽度 w 定义为原子错排度的半高宽（在此区间$-b/4\leqslant\Delta u\leqslant b/4$），这一宽度给出了位错中心区域的量度，这一区域的应变接近于产生弹性形变的理论模型。

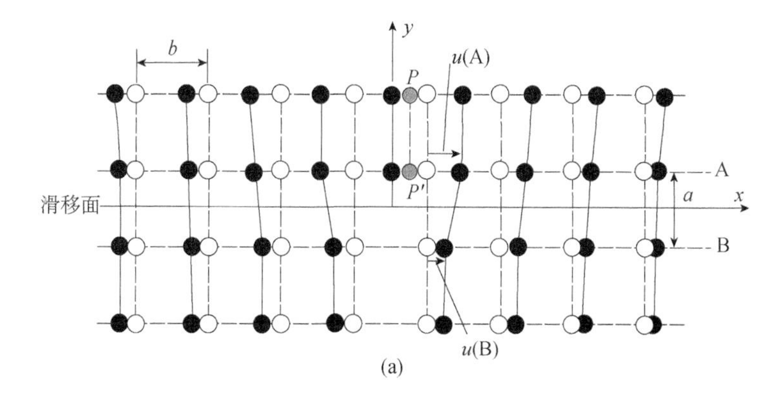

(a)

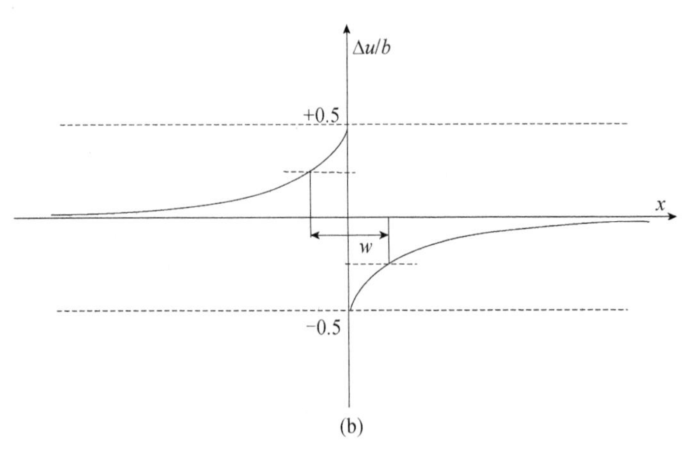

图 3-11　(a) 刃型位错的错排度表示：空心圆为理想晶体原子的排布情况，实心圆是发生位错后原子的排布情况（*a* 为晶面间距，***b*** 为伯格斯矢量（详见后续内容），*PP′*为位错沿 *x* 方向向右推移的位置）；(b) 为刃型位错的错排度 Δ*u*/*b* 与位移 *x* 的关系曲线

B. 刃型位错的特点

刃型位错有一个多余的半晶面；位错线不一定是直线，但位错线一定垂直于滑移矢量和滑移方向；位错线周围过渡区（晶格畸变区域）有几个原子间距的宽度，呈狭长的管道形状，且具有较大的畸变能量。

2）螺型位错

如图 3-12（a）所示，设想把晶体沿 *ABCD* 平面分为左、右两部分（*D* 点在 *A* 点的正下方位置，在图中未标出，同样，*D′*点在 *A′*点的正下方位置也未在图中标出），将晶体的左、右部分做一个位移，*AD* 为滑移区与未滑移区的分界线，称为位错线。*B* 点是螺型位错线（上下方向）的露出点。此时，如果晶体绕该点右旋一周，原子平面上升一个台阶（即一个原子间距），围绕螺旋位错线的原子面是螺旋面。图 3-12（b）是图（a）中手指指向方向看过去原子的位移情况，*AD* 左侧是原子未发生滑移的区域，右侧是原子已发生滑移的区域。

A. 螺型位错的特点

不同于刃型位错，螺型位错无额外半截原子面出现，原子错排是呈现轴对称的；螺型位错的位错线与滑移方向平行；纯的螺型位错滑移面不是唯一的，凡是包含螺型位错线的平面都可称为滑移面，原则上可以有无穷多个这样的滑移面，但滑移通常在原子密排面上，所以也很有限；螺型位错周围格点也发生晶格畸变，但只有平行于位错线的切应变；螺型位错周围格点发生畸变，随着离开位错线的距离的增加而迅速减小，故它也是包含几个原子宽度的线缺陷；螺型位错形成后，所有与位错线相垂直的晶面，都将由平面变成以位错线为中心轴的螺旋面，如下面介绍的晶体生长过程中所形成的螺型位错图形一样。

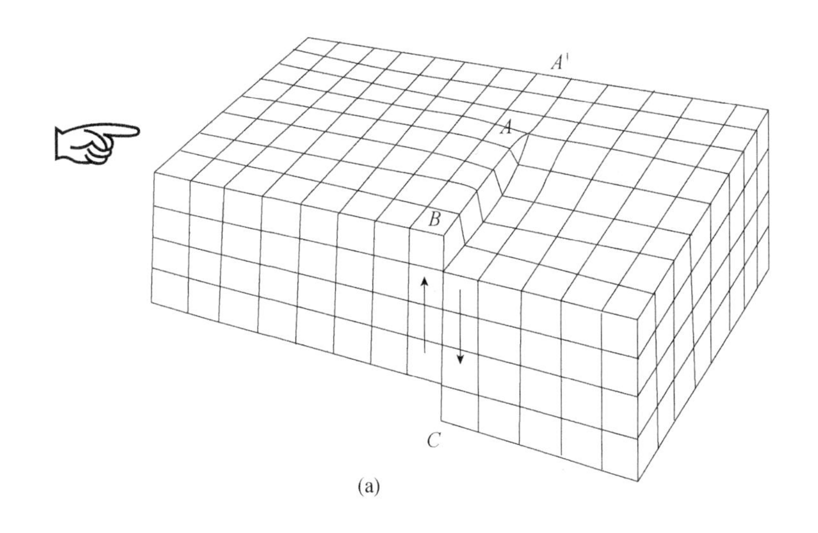

(a)

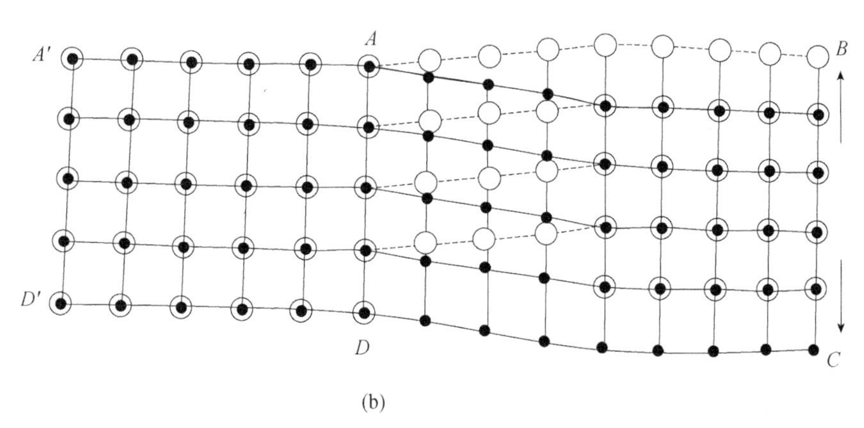

(b)

图 3-12　螺型位错：（a）滑移引起的螺型位错；（b）滑移面两侧的原子排列情况

B. 螺型位错与晶体生长

1949 年弗仑克尔及其合作者首先提出了螺型位错在晶体生长过程中的作用。螺型位错在晶体表面形成一个凸起的台阶，台阶会促进晶体的快速生长，因为台阶处能量较低，新凝结的原子很容易沿台阶集聚。其更深层次的理解就是落到晶体表面上的原子在台阶处可同时受到晶面原子的吸引和台阶旁边原子的吸引，很容易沿着螺型面生长出新的一层。假设这种快速生长使得台阶很快消失成为光滑平整表面的话，那么生长会变得缓慢。事实上，在生长过程中，晶体表面的位错会继续盘旋，不会使台阶消失，晶体生长不会慢下来，所以螺型位错是有利于晶体生长的，如图 3-13 所示。

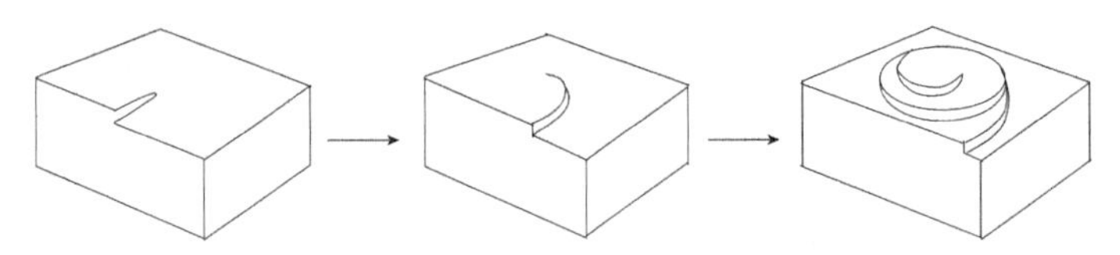

图 3-13　晶体沿螺型位错台阶生长

C. 位错伯格斯矢量的定义

为了表示不同位错和位错周围晶格畸变的程度和方向，1939 年伯格斯（J. M. Burgers）提出了一个可以描述位错本质和各种行为的矢量，称为伯格斯矢量，简称为伯氏矢量，用 $\boldsymbol{b}$ 表示。

图 3-14（a）和（b）分别表示刃型位错的伯格斯回路和在完整晶体中的相同回路；图 3-14（c）和（d）分别表示螺型位错的伯格斯回路和在完整晶体中的相同回路。伯格斯矢量的确定：首先确定位错线方向，一般由纸面向里为正方向；右手拇指指向位错线正向，回路方向按右手螺旋法则确定，反之，则为负向。如图 3-14 所示，从实际晶体中任意点 M 出发，避开位错附近中严重畸变区域作一闭合回路 $MNOPQ$，回路每一步连接相邻格点。按同样的方法，在完整晶体中作同样的回路，步数、方向与上述回路一致，这时，终点 Q 和起点 M 不重合，由终点 Q 到起点 M 引一矢量，即为伯格斯矢量 $\boldsymbol{b}$ 。

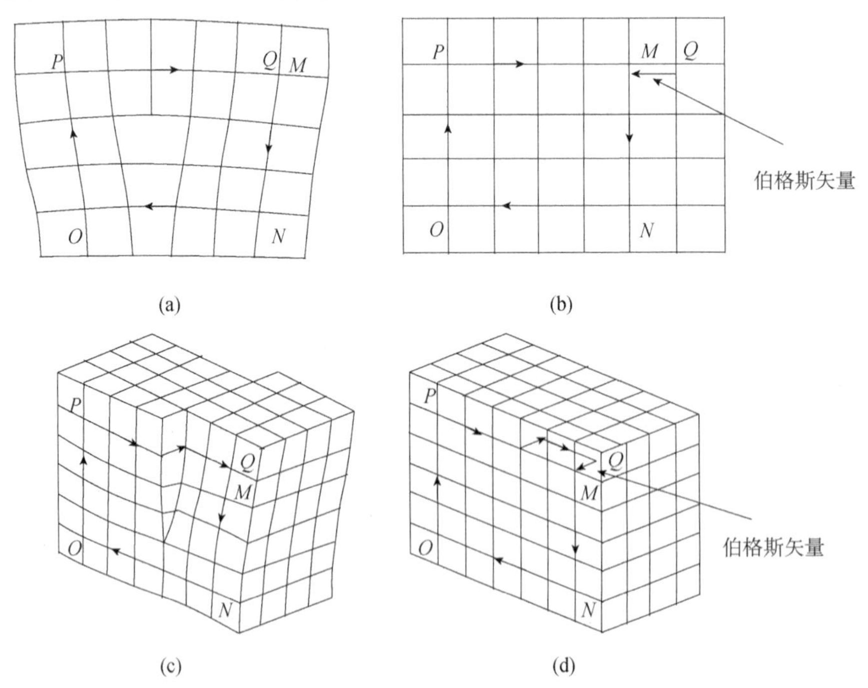

图 3-14　伯格斯矢量和伯格斯回路：刃型位错的伯格斯回路（a）和完整晶体中的相同回路（b）；螺型位错的伯格斯回路（c）和在完整晶体中的相同回路（d）

如果晶体中没有位错，按相同的原子到原子，回路就不会是封闭的，为了使这个不封闭的回路变成封闭回路，就必须添加一个矢量，称为伯格斯矢量，回路是晶体中包含位错的一个从原子到原子的封闭路径。

更一般地来描述伯格斯回路和伯格斯矢量，即在晶体中选三个基矢 $\boldsymbol{a}_1, \boldsymbol{a}_2, \boldsymbol{a}_3$，从晶体中某一格点出发，每走一个基矢长度作为一步，沿这三个基矢方向分别走了 n_1, n_2, n_3 步后又回到出发点，所走闭合回路就称为伯格斯回路。回路内为完整晶体区域时，有 $\boldsymbol{b} = n_1\boldsymbol{a}_1 + n_2\boldsymbol{a}_2 + n_3\boldsymbol{a}_3 = 0$；若回路区域包含一个位错，则伯格斯矢量为 $\boldsymbol{b} = n_1\boldsymbol{a}_1 + n_2\boldsymbol{a}_2 + n_3\boldsymbol{a}_3 \neq 0$。

这里应该指出的是，伯格斯矢量与伯格斯回路的大小和路径无关。另外，伯格斯矢量一定是终止于晶体表面或者晶粒界面处。因此，位错要么形成回路，要么与其他位错形成分支。在结点处，方向指向结点的伯格斯矢量之和等于方向离开结点的伯格斯矢量之和，即所谓的伯格斯矢量的守恒性。譬如有三个位错，其伯格斯矢量分别是：指向结点为 $\boldsymbol{b}_1$，离开结点为 $\boldsymbol{b}_2$ 和 $\boldsymbol{b}_3$，那么就有 $\boldsymbol{b}_1 = -(\boldsymbol{b}_2 + \boldsymbol{b}_3)$ 或者 $\boldsymbol{b}_1 + \boldsymbol{b}_2 + \boldsymbol{b}_3 = 0$。更一般地，如有 n 个位错分支，则有 $\sum_{i=1}^{n} \boldsymbol{b}_i = 0$。

D. 伯格斯矢量 $\boldsymbol{b}$ 的符号表示

伯格斯矢量可借助于此方向上的晶向指数表示出来，如对于晶格常数为 a 的立方晶体，沿[uvw]方向的伯格斯矢量表示为

$$\boldsymbol{b} = \frac{a}{n}[uvw]$$

对于体心立方晶体，从原点到体心的伯格斯矢量可表示为 $\boldsymbol{b} = \frac{a}{2}[111]$，也可以表示为 $\boldsymbol{b} = \frac{1}{2}[111]$，其大小（长度）为

$$b = \sqrt{\left(\frac{1}{2}a\right)^2 + \left(\frac{1}{2}a\right)^2 + \left(\frac{1}{2}a\right)^2} = \frac{\sqrt{3}}{2}a$$

同样，对于面心立方晶体，如果伯格斯矢量是最短的平移矢量，即原点到面心的平移矢量，伯格斯矢量可表示为 $\boldsymbol{b} = \frac{1}{2}[110]$，其大小（长度）为 $b = \sqrt{\left(\frac{1}{2}a\right)^2 + \left(\frac{1}{2}a\right)^2} = \frac{\sqrt{2}}{2}a$。

E. 伯格斯矢量 $\boldsymbol{b}$ 的物理意义与特征

（1）表征位错周围格点畸变的总累积。位错周围原子都不同程度地偏离了其平衡位置，离位错中心越远的原子，偏离量越小，伯格斯矢量 $\boldsymbol{b}$ 表示畸变量的大小

和方向，$\boldsymbol{b}$越大，位错周围格点的畸变越严重。

（2）表示位错的强度。$\boldsymbol{b}$的模称为位错强度，同一晶体中，$\boldsymbol{b}$值大的位错具有大的晶格畸变，位错能高且不稳定。

（3）位错的能量、应力场、位错受力等性质都与$\boldsymbol{b}$有关，当然$\boldsymbol{b}$也表示了晶体滑移的大小和方向。

（4）利用伯格斯矢量$\boldsymbol{b}$与位错线的关系，可以判断位错类型。

3）混合型位错

大多数情况下位错是不规则的，尤其是在超过晶体弹性形变的情况下。更普遍的位错形式是如图 3-15（a）所示的位错情形，即晶体的未滑移区域和已滑移区域的分界线是一条曲线，但伯格斯矢量依然是沿晶体边长的方向未变。因此，在 E 点的位错线是垂直于伯格斯矢量的，属于纯粹的刃型位错；而在 S 处的位错线是跟伯格斯矢量平行的，属于纯粹的螺型位错。在其余位置的 M 区域属于刃型位错和螺型位错的混合形式，即位错的伯格斯矢量既不垂直于位错线，也不平行于位错线，而是其与位错线相交，呈任意角度，此种位错称为混合型位错。

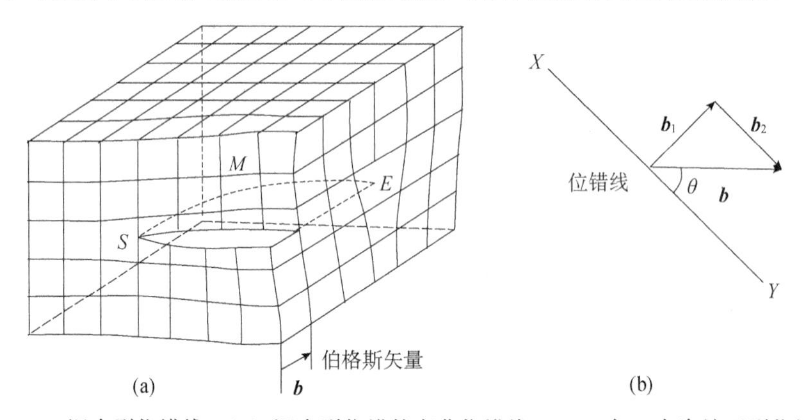

图 3-15　混合型位错线：（a）混合型位错的弯曲位错线 SME，在 E 点为纯刃型位错，在 S 点为纯螺型位错；（b）混合型位错的伯格斯矢量 $\boldsymbol{b}$ 可分解为刃型位错伯格斯矢量 $\boldsymbol{b}_1$ 和螺型位错伯格斯矢量 $\boldsymbol{b}_2$

如图 3-15（b）所示，如位错线与伯格斯矢量$\boldsymbol{b}$成 θ 角，可将矢量$\boldsymbol{b}$分解成两部分：垂直于位错线 XY 的部分为$\boldsymbol{b}_1$（刃型位错部分）和平行于位错线 XY 的部分$\boldsymbol{b}_2$（螺型位错部分），则有

$$\boldsymbol{b}=\boldsymbol{b}_1+\boldsymbol{b}_2$$

当混合位错移出晶体时，在晶体表面留下一个高度为 b 的台阶，台阶的高度即是伯格斯矢量的大小。

由上述可见，根据伯格斯矢量$\boldsymbol{b}$和位错线的关系，可以确定位错类型。

刃型位错：伯格斯矢量 $\boldsymbol{b}\perp$位错线；

螺型位错：伯格斯矢量 $\boldsymbol{b}\parallel$位错线；

混合型位错：伯格斯矢量 $\boldsymbol{b}$ 和位错线呈任意角度。

3.1.5　面缺陷

当晶格周期性的破坏区域发生在晶体内部某一个晶面的近邻时，这种缺陷就称为面缺陷。面缺陷有三类，即堆垛层错、孪晶界面和晶粒间界。

1. 堆垛层错

堆垛层错（stacking fault）就是正常堆垛顺序中出现不正常顺序堆垛的原子面而产生的一类面缺陷。密堆积结构的晶体中，当密排原子堆垛次序出现差错时就会形成这种面缺陷。图 3-16 是立方密堆积结构中的层错表示。我们知道，金属晶体常采用立方密堆积的结构形式，而立方密堆积是原子球以三层为一组，如果把这样的一组三层记为 ABC，第一层是 A 层，第二层是 B 层，占据空心圆圈的正上方，第三层是 C 层，占据实心圆点的正上方，图 3-16（a）是俯瞰图。图 3-16（b）是理想晶体的侧视图，晶面的排列形式为……ABCABCABC……。如果在晶体生长过程中，原来的某一晶面 A 丢失，于是晶面的排列形式变成 ABCOBCABC，O 即为抽出层错，图 3-16（c）中横线位置就是缺一个 A 层的情况。如果晶体在生长过程中插入一个晶面，于是晶面的排列形式变成了 ABCBABCABC，即为插入层错，图 3-16（d）中两横线之间就是插入一个 B 层的情形。

六角密堆积、立方密堆积、闪锌矿结构以及一些体心立方结构都有各自的层错结构。这种结构变化，并不改变层错处原子最近邻的关系，包括配位数、键长、键角，只改变次近邻关系，几乎不发生形变，所以其畸变能很小，因而层错是低能量的界面。

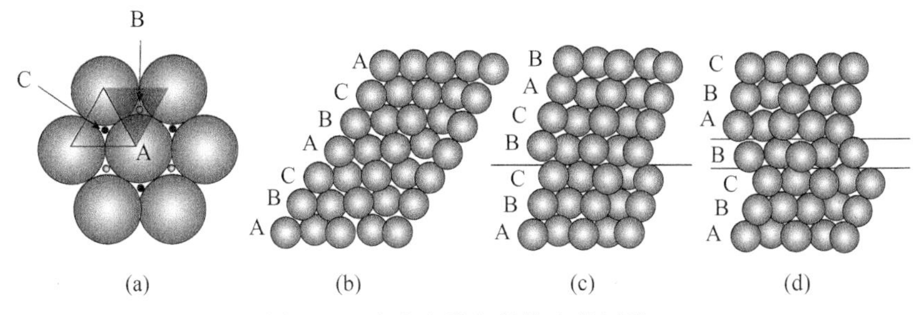

图 3-16　立方密堆积结构中的层错

2. 孪晶界面

图 3-17 是孪晶界面示意图。孪晶（twin crystal）是一对连生的晶块，两晶块

以特定的取向相交接形成界面，称为孪晶界面（twin plane boundary），在最简单的情况下，原来的晶体结构和形变后产生的晶体结构之间有一个清晰可辨的原子面相连接，该界面通常叫做接合面（composition plane）。图 3-17 表示的是一种反射孪晶，在这种情况下，这一原子面称为反映面，两侧晶体以此面形成镜面对称，此时晶体的两个相关部分互为镜像（映像，反像）。图中灰色圆点代表未发生孪晶时的原子位置，黑心圆代表出现孪晶后的原子位置。*x-y* 以上部分和以下部分互为镜像，*x-y* 代表了孪晶接合面在纸面里的“迹”。图中箭头代表平行于接合面的均匀剪切力。沿着孪晶界面，两部分完全密合，最近邻关系没有发生任何变化，只有次近邻关系才有所变化，引入的原子错排比较小，因此，常称为共晶格孪晶界面，孪晶界面的能量约为层错能量的二分之一。

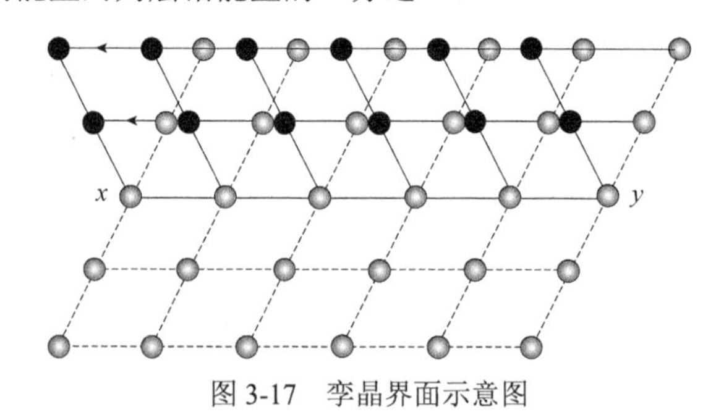

图 3-17　孪晶界面示意图

孪晶的形成机制可以有多种形式。在进行晶体生长时，出现的孪晶可归因于晶体成核时发生的错排，以至于在晶核一侧晶体的方向与另一侧呈孪生成对的关系，并在后续的生长过程中得以保持；孪晶也可由弹性形变诱导而产生，这种形变孪晶在立方结构、六角密堆积结构的金属和非金属化合物中最为常见。这种形变孪晶也可能在完整晶体的加工过程中产生，由于切变应力的作用导致晶体形变，从而形成形变孪晶，其形成可减小由此而产生的应变。形变孪晶又称为机械孪晶。

3. 晶粒间界

大多数材料是由许多取向不同的晶粒组成的，晶粒之间的界面称为晶粒间界（以下简称晶界），它包含有几个原子间距的薄层，结构复杂。

1）小角晶界

晶界的结构和性质与相邻晶粒的取向有关，晶粒位向差小于 10° 的晶界称为小角晶界。晶界又可分为倾斜晶界（tilt boundary）和扭转晶界（twist boundary），图 3-18（a）和（b）分别表示简单立方晶体结构的两个晶粒 A 和 B 产生的倾斜晶界和扭转晶界示意图。前者由刃型位错列组成，后者由螺型位错列组成。许多晶界显示出倾斜和扭转混合型特性。

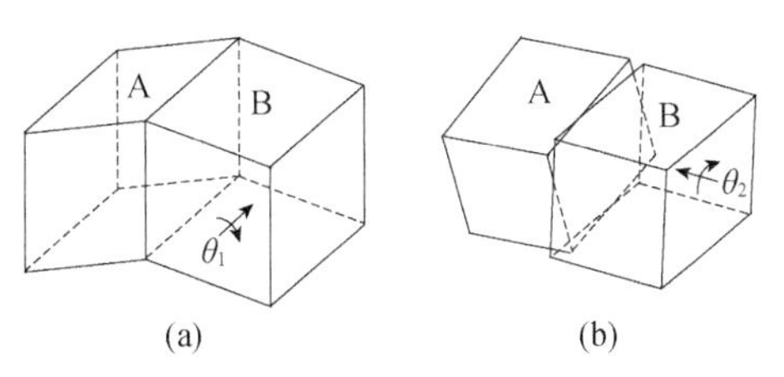

图 3-18　简单立方结构晶体中的两种晶界类型：（a）倾斜晶界；（b）扭转晶界

图 3-19 是简单立方晶体中界面为（100）面上的投影，其两侧晶体的位向差为 θ，相当于相邻晶粒绕[001]轴反向各自旋转 $\theta/2$ 而构成，几何特征是相邻两晶粒相对于晶粒做旋转转动，转轴在晶界内，并与位错线平行，为了填补相邻两个晶粒取向之间的偏差，使原子的排列尽可能接近原来的完整晶格，每隔几行就插入一片原子晶面。最简单的晶界是对称倾斜晶界（symmetrical tilt boundary），这种晶界是由一系列排列的同号刃型位错构成的。伯格斯对小角晶界提出一种简单模型：由一系列刃型位错组成。若相邻两个刃型位错的距离为 D，每个位错引起的滑移量为 b，则有

$$\sin\frac{\theta}{2}=\frac{b}{2D}$$

当 θ 很小时，$\sin(\theta/2)\approx\theta/2$，可得

$$D\approx\frac{b}{\theta}$$

由上式可知，当 θ 很小而位错间距较大时，若 b=0.25 nm，$\theta=1°=\pi/180$ rad，则 $D\approx 14.3$ nm。若 $\theta>10°$，则位错间距太近，此模型不再适用。

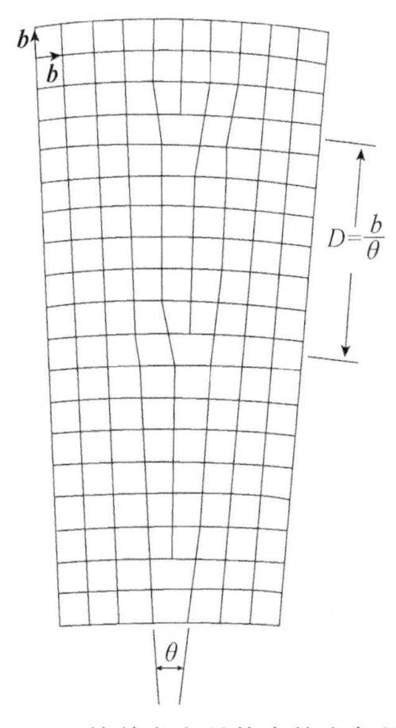

图 3-19　简单立方晶体中的小角晶界

2）大角晶界

晶粒位向差大于 10° 的晶界称为大角晶界。大角晶界两侧晶粒的取向差较大，但其过渡区却很窄（仅仅几个埃），其中原子在多数排列情况下很不规则，只有少数情况下比较规则，因此，很难用位错模型精确描述。

3.2　晶体中粒子的扩散过程和离子晶体的导电性

3.2.1　晶体中粒子的扩散过程

晶体中粒子的扩散是指粒子的迁移过程，它是由晶体中粒子浓度梯度引起的。晶体中的扩散运动同气体的扩散运动类似，其本质也是粒子做无规则布朗运动进行质量输运，所不同的是粒子在晶体中的运动过程会受到晶格周期性的限制。在运动过程中需要克服势垒的阻碍，还会跟其他缺陷复合等，因此，晶体中粒子的扩散比气体输运过程更为复杂。晶体中粒子的扩散是通过点缺陷的迁移来实现的，扩散包括外来杂质粒子在晶体中的扩散和基质粒子在晶体中的扩散（即自扩散）。晶体中的许多物理现象，如结晶、相变、离子导电都与扩散有关。

1. *扩散方程*

当晶体中某种粒子的浓度不均匀时，就会出现浓度梯度，粒子可从浓度高的区域向浓度低的区域进行扩散，直到达到浓度均匀为止。

实验表明，在扩散粒子浓度 $n(\boldsymbol{r},t)$ 不太大的情况下，单位时间内通过单位面积的扩散粒子的量（简称扩散流密度）为

$$\boldsymbol{j}=-D\nabla n(\boldsymbol{r},t) \tag{3.22}$$

这就是菲克第一定律。式中 D 为扩散系数，$\boldsymbol{r}$ 为粒子在 t 时刻的位置矢量。由于扩散总是从浓度高的区域向浓度低的区域进行，因此，在（3.22）式的前面加一个负号。

扩散流密度还应满足扩散的连续性方程

$$\frac{\partial n(\boldsymbol{r},t)}{\partial t}+\nabla\cdot\boldsymbol{j}=0 \tag{3.23}$$

对（3.22）式取散度后，代入（3.23）式，并假设 D 是与浓度无关的常数，可得粒子浓度分布 $n(\boldsymbol{r},t)$ 满足的方程

$$\frac{\partial n(\boldsymbol{r},t)}{\partial t}=D\nabla^2 n(\boldsymbol{r},t) \tag{3.24}$$

这就是菲克第二定律。

为简单起见，考虑单位截面的一维半无限柱体情况，设 t=0 时刻，扩散粒子数为 N，其集中在 x=0 处，则 t 时刻粒子分布满足下式：

$$\int_0^{\infty} n(x,t)\,\mathrm{d}x = N \tag{3.25}$$

根据这个条件，可求得（3.24）式的解为

$$n(x,t) = \frac{N}{\sqrt{\pi D t}} \exp\left(-\frac{x^2}{4Dt}\right) \tag{3.26}$$

实验得出的扩散系数 D 与温度的关系为

$$D(T) = D_0 \exp\left(-\frac{\varepsilon}{k_{\mathrm{B}} T}\right) \tag{3.27}$$

实验结果还表明，D_0 与晶体的熔点 T_m 之间存在如下关系，即

$$D_0 \propto \exp\left(-\frac{\varepsilon}{k_{\mathrm{B}} T_m}\right) \tag{3.28}$$

D_0 为常数，称为频率因子；ε 是扩散过程中的激活能。

2. 扩散的微观机制

设从晶体中某一个粒子位置到另一个粒子位置经过 N 小步，每一小步的距离为 $x_i\,(i=1, 2,\cdots, N)$，显然

$$l = x_1 + x_2 + \cdots + x_N \tag{3.29}$$

对于无规则运动，x 的方向是完全杂乱的，必须按方均值的方法来求 l，即

$$l^2 = \sum_{i=1}^{N} x_i^2 + \sum_{r \neq s} x_r \cdot x_s \tag{3.30}$$

因为所有的小步都是完全独立的，每一步位移有正有负，如果 N 非常大，正负概率趋于相等，交叉项之和为

$$\sum_{r \neq s} x_r \cdot x_s = 0 \tag{3.31}$$

如粒子间距为 a

$$l^2 = \sum_{i=1}^{N} x_i^2 = Na^2 \tag{3.32}$$

每一小步的方均值

$$\overline{x^2} = \sum_{i=1}^{N} x_i^2 / N = a^2 \tag{3.33}$$

扩散过程的主要特点在于扩散系数与温度 T 的关系。缺陷在晶体中的运动需要在一定的温度下引起热涨落，在热涨落中获得晶格运动的激活能，粒子从一个势能最低点的平衡位置越过势垒到另一个势能最低点的平衡位置进行迁移，迁移扩散包括粒子以填隙原子的形式扩散、粒子借助于空位扩散和以上两种并存方式扩散。仍考虑一维半无限柱体情况，根据统计物理学，在 $t=0$ 时刻，在垂直 x 方向的平面上的 N 个粒子，它们经过时间 t 后，沿着 x 方向每一步的统计方均位移

$$\overline{x^2}=\frac{1}{N}\int_0^{\infty}x^2n(x,t)\mathrm{d}x=\frac{1}{N}\int_0^{\infty}\frac{N}{\sqrt{\pi Dt}}\exp\left(-\frac{x^2}{4Dt}\right)x^2\mathrm{d}x \tag{3.34}$$

为了计算上述复杂的积分函数，可令 $\alpha=\frac{1}{4Dt}$，因此，（3.34）式可改写为

$$\overline{x^2}=\frac{1}{\sqrt{\pi Dt}}\int_0^{\infty}\exp(-\alpha x^2)x^2\mathrm{d}x \tag{3.35}$$

并令

$$I(0)=\int_0^{\infty}\exp(-\alpha x^2)\mathrm{d}x=\frac{1}{2}\int_{-\infty}^{\infty}\exp(-\alpha x^2)\mathrm{d}x$$

$I(0)$平方后，即

$$I^2(0)=\frac{1}{4}\int_{-\infty}^{\infty}\exp[-\alpha(x^2+y^2)]\mathrm{d}x\mathrm{d}y=\frac{1}{4}\int_0^{2\pi}\int_0^{\infty}\exp(-\alpha r^2)r\mathrm{d}r\mathrm{d}\theta$$

$$=-\frac{\pi}{4\alpha}\int_0^{\infty}\mathrm{d}[\exp(-\alpha r^2)]=\frac{\pi}{4\alpha}$$

开方可得

$$I(0)=\frac{1}{2}\sqrt{\frac{\pi}{\alpha}}$$

再利用如下数学关系

$$I(n)=\int_0^{\infty}\exp(-\alpha x^2)x^n\mathrm{d}x,\quad I(n)=-\frac{\partial}{\partial\alpha}I(n-2)$$

并令 n=2，可求出

$$I(2)=-\frac{\partial}{\partial\alpha}I(0)=\frac{1}{4}\sqrt{\pi}\alpha^{-\frac{3}{2}} \tag{3.36}$$

因此，可得粒子的方均位移为

$$\overline{x^2}=\frac{1}{\sqrt{\pi Dt}}\frac{1}{4}\sqrt{\pi}\left(\frac{1}{4Dt}\right)^{-\frac{3}{2}}=2Dt \tag{3.37}$$

以间隙原子为例，晶格中的间隙原子处于间隙平衡位置时能量最低，间隙原子之间存在能量势垒，间隙原子靠热涨落获得足够的能量越过势垒，设势垒高度为 E_i，在一定温度下，按照玻尔兹曼统计规律，间隙原子在邻近两个间隙迁移的概率为

$$P=\exp\left(-\frac{E_i}{k_{\mathrm{B}}T}\right) \tag{3.38}$$

如果间隙原子在平衡位置的振动频率为 ν_{0i}，由于一个原子在一次振动中可以向左和向右跳跃，所以单位时间内间隙原子跨越势垒跳跃的次数为

$$N = 2\nu_{0i} P = 2\nu_{0i} \exp\left(-\frac{E_i}{k_B T}\right) \tag{3.39}$$

间隙原子每跳一步需要等待的时间为

$$\tau = \frac{1}{N} = \frac{1}{2}\nu_{0i}^{-1} \exp\left(\frac{E_i}{k_B T}\right) \tag{3.40}$$

同理，如果空位形成能为 E_v，空位原子在平衡位置的振动频率为 ν_{0v}，近邻格点原子跳到空位上也必须跨越势垒，单位时间内空位原子跨越势垒跳跃的次数为

$$N = 2\nu_{0v} P = 2\nu_{0v} \exp\left(-\frac{E_v}{k_B T}\right) \tag{3.41}$$

空位原子每跳一步需要等待的时间为

$$\tau = \frac{1}{2}\nu_{0v}^{-1} \exp\left(\frac{E_v}{k_B T}\right) \tag{3.42}$$

如前所述，扩散包括两类：一类是杂质原子在晶体中的扩散；另一类是基质原子在晶体中的扩散（自扩散）。对于基质原子的扩散，又包括空位机制和间隙原子机制。

1）空位机制

在较高温度下，晶体中存在空位，空位借助于周围正常格点进行扩散，也就是说，处在近邻周围的基质原子跳入空位，而正常格点成为空位，这样实现了空位的迁移。

对于空位机制，设空位跳跃一步需要的时间为 τ_v，现在考虑在扩散过程中空位出现的概率为 n_v/N，那么，由（3.42）式可得，空位平均跳跃 N/n_v 步需要的时间为

$$\tau = \tau_v \frac{N}{n_v} = \frac{1}{2}\nu_{0v}^{-1} \exp\left(\frac{E_v}{k_B T}\right) \exp\left(\frac{u_v}{k_B T}\right) = \frac{1}{2}\nu_{0v}^{-1} \exp\left(\frac{u_v + E_v}{k_B T}\right) \tag{3.43}$$

式中 u_v, E_v 分别是产生空位的形成能和迁移跃迁的势垒高度。

设原子的间距为 a，原子每跳跃一步，方均位移

$$\overline{x^2} = a^2 \tag{3.44}$$

将（3.43）式和（3.44）式代入（3.37）式，可得扩散系数

$$D = \frac{1}{2}\frac{\overline{x^2}}{\tau} = a^2 \nu_{0v} \exp\left(-\frac{u_v + E_v}{k_B T}\right) \tag{3.45}$$

2）间隙原子机制

一个借助于填隙原子进行扩散的正常格点上的原子，该原子在某点等待了一段时间才跳到间隙位置变成填隙原子，然后从一个间隙位置跳到另一个间隙位置，当它落入与空位相邻的间隙位置时，立即与空位复合，进入正常格点。同样可以

求出间隙原子扩散机制的扩散系数

$$D=\frac{1}{2}\frac{\overline{x^2}}{\tau}=a^2\nu_{0i}\exp\left(-\frac{u_i+E_i}{k_{\mathrm{B}}T}\right) \tag{3.46}$$

式中 u_i, E_i 分别是产生间隙原子的形成能和迁移跃迁的势垒高度。

3）杂质原子的扩散

杂质原子的扩散性质依赖于杂质原子在晶体中的存在方式。当杂质原子以填隙原子的形式存在时，如果杂质原子与空位复合，且假定杂质原子的尺度小，那么它比较容易再变成填隙原子，因此，可以把杂质与空位的复合忽略掉。杂质原子的复合是从一个间隙位置跳到另一个间隙位置，每跳一步所花的时间为

$$\tau=\frac{1}{2}\nu_0^{-1}\exp\left(\frac{E_i}{k_{\mathrm{B}}T}\right) \tag{3.47}$$

其中 ν_0 为杂质原子的振动频率，E_i 是杂质原子从一个间隙位置跳到另一个间隙位置时所克服的晶格势垒。在此时间内 $\overline{x^2}=a^2$，所以填隙式杂质原子的扩散系数为

$$D=\frac{1}{2}\frac{\overline{x^2}}{\tau}=a^2\nu_0\exp\left(-\frac{E_i}{k_{\mathrm{B}}T}\right) \tag{3.48}$$

由以上介绍的关于晶体中离子扩散机制的概念，接下来就可以进一步对离子晶体的导电性进行讨论。

3.2.2　离子晶体的导电性

对于离子晶体而言，离子导电性是由于热缺陷在外电场作用下的运动引起的。典型的 A^+B^-离子晶体中有四种缺陷，即为 A^+填隙、A^+空位、B^-填隙和 B^-空位。由于整个晶体是保持电中性的，因此，对于其中的肖特基缺陷，正、负离子空位的数目是相同的；对于弗仑克尔缺陷，则含有相同数目的正、负离子空位和正、负填隙离子。点缺陷带有电荷，由于空位的存在，缺少的离子就相当于带有相反电荷的有效电荷。也就是说，正离子空位带负的有效电荷，负离子空位带正的有效电荷。在一定温度下，这些缺陷做无规则布朗运动，不产生宏观的电流；当有外电场存在时，这些缺陷除做布朗运动外，这些有效电荷在外场的作用下还趋向于做定向运动。这种有效电荷做定向的漂移运动，宏观上就会形成电流。假设 $n_i, \boldsymbol{v}_i$ 分别代表第 i 种热缺陷的浓度和漂移速度，则四种缺陷所产生的总电流密度为

$$\boldsymbol{j}=\sum_{i=1}^{4}n_i q_i \boldsymbol{v}_i \tag{3.49}$$

下面就计算一下有缺陷时离子晶体的电导率。

假定各热缺陷的运动是独立的，我们先考虑一个 A^+填隙离子在外电场作用下的运动情况。

当没有外力存在时，填隙离子沿图 3-20（a）中虚线运动，它在各个位置上的势能是对称的，如图 3-20（b）所示，填隙离子越过势垒 E 向左或向右运动的概率是一样的，每秒迁移的概率都为 $P=\nu_0\exp\left(-\frac{E}{k_BT}\right)$，即运动是布朗运动。

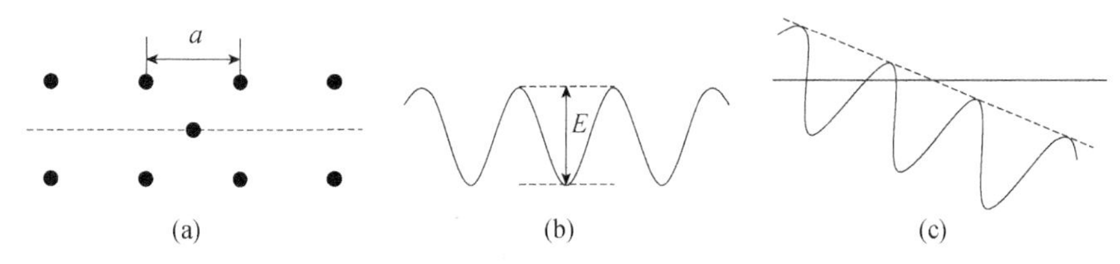

图 3-20　有外场前后势垒的变化：（a）填隙原子沿虚线运动；（b）无外场情况下的势场；（c）有外场情况下的势场

当沿 x 方向施加一电场 ε 时，一个正的填隙离子将在原来的离子势能上叠加电势能 $-q\varepsilon a$，势能曲线变成图 3-20（c）所示的情况，这时势能不再是对称的。

填隙离子左端的势垒增高了 $q\varepsilon a/2$，填隙离子右端的势垒却降低了 $q\varepsilon a/2$，填隙离子向左和向右两边跳跃的概率分别为

$$P_{左}=\nu_0\mathrm{e}^{-(E+q\varepsilon a/2)/(k_BT)},\quad P_{右}=\nu_0\mathrm{e}^{-(E-q\varepsilon a/2)/(k_BT)} \tag{3.50}$$

每秒向左或向右跳动的概率实际上也可以认为是每秒向左或向右跳动的步数，因此每秒向右的净步数为

$$P_{净}=P_{右}-P_{左}=\nu_0\left[\mathrm{e}^{-(E-q\varepsilon a/2)/(k_BT)}-\mathrm{e}^{-(E+q\varepsilon a/2)/(k_BT)}\right] \tag{3.51}$$

于是向右漂移的速度为

$$v_d=a\nu_0[\mathrm{e}^{-(E-q\varepsilon a/2)/(k_BT)}-\mathrm{e}^{-(E+q\varepsilon a/2)/(k_BT)}] \tag{3.52}$$

在电场不太强的情况下，即 $q\varepsilon a\ll k_BT$，利用级数将（3.52）式方括号中的 $\mathrm{e}^{\pm q\varepsilon a/(2k_BT)}$ 分别进行展开，并保留一次项，忽略高次项，则（3.52）式可化为

$$\begin{aligned}v_d&\approx a\nu_0[\mathrm{e}^{-E/(k_BT)}(1+q\varepsilon a/(2k_BT))-\mathrm{e}^{-E/(k_BT)}(1-q\varepsilon a/(2k_BT))]\\&=\frac{q\varepsilon a^2\nu_0}{k_BT}\mathrm{e}^{-E/(k_BT)}=\mu\varepsilon\end{aligned} \tag{3.53}$$

式中

$$\mu=\frac{qa^2\nu_0}{k_BT}\mathrm{e}^{-E/(k_BT)} \tag{3.54}$$

称为填隙原子的迁移系数。

将间隙原子的迁移系数（3.54）式和扩散系数（3.48）式进行比较，即得

$$\mu=\frac{q}{k_BT}D \tag{3.55}$$

这是关于迁移系数 μ 和扩散系数 D 之间的关系，称为爱因斯坦关系。此关系式不仅适用于离子晶体，对其他类型的晶体也同样适用，因此具有普遍性。

已知单位体积内间隙离子数目为 n_0，根据间隙离子的漂移速度，就可以求得电流密度

$$j = n_0 q v_d = \frac{n_0 q^2 v_0 a^2}{k_B T} \exp\left(-\frac{E}{k_B T}\right) \varepsilon = \sigma \varepsilon \tag{3.56}$$

式中，电导率

$$\sigma = \frac{n_0 q^2 v_0 a^2}{k_B T} \exp\left(-\frac{E}{k_B T}\right) \tag{3.57}$$

由此可见，电导率与温度呈负的指数关系。

习　　题

3.1　铜和硅的空位形成能 u_v 分别为 1.3 eV 和 2.8 eV。试求 T=1000 K 时，铜和硅的空位浓度。

3.2　假设把一个钠原子从钠晶体内部移到边界上所需的能量为 1 eV，试计算室温（300 K）时，单位体积肖特基空位的数目（已知：ρ_{Na}=0.97 g/cm^3，原子量为 23）。

3.3　试证明，由 N 个原子组成的晶体，其肖特基缺陷数目为

$$n = N e^{-\frac{u_v}{k_B T}}$$

其中 u_v 是形成一个空位所需要的能量。

3.4　如果 u 代表形成一个弗仑克尔缺陷所需的能量，证明在温度 T 时，达到热平衡的晶体中，弗仑克尔缺陷的数目为

$$n = \sqrt{NN'} e^{-\frac{u}{2k_B T}}$$

式中 N 和 N' 分别表示原子个数和间隙位置个数。

3.5　在离子晶体中，由于电中性的要求，正、负离子成对产生，令 n_{sp} 代表正、负离子空位的数目，u_{sp} 是产生一对缺陷所需的能量，N 是原有正、负离子对的数目，在理论上可推出

$\frac{n_{sp}}{N} = B e^{-\frac{u_{sp}}{2k_B T}}$，式中 $B = \frac{1}{1 - e^{-u_{sp}/(2k_B T)}}$。

（1）试阐述产生正、负离子对后，晶体体积的变化 $\frac{\Delta V}{V}$，V 为原有的晶体体积；

（2）在 800 ℃时，用 X 射线测定食盐的离子间距，再由此测定的密度 ρ 算得分子量为 58.430 ±0.016，而用化学方法所测定的分子量是 58.454，求在 800 ℃时缺陷 n_{sp}/N 的数量级。

3.6　某间隙原子在晶格的间隙位置间跳跃。该间隙原子在晶格中振动的频率为 2×10^{15} s^{-1}，如该间隙原子在跳跃过程中需要克服的势垒高度为 0.1 eV，求该原子在 1 s 内跳跃的次数。

3.7　设体心立方结构钠晶体中空位附近的一个钠原子迁移时，必须越过 E_v=0.5 eV 的势垒，原子振动频率为 $\nu_{0v}=1.0\times10^{12}$ Hz。试估算室温 T=300 K 时放射性钠在正常钠中沿[001]晶向的扩散系数。已知形成一个钠空位所需的能量 $u_v=1.0$ eV，钠晶体的晶格常数为 $a_0=4.282$ Å。

3.8　在面心立方晶体中存在一个位错，其位错线的方向用晶向指数表示为 $[11\bar{2}]$，该位错滑移的方向和大小用伯格斯矢量表示为 $\boldsymbol{b}=\frac{1}{2}[1\bar{1}0]$。该位错是刃型位错还是螺型位错？并确定该滑移面的晶面指数。

习题解答提示及参考答案见封底二维码。

第 4 章　晶格振动和晶体的热学性质

本章主要内容：

本章主要介绍晶格振动频率与波矢之间的关系，引入格波的概念和声子的概念；利用德拜比热模型和爱因斯坦比热模型对晶体低温比热进行理论解释；利用晶格振动的非简谐效应解释晶体的热传导和热膨胀。

在以上三章中，我们把组成晶体的粒子（原子或离子）看作固定不动的。实际情况并非如此，晶体中每个原子或离子每时每刻都在围绕其平衡位置作振动，并且其振动以波的形式在晶体中传播，这种振动可以近似看成是一种机械波，我们称之为晶格振动波或简称格波。由于组成晶体的原子（离子）之间存在着相互作用，各个原子（离子）的振动不是孤立的，而是相互联系的，因此晶体中形成各种模式的格波。当振动微弱时，我们只考虑原子（离子）之间的相互作用力（恢复力）与原子（离子）由于振动而引起的相对位移成正比关系，即简谐近似的情况下，才认为这些振动模式是相互独立的。每一个振动模式具有一定的能量。晶体原子（离子）排列具有周期性，由于周期性边界条件的限制，振动模式所具有的能量不是连续的，而是分立的。这些独立而分立的振动模式，可以用一系列独立的谐振子来描述，并把晶格振动具有的能量量子称为声子。

引入声子的概念，把声子作为准粒子（它不是真实的粒子），电子、中子、光子与晶格振动的相互作用都可以用这些粒子与声子的相互作用来描述，它们通过吸收或者产生声子来改变粒子本身的能量和动量，这样就能很方便地研究由于晶格振动而引起晶体一系列物理性质的变化。例如，固体的比热、热膨胀和热传导等都可以用声子的概念进行描述；又如，固体的电阻也可以根据电子和声子的散射来加以解释等。

关于晶格振动以及晶体的热学性质，历史上，爱因斯坦、德拜、玻恩（Born）和冯·卡门（von Karman）等科学家都做出了开创性的工作。随后发展起来的晶格动力学理论被应用到晶体的热学性质、电学性质、光学性质和 X 射线衍射等诸多方面。玻恩和黄昆先生合作著述的《晶格动力学理论》对这方面的工作进行了系统的阐述，是一部经典之作。

4.1　一维晶格的振动

组成晶体的大量原子的集体振动是一个复杂的体系，在简谐近似下，可以将晶体中的原子振动在三维空间分解成互相垂直的三个方向的简谐振动。为了便于理解，下面首先讨论简谐近似下一维晶格的振动问题，进而再讨论三维晶格振动情况。一维晶格振动虽然简单，但容易进行求解，概念清楚而且能够体现晶格振动的基本特点。

4.1.1　一维简单格子

图 4-1 是一维简单晶格的振动示意图。组成一维简单晶格的晶格常数为 a，也就是原子处于平衡位置时的原子间距。

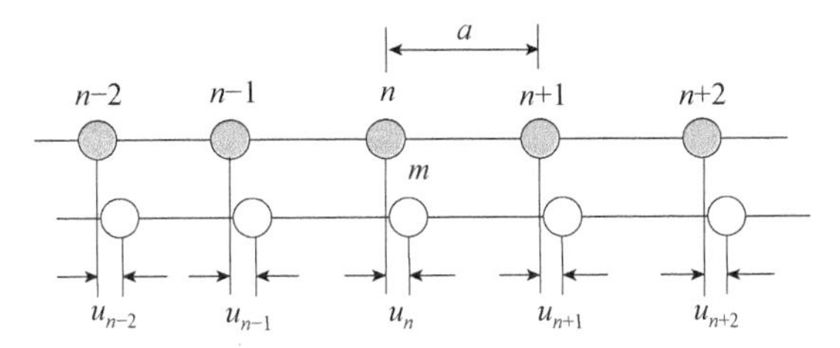

图 4-1　一维简单晶格的振动示意图

如果各原子由于热运动离开其平衡位置作微振动，设第 n 个原子离开平衡位置的位移为 u_n，第 $n+1$ 个原子离开平衡位置的位移为 u_{n+1}，那么第 n 个原子与第 $n+1$ 个原子的相对位移为 $\delta = u_{n+1} - u_n$。原子处于平衡位置时，这两个原子的间距就是晶格常数，即 $r = a$，这两原子的互作用势能为 $U(a)$；而当原子离开平衡位置后，这两原子的距离变为 $r = a + \delta$，相应的势能变成 $U(a+\delta)$。但原子在平衡位置附近作微小振动，两原子的相对位移的大小应该远小于晶格常数 a，因此势能 $U(r)$ 可以在平衡位置附近进行泰勒级数展开，即

$$U(r) = [U(r)]_{r=a} + \frac{1}{1!}\left[\frac{\mathrm{d}U(r)}{\mathrm{d}r}\right]_{r=a}\delta + \frac{1}{2!}\left[\frac{\mathrm{d}^2U(r)}{\mathrm{d}r^2}\right]_{r=a}\delta^2 + \cdots \tag{4.1}$$

第 n 个原子和第 $n+1$ 个原子之间的相互作用力（恢复力）为

$$\begin{aligned} f(r) &= -\frac{\mathrm{d}U(r)}{\mathrm{d}r} \\ &= -\left\{\left[\frac{\mathrm{d}U(r)}{\mathrm{d}r}\right]_{r=a} + \frac{1}{1!}\left[\frac{\mathrm{d}^2U(r)}{\mathrm{d}r^2}\right]_{r=a}\delta + \frac{1}{2!}\left[\frac{\mathrm{d}^3U(r)}{\mathrm{d}r^3}\right]_{r=a}\delta^2 + \cdots\right\} \end{aligned} \tag{4.2}$$

(4.2) 式中第一项是平衡位置势能对两原子在平衡位置的一阶导数，因为原子在平衡位置势能取最小值，因此，第一项应为零。由于两原子的相对位移大小是一个小量，我们忽略高次项，只保留到 δ 项，并令 $\beta = \left[\frac{\mathrm{d}^2U(r)}{\mathrm{d}r^2}\right]_{r=a}$，则（4.2）式成为

$$f(r) = -\beta\delta$$

即两原子的相互作用力（恢复力）与两原子的相对位移 δ 成正比，方向相反（对应于经典力学中的胡克定律），这与一维谐振子类似，因此称之为简谐近似。上式

中 β 就是恢复力常数。

在一维简单晶格的原子链中，现在分析第 n 个原子的受力情况。如果只考虑近邻原子之间的相互作用力，而忽略其他原子的相互作用力，那么，在上述简谐近似的情况下，第 n 个原子将分别受到第 $n+1$ 个原子和第 $n-1$ 个原子的作用力。一维简单晶格由同种原子组成，两近邻原子之间的作用力常数都为 β。如图 4-1 所示，选择水平向右为正方向，则第 n 个原子受到邻近右侧第 $n+1$ 个原子的作用力应为

$$\beta(u_{n+1}-u_n)$$

两个原子的相对位移 $u_{n+1}-u_n$ 为正时，第 n 个原子受力方向向右；反之向左。受到邻近左侧第 $n-1$ 个原子的作用力为

$$-\beta(u_n-u_{n-1})$$

两个原子的相对位移 u_n-u_{n-1} 为正时，第 n 个原子受力方向向左；反之向右。因此，第 n 个原子受到的总作用力为

$$\beta(u_{n+1}-u_n)-\beta(u_n-u_{n-1})=\beta(u_{n+1}+u_{n-1}-2u_n)$$

设组成一维晶格的原子质量为 m，根据牛顿第二定律，在任意时刻，第 n 个原子的运动方程为

$$m\frac{\mathrm{d}^2u_n}{\mathrm{d}t^2}=\beta(u_{n+1}+u_{n-1}-2u_n) \tag{4.3}$$

如果一维简单晶格是由 N 个相同原子组成的，那么就有 N 个（4.3）式类似方程。因此，方程的数目和原子的数目相等，也等于一维简单晶格原胞的数目。

由（4.3）式组成的方程组的解是一振幅为 A，角频率为 ω 的简谐振动，其解的形式具有波动形式。我们可以把方程组的试解写成如下形式：

$$u_n=A\mathrm{e}^{\mathrm{i}(qna-\omega t)} \tag{4.4}$$

式中 q 为格波波矢，a 为晶格常数，qna 则为第 n 个原子在 t=0 时刻的振动相位，$qna-\omega t$ 是行波在任意时刻的相位。

将试解（4.4）式代入运动方程（4.3）式，得

$$-m\omega^2u_n=\beta(\mathrm{e}^{\mathrm{i}qa}+\mathrm{e}^{-\mathrm{i}qa}-2)u_n \tag{4.5}$$

利用欧拉公式

$$\mathrm{e}^{\pm\mathrm{i}qna}=\cos(qna)\pm\mathrm{i}\sin(qna)$$

可将（4.5）式化简为

$$\omega^2=\frac{2\beta}{m}[1-\cos(qa)]$$

再利用三角函数公式

$$2\sin^2\left(\frac{qa}{2}\right)=1-\cos(qa)$$

可得

$$\omega=2\sqrt{\frac{\beta}{m}}\left|\sin\left(\frac{qa}{2}\right)\right| \tag{4.6}$$

从（4.6）式容易看出，角频率的极大值为

$$\omega_m=2\sqrt{\frac{\beta}{m}} \tag{4.7}$$

将（4.6）式写为

$$\omega=\omega_m\left|\sin\left(\frac{qa}{2}\right)\right| \tag{4.8}$$

晶格振动引起的波通常简称为格波，上述频率与波矢的关系式就是一维简单晶格格波的色散关系。如果一维简单晶格由 N 个原子组成，就能给出 N 个（4.8）式。也就是说，所有原子的运动方程都导出同样的色散关系。

另外，由（4.8）式的函数形式可以明显看出，它是一个周期性函数，周期为 π。从而给出波矢 q 的周期为 $\frac{2\pi}{a}$。一维简单格子的倒格矢也是 $\frac{2\pi}{a}$，因此，波矢和倒格矢是等价的，如果将波矢 q 加上一个倒格矢的整数倍，即

$$q'=q+h\frac{2\pi}{a}$$

代入试解（4.4）式，有

$$u_n'=Ae^{i(q'na-\omega t)}=Ae^{i\left[\left(q+h\frac{2\pi}{a}\right)na-\omega t\right]}=Ae^{i(qna-\omega t)}e^{ihn2\pi}=u_n$$

由此可知，波矢为 q' 和 q 的格波是等价的，可以将 q 限制在如下范围内，即

$$q\in\left(-\frac{\pi}{a},\frac{\pi}{a}\right]$$

这正是一维简单晶格的简约布里渊区。根据（4.8）式可以画出一维简单晶格在简约布里渊区内的格波色散关系曲线，如图 4-2 所示。

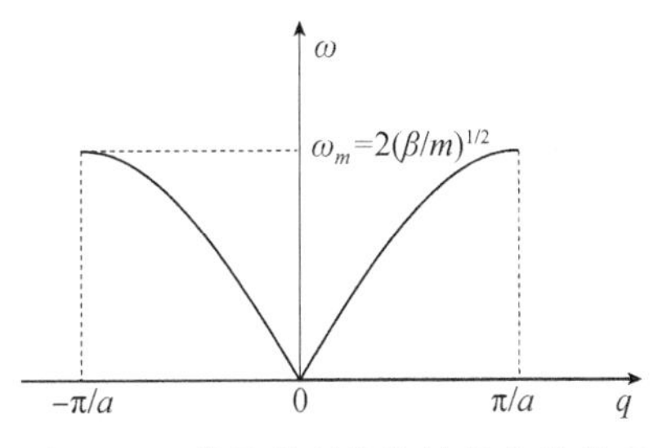

图 4-2　一维简单晶格格波的色散关系

下面对一维简单晶格格波的色散关系进行讨论：

（1）当 $q\to 0$ 时，格波的角频率 $\omega\to 0$，这类格波可以用声波激发，故通常称为声频支格波或声学支格波。

波矢很小 $\left(q\ll\dfrac{\pi}{a}\right)$，即 $\sin\left(\dfrac{qa}{2}\right)\approx\dfrac{qa}{2}$ 时

$$\omega=\sqrt{\frac{\beta}{m}}a|q|$$

而波长 $\lambda=\dfrac{2\pi}{q}$，相当于波长很长（$\lambda\gg a$），即在长声学波区域，频率与波矢成正比，波速大小为

$$v_p=\frac{\omega}{q}=\sqrt{\frac{\beta}{m}}a$$

与波矢无关。这类似于连续介质的情况：弹性介质的相速度为

$$v_p=\sqrt{\frac{E}{\rho}} \tag{4.9}$$

式中 E 为介质的弹性模量，ρ 为介质密度。

对于一维简单晶格，弹性模量 $E=\dfrac{\text{作用力}}{\text{相对伸长量}}=\dfrac{\beta\delta}{\delta/a}=\beta a$，一维晶格的线密度 $\rho=\dfrac{m}{a}$。将 E 和 ρ 的表达式代入（4.9）式，得

$$v_p=\sqrt{\frac{\beta a}{m/a}}=\sqrt{\frac{\beta}{m}}a$$

这与长波近似条件下得到的相速度相同。因此，在长波近似条件下，可以将晶格看成连续介质中的弹性波。

根据定义，在长波区域，格波波包的传播速度即群速度为

$$v_g=\frac{\mathrm{d}\omega}{\mathrm{d}q} \tag{4.10}$$

依照（4.10）式，在长波区域的格波群速度

$$v_g=\begin{cases}v_p, & \text{当}q>0\text{时}\\ -v_p, & \text{当}q<0\text{时}\end{cases} \tag{4.11}$$

（2）当波矢 $q=\pm\dfrac{\pi}{a}$ 时，即在布里渊区边界处，格波群速度正好为零。此时格波频率取极大值，而第 n 个原子的振动位移

$$u_n=A\mathrm{e}^{\mathrm{i}(nqa-\omega t)}=A\mathrm{e}^{\mathrm{i}(\pm n\pi-\omega t)}=A\mathrm{e}^{-\mathrm{i}\omega t}\mathrm{e}^{\pm\mathrm{i}n\pi}=u_0(-1)^n$$

n 分别取偶数或奇数，对应 u_n 分别等于 $+u_0$ 和 $-u_0$，这意味着相邻原子的振动相位

是相反的，而此时格波群速度正好为零，格波既不向右传播，也不向左传播，即为驻波的情形。当 X 射线衍射中满足布拉格反射时，行波不能在晶格中传播，而是形成来回反射的驻波，就属于这种情况。

4.1.2　一维复式格子

现在考虑由两个原子组成的一维复式格子，这种情况相当于基元中包含两个原子的情况，如图 4-3 所示。相邻同类原子间距就是晶格常数，设为 a。假设两原子等间距排列，也就是说它们的间距为 $a/2$。两种原子的质量分别为 m 和 M，并假设 $m<M$ 。质量小的原子用○表示；质量大的原子用◉表示。质量为 m 的原子编号为$\cdots, 2n-2, 2n, 2n+2,\cdots$；质量为 M 的原子编号为$\cdots, 2n-1, 2n+1,\cdots$。这些原子离开平衡位置的位移依次表示为$\cdots, u_{2n-2}, u_{2n-1}, u_{2n}, u_{2n+1}, u_{2n+2},\cdots$，如图 4-3 所示。

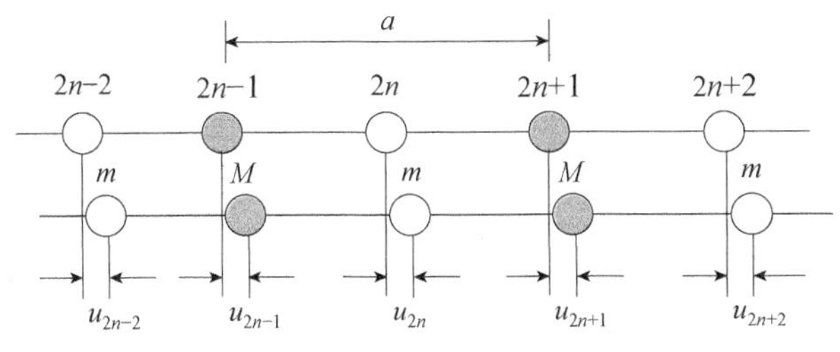

图 4-3　一维复式格子

只考虑最近邻原子之间的相互作用，恢复力常数设为 β 。在简谐近似下，类比一维简单晶格的情况，质量为 m 和 M 原子的运动方程可分别写为

$$m\frac{\mathrm{d}^2u_{2n}}{\mathrm{d}t^2}=\beta(u_{2n+1}+u_{2n-1}-2u_{2n}) \tag{4.12a}$$

$$M\frac{\mathrm{d}^2u_{2n+1}}{\mathrm{d}t^2}=\beta(u_{2n+2}+u_{2n}-2u_{2n+1}) \tag{4.12b}$$

当一维复式格子包含 N 个原胞时，它实际代表了 $2N$ 个联立方程组，行波试解分别为

$$u_{2n}=A\mathrm{e}^{\mathrm{i}\left[q2n\frac{a}{2}-\omega t\right]},\quad u_{2n-1}=B\mathrm{e}^{\mathrm{i}\left[q(2n-1)\frac{a}{2}-\omega t\right]} \tag{4.13a}$$

$$u_{2n+2}=A\mathrm{e}^{\mathrm{i}\left[q(2n+2)\frac{a}{2}-\omega t\right]},\quad u_{2n+1}=B\mathrm{e}^{\mathrm{i}\left[q(2n+1)\frac{a}{2}-\omega t\right]} \tag{4.13b}$$

将（4.13a）式和（4.13b）式分别代入运动方程（4.12a）式和（4.12b）式，并消去共同的指数因子后可得

$$-m\omega^2A=\beta\left(\mathrm{e}^{\mathrm{i}\frac{qa}{2}}+\mathrm{e}^{-\mathrm{i}\frac{qa}{2}}\right)B-2\beta A \tag{4.14a}$$

$$-M\omega^2 B=\beta\left(e^{i\frac{qa}{2}}+e^{-i\frac{qa}{2}}\right)A-2\beta B \tag{4.14b}$$

方程与 n 无关，表明所有联立方程组对于行波解都可以归为同一组方程。合并同类项后，把（4.14a）式和（4.14b）式看成是以振幅 A 和 B 为未知数的线性齐次方程组

$$(m\omega^2-2\beta)A+2\beta\cos\left(\frac{qa}{2}\right)B=0 \tag{4.15a}$$

$$2\beta\cos\left(\frac{qa}{2}\right)A+(M\omega^2-2\beta)B=0 \tag{4.15b}$$

若 A 和 B 有异于零的解，则其系数行列式必等于零，即

$$\begin{vmatrix} m\omega^2-2\beta & 2\beta\cos\left(\frac{qa}{2}\right) \\ 2\beta\cos\left(\frac{qa}{2}\right) & M\omega^2-2\beta \end{vmatrix}=0 \tag{4.16}$$

可得

$$mM\omega^4-2\beta(m+M)\omega^2+4\beta^2\sin^2\left(\frac{qa}{2}\right)=0 \tag{4.17}$$

式中利用了三角函数关系式

$$\sin^2\theta=1-\cos^2\theta$$

由此解得 ω^2 的两个解，分别表示为

$$\omega_-^2=\frac{\beta}{mM}\left\{(m+M)-[m^2+M^2+2mM\cos(qa)]^{\frac{1}{2}}\right\} \tag{4.18a}$$

$$\omega_+^2=\frac{\beta}{mM}\left\{(m+M)+[m^2+M^2+2mM\cos(qa)]^{\frac{1}{2}}\right\} \tag{4.18b}$$

式中利用了三角函数关系式

$$\cos\theta=1-2\sin^2\frac{\theta}{2}$$

对于一维简单晶格，只有一支色散关系，对应于声学波；而对于一维双原子链复式格子，有两支色散关系，也就是说，一个波矢对应于两个不同的频率。我们现在分析两支格波频率的大小。

（1）当 q=0 时，频率为 ω_- 的一支格波存在极小值，而频率为 ω_+ 的一支格波存在极大值，分别为

$$(\omega_-)_{\min}=0,\quad (\omega_+)_{\max}=\sqrt{\frac{2(m+M)\beta}{mM}} \tag{4.19}$$

（2）而当 $q=\pm\dfrac{\pi}{a}$ 时，频率为 ω_- 的一支格波存在极大值，而频率为 ω_+ 的一支

格波存在极小值，分别为

$$(\omega_-)_{\max} = \sqrt{\frac{2\beta}{M}},\ (\omega_+)_{\min} = \sqrt{\frac{2\beta}{m}} \tag{4.20}$$

因为 $m<M$，ω_+ 的最小值比 ω_- 的最大值还要大，也就是说 ω_+ 总比 ω_- 大。频率为 ω_+ 的一支格波处于光频范围，我们称之为光频支格波或简称光学波。离子晶体能吸收红外光学格波并产生共振，这是光学波的重要效应。

而频率为 ω_- 的一支色散关系同一维简单格子的情况类似，为了进行比较，我们可以将（4.18a）式改写为

$$\omega_-^2 = \frac{\beta}{mM}(m+M)\left\{1-\left[1-\frac{4mM}{(m+M)^2}\sin^2\left(\frac{qa}{2}\right)\right]^{\frac{1}{2}}\right\} \tag{4.21}$$

实际上，$\frac{4mM}{(m+M)^2}\sin^2\left(\frac{qa}{2}\right) \ll 1$，可以将$\left[1-\frac{4mM}{(m+M)^2}\sin^2\left(\frac{qa}{2}\right)\right]^{\frac{1}{2}}$进行泰勒级数展开，并忽略高次项，得

$$\left[1-\frac{4mM}{(m+M)^2}\sin^2\left(\frac{qa}{2}\right)\right]^{\frac{1}{2}} \approx 1-\frac{2mM}{(m+M)^2}\sin^2\left(\frac{qa}{2}\right) \tag{4.22}$$

将（4.22）式代入（4.21）式，得

$$\begin{aligned}\omega_-^2 &\approx \frac{\beta}{mM}(m+M)\left\{1-\left[1-\frac{2mM}{(m+M)^2}\sin^2\left(\frac{qa}{2}\right)\right]\right\} \\ &= \frac{2\beta}{(m+M)}\sin^2\left(\frac{qa}{2}\right)\end{aligned}$$

开平方并考虑频率应为正数，得

$$\omega_- \approx \left(\frac{2\beta}{m+M}\right)^{\frac{1}{2}}\left|\sin\left(\frac{qa}{2}\right)\right| \tag{4.23}$$

（4.23）式与（4.6）式比较可知，两者形式相同，只是系数不同，都属于声学波。由此得出结论，一维单原子晶格只有声学波；而一维双原子晶格既有声学波，又有光学波。图 4-4 是一维双原子复式格子的声学波和光学波的色散关系。

下面讨论一维双原子复式格子中原子的振动情况。

对于声频支格波，根据（4.15a）式，相邻两种原子的振幅之比为

$$\left(\frac{A}{B}\right)_- = \frac{2\beta\cos\left(\frac{qa}{2}\right)}{2\beta - m\omega_-^2} \tag{4.24}$$

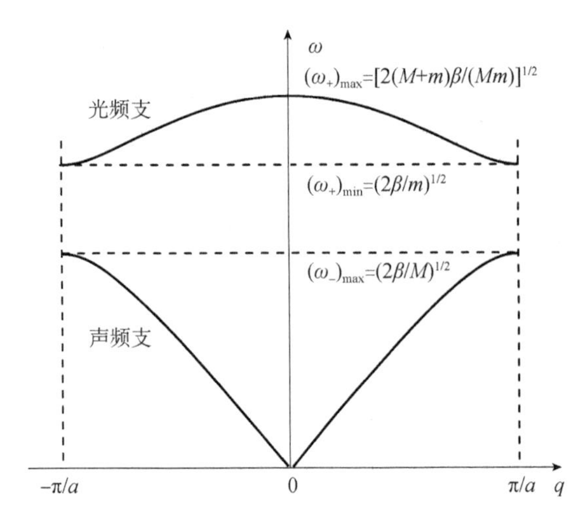

图 4-4　一维双原子复式格子的声学波和光学波的色散关系

（4.24）式中分子总是大于零的。因为$(\omega_-)^2_{\max}=\dfrac{2\beta}{M}$，（4.24）式分母也一定是大于零的，即$2\beta-m\omega_-^2>2\beta-m\dfrac{2\beta}{M}=\dfrac{2\beta(M-m)}{M}>0$，因此得$\left(\dfrac{A}{B}\right)_->0$。这意味着相邻原子的振幅值同号，也即相邻原子沿同方向振动。在长波极限情况下，$q\to 0$，有

$$\left(\frac{A}{B}\right)_-=\frac{2\beta\cos\left(\dfrac{qa}{2}\right)}{2\beta-m\omega_-^2}=\frac{2\beta}{2\beta}=1\tag{4.25}$$

这说明在长波极限情况下，相邻原子的振幅近乎相同，原胞内的不同原子以近乎相同的振幅和相位做整体运动，这是由于当长声学波的波长比原胞线度大很多时，即使在半个波长内就已经包含了很多原胞，这些原胞整体地向同一方向运动。这实际上代表了原胞质心的运动。因此，晶格可近似地看成连续介质，而声学波也可近似地看成弹性波。

对于光频支格波，根据（4.15b）式，得出相邻原子的振幅之比为

$$\left(\frac{A}{B}\right)_+=\frac{2\beta-M\omega_+^2}{2\beta\cos\left(\dfrac{qa}{2}\right)}\tag{4.26}$$

（4.26）式中分母大于零；由于$(\omega_+)^2_{\min}=\dfrac{2\beta}{m}$，因而分子一定小于零，即

$$2\beta-M\omega_+^2<\frac{2\beta(m-M)}{m}<0$$

这就有

$$\left(\frac{A}{B}\right)_+ < 0 \tag{4.27}$$

这说明对于光频支格波，相邻原子的振动方向相反，在长波极限下，$q \to 0$时

$$\cos\left(\frac{qa}{2}\right) \approx 1, \quad (\omega_+)_{\max} = \sqrt{\frac{2(m+M)\beta}{mM}} \tag{4.28}$$

因此

$$\left(\frac{A}{B}\right)_+ = \frac{2\beta - M(\omega_+)^2_{\max}}{2\beta\cos\left(\frac{qa}{2}\right)} = \frac{2\beta - M\frac{2(m+M)\beta}{mM}}{2\beta} = -\frac{M}{m}$$

即

$$mA + MB = 0 \tag{4.29}$$

这说明，对光频支格波，原胞中相邻不同原子之间作相对振动，但质心保持不动。事实上，如果这两个异类原子带有异号电荷，那么就可以用光波来激发这种振动模式，这就是光频格波的来历。图 4-5 是声频波和光频波的振动模式。

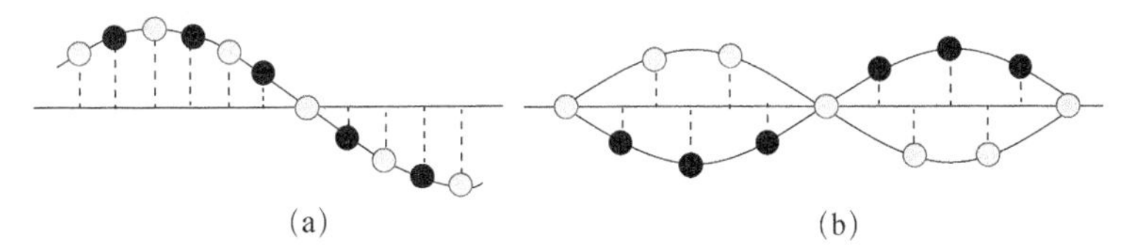

图 4-5　声频波和光频波的原子振动示意图：(a) 声频波；(b) 光频波

4.2　周期性边界条件

上面求出的一维简单晶格的格波色散关系，我们把波矢 q 限制在一个区间，即简约布里渊区内，以保证振动频率与波矢 q 的单值关系。但波矢 q 的值不是连续的，而是分立的。这种取值的不连续性是由周期性边界条件所决定的。周期性边界条件是由玻恩和冯・卡门提出的，因此称作玻恩–冯・卡门边界条件。这是一个假想的边界条件，即假想在实际晶体以外，仍然有无限多个相同的晶体相连接，各晶体中相对应的原子运动情况完全一样。对于这一假设的合理性，我们可以这样来解释：设想的无限晶体与实际晶体中的原子之间所受到的相互作用势有差别，但是，由于相互作用势主要取决于近邻原子，是短程相互作用，因此除了边界上少数几个原子与实际情况不符合外，绝大多数原子并不会受到假想晶体的影响。根据上述假想的周期性边界条件，我们就可以解释波矢只能取分立的值。仍以一维原子链为例来加以说明：根据上述考虑，认为晶体是无边界的，因而可以将一维原子链首尾相接组成一个圆环，如图 4-6 所示。第 1 个原子和第 N+1 个原子的

振动情况应该相同，第 1 个原子的位移为

$$u_1 = Ae^{i(qa-\omega t)} \tag{4.30}$$

而第 N+1 个原子的位移为

$$u_{N+1} = Ae^{i[q(N+1)a-\omega t]} \tag{4.31}$$

根据假设，有

$$u_1 = u_{N+1} \tag{4.32}$$

即

$$Ae^{i(qa-\omega t)} = Ae^{i[(q(N+1)a-\omega t]} \tag{4.33}$$

我们得到

$$e^{iqNa} = 1 \tag{4.34}$$

要使（4.34）式成立，就必须令

$$qNa = 2\pi l \text{（}l\text{ 为整数）} \tag{4.35}$$

由此可知，晶格振动的状态，即波矢 q 只能取分立的值。根据波矢 q 只在简约布里渊区内取值，即

$$-\frac{\pi}{a} < q \leqslant \frac{\pi}{a} \tag{4.36}$$

这就限制了 l 的取值范围，为

$$-\frac{N}{2} < l \leqslant \frac{N}{2} \tag{4.37}$$

显然，l 可取的值为$\left(-\frac{N}{2}+1\right),\left(-\frac{N}{2}+2\right),\cdots,\left(\frac{N}{2}-2\right),\left(\frac{N}{2}-1\right),\frac{N}{2}$，共有 N 个不同的值。因此，q 也只能取 N 个不同的值，这里 N 为一维单原子晶格的原胞数。由此可以看出，晶格振动的波矢数目正好等于一维单原子晶格的原胞数目。后面将会看到，这一结论对于三维晶格同样适用。

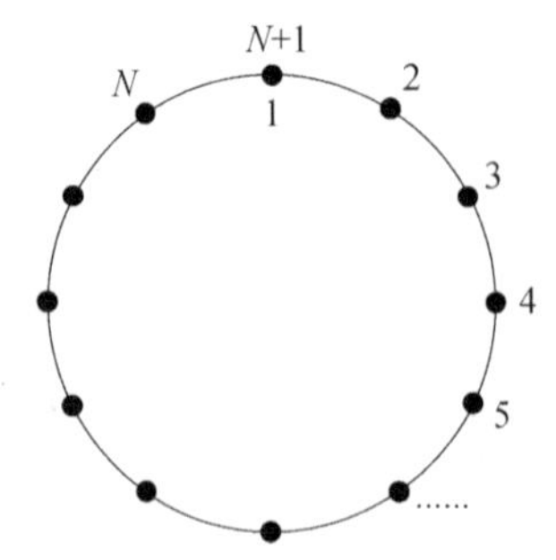

图 4-6　玻恩–冯・卡门边界条件示意图

4.3　三维晶格的振动

4.3.1　三维晶格振动方程

三维晶格的振动情况比较复杂，难以求出晶格振动色散关系的近似解。我们可以将一维晶格的情况推广应用于三维晶格。大体上与一维情况类似，按以下几个步骤进行处理：

（1）原子间的相互作用势采用简谐近似；

（2）表示出晶体原胞的位置和原胞内原子的相对位置及相应的位移；

（3）根据牛顿第二定律建立运动方程；

（4）设行波解作为试解，代入运动方程解联立方程组，得出振动频率和波矢的关系，即色散关系。

考虑晶体由 N 个原胞组成，晶体原胞的基矢为 $\boldsymbol{a}_1,\boldsymbol{a}_2,\boldsymbol{a}_3$。晶体沿这三个基矢方向分别有 N_1，N_2，N_3 个原胞，因此晶体总的原胞数为

$$N = N_1 N_2 N_3 \tag{4.38}$$

对于原胞中含有 s 个原子的复式格子，s 个原子的质量分别为 $M_1,M_2,\cdots,M_s$；用 $R_{l\alpha i}$ 和 $u_{l\alpha i}$ 分别表示第 l 个原胞内第 α 个原子的平衡位矢 $\boldsymbol{R}_{l\alpha}$ 和相对位移 $\boldsymbol{u}_{l\alpha}$ 在 i 方向的分量，如图 4-7 所示。简谐势可以写成

$$U(\boldsymbol{R}_{l\alpha}+\boldsymbol{u}_{l\alpha}) = U(\boldsymbol{R}_{l\alpha}) + \frac{1}{2}\sum_{\substack{l\alpha i\\ m\beta j}}\left[\frac{\partial^2 U}{\partial R_{l\alpha i}\partial R_{m\beta j}}\right] u_{l\alpha i} u_{m\beta j} \tag{4.39}$$

其中 $l,m=1,2,3,\cdots,N;\ \alpha,\beta=1,2,3,\cdots,s;\ i,j=1,2,3$。式中应用了平衡时势能的一阶导数等于零的条件。

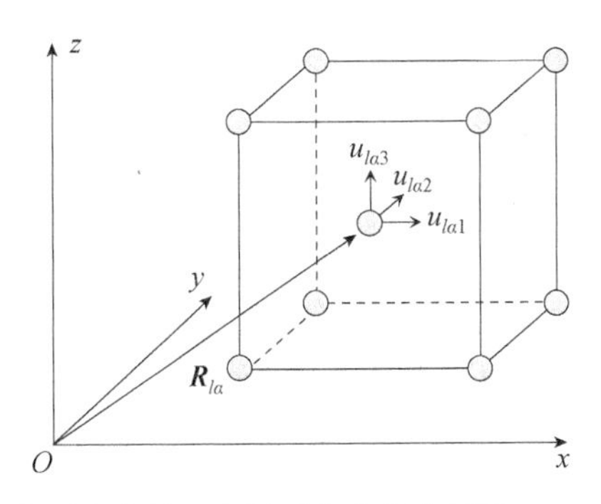

图 4-7　三维复式格子第 l 个原胞中第 α 个原子在直角坐标轴 x, y, z 三个方向上的相对位移分别是 $u_{l\alpha 1}, u_{l\alpha 2}$ 和 $u_{l\alpha 3}$，直角坐标轴 x, y, z 分别对应式中 i，j 取 1，2，3 三个方向

$\left[\dfrac{\partial^2 U}{\partial R_{l\alpha i}\partial R_{m\beta j}}\right]$相当于一维晶格中的弹性系数，它表示第 m 个原胞中第 β 个原子在 j 方向的单位位移对第 l 个原胞中第 α 个原子在 i 方向产生的力，它是一个二阶张量。

第 l 个原胞中第 α 个原子在 i 方向的运动方程可写为

$$M_\alpha \frac{\partial^2 u_{l\alpha i}}{\partial t^2} = -\sum_{m\beta j}\left[\frac{\partial^2 U}{\partial R_{l\alpha i}\partial R_{m\beta j}}\right]\cdot \boldsymbol{u}_{m\beta j} \tag{4.40}$$

或

$$M_\alpha \frac{\partial^2 u_{l\alpha i}}{\partial t^2} + \sum_{m\beta j}\left[\frac{\partial^2 U}{\partial R_{l\alpha i}\partial R_{m\beta j}}\right]\cdot \boldsymbol{u}_{m\beta j} = 0 \tag{4.41}$$

方程组中 $l,m=1,2,3,\cdots,N$； $\alpha,\beta=1,2,3,\cdots,s$ ； $i,j=1,2,3$ 。

由此可以看出，方程组中共有 $3sN$ 个相互关联的微分方程。方程组解的形式和一维的情况类似，第 l,m 个原胞内第 α,β 个原子在 i,j 方向的行波试解可分别表示为

$$u_{l\alpha i} = A_{l\alpha i}\mathrm{e}^{\mathrm{i}[\boldsymbol{q}\cdot\boldsymbol{R}_l - \omega t]} \tag{4.42a}$$

$$u_{m\beta j} = A_{m\beta j}\mathrm{e}^{\mathrm{i}[\boldsymbol{q}\cdot\boldsymbol{R}_m - \omega t]} \tag{4.42b}$$

将（4.42a）式和（4.42b）式代入上述方程组（4.41）式，可得到 $3sN$ 个关于未知数 $A_{l\alpha i}$ 和 $A_{m\beta j}$ 系数的线性齐次方程组

$$M_\alpha \omega^2 A_{l\alpha i} + \sum_{m\beta j}\left[\frac{\partial^2 U}{\partial R_{l\alpha i}\partial R_{m\beta j}}\right]\mathrm{e}^{-\mathrm{i}\boldsymbol{q}\cdot(\boldsymbol{R}_l-\boldsymbol{R}_m)}A_{m\beta j} = 0 \tag{4.43}$$

方程组有非零解的条件是系数行列式等于零。这样可解出 $3sN$ 个实根，就有 $3sN$ 个格波频率。其中 $3N$ 个频率为声频支格波，其余 $N(3s-3)$ 个频率比声学波最高频率还高，称为光频支格波。对每个波矢 $\boldsymbol{q}$ 来说，共有 $3s$ 支格波，其中有 3 支声频支格波，$3s-3$ 支光频支格波。

4.3.2 三维晶格振动的波矢数目和频率数目

在三维情况下，根据周期性边界条件的限制，$\boldsymbol{q}$ 的取值仍然不是任意的，而是分立的某些值。根据三个方向的周期性边界条件

$$\boldsymbol{u}_{l\alpha i} = A_{l\alpha i}\mathrm{e}^{\mathrm{i}[\boldsymbol{q}\cdot\boldsymbol{R}_l - \omega t]} = A_{l\alpha i}\mathrm{e}^{\mathrm{i}[\boldsymbol{q}\cdot\boldsymbol{R}_l + \boldsymbol{q}\cdot N_i\boldsymbol{a}_i - \omega t]}$$

只有当

$$\boldsymbol{q}\cdot N_i\boldsymbol{a}_i = 2\pi\mu_i \quad (i=1,2,3) \tag{4.44}$$

μ_i 为整数时，上式才能成立。波矢具有倒格矢的量纲，根据倒格子基矢 $\boldsymbol{b}_j\,(j=1,2,3)$

和正格子基矢 $\boldsymbol{a}_i (i=1,2,3)$ 之间的关系

$$\boldsymbol{a}_i \cdot \boldsymbol{b}_j = 2\pi\delta_{i,j} \quad (i=j\text{时}, \delta_{i,j}=1; i\neq j\text{时}, \ \delta_{i,j}=0) \tag{4.45}$$

由（4.44）式不难发现，波矢的分量具有以下形式，即

$$\boldsymbol{q}_i = \frac{l_i}{N_i}\boldsymbol{b}_i \quad (i=1,2,3) \tag{4.46}$$

因此，波矢可表示为

$$\boldsymbol{q} = \frac{l_1}{N_1}\boldsymbol{b}_1 + \frac{l_2}{N_2}\boldsymbol{b}_2 + \frac{l_3}{N_3}\boldsymbol{b}_3 \tag{4.47}$$

式中 N_1, N_2, N_3 为沿三个坐标方向的原胞数目；l_1, l_2, l_3 均为整数或零。

由此可见，波矢的取值是一系列分立的数值。因为 $\boldsymbol{q}$ 是三维矢量，我们把 $\boldsymbol{q}$ 叫做“q 空间”或波矢空间。$\boldsymbol{q}$ 代表点在波矢空间均匀分布，每个代表点在 $\boldsymbol{q}$ 空间所占的体积为

$$\frac{\boldsymbol{b}_1}{N_1}\cdot\left(\frac{\boldsymbol{b}_2}{N_2}\times\frac{\boldsymbol{b}_3}{N_3}\right) = \frac{\boldsymbol{b}_1\cdot(\boldsymbol{b}_2\times\boldsymbol{b}_3)}{N_1N_2N_3} = \frac{\Omega^*}{N} \tag{4.48}$$

其中 N 为晶体中原胞的个数；Ω^* 为倒格子原胞体积。

知道了每个 $\boldsymbol{q}$ 点在波矢空间所占的体积，就可以得出在单位体积波矢空间中 $\boldsymbol{q}$ 点的个数，即 $\boldsymbol{q}$ 的分布密度为

$$\frac{1}{\Omega^*/N} = \frac{N}{\Omega^*}$$

利用倒格子原胞体积 Ω^*和正格子原胞体积 Ω 的关系

$$\Omega^* = \frac{(2\pi)^3}{\Omega}$$

可得波矢分布密度

$$\frac{N\Omega}{(2\pi)^3} = \frac{V}{(2\pi)^3} \tag{4.49}$$

式中 V 为晶体的体积。

现在考虑 $\boldsymbol{q}$ 的取值范围。我们从行波解的形式可以了解到，波矢 $\boldsymbol{q}$ 的作用只在于确定不同原胞之间振动相位的关系，如果增减一个倒格矢

$$\boldsymbol{K}_h = h_1\boldsymbol{b}_1 + h_2\boldsymbol{b}_2 + h_3\boldsymbol{b}_3$$

行波解的相位因子变成

$$\begin{aligned} \mathrm{e}^{\mathrm{i}[\boldsymbol{R}_n\cdot(\boldsymbol{q}\pm\boldsymbol{K}_h)-\omega t]} &= \mathrm{e}^{\mathrm{i}\{\boldsymbol{R}_n\cdot[\boldsymbol{q}\pm(h_1\boldsymbol{b}_1+h_2\boldsymbol{b}_2+h_3\boldsymbol{b}_3)]-\omega t\}} \\ &= \mathrm{e}^{\mathrm{i}(\boldsymbol{R}_n\cdot\boldsymbol{q}-\omega t)}\mathrm{e}^{\pm\mathrm{i}2\pi(n_1h_1+n_2h_2+n_3h_3)} = \mathrm{e}^{\mathrm{i}(\boldsymbol{R}_n\cdot\boldsymbol{q}-\omega t)} \end{aligned}$$

改变一个倒格矢，相位改变 2π 的整数倍，但不改变相位因子。为了保证色散关系的单值性，可将 $\boldsymbol{q}$ 设定在某个范围内。对其他格波的 $\boldsymbol{q}$ 值在指定的范围内总存在着

一一对应的 $\boldsymbol{q}$，它们之间只相差一个倒格矢，因而对格波的描述没有任何差别。通常将 $\boldsymbol{q}$ 取在简约布里渊区内，这样就可以得到所有不同的格波。这一一对应的 $\boldsymbol{q}$ 值有多少呢？根据周期性边界条件得到的允许的 $\boldsymbol{q}$ 分布密度和倒格子原胞体积及正格子原胞体积之间的关系，可以算出不同 $\boldsymbol{q}$ 的总数为

$$\frac{V}{(2\pi)^3}\times\Omega^* = \frac{N\Omega}{(2\pi)^3}\times\frac{(2\pi)^3}{\Omega} = N \tag{4.50}$$

式中晶体体积 $V=N\Omega$。由此可知波矢取值的总数目正好等于晶体原胞数目 N，这和一维晶体得到的结果是一致的。对于每一个 $\boldsymbol{q}$，对应 3 支声学波和 $3s-3$ 支光学波。对于 N 个原胞就有 N 个 $\boldsymbol{q}$ 值，就对应于 $3N$ 个声学格波频率和 N（$3s-3$）个光学格波频率，因此晶格振动总的格波频率数应为

$$3N+(3s-3)N=3sN \tag{4.51}$$

这正好等于晶体中 sN 个原子的总的自由度数。同样，对于一维晶格的振动也是这样的对应关系。综上，我们可以得到两个重要推论，那就是

晶格振动的波矢数目=晶体的原胞数目

晶格振动的格波数目（频率数）=晶体中所有原子总的自由度数目

4.3.3　三维晶格振动谱的表示方法

格波振动的频率和波矢的关系式，称作晶格振动谱（或者叫格波的色散关系、格波的频谱等）。它可以通过理论计算得到，也可以用实验方法测量得到。通过对色散关系特征的分析研究，可以获得晶体的物理性质。对于三维晶体，因为波矢是矢量，在画色散关系时，总是选特定的波矢方向，一般选典型的对称方向，画出沿这些对称方向上的色散关系曲线，即振动频率与波矢的函数关系。三维晶格还需要考虑原子相对位移的方向与格波传播方向之间的关系，因此，格波可分为纵波和横波。如果格波的传播方向与原子的位移方向平行，称之为纵波；如果格波的传播方向与原子的位移方向相互垂直，则称之为横波。对于横波而言，有时候包含简并的两支横波。横波和纵波一般又都包含声学波和光学波：声频支横波（transverse acoustical mode）和声频支纵波（longitudinal acoustical mode），通常分别用英文字母缩写 TA 和 LA 表示；光频支横波（transverse optical mode）和光频支纵波（longitudinal optical mode）分别用英文字母缩写 TO 和 LO 表示。

图 4-8 给出了半导体 GaAs 晶体的格波色散关系。由于 GaAs 晶体具有闪锌矿结构，每个原胞中包含两个原子，因而同时存在三支声学波和三支光学波，其中横声学波 TA 和横光学波 TO 在某些对称方向上是两重简并的。

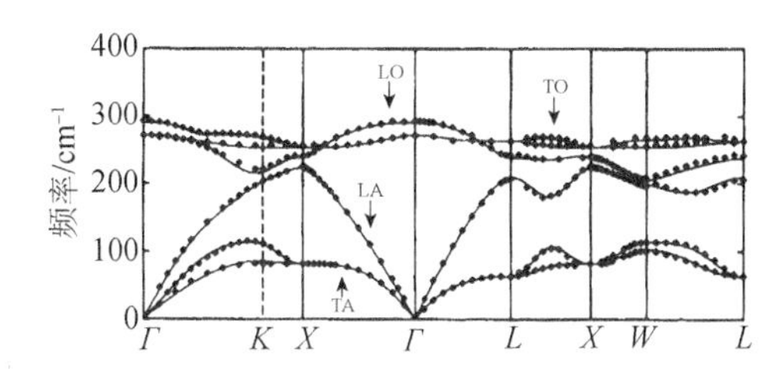

图 4-8　半导体 GaAs 晶体在几个特殊对称方向上的格波色散关系[7, 8]

各个对称点在第一布里渊区的对应位置分别为 Γ（0,0,0），X（1,0,0），L（0.5,0.5,0.5），W（1,0.5,0），K（0.25,0.25,1）（以 $2\pi/a$ 单位）。图中曲线为理论值，实心方块为利用三轴声子谱技术测得的实验值，理论值和实验值符合得很好。（图中纵坐标频率单位 cm^{-1} 换算成 Hz，$1\ \mathrm{cm}^{-1}\sim 3\times10^{10}\ \mathrm{Hz}=6\pi\times10^{10}\ \mathrm{rad/s}$）

4.4　模 式 密 度

由于周期性边界条件的限制，决定了波矢只能取有限的分立值。在一维、二维和三维情况下，$\boldsymbol{q}$ 在波矢空间的分布密度可以分别表示为 $\frac{L}{2\pi}$，$\frac{S}{(2\pi)^2}$ 和 $\frac{V}{(2\pi)^3}$（L, S, V 分别为一维、二维和三维晶体的长度、面积和体积），$\boldsymbol{q}$ 在 $\boldsymbol{q}\to\boldsymbol{q}+\mathrm{d}\boldsymbol{q}$ 之间的波矢数应分别为 $\frac{L}{2\pi}\mathrm{d}\boldsymbol{q}$，$\frac{S}{(2\pi)^2}\mathrm{d}\boldsymbol{q}$，$\frac{V}{(2\pi)^3}\mathrm{d}\boldsymbol{q}$。

而模式密度定义为单位频率间隔的模式数，用 $g(\omega)$ 表示。$g(\omega)\mathrm{d}\omega$ 代表频率在 $\omega\to\omega+\mathrm{d}\omega$ 之间的模式数，它应是频率的分布函数。

一维简单晶格在 $\mathrm{d}\omega$ 间隔内对应正负两个 q 值，所以模式数为

$$g(\omega)\mathrm{d}\omega=2\times\frac{L}{2\pi}\mathrm{d}q=\frac{L}{\pi}\mathrm{d}q=\frac{L}{\pi}\frac{\mathrm{d}q}{\mathrm{d}\omega}\mathrm{d}\omega$$

即

$$g(\omega)=\frac{L}{\pi}\frac{\mathrm{d}q}{\mathrm{d}\omega}\tag{4.52}$$

对于二维晶格，如果等频率面是圆，有

$$g(\omega)\mathrm{d}\omega=\frac{S}{(2\pi)^2}2\pi q\mathrm{d}q=\frac{S}{2\pi}q\frac{\mathrm{d}q}{\mathrm{d}\omega}\mathrm{d}\omega$$

即

$$g(\omega)=\frac{S}{2\pi}q\frac{\mathrm{d}q}{\mathrm{d}\omega}\tag{4.53}$$

对于三维晶格，如果等频率面是球面，则

$$g(\omega)\mathrm{d}\omega=\frac{V}{(2\pi)^3}4\pi q^2\mathrm{d}q=\frac{V}{2\pi^2}q^2\frac{\mathrm{d}q}{\mathrm{d}\omega}\mathrm{d}\omega$$

即

$$g(\omega)=\frac{V}{2\pi^2}q^2\frac{\mathrm{d}q}{\mathrm{d}\omega} \tag{4.54}$$

如给出了色散关系就可以由以上模式密度表达式求出其具体形式。

对于三维情况，推广到更一般的形式，在$\omega \to \omega+\mathrm{d}\omega$之间的模式数应为

$$g(\omega)\mathrm{d}\omega=\frac{V}{(2\pi)^3}\iiint_{\omega}^{\omega+\mathrm{d}\omega}\mathrm{d}\boldsymbol{q} \tag{4.55}$$

上式表示的积分实际上是在q空间中的一个薄壳层体积内的积分，如图 4-9 所示。薄壳层两面的频率是恒值，即等频率面。一面为ω，另一面为$\omega+\mathrm{d}\omega$。令$\mathrm{d}S$表示q空间内等频率面上的一个面积元。在等频率面之间的体积元是以$\mathrm{d}S$为底面、以$\mathrm{d}q_{\perp}$为高的圆柱，因此有$\mathrm{d}\boldsymbol{q}=\mathrm{d}S\mathrm{d}q_{\perp}$。$\omega$的梯度$\nabla_q\omega$也垂直于$\omega$的等频率面，这样两个等频率面之间的频率差为$\mathrm{d}\omega=\left|\nabla_q\omega\right|\mathrm{d}q_{\perp}$，即$\mathrm{d}q_{\perp}=\dfrac{\mathrm{d}\omega}{\left|\nabla_q\omega\right|}$，因此圆柱体体积元$\mathrm{d}\boldsymbol{q}=\mathrm{d}S\mathrm{d}q_{\perp}=\dfrac{\mathrm{d}S\mathrm{d}\omega}{\left|\nabla_q\omega\right|}$，将其代入（4.55）式可得

$$g(\omega)\mathrm{d}\omega=\frac{V}{(2\pi)^3}\mathrm{d}\omega\iint_{\omega}\frac{\mathrm{d}S}{\left|\nabla_q\omega\right|}$$

则三维晶体的模式密度为

$$g(\omega)=\frac{V}{(2\pi)^3}\iint_{\omega}\frac{\mathrm{d}S}{\left|\nabla_q\omega\right|} \tag{4.56}$$

积分是对等频率面的面积分。若考虑到ω有若干支（用σ标志），总的模式密度应为各支贡献之和，即

$$g(\omega)=\frac{V}{(2\pi)^3}\sum_{\sigma}\iint_{\omega}\frac{\mathrm{d}S}{\left|\nabla_q\omega\right|} \tag{4.57}$$

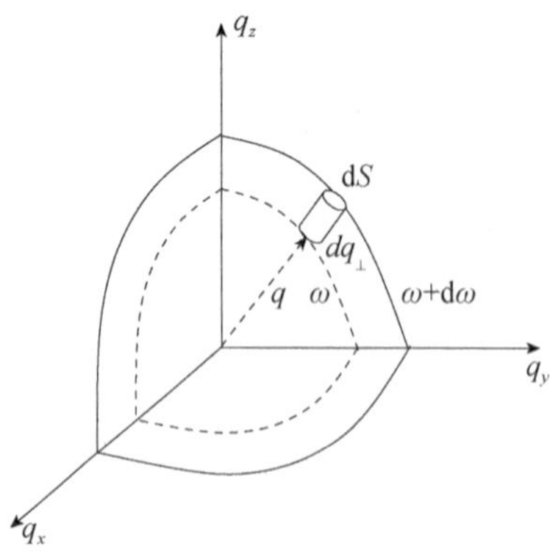

图 4-9　波矢空间中格波的两个等频率面

实际上，格波的群速度为

$$v_g = \left|\nabla_q \omega\right| \tag{4.58}$$

特别指出的是，格波的群速度为零的情况下，格波模式密度产生奇点，被称为范霍夫奇点（van Hove singularity）。

我们知道，格波数等于晶体的自由度数。对于三维晶体，如果只考虑声频支格波，总的格波数为

$$\int_0^\infty g(\omega)\mathrm{d}\omega = 3N \tag{4.59}$$

这在后面计算晶格比热时会用到。

4.5　简正振动和格波的量子理论

4.3.1 节中所述的三维晶格是在一维晶格振动基础上推广而得到的，在简谐近似的情况下，根据牛顿第二定律列出运动方程，写出以原子振动的相对位移为试解，从而得出以振幅为未知量的线性齐次联立方程组，最后计算出格波的色散关系。由于原子的振动是围绕其平衡位置的微小振动，是晶体中所有原子的集体振动，所以原子与原子之间具有相互作用，以相对位移来描述的格波的振动不是相互独立的。为了使晶格振动的描述转换为独立的坐标体系来描述原子的集体振动，我们可以根据分析力学知识，以格波振幅为广义坐标进行描述，再经过正则变换，把原来的坐标体系变成正则坐标系，这样，在简谐近似下，就可以把相互关联的振动描述为独立简正模式的振动，而晶体中原子的集体振动可以看成是这些独立的简正模式振动的线性叠加。下面就对这样的正则变换加以描述，并进而引出声子的概念。

4.5.1　晶格的简正振动

仍然按 4.3 节中对三维晶格振动的描述方法，设晶体由 N 个原胞组成，原胞中含有 s 个原子的复式格子，s 个原子的质量分别为 $M_\alpha, \alpha = 1,2,3,\cdots,s$；用 $R_{l\alpha i}$ 和 $u_{l\alpha i}$ 分别表示第 l 个原胞内第 α 个原子的平衡位矢 $\boldsymbol{R}_{l\alpha}$ 和相对位移 $\boldsymbol{u}_{l\alpha}$ 在 i 方向的分量。为了进行正则变换，首先写出拉格朗日函数

$$L=T-U \tag{4.60}$$

根据 4.3.1 节中所述内容，在简谐近似的情况下，由（4.39）式，若取 $U(\boldsymbol{R}_{l\alpha})$ 为势能的零点，则势能项可写为

$$U(\boldsymbol{R}_{l\alpha} + \boldsymbol{u}_{l\alpha}) = \frac{1}{2}\sum_{\substack{l\alpha i \\ m\beta j}}\left(\frac{\partial^2 U}{\partial R_{l\alpha i}\partial R_{m\beta j}}\right)u_{l\alpha i}u_{m\beta j} \tag{4.61}$$

而 $3sN$ 个原子自由度的振动动能为

$$T = \frac{1}{2}\sum_{l\alpha i} M_\alpha \dot{u}_{l\alpha i}^2 \tag{4.62}$$

将势能（4.61）式和动能（4.62）式代入拉格朗日函数（4.60）式，拉格朗日函数就可以表示为

$$L = T - U = \frac{1}{2}\sum_{l\alpha i} M_\alpha \dot{u}_{l\alpha i}^2 - \frac{1}{2}\sum_{\substack{l\alpha i \\ m\beta j}} \left(\frac{\partial^2 U}{\partial R_{l\alpha i}\partial R_{m\beta j}}\right) u_{l\alpha i} u_{m\beta j} \tag{4.63}$$

为了使问题简化，引入简正坐标 Q_n（n=1, 2, 3, ⋯, 3sN），简正坐标和位移坐标 $u_{l\alpha i}$ 可以通过如下的正交变换相互联系：

$$\sqrt{M_\alpha} u_{l\alpha i} = \sum_{n=1}^{3sN} a_{l\alpha i, m\beta j} Q_n \tag{4.64}$$

式中 $a_{l\alpha i,m\beta j}$ 为待定常数，应使其满足正交归一化条件，即 $\boldsymbol{a}_{l\alpha i}\boldsymbol{a}_{m\beta j}=\boldsymbol{I}$ 或 $\sum_{n=1}^{3sN} a_{n,l\alpha i} a_{n,m\beta j} = \delta_{l\alpha i,m\beta j}$。

对于动能项，将（4.64）式代入（4.62）式，可表示为

$$T = \frac{1}{2}\sum_{n=1}^{3sN} \dot{Q}_n^2 \tag{4.65a}$$

对于势能项，因为势能项为实对称矩阵（方阵），根据线性代数，在正交变换下，可使方阵对角化，且其对应的特征值也可表示为实对角化方阵：

$$\boldsymbol{\omega}^2 = \begin{bmatrix} \omega_1^2 & & & & & \\ & \omega_2^2 & & & & \\ & & \cdots & & & \\ & & & \omega_n^2 & & \\ & & & & \cdots & \\ & & & & & \omega_{3sN}^2 \end{bmatrix}$$

式中矩阵元 $\omega_n^2 = \left(\frac{\partial^2 U}{\partial R_{l\alpha i}\partial R_{m\beta j}}\right)_n \Big/ M_n$，$n$=1, 2, 3, ⋯, 3$sN$，实际上相当于晶格振动的角频率 $\omega_n = \sqrt{\frac{K_n}{M_n}}$。最终势能项可写为

$$U = \frac{1}{2}\sum_{n=1}^{3sN} \omega_n^2 Q_n^2 \tag{4.65b}$$

显然，引入正则坐标后就消去了势能项中含有的交叉项。将（4.65a）式和（4.65b）式代入（4.63）式，拉格朗日函数可化为

$$L = \frac{1}{2}\sum_{n=1}^{3sN} \dot{Q}_n^2 - \frac{1}{2}\sum_{n=1}^{3sN} \omega_n^2 Q_n^2 \tag{4.66}$$

由（4.66）式可求出 Q_n 的正则动量

$$P_n = \frac{\partial L}{\partial \dot{Q}_n} = \dot{Q}_n \tag{4.67}$$

于是，系统的哈密顿函数可以化成

$$H = T + U = \frac{1}{2}\sum_{n=1}^{3N}(P_n^2 + \omega_n^2 Q_n^2) \tag{4.68}$$

将（4.68）式代入哈密顿正则方程

$$\dot{P}_n = -\frac{\partial H}{\partial Q_n} \tag{4.69}$$

（4.67）式对时间求导后，令其等于（4.69）式，移项后得到

$$\ddot{Q}_n + \omega_n^2 Q_n = 0 \quad (n = 1, 2, 3, \cdots, 3sN) \tag{4.70}$$

上式是标准的简谐振子的振动方程，共有 $3sN$ 个相互独立的方程，每个振动方程描写一个简谐振动。因此，由简正坐标描述的简谐振动是相互独立的简谐振动。其中任意简正坐标的解为

$$Q_n = A\sin(\omega_n t + \phi) \quad (n = 1, 2, 3, \cdots, 3sN) \tag{4.71}$$

ω_n 是振动的角频率。由原子的位移坐标和简正坐标之间的正交变换，可得出

$$u_{l\alpha i} = \frac{1}{\sqrt{M_\alpha}}\sum_{n=1}^{3sN}\left[a_{l\alpha i,m\beta j} A\sin(\omega_n t + \phi)\right] \quad (n = 1, 2, 3, \cdots, 3sN) \tag{4.72}$$

（4.72）式说明，每一个原子都以相同的频率作简谐振动。一般情况下，一个简正振动并不是表示一个原子的振动，而是晶体中所有原子都参与的集体振动，而且它们的振动频率都相同。由简正坐标所代表的晶体中所有原子都参与的集体振动，常称为一个振动模。而整个晶体的振动就是这些 $3sN$ 个简正振动模的线性叠加。

为简单起见，我们还以一维简单晶格为例加以说明。N 个原子就等价于 N 个谐振子的简谐振动（对于一维简单晶格，一个原子只有一个自由度，而每个原胞中只有一个原子，即 s=1）。

这里用 u_n 表示第 n 个（n=1, 2, 3, ⋯, N）原子的位移

$$u_n = A\mathrm{e}^{\mathrm{i}(qna - \omega t)}$$

由于周期性边界条件的限制，波矢 q 取 N 个分立的值，而振幅也是依赖于 q 值，如果再把 $\mathrm{e}^{-\mathrm{i}\omega t}$ 归入到振幅项内，第 n 个原子在时刻 t 的位移可以写成

$$u_n(t) = \sum_q A_q \mathrm{e}^{\mathrm{i}(qna - \omega t)} = \sum_q A_q \mathrm{e}^{-\mathrm{i}\omega t}\mathrm{e}^{\mathrm{i}qna} = \sum_q A_q(t)\mathrm{e}^{\mathrm{i}qna} \tag{4.73}$$

其中

$$A_q(t) = A_q \mathrm{e}^{-\mathrm{i}\omega t}$$

引入坐标

$$Q_q(t)=\sqrt{MN}A_q(t) \tag{4.74}$$

（4.73）式可改写成

$$\sqrt{M}u_n(t)=\sum_q Q_q(t)\frac{1}{\sqrt{N}}\mathrm{e}^{\mathrm{i}nqa} \tag{4.75}$$

利用下列数学式

$$\begin{aligned}&\sum_n \mathrm{e}^{\mathrm{i}(q-q')na}=N\delta_{q,q'}\\&\sum_q \mathrm{e}^{\mathrm{i}(n-n')qa}=N\delta_{n,n'}\end{aligned} \tag{4.76}$$

将（4.76）式改写成

$$\begin{aligned}&\sum_n \frac{1}{\sqrt{N}}\mathrm{e}^{\mathrm{i}qna}\cdot\frac{1}{\sqrt{N}}\mathrm{e}^{-\mathrm{i}q'na}=\delta_{q,q'}\\&\sum_q \frac{1}{\sqrt{N}}\mathrm{e}^{\mathrm{i}qna}\cdot\frac{1}{\sqrt{N}}\mathrm{e}^{-\mathrm{i}q'na}=\delta_{n,n'}\end{aligned} \tag{4.77}$$

可以看出，$\frac{1}{\sqrt{N}}\mathrm{e}^{\mathrm{i}qna}$无论是以格点数求和还是以波矢数求和都满足正交归一化条件。因此，可以将$\frac{1}{\sqrt{N}}\mathrm{e}^{\mathrm{i}qna}$作为本征矢。（4.77）式和（4.75）式比较可知，（4.75）式中的 Q_q（t）实际上代表了以本征矢$\frac{1}{\sqrt{N}}\mathrm{e}^{\mathrm{i}qna}$为新的坐标系中位移 u_n（t）的坐标量。Q_q（t）就是正则坐标（又称简正坐标）。

动能项可写成

$$\begin{aligned}T&=\frac{1}{2}\sum_n M\dot{u}_n^2(t)=\frac{1}{2N}\sum_n\left[\sum_q \dot{Q}_q(t)\mathrm{e}^{\mathrm{i}qna}\right]\left[\sum_{q'}\dot{Q}_{q'}(t)\mathrm{e}^{\mathrm{i}q'na}\right]\\&=\frac{1}{2}\sum_{q,q'}\dot{Q}_q(t)\dot{Q}_{q'}(t)\left[\frac{1}{N}\sum_n \mathrm{e}^{\mathrm{i}(q+q')na}\right]\end{aligned} \tag{4.78}$$

根据（4.77）式正交归一化条件，必有 $q=-q'$，所以上式成为

$$T=\frac{1}{2}\sum_{q,-q}\dot{Q}_q(t)\dot{Q}_{-q}(t) \tag{4.79}$$

实际上，$\dot{Q}_{-q}(t)=\dot{Q}_q^*(t)$，因此动能项可写为

$$T=\frac{1}{2}\sum_q \dot{Q}_q^2(t) \tag{4.80}$$

而势能项为

$$
\begin{aligned}
U &= \frac{\beta}{2}\sum_{n}[u_{n+1}(t)-u_{n}(t)]^{2} \\
&= \frac{\beta}{2}\sum_{n}\frac{1}{NM}\left\{\sum_{q}\left[Q_{q}(t)\mathrm{e}^{\mathrm{i}q(n+1)a}-Q_{q}(t)\mathrm{e}^{\mathrm{i}qna}\right]\sum_{q'}\left[Q_{q'}(t)\mathrm{e}^{\mathrm{i}q'(n+1)a}-Q_{q'}(t)\mathrm{e}^{\mathrm{i}q'na}\right]\right\} \\
&= \frac{\beta}{2}\sum_{n}\frac{1}{NM}\left\{\sum_{q}\left[Q_{q}(t)\mathrm{e}^{\mathrm{i}qna}(\mathrm{e}^{\mathrm{i}qa}-1)\right]\sum_{q'}\left[Q_{q'}(t)\mathrm{e}^{\mathrm{i}q'na}(\mathrm{e}^{\mathrm{i}q'a}-1)\right]\right\} \\
&= \frac{\beta}{2M}\sum_{q}\left[Q_{q}(t)(\mathrm{e}^{\mathrm{i}qa}-1)\right]\sum_{q'}\left[Q_{q'}(t)(\mathrm{e}^{\mathrm{i}q'a}-1)\right]\frac{1}{N}\sum_{n}\mathrm{e}^{\mathrm{i}(q+q')na}
\end{aligned}
\tag{4.81}
$$

当 $q\neq -q'$ 时，必有 $\frac{1}{N}\sum_{n}\mathrm{e}^{\mathrm{i}(q+q')na}=0$；只有当 $q=-q'$ 时，$\frac{1}{N}\sum_{n}\mathrm{e}^{\mathrm{i}(q+q')na}=1$，并利用 $Q_{q'}(t)=Q_{-q}(t)$，势能项（4.81）式可写为

$$
\begin{aligned}
U &= \frac{\beta}{2M}\sum_{q}[Q_{q}(t)Q_{-q}(t)(\mathrm{e}^{\mathrm{i}qa}-1)(\mathrm{e}^{-\mathrm{i}qa}-1)] \\
&= \frac{1}{2}\sum_{q}\left\{Q_{q}(t)Q_{-q}(t)\frac{2\beta}{M}[1-\cos(qa)]\right\}
\end{aligned}
$$

利用 $Q_{-q}(t)=Q_{q}^{*}(t)$，并令 $\omega_{q}^{2}=\frac{2\beta}{M}[1-\cos(qa)]$，势能项进一步改写为

$$
U=\frac{1}{2}\sum_{q}\omega_{q}^{2}[Q_{q}(t)]^{2} \tag{4.82}
$$

实际上，$\omega_{q}^{2}=\frac{2\beta}{M}[1-\cos(qa)]$ 正是一维单原子晶格的色散关系。

根据动能和势能的表示式可以写出拉格朗日函数

$$
L=\frac{1}{2}\sum_{q}[\dot{Q}_{q}(t)]^{2}-\frac{1}{2}\sum_{q}\omega_{q}^{2}[Q_{q}(t)]^{2} \tag{4.83}
$$

由（4.83）式可求出正则动量

$$
P_{q}=\frac{\partial L}{\partial \dot{Q}_{q}(t)}=\dot{Q}_{q}(t) \tag{4.84}
$$

于是，系统的哈密顿函数可以化成

$$
H=T+U=\frac{1}{2}\sum_{q}[P_{q}^{2}+\omega_{q}^{2}Q_{q}^{2}(t)]=\sum_{q}H_{q} \tag{4.85}
$$

式中 $H_{q}=\frac{1}{2}[P_{q}^{2}+\omega_{q}^{2}Q_{q}^{2}(t)]$ 代表一个谐振子的能量，$q=1,2,3$，…，N，所以，晶格振动总能量为 N 个独立谐振子能量之和。

将（4.85）式代入正则方程（4.69）式，并与（4.84）式对时间求导后的结果

进行比较可得

$$\ddot{Q}_q(t)+\omega_q^2 Q_q(t)=0 \quad (q=1,2,3,\cdots,N) \tag{4.86}$$

上式是一个标准的谐振子的振动方程。我们知道，波矢数目等于原胞数 N，因此，对于一维简单晶格，N 个原子的振动可等价于 N 个谐振子的振动，谐振子的振动频率就是格波的振动频率。

4.5.2　格波的量子理论和声子的概念

把（4.85）式中的 H_q 看成算符，即可过渡到对晶格振动的量子力学处理。简正坐标 Q_q 是复数，不能直接将 Q_q 转换为算符，因而也就不能将 H_q 直接转换为算符。为此，首先将 Q_q 化为实数简正坐标，即

$$\eta_q=\frac{1}{\sqrt{2}}(Q_q+Q_q^*)=\frac{1}{\sqrt{2}}(Q_q+Q_{-q}) \tag{4.87}$$

由（4.84）式可得相应的实数正则动量为

$$\begin{aligned}p_q=\dot{\eta}_q&=\frac{1}{\sqrt{2}}(\dot{Q}_q+\dot{Q}_q^*)\\&=\frac{1}{\sqrt{2}}(-\mathrm{i}\omega\sqrt{MN}A_q\mathrm{e}^{-\mathrm{i}\omega t}+\mathrm{i}\omega\sqrt{MN}A_q\mathrm{e}^{\mathrm{i}\omega t})\\&=\frac{-\mathrm{i}\omega}{\sqrt{2}}(Q_q-Q_q^*)=\frac{-\mathrm{i}\omega}{\sqrt{2}}(Q_q-Q_{-q})\end{aligned} \tag{4.88}$$

经过变换后，p_q 可以转化成算符表示

$$p_q\to -\mathrm{i}\hbar\frac{\partial}{\partial\eta_q}$$

这样就可以把 H_q 也转化成算符表示形式，并代入薛定谔方程

$$\left(-\frac{\hbar^2}{2}\frac{\partial^2}{\partial\eta_q^2}+\frac{1}{2}\omega_q^2\eta_q^2\right)\psi(\eta_q)=\varepsilon_q\psi(\eta_q) \tag{4.89}$$

由此可求得谐振子的能量为

$$\varepsilon(\omega_q)=\left(n_q+\frac{1}{2}\right)\hbar\omega_q \tag{4.90}$$

一维单原子晶格振动的总能量为

$$E(\omega_q)=\sum_q\varepsilon(\omega_q)=\sum_q\left(n_q+\frac{1}{2}\right)\hbar\omega_q \quad (q=1,2,3,\cdots,N) \tag{4.91}$$

q 的取值数目等于一维晶格的原胞数 N。

对于三维晶体，如果包含 N 个原胞，每个原胞中有 s 个原子，晶体中原子的总自由度数目为 $3sN$，而格波频率数目等于晶体的自由度数，因此晶格振动总能量应为

$$E(\omega_q)=\sum_q \varepsilon(\omega_q)=\sum_q\left(n_q+\frac{1}{2}\right)\hbar\omega_q \quad (q=1,2,3,\cdots,3sN) \tag{4.92}$$

由（4.92）式可知，晶格振动能量是不连续的，它是以 $\hbar\omega_q$ 为能量单位，是量子化的，我们把这个能量量子称为声子（phonon）。声子是非真实的假想粒子。声子只存在于晶体中，脱离了晶体后，就无从谈起晶格振动了，声子也就没有任何意义了。声子是晶格中原子激发的能量单元，引入声子的概念后，研究晶格振动对晶体的一系列物理性质的影响时变得异常方便。格波在晶体中的传播受到各种散射的过程，可以理解为声子–声子、声子–电子、声子–光子的相互作用，通过这些相互作用来研究晶体的力学性质、热学性质、电学性质和光学性质等。因此，我们把声子叫做准粒子，它具有的能量为 $\hbar\omega_q$，动量为 $\hbar\boldsymbol{q}$。但因为声子是假想的粒子，它实际上并不携带真实的动量，它具有的动量为声子的准动量。在一定温度下，格波振动总的平均能量可根据经典的玻尔兹曼分布规律求得

$$\bar{E}=\frac{\sum_{n=0}^{\infty}\left(n+\frac{1}{2}\right)\hbar\omega \mathrm{e}^{-\left(n+\frac{1}{2}\right)\hbar\omega/(k_{\mathrm{B}}T)}}{\sum_{n=0}^{\infty}\mathrm{e}^{-\left(n+\frac{1}{2}\right)\hbar\omega/(k_{\mathrm{B}}T)}}=\hbar\omega\frac{\sum_{n=0}^{\infty}n\mathrm{e}^{-n\hbar\omega/(k_{\mathrm{B}}T)}}{\sum_{n=0}^{\infty}\mathrm{e}^{-n\hbar\omega/(k_{\mathrm{B}}T)}}+\frac{1}{2}\hbar\omega \tag{4.93}$$

令 $x=\dfrac{\hbar\omega}{k_{\mathrm{B}}T}$，上式求和项为

$$\frac{\sum_{n=0}^{\infty}n\mathrm{e}^{-nx}}{\sum_{n=0}^{\infty}\mathrm{e}^{-nx}}=-\frac{\mathrm{d}}{\mathrm{d}x}\ln\sum_{n=0}^{\infty}\mathrm{e}^{-nx}=-\frac{\mathrm{d}}{\mathrm{d}x}\ln\frac{1}{1-\mathrm{e}^{-x}}=\frac{1}{\mathrm{e}^{x}-1}$$

令

$$\bar{n}=\frac{1}{\mathrm{e}^{x}-1}=\frac{1}{\mathrm{e}^{\hbar\omega/(k_{\mathrm{B}}T)}-1} \tag{4.94}$$

实际上，（4.94）式中 $\bar{n}$ 即为平均声子数。由（4.93）式可得

$$\bar{E}=\left(\frac{1}{\mathrm{e}^{x}-1}+\frac{1}{2}\right)\hbar\omega=\left(\frac{1}{\mathrm{e}^{\hbar\omega/(k_{\mathrm{B}}T)}-1}+\frac{1}{2}\right)\hbar\omega=\left(\bar{n}+\frac{1}{2}\right)\hbar\omega \tag{4.95}$$

在绝对零度下，$\bar{n}=0$ 时 $E=\dfrac{1}{2}\hbar\omega$ 为零点振动能。（4.94）式实际上也就是声子遵从玻色分布，因而声子是玻色子。声子数是不守恒的，温度升高，n 变为 $n+1$ 时，可以理解为产生一个声子；温度降低，n 变为 $n-1$ 时，可以说是湮没一个声子。在不同的平衡温度下，平均声子数的多少反映晶格振动能量的大小。温度越高声子数越多，晶格振动总能量越大。当温度远大于室温，即 $\hbar\omega/(k_{\mathrm{B}}T)\ll 1$时，将（4.94）

式中的 $e^{\hbar\omega/(k_BT)}$ 项进行泰勒级数展开得

$$e^{\hbar\omega/(k_BT)} \approx 1+\hbar\omega/(k_BT)$$

所以

$$\bar{n} \approx k_BT/(\hbar\omega) \tag{4.96}$$

可见，在高温近似的情况下，平均声子数与温度成正比，与晶格的振动频率成反比。

声子的动量 $\hbar\boldsymbol{q}$ 不是真实的动量，通常称为晶体的动量，以一维简单晶格为例，原子质量为 m，原子的位移为 $u_n = Ae^{i(qna-\omega t)}$，晶体的动量是

$$p = m\sum_n \dot{u}_n = -i\omega mAe^{-i\omega t}\sum_n e^{iqna} = -i\omega mAe^{-i\omega t}\frac{1-e^{iNqa}}{1-e^{iqa}} \tag{4.97}$$

（4.97）式利用了级数

$$\sum_{n=0}^{N-1} x^n = \frac{1-x^N}{1-x}$$

由于周期性边界条件的限制，q 只能取分立的值

$$q = \frac{2\pi l}{Na}\quad \left[l = \left(-\frac{N}{2}+1\right),\left(-\frac{N}{2}+2\right),\cdots,\left(\frac{N}{2}-2\right),\left(\frac{N}{2}-1\right),\frac{N}{2}\right]$$

所以

$$e^{iqNa} = e^{i\frac{2\pi l}{Na}Na} = e^{i2\pi l} = 1 \tag{4.98}$$

而（4.97）式中分母 $1-e^{iqa} = 1-e^{i\frac{2\pi l}{Na}a} = 1-e^{i\frac{2\pi l}{N}} \neq 0$。将（4.98）式代入（4.97）式得出 $p = m\sum_n \dot{u}_n = 0$。

在长波近似情况下，$q \to 0$，晶体动量

$$p = m\sum_n \dot{u}_n = -i\omega mAe^{-i\omega t}\sum_n e^{iqna} = -i\omega mANe^{-i\omega t} \tag{4.99}$$

这种情况下，所有的原子以相同的位移振幅向同一个方向移动，这种振动模式代表了晶体做整体的平移，而这种平移带有动量。

可以这样认为，声子和晶格振动产生的波正是固体中原子振动的波粒二象性的体现。最后应该指出，声子的另一个性质就是声子的等价性。由（4.4）式可以看出，将波矢改变一个倒格矢，晶格的振动情况并无二致。这意味着波矢为 $\boldsymbol{q}$ 的声子与波矢为 $\boldsymbol{q}$ 加上一个倒格矢的声子完全等价。

4.6　晶体的热学性质

我们经常利用热容（量）（heat capacity)、比热（容）（specific heat（capacity））

等物理量描述气体物质的热学性质。热容（量）定义为某物质温度升高（或降低）1 K 所吸收（或放出）的热量；比热（容）定义为单位质量的热容（量）。对晶体热学性质的描述中同样也是利用这些物理量。晶体的定容（定压）热容是指在体积（压强）不变情况下的热容，可分别表示为

$$C_V=\left(\frac{\partial \bar{E}}{\partial T}\right)_V,\quad C_P=\left(\frac{\partial \bar{E}}{\partial T}\right)_P \tag{4.100}$$

式中 $\bar{E}$ 为晶体的平均内能，包括晶格振动能和电子运动能。一般情况下，晶格振动能和电子运动能对热容都有贡献，对于绝缘体，热容的贡献只有晶格振动能；导体的热容由晶格振动能和电子运动能两部分贡献，但在通常温度下晶格振动对热容的贡献占主导地位，电子对热容的贡献可以忽略不计，只有在较低温度下才需要考虑电子对热容的贡献。在压力不太大的情况下，定压热容近似等于定容热容。

热容是一个广延量，除与晶体本身的属性有关外，还与其体积（质量）成正比，因此，在晶体的热学性质研究中，更倾向于采用比热（容）这一物理量进行描述。除上述的比热定义外，比热还可以定义为每摩尔的热容、每单位体积的热容、每单位晶胞的热容、每个原子的热容，甚至在第 5 章中涉及到的每个电子的热容等。本章图和表中引用的比热数据都采用每摩尔的热容进行表示。

早在 1856 年，关于气体的比热容问题，麦克斯韦和玻尔兹曼利用气体分子运动理论给出了经典的解释。根据经典理论，可以给出固体比热的具体形式。按照能量均分定理，每一个振动自由度上的能量都相等，都等于 $k_\mathrm{B}T$ ，其中平均动能和平均势能各占 $\frac{1}{2}k_\mathrm{B}T$ ，k_B 为玻尔兹曼常量。若固体由 N 个原子组成，总的自由度数为 $3N$，则平均能量 $\bar{E}=3Nk_\mathrm{B}T$ ，对于 1 摩尔的原子个数 $N=6.022\times10^{23}$ ，则摩尔比热为

$$C_V=\left(\frac{\partial \bar{E}}{\partial T}\right)_V=3Nk_\mathrm{B}=3R=24.9\ \mathrm{J/(K\cdot mol)} \tag{4.101}$$

式中 R 为普适气体常量。

可见，比热是一个与温度无关的常量，这就是著名的杜隆-珀蒂定律（Dulong-Petit law）。在高温下，这一结论与实验符合得很好；而在低温时，理论与实验不符。实际情况是，在甚低温下，绝缘体的比热不是常数，而是随温度的降低以 T^3 趋近于零；对导体来说，比热是按 T 趋近于零的。这意味着，在低温下，经典理论不再适用，必须用晶格振动的量子理论才能给予正确的解释。

按照前面所述内容，温度为 T 时，频率为 ω 的晶格振动的平均能量是

$$\overline{\varepsilon}_n(\omega)=\left(\overline{n}+\frac{1}{2}\right)\hbar\omega$$

式中 $\overline{n}=\dfrac{1}{\mathrm{e}^{\hbar\omega/(k_{\mathrm{B}}T)}-1}$ 为平均声子数。

由 N 个原子组成的晶体，就有 $3N$ 个自由度，因此晶体有 $3N$ 个简正频率，晶体总的平均能量为

$$\overline{E}=\sum_{n=1}^{3N}\varepsilon_n(\omega)=\sum_{n=1}^{3N}\left(\overline{n}+\frac{1}{2}\right)\hbar\omega=\sum_{n=1}^{3N}\left(\frac{1}{\mathrm{e}^{\hbar\omega/(k_{\mathrm{B}}T)}-1}+\frac{1}{2}\right)\hbar\omega \tag{4.102}$$

（4.102）式中 N 是个很大的数字，难于求和，如果频率可以用积分函数来表示，就能把上式的累加求和变成积分。事实上，根据前面模式密度的定义就可以将（4.102）式的求和形式写为积分形式，即

$$\overline{E}=\int_0^{\infty}\left(\frac{1}{\mathrm{e}^{\hbar\omega/(k_{\mathrm{B}}T)}-1}+\frac{1}{2}\right)\hbar\omega g(\omega)\mathrm{d}\omega \tag{4.103}$$

（4.103）式对温度求导，可得晶体的定容热容为

$$C_V=\int_0^{\infty}k_{\mathrm{B}}\left(\frac{\hbar\omega}{k_{\mathrm{B}}T}\right)^2\frac{\mathrm{e}^{\hbar\omega/(k_{\mathrm{B}}T)}g(\omega)}{(\mathrm{e}^{\hbar\omega/(k_{\mathrm{B}}T)}-1)^2}\mathrm{d}\omega \tag{4.104}$$

根据（4.104）式不难发现，只要已知模式密度 $g(\omega)$ 的具体函数形式，就可以求出晶体的热容。在具体计算上，由于晶格振动复杂的色散关系，模式密度计算繁杂，一般采用近似方法，这就是下面将要介绍的爱因斯坦模型和德拜模型求晶体热容和比热的方法。

4.6.1　固体比热的爱因斯坦模型

历史上，爱因斯坦利用量子理论和统计物理的方法对固体的比热给出了定性的解释。固体比热的爱因斯坦模型给出了极其简单的假定：认为固体中的原子都以相同的频率振动，振动能量是量子化的，所以由 N 个原子组成的简单晶体，有 $3N$ 个自由度。晶体的平均能量是这 $3N$ 个自由度上的能量之和，即

$$\overline{E}=3N\left(\frac{1}{\mathrm{e}^{\hbar\omega/(k_{\mathrm{B}}T)}-1}+\frac{1}{2}\right)\hbar\omega \tag{4.105}$$

因此，定容热容为

$$C_V=\left(\frac{\partial\overline{E}}{\partial T}\right)_V=3Nk_{\mathrm{B}}\left(\frac{\hbar\omega}{k_{\mathrm{B}}T}\right)^2\frac{\mathrm{e}^{\hbar\omega/(k_{\mathrm{B}}T)}}{\left(\mathrm{e}^{\hbar\omega/(k_{\mathrm{B}}T)}-1\right)^2}=3Nk_{\mathrm{B}}f_{\mathrm{E}}\left(\frac{\hbar\omega}{k_{\mathrm{B}}T}\right) \tag{4.106}$$

这里定义

$$f_{\mathrm{E}}\left(\frac{\hbar\omega}{k_{\mathrm{B}}T}\right)=\left(\frac{\hbar\omega}{k_{\mathrm{B}}T}\right)^2\frac{\mathrm{e}^{\hbar\omega/(k_{\mathrm{B}}T)}}{\left(\mathrm{e}^{\hbar\omega/(k_{\mathrm{B}}T)}-1\right)^2} \tag{4.107}$$

为爱因斯坦比热函数。此外还有一个爱因斯坦温度 Θ_E 的定义，即

$$\hbar\omega = k_B\Theta_E \tag{4.108}$$

以爱因斯坦温度来代替（4.107）式中的频率可得到摩尔比热

$$C_V = 3R\left(\frac{\Theta_E}{T}\right)^2 \frac{e^{\Theta_E/T}}{(e^{\Theta_E/T}-1)^2} \tag{4.109}$$

这就是爱因斯坦在 1907 年得到的固体比热随温度变化的函数。爱因斯坦温度 Θ_E 可以通过实验曲线的理论拟合来确定，对大多数固体来说，$\Theta_E = 100 \sim 300\ \text{K}$。图 4-10 是根据爱因斯坦的固体比热模型拟合的曲线和金刚石比热的实验曲线的比较。可见，理论和实验结果基本符合。

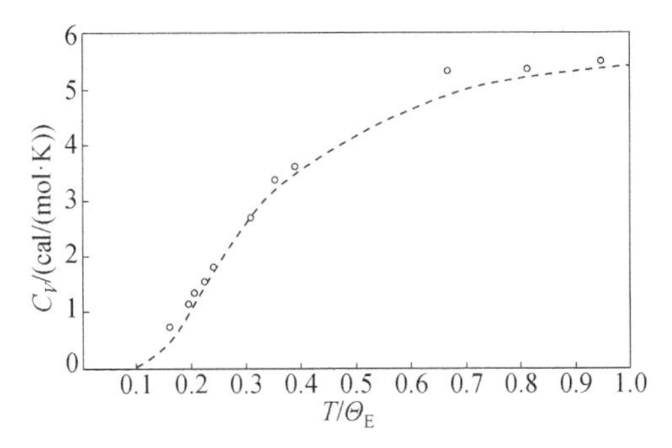

图 4-10　金刚石的爱因斯坦比热模型实验和拟合曲线，Θ_E=1320 K[9]

现在根据（4.109）式来分析高温和低温极限情况下的爱因斯坦比热模型表达式。

当温度比较高时，即 $\Theta_E / T \ll 1$，就有

$$\begin{aligned}\frac{e^{\Theta_E/T}}{(e^{\Theta_E/T}-1)^2} &= \frac{1}{(e^{\Theta_E/(2T)} - e^{-\Theta_E/(2T)})^2} \\ &\approx \frac{1}{[(1+\Theta_E/(2T)) - (1-\Theta_E/(2T))]^2} = \left(\frac{T}{\Theta_E}\right)^2\end{aligned} \tag{4.110}$$

将（4.110）式代入（4.109）式，即得高温情况下的摩尔比热

$$C_V \approx 3R \tag{4.111}$$

这正是 1818 年实验发现的固体比热的杜隆-珀蒂定律。由此可见，量子理论的比热在高温下可以过渡到经典理论。

而在低温情况下，有 $\Theta_E / T \gg 1$ 则由（4.109）式得

$$C_V = 3R\left(\frac{\Theta_E}{T}\right)^2 \frac{e^{\Theta_E/T}}{(e^{\Theta_E/T}-1)^2} \approx 3R\left(\frac{\Theta_E}{T}\right)^2 e^{-\Theta_E/T} \tag{4.112}$$

爱因斯坦模型给出的结果是，当温度 T 比爱因斯坦温度低很多时，比热随温度的降低呈指数形式下降，比实际情况下降得更快，这与低温情况下的实验结果

差别很大，实验结果是随温度的降低呈T^3趋近于零的。这说明爱因斯坦比热模型有其局限性，原因就在于爱因斯坦假设每个原子的振动频率都是相同的，模型过于简单。事实上，每个原子的振动频率有所不同。根据爱因斯坦温度$\Theta_E=100\sim300\,\mathrm{K}$，对应的频率约为$10^{12}\,\mathrm{Hz}$量级，相当于远红外光频率。也就是说，此模型把格波视为光学波。事实上，在甚低温下，晶格中被激发的格波主要是长声学波，其频率比这个光学波频率低很多，对应的振动能量远小于k_BT。因此，在甚低温下，仍有相当多的低频振动被激发，振动的每个自由度上具有能量为k_BT的经典行为。这意味着，在甚低温下对比热的贡献主要来自于长声学波晶格振动的声子。而爱因斯坦模型忽略了这部分长声学波对比热的贡献，这就解释了为什么利用爱因斯坦模型给出的比热随温度降低比实际更快地趋于零。

4.6.2　固体比热的德拜模型

鉴于上述爱因斯坦比热模型在解释甚低温固体比热时与实验结果有较大偏离，1912年，德拜改进了爱因斯坦比热模型，提出了另一理论近似模型–德拜比热模型，从而获得了与实验结果更加符合的固体比热公式。德拜认识到固体中的格波振动频率是不同的，随着波矢的变化，振动频率有很大的改变。当格波振动频率比较低时，对应声子能量会远小于k_BT，此时，格波振动对摩尔比热贡献可达$3R$的经典量值。因此，德拜认为对固体比热有贡献的应该是频率比较低的声频支格波部分。综上所述，德拜比热模型是对爱因斯坦比热模型关于晶格中原子都以相同频率振动进行的修正。另外，在低频长声学波近似情况下，可忽略原子间的不连续性，把晶体视为连续介质，格波视为弹性波。在三维晶体的色散关系中，光学波频率较高，对比热的贡献很小，因此忽略频率较高的光频支格波对比热的贡献，只考虑三支长声学波。为简单起见，认为固体介质是各向同性的，纵声学波和横声学波具有相同的相速度，由各向同性的色散关系

$$\omega=vq \tag{4.113}$$

可知在三维波矢空间内，弹性波的等频率面是球面，由（4.54）式可求出一支声学格波的模式密度

$$g'(\omega)=\frac{V}{2\pi^2}q^2\frac{\mathrm{d}q}{\mathrm{d}\omega}=\frac{V\omega^2}{2\pi^2v^3} \tag{4.114}$$

根据晶格动力学，三维晶体中有一支纵声学波和两支横声学波，基于各向同性的假设，纵波和横波的波速相等，因此三支声学波的模式密度为

$$g(\omega)=3g'(\omega)=\frac{3V\omega^2}{2\pi^2v^3} \tag{4.115}$$

另外，如果考虑由N个原胞组成的简单晶体，为了保证总自由度数为$3N$，德拜引进截止频率（德拜频率）ω_D，以满足总的自由度数的限制条件

$$\int_0^{\omega_D} g(\omega)\mathrm{d}\omega = 3N \tag{4.116}$$

这就意味着，在德拜比热模型中，也不考虑频率超过德拜截止频率 ω_D 的声子对比热的贡献。可将（4.115）式代入（4.116）式求出 ω_D，即

$$\int_0^{\omega_D} \frac{3V\omega^2}{2\pi^2 v^3}\mathrm{d}\omega = 3N$$

积分后得到

$$\omega_D = \left(6\pi^2\frac{N}{V}\right)^{\frac{1}{3}} v \tag{4.117}$$

由此可知，原子浓度高、声速大的晶体，ω_D 也越大。如根据（4.117）式，将（4.115）式中的 v 以 ω_D 代替，就可以得到比较简洁的模式密度表达式，即

$$g(\omega) = \begin{cases} 9N\omega^2 / \omega_D^3, & \omega \leqslant \omega_D \\ 0, & \omega > \omega_D \end{cases} \tag{4.118}$$

将模式密度（4.118）式代入（4.103）式就可以给出晶体的总能量

$$\begin{aligned} \bar{E} &= \int_0^{\omega_D}\left(\frac{1}{\mathrm{e}^{\hbar\omega/(k_B T)}-1}+\frac{1}{2}\right)\hbar\omega g(\omega)\mathrm{d}\omega \\ &= \frac{9N}{\omega_D^3}\int_0^{\omega_D}\left(\frac{1}{\mathrm{e}^{\hbar\omega/(k_B T)}-1}+\frac{1}{2}\right)\hbar\omega^3\mathrm{d}\omega \\ &= \frac{9N}{8}\hbar\omega_D + \frac{9N\hbar}{\omega_D^3}\int_0^{\omega_D}\left(\frac{\omega^3}{\mathrm{e}^{\hbar\omega/(k_B T)}-1}\right)\mathrm{d}\omega \end{aligned} \tag{4.119}$$

第一项代表了德拜模型中的零点振动能，是与温度无关的常数。根据（4.119）式，可得晶体的定容热容为

$$C_V = \left(\frac{\partial \bar{E}}{\partial T}\right)_V = \frac{9Nk_B}{\omega_D^3}\left(\frac{\hbar}{k_B T}\right)^2\int_0^{\omega_D}\frac{\omega^4\mathrm{e}^{\hbar\omega/(k_B T)}\mathrm{d}\omega}{(\mathrm{e}^{\hbar\omega/(k_B T)}-1)^2} \tag{4.120}$$

令 $k_B\Theta_D = \hbar\omega_D$，可给出德拜温度 Θ_D 的定义式，即

$$\Theta_D = \frac{\hbar\omega_D}{k_B} \tag{4.121}$$

对于各向同性介质，考虑将（4.117）式代入（4.121）式后，德拜温度定义式可改写为

$$\Theta_D = (6\pi^2 n)^{\frac{1}{3}}\frac{\hbar}{k_B}v_p \tag{4.122}$$

式中 $n=\dfrac{N}{V}$ 为原子数密度。

由（4.9）式 $v_p=\sqrt{E/\rho}$，式中 E 为介质弹性模量，ρ 为介质密度。将（4.9）式代入（4.122）式，可得德拜温度与弹性模量和介质密度的关系，即

$$\Theta_D = (6\pi^2 n)^{\frac{1}{3}} \frac{\hbar}{k_B}\left(\frac{E}{\rho}\right)^{\frac{1}{2}} \tag{4.123}$$

（4.122）式和（4.123）式表明，德拜温度与晶体的原子数密度及声波速度有关，而声波速度与介质质量密度（涉及晶格常数和原子质量）和弹性模量有关。

德拜温度 Θ_D 也与爱因斯坦温度一样，是研究固体比热的重要参数。德拜温度有两种方法获得：一种方法是根据（4.120）式由实验测得热容，再由热容求得；另一种方法是根据（4.123）式，由介质密度和弹性模量求得。表 4-1 给出了一些单质材料的德拜温度。表中由热容计算得到的德拜温度一栏，热容值是在室温下测得的。由此表数值比较可知，这两种方法求得的德拜温度很接近，说明德拜模型把固体看成连续弹性介质，是一种非常好的近似。

表 4-1　几种物质德拜温度的两种方法计算值比较　　（单位：K）

物质	Al	Cu	Ag	Au	Cd	Sn	Sb	Bi	Pt	Ni	Fe
Θ_D 由弹性模量计算获得	399	329	212	166	168	185	72	111	226	435	467
Θ_D 由热容计算获得	396	313	220	186	164	165	86	111	220	441	460

应该指出，根据德拜温度 Θ_D 的定义（4.122）式，Θ_D 应与温度无关，但由实验测得的热容数值，再代入（4.120）式所得的 Θ_D 与温度是有关的，造成这种理论和实验差异的根源在于德拜模型的基本假设中，把介质看成是准连续弹性介质，忽略了晶体的各向异性，另外，这种模型在给出比热公式时忽略了光学波和高频声学波对比热的贡献。

下面根据（4.120）式，讨论德拜比热公式的高温和低温极限形式。为了便于计算，将（4.120）式做变量代换，令新变量为

$$x = \frac{\hbar\omega}{k_B T}$$

（4.120）式最终可以化成

$$C_V = 9Nk_B\left(\frac{T}{\Theta_D}\right)^3 \int_0^{\frac{\Theta_D}{T}} \frac{x^4 e^x dx}{(e^x - 1)^2} = 3Nk_B f_D\left(\frac{\Theta_D}{T}\right) \tag{4.124}$$

式中 $f_D\left(\frac{\Theta_D}{T}\right) = 3\left(\frac{T}{\Theta_D}\right)^3 \int_0^{\Theta_D/T} \frac{x^4 e^x dx}{(e^x - 1)^2}$ 称为德拜比热函数。

当温度比较高时，可以认为 $k_B T \gg \hbar\omega$，即 $x = \frac{\hbar\omega}{k_B T}$ 是个小量，上式积分函数

$$\frac{x^4 e^x}{(e^x - 1)^2} = \frac{x^4}{(e^{x/2} - e^{-x/2})^2} \approx \frac{x^4}{\left[\left(1+\frac{x}{2}\right) - \left(1-\frac{x}{2}\right)\right]^2} = x^2 \tag{4.125}$$

将（4.125）式代入（4.124）式并积分，得高温情况下的摩尔比热为

$$C_V = 9Nk_B\left(\frac{T}{\Theta_D}\right)^3 \frac{1}{3}\left(\frac{\Theta_D}{T}\right)^3 = 3R \tag{4.126}$$

这正是杜隆-珀蒂定律的形式。可见，在高温情况下，德拜比热模型与经典理论相一致。

当温度比较低时，可以认为$\frac{\Theta_D}{T}\to\infty$，为了便于积分，将（4.124）式的积分函数展成级数形式

$$\frac{x^4 e^x}{(e^x-1)^2} = \frac{x^4}{e^x(1-e^{-x})^2} = x^4 e^{-x}(1-e^{-x})^{-2}$$

$$= x^4 e^{-x}(1+2e^{-x}+3e^{-2x}+\cdots) = x^4\sum_{n=1}^{\infty} n e^{-nx}$$

于是，（4.124）式中积分函数变成

$$\int_0^{\infty}\frac{x^4 e^x dx}{(e^x-1)^2} = \sum_{n=1}^{\infty}\int_0^{\infty} n e^{-nx} x^4 dx = 4!\sum_{n=1}^{\infty}\frac{1}{n^4} = \frac{4\pi^4}{15} \tag{4.127}$$

式中利用了$\sum_{n=1}^{\infty}\frac{1}{n^4}=\frac{\pi^4}{90}$。将（4.127）式代入（4.124）式，即可得到摩尔比热

$$C_V = \frac{12\pi^4}{5}R\left(\frac{T}{\Theta_D}\right)^3 \approx 234R\left(\frac{T}{\Theta_D}\right)^3 \tag{4.128}$$

这就是著名的德拜T^3低温比热定律。图 4-11 是一些单质和化合物材料的比热实验值和德拜模型的理论拟合曲线，显然，理论和实验符合得非常好。

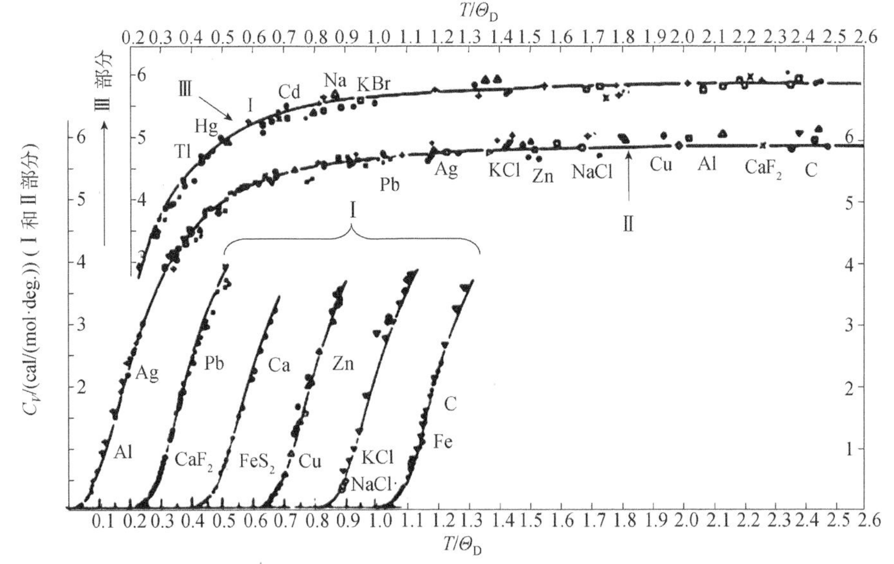

图 4-11　一些单质和化合物材料的比热实验值和德拜模型的理论拟合曲线的比较

为了清楚起见，图中Ⅰ、Ⅱ和Ⅲ部分曲线错开画出

用T^3低温比热定律计算的结果与实验所得的结果是符合的。温度越低，符合程度越好。

T^3定律可以用一个简单模型进行定性解释，如图 4-12 所示：在甚低温区，只有具有能量$\hbar\omega < k_B T$的长声学波才能被激发，这些模式的激发近似于经典激发。每个模式的能量接近于$k_B T$。而$\hbar\omega_D = \hbar v q_D = k_B \Theta_D$（$\boldsymbol{q}_D$为德拜频率下对应的截止波矢），在三维波矢空间中被激发的模式占总的体积分数为$\left(\frac{q}{q_D}\right)^3 = \left(\frac{\omega}{\omega_D}\right)^3 = \left(\frac{T}{\Theta_D}\right)^3$，于是就有$3N\left(\frac{T}{\Theta_D}\right)^3$数量级的模式被激发，每个模式的能量接近于$k_B T$，能量为$\bar{E} \sim 3Nk_B T\left(\frac{T}{\Theta_D}\right)^3$，摩尔比热为

$$C_V \sim \left(\frac{\partial \bar{E}}{\partial T}\right)_V = 12R\left(\frac{T}{\Theta_D}\right)^3 \propto T^3 \tag{4.129}$$

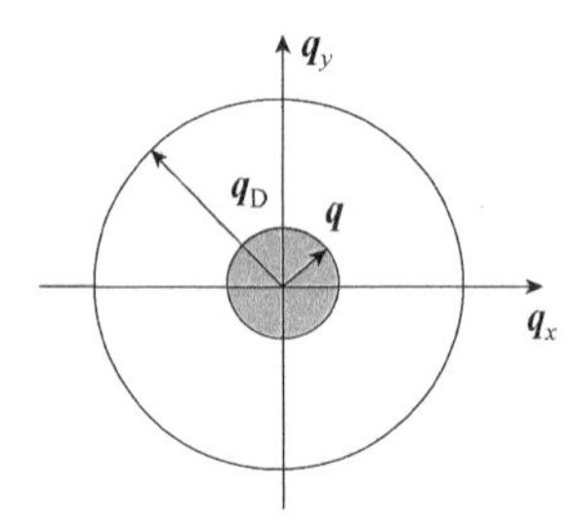

图 4-12　低温区格波被激发的振动模式对应于波矢小于 $\boldsymbol{q}$

德拜比热模型在低温下比爱因斯坦模型更接近实验事实，对于原子晶体和部分离子晶体在较宽的温度范围内都与实验符合得很好。尽管如此，正如前面所述，由于德拜模型忽略了晶体的各向异性以及高频波对比热的贡献，此模型仍存在不足之处，如它只适合晶格振动频率较低的晶体，而不适用于较高振动频率的情况，而且在有些情况下德拜温度Θ_D与温度T有关。具体来说，色散波（光学波和低波段的声学波）对比热有贡献。频率和波矢并非线性色散关系，用晶体的真实模式密度代替频率和波矢的线性关系（4.113）式近似假设前提下得出的模式密度（4.115）式，这样才能得出实际的比热与温度关系。

4.6.3　晶体的非简谐效应

从本章一开始，我们讨论晶体中原子的相互作用势在平衡位置附近的展开式时，只考虑了展开式中的二次项（简谐项），而忽略了高于二次项的高阶项（非简谐项）。在简谐近似的情况下，得出了格波振动数目等于晶体自由度数的相互独立的简正振动模式。这样的近似将导致：一个振动模式的激发将不会随时间的改变而发生变化，而两个格波之间也不会发生相互作用。用声子的概念进行描述，就是声子与声子之间不发生能量交换。晶体中某种声子被激发出来，它的数目就保持不变，没有能量的交换就意味着不能把能量传递给其他频率的声子，也不能使自己处于热平衡状态，其结果是晶体中热量就不会从高温端流向低温端而最终达

到热平衡，因此就不存在热传导。另外，在简谐近似的情况下，晶体中的原子总是围绕着平衡位置作振动，统计平均结果，原子仍处在平衡格点的位置上，即晶体的晶格常数将不会随温度发生变化，因此宏观上整个晶体也不会随着温度的增加发生热膨胀，这显然不符合实际情况。

简谐近似成功地解释了晶体比热问题，但不能解释热膨胀、热传导、弹性系数与温度的关系等问题。对实际晶体而言，热膨胀和热传导总是会发生的。当考虑了晶体的非简谐相互作用之后，热膨胀和热传导都可以给出合理的解释。在非简谐效应的情况下，在描写晶格振动模式时，它们不是相互独立的，而是具有相互作用，格波随时间会发生变化，用声子的概念来描述，就是声子和声子之间发生碰撞，这样，碰撞前某种频率的声子就能转换成另外一种频率的声子，即表现出一种声子的湮没和另一种声子的产生。通过声子交换能量，能量就会从温度高的一端向温度低的一端传递，最终达到热平衡，表现出热传导的物理特性。在考虑了非简谐效应之后，晶格振动位移将偏离平衡点，使晶格常数发生变化，宏观上晶体表现出热膨胀现象。下面在考虑非简谐效应的情况下，来解释晶体的热膨胀和热传导现象。

1. 晶体的热膨胀

从微观上分析热膨胀，热膨胀一定是由于原子的间距发生了变化而引起的。为简单起见，仍然以一维简单晶格振动为例，原子的平衡间距 r_0 就是晶格常数 a，原子振动离开平衡位置的位移为 $\delta(\delta=r-r_0)$，将势能函数进行泰勒级数展开，只考虑到非简谐项的三次项，忽略更高阶的非简谐项，这样（4.1）式可展成

$$U(r)\approx U(r_0)+\left[\frac{\mathrm{d}U(r)}{\mathrm{d}r}\right]_{r=r_0}\delta+\frac{1}{2}\left[\frac{\mathrm{d}^2U(r)}{\mathrm{d}r^2}\right]_{r=r_0}\delta^2+\frac{1}{3!}\left[\frac{\mathrm{d}^3U(r)}{\mathrm{d}r^3}\right]_{r=r_0}\delta^3 \tag{4.130}$$

（4.130）式第一项可以取为势能零点；平衡时，势能的一阶导数为零，因此第二项也为零；第三项就是简谐项；而第四项就是需要考虑的三阶非简谐项。令

$$\beta=\frac{1}{2}\left[\frac{\mathrm{d}^2U(r)}{\mathrm{d}r^2}\right]_{r=r_0},\quad \eta=-\frac{1}{3!}\left[\frac{\mathrm{d}^3U(r)}{\mathrm{d}r^3}\right]_{r=r_0} \tag{4.131}$$

将（4.131）式表示的符号代入（4.130）式，可得

$$U(r)=\beta\delta^2-\eta\delta^3 \tag{4.132}$$

（4.132）式的势函数曲线如图 4-13 实线所示（图中的虚线表示只考虑简谐振动的情况，是一个相对于平衡距离 r_0 左右对称的抛物线），它是一个左右不对称的曲线，左边部分比较陡峭，而右边部分比较平缓。温度升高后，原子间相对位移增大，其平衡位置向右偏移，造成两原子的间距增大，固体体积变大，即产生热

膨胀。从势能图中可以明显看出，热膨胀确实是由非简谐效应引起的。

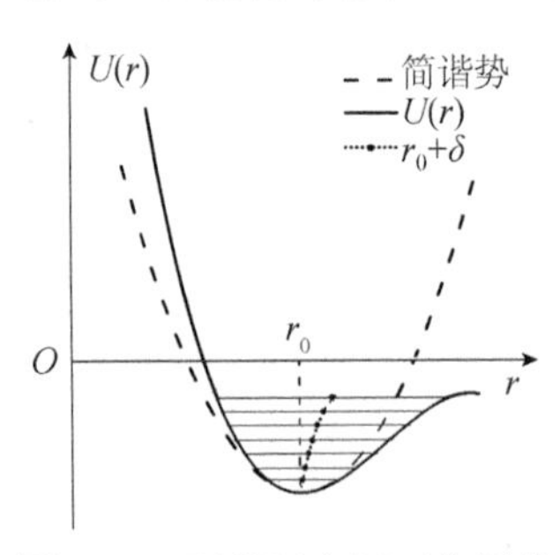

图 4-13　两原子之间互作用势

根据玻尔兹曼统计分布，可求出由原子振动引起的平均位移，即

$$\bar{\delta}=\frac{\int_{-\infty}^{\infty}\delta \mathrm{e}^{-U(r)/(k_{\mathrm{B}}T)}\mathrm{d}\delta}{\int_{-\infty}^{\infty}\mathrm{e}^{-U(r)/(k_{\mathrm{B}}T)}\mathrm{d}\delta}=\frac{\int_{-\infty}^{\infty}\delta \mathrm{e}^{-(\beta\delta^2-\eta\delta^3)/(k_{\mathrm{B}}T)}\mathrm{d}\delta}{\int_{-\infty}^{\infty}\mathrm{e}^{-(\beta\delta^2-\eta\delta^3)/(k_{\mathrm{B}}T)}\mathrm{d}\delta} \tag{4.133}$$

如果在势能展开式中只保留简谐项（令 $\eta=0$），上式分子的积分函数为奇函数，那么分子$\int_{-\infty}^{\infty}\delta \mathrm{e}^{-\beta\delta^2/(k_{\mathrm{B}}T)}\mathrm{d}\delta=0$，原子的平均位移 $\bar{\delta}=0$，晶体就不会发生热膨胀，但计入非简谐项后，即 $\bar{\delta}\neq 0$，将（4.133）式的分子中高阶项 $\mathrm{e}^{\eta\delta^3/(k_{\mathrm{B}}T)}$ 进行泰勒级数展开后，忽略展开式的高次项，分子可写成

$$\begin{aligned}\int_{-\infty}^{\infty}\delta \mathrm{e}^{-(\beta\delta^2-\eta\delta^3)/(k_{\mathrm{B}}T)}\mathrm{d}\delta &\approx \int_{-\infty}^{\infty}\delta \mathrm{e}^{-\beta\delta^2/(k_{\mathrm{B}}T)}\left(1+\frac{\eta\delta^3}{k_{\mathrm{B}}T}\right)\mathrm{d}\delta\\ &=\int_{-\infty}^{\infty}\mathrm{e}^{-\beta\delta^2/(k_{\mathrm{B}}T)}\left(\frac{\eta\delta^4}{k_{\mathrm{B}}T}\right)\mathrm{d}\delta\\ &=\frac{2\eta}{k_{\mathrm{B}}T}\int_{0}^{\infty}\mathrm{e}^{-\beta\delta^2/(k_{\mathrm{B}}T)}\delta^4\mathrm{d}\delta\end{aligned}$$

式中，令 $\alpha=\beta/(k_{\mathrm{B}}T)$，这样，可根据附录“书中用到的主要公式及方程”第七项（6）中的公式，等式最后的积分项即为 I（4），因此可计算得到（4.133）式的分子项

$$\begin{aligned}\int_{0}^{\infty}\delta \mathrm{e}^{-(\beta\delta^2-\eta\delta^3)/(k_{\mathrm{B}}T)}\mathrm{d}\delta&=\frac{2\eta}{k_{\mathrm{B}}T}I(4)\\ &=-\frac{2\eta}{k_{\mathrm{B}}T}\frac{\partial}{\partial\alpha}I(2)\\ &=-\frac{2\eta}{k_{\mathrm{B}}T}\frac{\partial}{\partial\alpha}\frac{\sqrt{\pi}}{4}\alpha^{-\frac{3}{2}}\end{aligned}$$

$$
\begin{aligned}
&=\frac{2\eta}{k_{\mathrm{B}}T}\frac{3\sqrt{\pi}}{8}\alpha^{-\frac{5}{2}} \\
&=\frac{3}{4}\frac{\eta k_{\mathrm{B}}T}{\beta^{2}}\sqrt{\frac{\pi k_{\mathrm{B}}T}{\beta}}
\end{aligned}
\tag{4.134}
$$

同样对（4.133）式的分母中高阶项 $\mathrm{e}^{\eta\delta^{3}/(k_{\mathrm{B}}T)}$ 进行泰勒级数展开后得

$$
\begin{aligned}
\int_{-\infty}^{\infty}\mathrm{e}^{-(\beta\delta^{2}-\eta\delta^{3})/(k_{\mathrm{B}}T)}\mathrm{d}\delta &\approx \int_{-\infty}^{\infty}\mathrm{e}^{-\beta\delta^{2}/(k_{\mathrm{B}}T)}\left(1+\frac{\eta\delta^{3}}{k_{\mathrm{B}}T}\right)\mathrm{d}\delta \\
&=\int_{-\infty}^{\infty}\mathrm{e}^{-\beta\delta^{2}/(k_{\mathrm{B}}T)}\mathrm{d}\delta+\int_{-\infty}^{\infty}\mathrm{e}^{-\beta\delta^{2}/(k_{\mathrm{B}}T)}\left(\frac{\eta\delta^{3}}{k_{\mathrm{B}}T}\right)\mathrm{d}\delta \\
&=2\int_{0}^{\infty}\mathrm{e}^{-\beta\delta^{2}/(k_{\mathrm{B}}T)}\mathrm{d}\delta=2\frac{1}{2}\sqrt{\frac{\pi}{\beta/(k_{\mathrm{B}}T)}}=\sqrt{\frac{\pi k_{\mathrm{B}}T}{\beta}}
\end{aligned}
\tag{4.135}
$$

将（4.134）式和（4.135）式代入（1.33）式可得

$$
\bar{\delta}=\frac{\frac{3}{4}\frac{\eta k_{\mathrm{B}}T}{\beta^{2}}\sqrt{\frac{\pi k_{\mathrm{B}}T}{\beta}}}{\sqrt{\frac{\pi k_{\mathrm{B}}T}{\beta}}}=\frac{3}{4}\frac{\eta k_{\mathrm{B}}T}{\beta^{2}}
\tag{4.136}
$$

根据线膨胀系数的定义，由（4.136）式可得线膨胀系数为

$$
\alpha_{L}=\frac{1}{r_{0}}\frac{\partial\bar{\delta}}{\partial T}=\frac{3}{4r_{0}}\frac{\eta k_{\mathrm{B}}}{\beta^{2}}
\tag{4.137}
$$

可见，考虑非简谐项的贡献后，晶体可以有热膨胀，但是线膨胀系数是与温度无关的常数，这是由于我们在推导过程中只考虑了三阶非简谐项，如果计及更高阶项，线膨胀系数也是温度的函数。由（4.137）式还可以看出，不计非简谐项（$\eta=0$）时，线膨胀系数也等于零，即在简谐近似情况下晶体不发生热膨胀，只有在考虑非简谐近似时才存在热膨胀。

2. 晶体的热传导

毫无疑问，在具有温度梯度的晶体中，能量将从温度高的一端流向温度低的一端。晶体的导热性能常用热导率（也称热导系数）来表征。热导率可以这样来定义：设晶体内部沿 x 方向存在温度梯度 $\mathrm{d}T/\mathrm{d}x$，则晶体中将有能流从高温端流向低温端，若单位时间内流过垂直于 x 方向的单位截面上的热能，即能流密度为 Q（单位：J/（$\mathrm{m}^{2}\cdot\mathrm{s}$）），则热导率定义为

$$
\kappa=-\frac{Q}{\mathrm{d}T/\mathrm{d}x}
\tag{4.138}
$$

单位为 J/（m・s・K）或 W/（m・K），负号代表热能从高温端流向低温端。这个定义式说明了热流的流动与温度梯度有关，而不是直接取决于晶体两端的温度差值，

这意味着热能的流动是一个扩散的过程。这个扩散过程可以比作具有一定能量的声子的扩散，声子本身携带能量，并以碰撞的形式从高温区向低温区扩散，将高温区的热量传递到低温区，最后达到热平衡状态。既然声子是准粒子，我们可以把声子比作气体分子，用热力学的气体运动理论来研究晶体的热传导。

声子在扩散过程中受到碰撞，两次碰撞所走过的路程为平均自由程，记为$\bar{\lambda}$，相继两次碰撞所经历的时间为τ，设在两次碰撞的局部区域温度差为ΔT，则有

$$\Delta T=-\frac{\mathrm{d}T}{\mathrm{d}x}\bar{\lambda}=-\frac{\mathrm{d}T}{\mathrm{d}x}v_x\tau \tag{4.139}$$

设固体单位体积的定容比热为c_v，则有

$$Q=c_v\Delta T v_x \tag{4.140}$$

将（4.139）式代入（4.140）式中，得

$$Q=-c_v v_x^2\tau\frac{\mathrm{d}T}{\mathrm{d}x}$$

假设声子气体分子运动是各向同性的，则有$\langle v_x^2\rangle=\langle v_y^2\rangle=\langle v_z^2\rangle=\frac{1}{3}\langle v^2\rangle$，得

$$\begin{aligned}Q&=-c_v v_x^2\tau\frac{\mathrm{d}T}{\mathrm{d}x}=-\frac{1}{3}c_v\langle v^2\rangle\tau\frac{\mathrm{d}T}{\mathrm{d}x}\\&=-\frac{1}{3}c_v\sqrt{\langle v^2\rangle}\sqrt{\langle v^2\rangle}\tau\frac{\mathrm{d}T}{\mathrm{d}x}=-\frac{1}{3}c_v\sqrt{\langle v^2\rangle}\bar{\lambda}\frac{\mathrm{d}T}{\mathrm{d}x}\end{aligned} \tag{4.141}$$

（4.141）式与（4.138）式比较，可得热导率

$$\kappa=\frac{1}{3}c_v\sqrt{\langle v^2\rangle}\bar{\lambda} \tag{4.142}$$

在高温时，晶体比热与声子速度以及声子的平均自由程成正比。而平均自由程与声子的浓度成反比（声子浓度越高，遭受碰撞的概率越大，平均自由程就越小）。依照德拜模型，并利用（4.115）式，可以求出声子浓度与温度的大致关系为

$$\begin{aligned}\bar{n}&=\frac{1}{V}\int_0^{\omega_\mathrm{D}}\frac{1}{\mathrm{e}^{\hbar\omega/(k_\mathrm{B}T)}-1}g(\omega)\mathrm{d}\omega\\&=\frac{3}{2\pi^2}\left(\frac{k_\mathrm{B}T}{\hbar v}\right)^3\int_0^{\Theta_\mathrm{D}/T}\frac{x^2\mathrm{d}x}{\mathrm{e}^x-1}\propto\begin{cases}T, & 高温T\gg\Theta_\mathrm{D}\\T^3, & 低温T\ll\Theta_\mathrm{D}\end{cases}\end{aligned} \tag{4.143}$$

声子的平均自由程

$$\bar{\lambda}\propto\frac{1}{\bar{n}}\propto\begin{cases}\dfrac{1}{T}, & 高温T\gg\Theta_\mathrm{D}\\[2mm]\dfrac{1}{T^3}, & 低温T\ll\Theta_\mathrm{D}\end{cases} \tag{4.144}$$

依照德拜模型，在高温情况下，晶体比热是与温度无关的常数，声子速度随

温度的变化也不明显，近似认为是常数，因此，根据（4.142）式，高温近似情况下热导率只取决于声子碰撞的平均自由程，而由（4.144）式，高温时平均自由程与 T 成反比，因此可得热导率与温度成反比的关系

$$\kappa \propto \frac{1}{T} \tag{4.145}$$

在低温下，随着温度的降低，声子的平均自由程增大。温度趋于零，声子的速度趋近于无穷大，但受晶体尺寸的限制，声子的平均自由程还是有限值，在不考虑晶体缺陷的情况下，声子主要是受到晶体边界的碰撞，因此平均自由程的大小由晶体的尺寸决定，与温度无关。而在甚低温下，晶体比热遵从 T^3 定律，所以，晶体的热导率与温度的关系可近似认为

$$\kappa \propto T^3 \tag{4.146}$$

4.7　晶体的物态方程

晶体和气体相比，也可以写出物态方程表达式，这可以从热力学中自由能的公式出发进行推导。对于晶体来说，晶格自由能

$$F(T,V) = U - TS \tag{4.147}$$

其中 U 为晶体的内能，T 为晶体的温度，S 为晶格熵。这里，晶格的自由能可分为两部分，一部分是与晶格体积有关而与温度无关，相当于绝对零度 T=0 K 时的内能，也即

$$F_0 = U - TS = U(V) \tag{4.148}$$

另一部分与晶格振动有关，记为 F_1

$$F_1 = -k_B T \ln Z \tag{4.149}$$

式中 Z 为配分函数。简谐振动近似下，每个振动模式下的谐振子能量为

$$\varepsilon_i = \left(n_i + \frac{1}{2}\right)\hbar\omega_i$$

其配分函数可写为

$$\begin{aligned} Z_i &= \sum_{n=0}^{\infty} e^{-\left(n_i+\frac{1}{2}\right)\hbar\omega_i/(k_B T)} = e^{-\hbar\omega_i/(2k_B T)}\sum_{n=0}^{\infty} e^{-n_i\hbar\omega_i/(k_B T)} \\ &= e^{-\hbar\omega_i/(2k_B T)}\left(1 + e^{-\hbar\omega_i/(k_B T)} + e^{-2\hbar\omega_i/(k_B T)} + \cdots\right) \\ &= \frac{e^{-\hbar\omega_i/(2k_B T)}}{1 - e^{-\hbar\omega_i/(k_B T)}} \end{aligned} \tag{4.150}$$

每个振动模式都是相互独立的，因此总的配分函数为

$$Z = \prod_i Z_i = \prod_i \frac{e^{-\hbar\omega_i/(2k_B T)}}{1 - e^{-\hbar\omega_i/(k_B T)}} \tag{4.151}$$

将（4.151）式代入（4.149）式，并利用（4.148）式，得到晶体总的自由能为

$$\begin{aligned}F &= F_0 + F_1 = U(V) - k_B T \ln Z \\ &= U(V) - k_B T \ln \prod_i \frac{e^{-\hbar\omega_i/(2k_B T)}}{1 - e^{-\hbar\omega_i/(k_B T)}} \\ &= U(V) - k_B T \sum_i \ln \frac{e^{-\hbar\omega_i/(2k_B T)}}{1 - e^{-\hbar\omega_i/(k_B T)}} \\ &= U(V) - k_B T \sum_i [-\hbar\omega_i/(2k_B T) - \ln(1 - e^{-\hbar\omega_i/(k_B T)})] \\ &= U(V) + \sum_i \left[\frac{1}{2}\hbar\omega_i + k_B T \ln\left(1 - e^{-\hbar\omega_i/(k_B T)}\right)\right]\end{aligned} \tag{4.152}$$

将（4.152）式代入热力学公式 $p = -\left(\frac{\partial F}{\partial V}\right)_T$，即得压力

$$\begin{aligned}p &= -\frac{\partial U(V)}{\partial V} - \sum_i \left(\frac{1}{2}\hbar + \frac{\hbar}{e^{\hbar\omega_i/(k_B T)} - 1}\right)\frac{\partial \omega_i}{\partial V} \\ &= -\frac{\partial U(V)}{\partial V} - \frac{1}{V}\sum_i \left(\frac{1}{2}\hbar\omega_i + \frac{\hbar\omega_i}{e^{\hbar\omega_i/(k_B T)} - 1}\right)\frac{d\ln\omega_i}{d\ln V}\end{aligned} \tag{4.153}$$

令 $\bar{E} = \sum_i \left(\frac{1}{2}\hbar\omega_i + \frac{\hbar\omega_i}{e^{\hbar\omega_i/(k_B T)} - 1}\right)$，即为晶格振动总的平均能量；$\gamma = -\frac{d\ln\omega_i}{d\ln V}$，称为格林艾森常数（Grüneisen constant）。在某些情况下，格林艾森常数还会随温度发生变化，甚至在极低温下还可以是负值，所以更一般地可以称为格林艾森参数。这样，（4.153）式可简化为

$$p = -\frac{\partial U(V)}{\partial V} + \gamma\frac{\bar{E}}{V} \tag{4.154}$$

这就是晶体的物态方程。对固体材料而言，即使当温度变化很大时，体积也不会有太大的改变，因此，可以将 $\frac{dU(V)}{dV}$ 在平衡点附近进行泰勒级数展开，并取一阶近似值，即

$$\begin{aligned}\frac{dU(V)}{dV} &\approx \left.\frac{dU(V)}{dV}\right|_{V=V_0} + \left.\frac{dU^2(V)}{dV^2}\right|_{V=V_0}(V - V_0) \\ &= V\left.\frac{dU^2(V)}{dV^2}\right|_{V=V_0}\frac{\Delta V}{V} = B\frac{\Delta V}{V}\end{aligned} \tag{4.155}$$

在（4.155）式中，平衡时展开式第一项等于零，式中利用了体弹性模量的定义

$$B = V\left.\frac{dU^2(V)}{dV^2}\right|_{V=V_0}$$

因此，将（4.155）式代入（4.154）式，并利用体弹性模量的定义式，（4.154）式

可写为

$$p = -B\frac{\Delta V}{V_0} + \gamma\frac{\bar{E}}{V} \tag{4.156}$$

(4.156)式第一项与晶体势能函数有关；第二项与晶格振动有关，因此常被称为热压强。将固体与气体相类比，在室温下，根据气体体积大概是固体体积的 1000 倍，可以估算出固体热压强大概是气体压强的 1000 倍。因此，晶体热压强远大于晶体的压强 p，可令（4.156）式中的压强 p=0，则（4.156）式可写成

$$\frac{\Delta V}{V_0} = \frac{\gamma}{B}\frac{\bar{E}}{V_0} \tag{4.157}$$

(4.157) 式对温度求微商，可得晶体的体膨胀系数

$$\alpha = \lim_{\substack{\Delta V \to 0 \\ \Delta T \to 0}} \frac{1}{V_0}\left(\frac{\Delta V}{\Delta T}\right) = \frac{\gamma}{B}\frac{C_V}{V_0} \tag{4.158}$$

从体积膨胀系数表达式可以看出，它与格林艾森常数成正比，格林艾森常数数值越大，热膨胀系数就越大，格林艾森常数反映了非简谐效应的贡献程度。γ=0 时，意味着完全忽略非简谐效应，晶格振动对应简谐近似。在此情况下，也没有热膨胀的发生。

4.8　声子振动谱的测量方法

声子振动谱的测量，即晶格振动的色散关系的测量方法有很多种，如光子散射、电子散射和中子散射等，其中中子散射方法测定声子振动谱是最为准确的，也是最早发展的声子振动谱测量方法。因此，本节仅对中子散射方法给予简单的介绍。

核反应堆发出的中子经过减速（慢化）后，其能量与热平衡时晶格的平均热运动能量相当，这种慢中子又被称为热中子。中子的能量一般为 0.02～0.04 eV，与声子的能量在同一个数量级；根据德布罗意关系，热中子的德布罗意波长为 $\hbar/(mv)$ =2～3 Å，正好是晶格常数的数量级。因此，中子可以用来测量晶格振动的色散关系。中子不带电，因此中子只与原子核产生相互作用，通过这种方法来感知晶格的振动，也就是中子和声子产生相互作用。中子和声子之间发生的散射必须满足能量守恒和准动量守恒。

设入射中子的质量为 M_n，中子的波矢为 $\boldsymbol{k}$，那么入射中子的动量为 $\hbar\boldsymbol{k}$，动能为 $\frac{(\hbar\boldsymbol{k})^2}{2M_n}$。入射中子和晶体中原子发生散射后，中子的波矢变为 $\boldsymbol{k}'$，这时中子的

动量和能量分别变为$\hbar\boldsymbol{k}'$和$\dfrac{(\hbar\boldsymbol{k}')^2}{2M_n}$。根据能量守恒和准动量守恒，有

$$\frac{(\hbar\boldsymbol{k})^2}{2M_n}=\frac{(\hbar\boldsymbol{k}')^2}{2M_n}\pm\hbar\omega \tag{4.159}$$

$$\hbar\boldsymbol{k}=\hbar\boldsymbol{k}'\pm\hbar(\boldsymbol{q}+\boldsymbol{K}_h) \tag{4.160}$$

（4.159）式和（4.160）式中“+”号代表产生一个声子，“−”号表示吸收一个声子。（4.160）式中的$\boldsymbol{K}_h$代表倒格矢，ω为声子频率，$\boldsymbol{q}$为声子波矢。

在实验中首先测量在散射前后中子能量的变化，这个能量变化作为散射方向$\boldsymbol{k}-\boldsymbol{k}'$的函数，再利用（4.160）式得出散射方向与波矢的关系，就可以最终测量出声子的频率和波矢的关系，就是晶格振动的声子能谱。

图4-14是三轴中子谱仪的结构示意图。中子源是核反应堆产生的慢中子流，单色器由一块单晶构成，利用布拉格反射条件产生单色波长的中子流，经过准直器照射到被测样品上，再利用下一个准直器选择中子流的散射方向，接下来中子流进入能量分析器，它也是由单晶构成，同样是根据布拉格反射来决定散射中子流的动量（能量）数值。

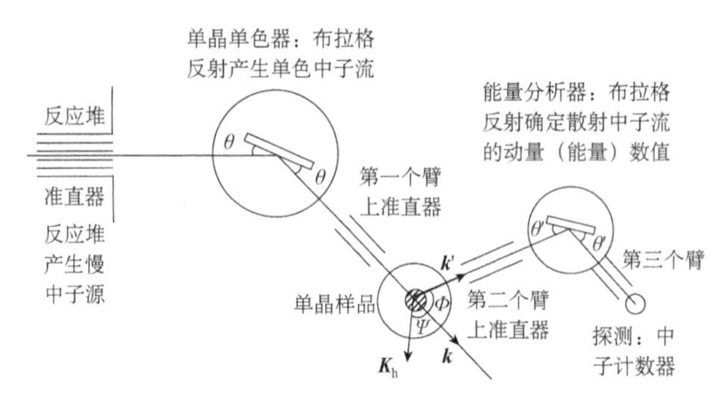

图4-14　测量声子谱的三轴中子谱仪结构示意图

图4-15是由中子实验测量得的Na晶体沿倒空间中不同对称方向的声子谱。

根据准动量守恒定律得到的（4.160）式，有

$$\boldsymbol{k}=\boldsymbol{k}'\pm(\boldsymbol{q}+\boldsymbol{K}_h) \tag{4.161}$$

最后依据（4.161）式，解释一下声子碰撞产生相互作用的两个基本概念，即正常过程（normal processes，N过程）和倒逆过程（umklapp processes，U过程）。倒格矢$\boldsymbol{K}_h=0$的散射过程称为正常过程；$\boldsymbol{K}_h\neq 0$的散射过程称为倒逆过程。这是波矢选择定则。因为我们前面涉及波矢$\boldsymbol{q}$和$\boldsymbol{q}+\boldsymbol{K}_h$是等价的，$\boldsymbol{q}$加上一个倒格矢的目的是，在某些情况下，保证产生或湮没的声子波矢始终在简约布里渊区内。当入射波矢和散射波矢比较大而夹角又比较小时，可能会出现这种情况。在N过程中，声子碰撞前后动量没有变化，无热阻现象，对热传导无贡献；在U过程中，声子碰撞前后动量出现较大的改变，产生热阻现象，对热传导有贡献。

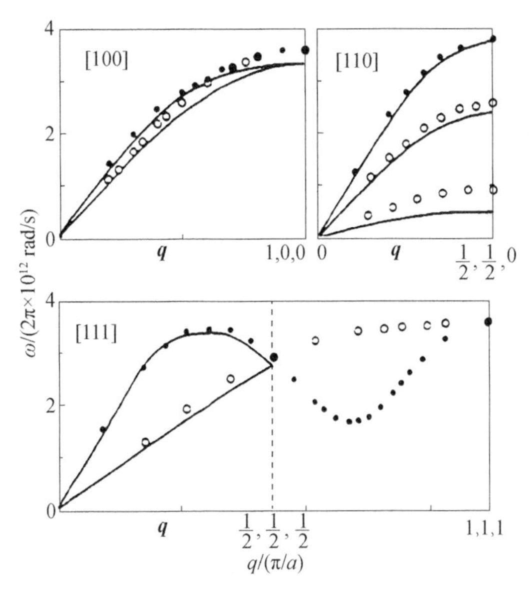

图 4-15　在 90 K 的温度下，利用中子谱仪测定 Na 晶体分别沿[100], [110], [111]方向的声子谱[10]

●点为纵声学支格波实验值，○为横声学支格波实验值，实线为理论拟合曲线

习　题

4.1　晶格常数为 a 的一维简单晶格，在简谐近似下，考虑每一个原子与其余所有原子都存在相互作用，证明格波的色散关系为

$$\omega^2=\frac{4}{M}\sum_{m=1}^{\infty}\beta_m\sin^2\left(\frac{qma}{2}\right)$$

式中 β_m 为第 m 个原子的弹性恢复力系数，M 为原子质量。

4.2　设有一维晶体，其原子的质量均为 m，而最近邻原子间的弹性恢复力系数交替地等于 β 和 10β，且最近邻的距离为 $\frac{a}{2}$。试画出色散关系曲线，并给出 q=0 和 $q=\pm\frac{\pi}{a}$ 处的 $\omega(q)$。

4.3　在一维双原子晶格振动的情况下，证明在布里渊区边界 $q=\pm\frac{\pi}{2a}$ 处，声学支格波中所有轻原子 m 静止，而光学支格波中所有重原子 M 静止，画出这时原子振动的图像。(设简谐振动的弹性恢复力常数为 β，双原子等间距排列，原子间距为 a。)

4.4　在一维双原子链中，双原子等间距排列，原子间距为 a，如两原子质量之比 $\frac{M}{m}\gg1$，简谐振动的恢复力常数为 β，求证：

$$\omega_1=\sqrt{\frac{2\beta}{M}}\left|\sin(qa)\right|$$

$$\omega_2 = \sqrt{\frac{2\beta}{m}\left[1+\frac{m}{2M}\cos^2(qa)\right]}$$

4.5　对于一维单原子晶格，已知简正模式的色散关系为

$$\omega(q) = \omega_m\left|\sin\left(\frac{qa}{2}\right)\right|$$

式中 $\omega_m = 2\sqrt{\frac{\beta}{M}}$，$\beta$ 为弹性恢复力系数，M 为原子质量。

（1）导出模式密度的表达式 $g(\omega)$；

（2）在德拜模型下，求出德拜截止频率（最大频率）ω_D。

4.6 设三维晶体由 N 个原子组成，试利用德拜模型：

（1）证明格波的模式密度为

$$g(\omega) = \frac{9N}{\omega_D^3}\omega^2$$

式中 ω_D 为德拜截止频率；

（2）设晶格中每个振子的零点振动能为 $\frac{\hbar\omega}{2}$，求出晶格的零点振动能。

4.7 对一维简单晶格，按德拜比热模型，求出晶格热容，并讨论高低温极限。

4.8 设三维晶格的光学振动在 q=0 附近的长波极限有 $\omega(q) = \omega_0 - Aq^2$，式中，$A > 0$。求证格波的模式密度为：

$$g(\omega) = \frac{3V}{4\pi^2}\frac{1}{A^{3/2}}(\omega_0 - \omega)^{1/2}, \omega \leqslant \omega_0；\quad g(\omega) = 0, \omega > \omega_0。$$

4.9 设固体的熔点 T_m 对应原子的振幅等于原子间距 a 的 10%的振动，推证：

对于一维简单晶格，接近熔点时原子的振动频率为 $\omega = \frac{2}{a}\left(\frac{50k_B T_m}{M}\right)^{\frac{1}{2}}$，其中 M 是原子质量。

4.10 按德拜近似，试证明高温时晶格热容为

$$C_V = 3Nk_B\left[1-\frac{1}{20}\left(\frac{\Theta_D}{T}\right)^2\right]$$

4.11 对二维简单格子，按德拜模型，求出晶格热容，并讨论高低温极限。

4.12 已知一个频率为 ω_i 的谐振动在温度 T 时的平均能量为

$$\bar{\varepsilon}_i = \frac{1}{2}\hbar\omega_i + \frac{\hbar\omega_i}{e^{\hbar\omega_i/(k_B T)}-1}$$

试用爱因斯坦模型求出由 N 个原子组成的单原子晶体晶格振动的总能量，并求其在高温和低温极限情况下的表达式。

4.13 设某离子晶体中相邻两离子的相互作用势为 $U(r) = -\frac{e^2}{r}+\frac{b}{r^9}$，$b$ 为待定常数，平衡间距 $r_0=3\times10^{-10}$ m，试求线膨胀系数 α_L。

习题解答提示及参考答案见封底二维码。

第5章　金属自由电子论

本章主要内容：

本章主要介绍经典自由电子模型和索末菲自由电子模型的基本概念，它们各自对晶体的导电性和导热性的理论解释及其成功与不足之处；引入能态密度和费米能的概念等；介绍电子在磁场中的运动。

在固体物理学的研究中，对金属结构及其物性的探索占有特殊的地位，人们很早就认识到金属具有优良的导电性、导热性、可延展性以及特有的光泽表面，对这些物理现象的本质，需要进行合理的解释。一个多世纪以来，在金属性质的理解和解释上，从经典理论的提出到量子力学的应用，积累了系统完善的知识体系和成果，极大地推动了现代固体物理学的发展。

金属晶体大多具有密堆积结构，配位数比较大，存在大量的共有化电子，对金属导电性的理解可以认为是大量电子在电场作用下定向运动而形成的。特别是将经典气体分子运动论应用到金属电子运动规律中，从而在微观机制上对金属的导电性和导热性等实验规律给予了很成功的解释。1900年，基于分子气体运动论的理论模型，德鲁特（Drude）将金属中的电子看作经典的理想气体，遵从麦克斯韦-玻尔兹曼统计分布规律，提出了经典电子的电导和热导理论，从微观上成功地解释了欧姆定律和维德曼-弗兰兹定律（Wiedemann-Franz law）等实验规律。

20世纪20年代以后，随着量子力学的不断发展和完善，索末菲（Sommerfeld）建立了基于费米-狄拉克（Fermi-Dirac）统计基础上的自由电子气模型，给出了电子能量和动量的分布规律。德鲁特和索末菲模型都是把金属中导电的电子看成自由电子。后来，布洛赫（Bloch）考虑到晶格周期势对电子运动状态的影响，提出了固体能带理论，从而建立了包括金属、半导体和绝缘体的固体导电性质的统一理论，使对固体导电性质方面的研究进一步深入并扩展到非金属材料领域。

基于固体能带理论，自20世纪40年代起，半导体理论和技术得到了突飞猛进的发展，最终导致当今微电子集成电路的形成和信息时代的到来。

5.1　德鲁特经典自由电子气模型

德鲁特经典自由电子气模型建立的电导理论，首先认为金属原子中的价电子受原子核的束缚很弱，可以在晶体中自由地移动，被称为自由电子气（free electron gas）。正是这些自由电子气在外电场作用下参与了导电，成为传导电子。例如，碱金属 Na 原子，电子组态为 $1s^22s^22p^63s^1$，其价电子为 $3s^1$，形成晶体后，3s 态展成能带（关于能带的概念将会在第 6 章中详细介绍），而内层电子被紧紧束缚在各自原子核周围，组成钠离子实，如图 5-1 所示。Na^+周期性地排列在三维空间中固定不动，Na^+半径约为 0.98 Å，近邻 Na^+的间距为 3.66 Å，因此，离子实仅占晶体体积的一小部分，约为 15%。在金属中，自由电子的数目很大，数密度可达 10^{22}～10^{23} cm^{-3} 数量级。德鲁特引入了电子数密度的概念，金属中价电子的数密度可以根据金属晶体的质量密度 ρ_m、组成元素的价电子数 Z 和原子量 A 求出，为

$$n=\frac{N}{V}=\frac{Z\rho_m}{A/N_{\mathrm{A}}} \tag{5.1}$$

式中 $N_{\mathrm{A}}=6.022\times10^{23}\ \mathrm{mol}^{-1}$，为阿伏伽德罗常量。如金属 Cu：$\rho_m=8.96\ \mathrm{g/cm}^3, A=63.5, Z=1$，代入（5.1）式，可求得 Cu 的电子数密度 $n=8.49\times10^{22}\ \mathrm{cm}^{-3}$。

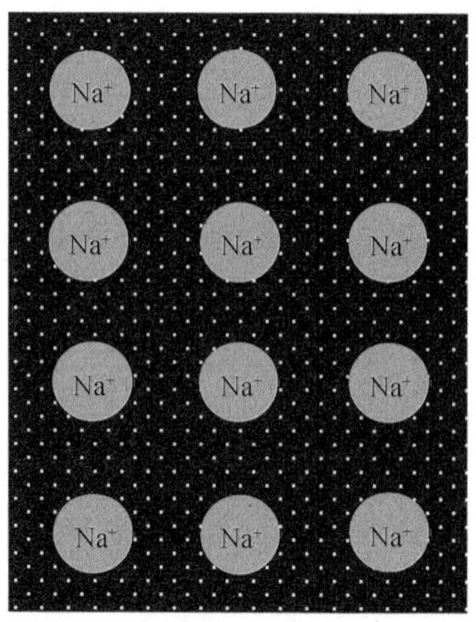

图 5-1　Na 晶体模型示意图：Na^+排列在周期性格点上，沉浸在传导电子组成的“海洋”中

德鲁特也引入了电子占据半径的概念，电子的经典半径为 $r_0=\dfrac{e^2}{4\pi\varepsilon_0 mc^2}=2.82\times10^{-5}$ Å，但这里指的是电子在金属中占据的空间半径（注意：这不是指电子本身的真实半径！现代物理学中认为电子基本上属于点粒子）。半径为 r 的球体体积为 $4\pi r^3/3$，代表了平均每个电子占据空间体积的大小。设电子的数密度为 n，则单位体积中的电子数目，即电子的数密度为

$$n=\frac{1}{4\pi r^3/3} \tag{5.2}$$

已知 n 值，就可以依据（5.2）式估算出每个电子在金属中占据的球半径，即

$$r = \left(\frac{3}{4\pi n} \right)^{\frac{1}{3}} \tag{5.3}$$

例如，已知金属 Cu 的电子数密度 $n=8.49\times10^{22}\ \text{cm}^{-3}$，将其代入（5.3）式，可求得 $r=1.41\times10^{-8}\ \text{cm}=1.41\ \text{Å}$。

对大多数金属来说，电子在金属中平均占据空间的半径一般是玻尔半径的 2~3 倍。金属中电子数密度约为经典理想气体的一千倍。

尽管电子气的数密度是常温和常压下经典理想气体的千倍左右，但德鲁特还是引入了几个有趣的近似来发展这一电导和热导理论，第一就是假定电子气是完全自由的，即不考虑电子-电子之间的相互作用（独立电子近似），也不考虑电子-离子之间的相互作用（近自由电子近似），这样，电子在无外场的情况下可做直线运动；第二，在外场作用下，电子和离子的两次碰撞之间仍然做直线运动（电子与其他电子之间的碰撞可以忽略不计），而且认为电子和离子碰撞后的速度改变是迅速和瞬时的；第三，假设每个电子在两次碰撞之间的时间（被称为弛豫时间）都是相同的；第四，虽然电子的速度在碰撞后迅速改变，但与碰撞前的速度无关，电子获得新的速度只与碰撞时的温度有关，而且碰撞后获得新的速度方向是随机分布的、各向同性的。在某种意义上，电子最终能够跟它周围的环境达到热平衡。

德鲁特模型最突出的成就就是以极其简单的形式导出了金属的电导率和热导率公式。然而，德鲁特模型也有明显的缺陷，这些缺陷被后来索末菲提出的自由电子气模型所克服。索末菲自由电子气模型认为电子气不能被看作经典气体，不服从经典的麦克斯韦-玻尔兹曼统计分布，而是量子气体，遵从量子理论的费米-狄拉克统计分布。

5.1.1　对欧姆定律的微观解释

基于德鲁特模型，从微观上可对欧姆定律和维德曼-弗兰兹定律给出合理的解释。微分形式的欧姆定律表达式为

$$\boldsymbol{j} = \sigma \boldsymbol{E} \tag{5.4}$$

式中 $\boldsymbol{j}$ 是电流密度；σ 为电导率，$\boldsymbol{E}$ 是外加电场。

根据德鲁特模型，假设金属中电子气的数密度为 n、电子在电场中的漂移速度（drift velocity）为 $\boldsymbol{v}_d$，则电流密度

$$\boldsymbol{j} = -ne\boldsymbol{v}_d \tag{5.5}$$

在无外加电场的情况下，根据德鲁特模型，金属中电子气的速度是各向同性的，电子平均速度为零，此时，导体中没有电流；当施加外电场后，电子气获得整体移动速度（漂移速度）$\boldsymbol{v}_d$，导体中产生定向电流密度。

根据经典力学的牛顿定律和运动方程，在外加电场作用下，电子两次碰撞之间做加速运动，可得电子的漂移速度

$$\boldsymbol{v}_d = \langle \boldsymbol{v}_i + \boldsymbol{a}t \rangle = \boldsymbol{a}\langle t \rangle = -\frac{e\boldsymbol{E}}{m}\tau \tag{5.6}$$

式中 e, m, τ 分别表示电子电荷、电子质量、两次碰撞之间的平均弛豫时间。

将（5.6）式代入（5.5）式，就可写出电流密度的表达式

$$\boldsymbol{j} = \frac{ne^2\tau}{m}\boldsymbol{E} = \sigma\boldsymbol{E} \tag{5.7}$$

式中 σ 为电导率

$$\sigma = \frac{ne^2}{m}\tau \tag{5.8}$$

其倒数为电阻率，即

$$\rho = \frac{1}{\sigma} = \frac{m}{ne^2\tau} \tag{5.9}$$

德鲁特模型从微观上对欧姆定律给出了很好的解释。即使能带理论建立后，电导率的这一形式并未改变，但是式中每一项的物理解释有所不同，如 m 代之以有效质量 m^*。

根据（5.9）式，由电阻率也可以估算出电子碰撞的平均弛豫时间 $\tau=\frac{m}{ne^2\rho}$，进而可以求出电子气的平均自由程。仍以金属 Cu 为例，在 T=273 K 时，电阻率 $\rho=1.56\times10^{-6}\,\Omega\cdot\mathrm{cm}$，可求出平均自由时间 $\tau=2.68\times10^{-14}$ s。再由能量均分定理 $\frac{1}{2}m\bar{v}^2=\frac{3k_{\mathrm{B}}T}{2}$ 给出电子气的平均速度为 $\bar{v}=\sqrt{\frac{3k_{\mathrm{B}}T}{m}}=1.11\times10^7\,\mathrm{cm/s}$，进而可计算出金属 Cu 中电子气的平均自由程为 $l=\bar{v}\tau=1.11\times10^7\times2.68\times10^{-14}\approx2.97\times10^{-7}\,\mathrm{cm}$。

实验上，平均自由程比德鲁特模型估算的要大，这与电子的波动性有关。

5.1.2　自由电子气的比热

德鲁特模型认为金属中的电子具有经典理想气体的运动特征，它遵从玻尔兹曼统计分布规律。按照这一规律，每个电子有三个自由度，每个自由度上具有的平均动能为 $\frac{1}{2}k_{\mathrm{B}}T$，由 N 个电子组成的自由电子气具有总的平均动能应为 $\bar{E}=\frac{3}{2}Nk_{\mathrm{B}}T$，由此可求出电子气对比热的贡献为

$$C_V = \frac{3}{2}Nk_{\mathrm{B}} \tag{5.10}$$

5.1.3 对维德曼-弗兰兹定律的微观解释

德鲁特模型能很好地解释热导率 κ 和电导率 σ 的比例关系，即著名的维德曼-弗兰兹定律

$$\kappa/\sigma \propto T \tag{5.11}$$

接下来，根据德鲁特自由电子模型，首先推导出自由电子气沿某个方向上的能流密度，然后就能获得热导率的具体表达式，进而得出维德曼-弗兰兹定律。

自由电子气的热导率可以借助第4章已有的声子气体的热导率（4.142）式给出，为了便于理解自由电子气的热导率公式的推导过程，这里再给出更详细的物理图像。为简单起见，先考虑一维情形，再过渡到三维情形。假设自由电子气沿 x 方向由左至右温度梯度均匀分布。在 x 处温度为 $T(x)$ 时的电子平均热能为 $\varepsilon(T(x))$。某个电子以速度 v_x 从左侧高温端经过一次碰撞的平均弛豫时间 τ 后，即运动一个平均自由程（$v_x\tau$）后，从左侧 $x-v_x\tau$ 处到达 x 处，每个电子携带的热能为 $\varepsilon(T(x-v_x\tau))$，设 n 为电子数密度，那么所有来自高温端的电子（一维情形，占总电子数的1/2）对热流密度的贡献为 $\frac{n}{2}v_x\varepsilon(T(x-v_x\tau))$；某个电子从右侧低温端经过一次碰撞的平均弛豫时间 τ 后，从低温端 $x+v_x\tau$ 处经历一个平均自由程也到达 x 处，每个电子携带的热能为 $\varepsilon(T(x+v_x\tau))$，所有来自低温端的电子（也占总电子数的1/2）对热流密度的贡献为 $\frac{n}{2}v_x\varepsilon(T(x+v_x\tau))$。由于高温端的电子热能比低温端的电子热能高，因此，来自左、右两个相反方向的电子在 x 处对热流密度的总贡献应是两者相减，即为

$$j_x = \frac{1}{2}nv_x\varepsilon(T(x-v_x\tau)) - \frac{1}{2}nv_x\varepsilon(T(x+v_x\tau)) \tag{5.12}$$

只要在一个平均自由程内温度的变化足够小，（5.12）式就可以写为如下微商形式，即

$$j_x = \frac{1}{2}nv_x\frac{\mathrm{d}\varepsilon}{\mathrm{d}T}\frac{\mathrm{d}T}{\mathrm{d}x}(-2v_x\tau) = -nv_x^2\tau c_v\frac{\mathrm{d}T}{\mathrm{d}x} = -\kappa\frac{\mathrm{d}T}{\mathrm{d}x} \tag{5.13}$$

式中负号代表热流由高温端流向低温端，$c_v = \frac{\mathrm{d}\varepsilon}{\mathrm{d}T}$ 为单电子的比热容。

由（5.13）式给出的热导率的表达式即为

$$\kappa = nv_x^2\tau c_v \tag{5.14}$$

将（5.14）式过渡到三维情形，只需根据（5.10）式给出单电子的比热容

$$c_v = \frac{3}{2}k_{\mathrm{B}} \tag{5.15}$$

再根据德鲁特自由电子模型假设，电子速度是各向同性的，给出

$$\left\langle v_x^2 \right\rangle = \left\langle v_y^2 \right\rangle = \left\langle v_z^2 \right\rangle = \frac{1}{3}\overline{v^2} \tag{5.16}$$

而电子的热能实际为电子的平均动能，即有

$$\varepsilon = \frac{1}{2}m\overline{v^2} = c_v T \tag{5.17}$$

将（5.15）式～（5.17）式都代入（5.14）式，经过运算就可求出热导率的具体表达式，即为

$$\kappa = n\left\langle v_x^2 \right\rangle c_v \tau = \frac{1}{3}n\overline{v^2}c_v\tau = \frac{2}{3m}nc_v^2 T\tau = \frac{3}{2}\frac{nk_B^2 T\tau}{m} \tag{5.18}$$

热导率（5.18）式除以电导率（5.8）式，最终就可得到著名的维德曼-弗兰兹定律

$$\kappa / \sigma = \frac{\frac{3}{2}nk_B^2 T\tau / m}{ne^2\tau / m} = \frac{3k_B^2}{2e^2}T \tag{5.19}$$

实验上，常温下金属的热导率和电导率之比确实正比于温度，而且其斜率是一个普适常量，称之为洛伦兹常量，其数值为

$$L = \frac{\kappa}{\sigma T} = \frac{3k_B^2}{2e^2} = 1.11\times10^{-8}\,\mathrm{W}\cdot\Omega/\mathrm{K}^2 \tag{5.20}$$

5.1.4 经典自由电子气模型的缺陷

德鲁特经典自由电子气模型服从经典的物理规律，成功地解释了金属电导、热导的实验规律，但在探讨金属自由电子气对比热的贡献时，给出的理论值竟然是实验值的 100 倍，与实验结果明显不符，暴露出这个理论的严重问题。这一问题在经典物理的框架下是无法得到解决的。后来随着量子力学的发展和费米-狄拉克统计分布规律的建立，这一困难和矛盾才由索末菲彻底解决。

5.2 索末菲自由电子气模型

鉴于上述德鲁特经典自由电子气模型遇到的理论上的困难，在量子理论建立之后，1928 年索末菲改进了德鲁特的电子气模型。索末菲认为，价电子由于受原子实的束缚很弱，而成为能在晶体中自由运动的电子，电子在金属晶体中的运动，可以认为是在一个无限深势阱中的运动，电子间的相互作用可忽略不计，这一点与德鲁特模型具有相似之处。但索末菲认为，电子的能量分布不遵从经典统计物理中的麦克斯韦-玻尔兹曼统计分布，而是遵从费米-狄拉克统计分布，而且电子在能级上的填充满足泡利不相容原理。结合量子力学的规律提出的索末菲自由电子气模型，再重新计算金属自由电子气的比热时，可以发现其理论结果与实验值

符合得相当好，这样就克服了经典理论遇到的困难。

应当指出，晶体中的电子能够感知到晶体势以及周围其他电子的影响，但是在一些金属中，尤其是所谓的简单金属中，传导电子感知到的晶体势能被假设为一个恒量，这是索末菲自由电子论模型建立的理论基础。金属自由电子论虽然非常简单，但在理解金属，尤其是一价金属的导电性的物理本质方面，已经证明是相当成功的。但这一理论模型也有其局限性，例如，自由电子论不能解释为什么电子的平均自由程λ会比相邻原子间距大得多。再如，根据自由电子论，金属的电导率 σ 正比于电子数密度 n，但 n 较大的二价金属（如 Be, Mg, Zn, Cd 等）和三价金属（如 Al, In 等）的电导率反而低于一价金属（如 Cu, Ag, Au 等）；自由电子论更不能够解释为什么固体材料会分为导体、半导体和绝缘体等。自由电子论遇到的这些困难以及其他困难，可以通过考虑电子与晶格之间相互作用时建立的更为复杂的能带理论来加以解决，这将在第 6 章固体能带理论中进行论述。接下来着重介绍索末菲自由电子论的相关知识和应用。

5.2.1　金属自由电子气的能态密度

假定正电荷背景是均匀分布的，每个自由电子在这个背景中的势能是一常数。电子限制在边长为 L，体积为 $V=L^3$ 的三维金属晶体中。单个电子的薛定谔方程为

$$\left[-\frac{\hbar^2}{2m}\nabla^2+V(\boldsymbol{r})\right]\psi(\boldsymbol{r})=E\psi(\boldsymbol{r}) \tag{5.21}$$

令金属中的势能 $V(\boldsymbol{r})=0$，容易求出电子波函数是平面波

$$\psi_k(\boldsymbol{r})=\frac{1}{\sqrt{V}}\mathrm{e}^{\mathrm{i}\boldsymbol{k}\cdot\boldsymbol{r}} \tag{5.22}$$

电子的能量为

$$E(\boldsymbol{k})=\frac{\hbar^2k^2}{2m}=\frac{\hbar^2}{2m}(k_x^2+k_y^2+k_z^2) \tag{5.23}$$

通常采用周期性边界条件来确定波矢的取值。由

$$\begin{aligned}\psi(x+L,y,z)&=\psi(x,y,z)\\ \psi(x,y+L,z)&=\psi(x,y,z)\\ \psi(x,y,z+L)&=\psi(x,y,z)\end{aligned} \tag{5.24}$$

根据（5.24）式周期性边界条件，有

$$\mathrm{e}^{\mathrm{i}k_xL}=\mathrm{e}^{\mathrm{i}k_yL}=\mathrm{e}^{\mathrm{i}k_zL}=1 \tag{5.25}$$

容易求得

$$k_x=\frac{2\pi}{L}n_x,\quad k_y=\frac{2\pi}{L}n_y,\quad k_z=\frac{2\pi}{L}n_z \tag{5.26}$$

式中 $n_x, n_y, n_z=0, \pm1, \pm2, \pm3, \cdots$，这样得出的结果是：波矢只能取不连续的分立值，

即是量子化的。将（5.26）式代入（5.23）式，得

$$E(\boldsymbol{k})=\frac{2\hbar^2\pi^2}{mL^2}(n_x^2+n_y^2+n_z^2) \tag{5.27}$$

由于周期性边界条件决定了波矢 k_x, k_y, k_z 只能取分立值，导致单电子本征能量也是量子化的，电子能级只能取分立值。

若以动量算符 $\hat{p}=-\mathrm{i}\hbar\nabla$ 作用于电子波函数 $\boldsymbol{\varPsi}_k(\boldsymbol{r})$ 上，即

$$-\mathrm{i}\hbar\nabla\varPsi_k(\boldsymbol{r})=\hbar\boldsymbol{k}\varPsi_k(\boldsymbol{r}) \tag{5.28}$$

可见，$\boldsymbol{\varPsi}_k(\boldsymbol{r})$ 也是动量算符的本征态，这时电子具有确定的动量 $\boldsymbol{p}=\hbar\boldsymbol{k}$，相应的电子速度

$$\boldsymbol{v}=\frac{\boldsymbol{p}}{m}=\frac{\hbar\boldsymbol{k}}{m} \tag{5.29}$$

因此，电子的能量也可以表示成经典的形式

$$E=\frac{\hbar^2\boldsymbol{k}^2}{2m}=\frac{\boldsymbol{p}^2}{2m}=\frac{1}{2}m\boldsymbol{v}^2 \tag{5.30}$$

由统计物理知道，为了讨论电子的分布，首先需要已知每个能级的状态数目，然而，在固体中，每个能带中的各能级分布是非常密集的，形成准连续分布，不可能标明每个能级及其状态数。为了说明晶体中电子的能态分布情况，引入能态密度的概念，即晶体单位能量间隔内的状态数目就称为能态密度（density of states，DOS）（也有教材中将能态密度定义为：晶体单位体积单位能量间隔内的状态数）。下面推导出不同维度金属晶体自由电子气的能态密度表达式。

1. 三维金属晶体自由电子气的能态密度

如果能量在 $E\to E+\mathrm{d}E$ 区间的状态数为 ΔZ，则能态密度可具体表示为

$$D(E)=\lim_{\Delta E\to 0}\frac{\Delta Z}{\Delta E}=\frac{\mathrm{d}Z}{\mathrm{d}E} \tag{5.31}$$

在波矢空间中，每个状态的代表点占有体积为 $(2\pi/L)^3$，如图 5-2 所示，代表点在 k 空间是均匀分布的，k 空间单位体积中含有代表点的数目等于

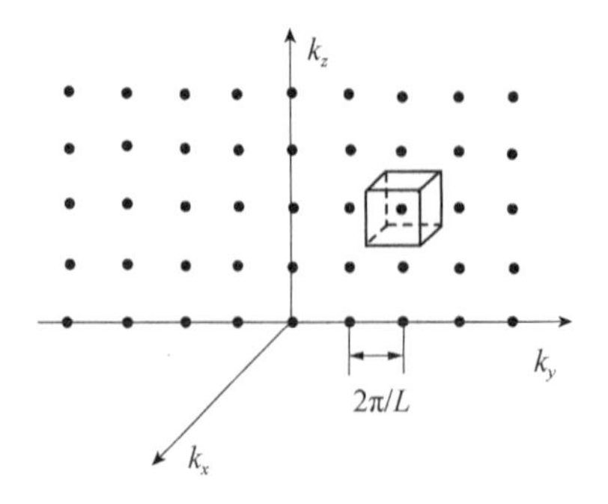

图 5-2　k 空间电子的许可能态每个 k 点占据的体积为 $(2\pi/L)^3$

$$\left(\frac{L}{2\pi}\right)^3=\frac{V}{(2\pi)^3} \tag{5.32}$$

故在 $\boldsymbol{k}$ 到 $\boldsymbol{k}+\mathrm{d}\boldsymbol{k}$ 的体积元 $\mathrm{d}\boldsymbol{k}=\mathrm{d}k_x\mathrm{d}k_y\mathrm{d}k_z$ 中，再计及电子有两个自旋相反的状态，在 $\mathrm{d}\boldsymbol{k}$ 中电子的状态数目为

$$\mathrm{d}Z=2\times\frac{V}{(2\pi)^3}\mathrm{d}\boldsymbol{k}=\frac{V}{4\pi^3}\mathrm{d}\boldsymbol{k} \tag{5.33}$$

现在我们来计算能量 E 到 $E+\mathrm{d}E$ 之间，即体积元为 $4\pi k^2\mathrm{d}k$，其中的状态数目（含自旋态）为

$$\mathrm{d}Z=\frac{V}{4\pi^3}4\pi k^2\mathrm{d}k \tag{5.34}$$

利用（5.23）式，可得

$$\mathrm{d}k=\frac{\sqrt{2m}}{\hbar}\frac{\mathrm{d}E}{2\sqrt{E}} \tag{5.35}$$

将（5.23）式和（5.35）式代入（5.34）式，可得能量 E 到 $E+\mathrm{d}E$ 之间的状态数（含自旋态）为

$$\mathrm{d}Z=\frac{V}{2\pi^2}\left(\frac{2m}{\hbar^2}\right)^{3/2}E^{\frac{1}{2}}\mathrm{d}E \tag{5.36}$$

根据能态密度定义可得

$$D(E)=\frac{\mathrm{d}Z}{\mathrm{d}E}=\frac{V}{2\pi^2}\left(\frac{2m}{\hbar^2}\right)^{3/2}E^{1/2} \tag{5.37}$$

如果定义单位体积单位能量间隔内的状态数为能态密度，则有

$$g(E)=\frac{1}{V}\frac{\mathrm{d}Z}{\mathrm{d}E}=\frac{1}{2\pi^2}\left(\frac{2m}{\hbar^2}\right)^{3/2}E^{1/2}=CE^{\frac{1}{2}} \tag{5.38}$$

常数系数

$$C=\frac{1}{2\pi^2}\left(\frac{2m}{\hbar^2}\right)^{3/2} \tag{5.39}$$

由（5.39）式可以看出，三维金属晶体的自由电子气能态密度随能级增大而增大，能级越高，能级也越密。

2. 二维金属晶体自由电子气的能态密度

对于二维金属晶体，在波矢空间中，每个状态的代表点占有面积为 $(2\pi/L)^2$，代表点在 k 空间是均匀分布的，k 空间单位面积中含有代表点的数目等于

$$\left(\frac{L}{2\pi}\right)^2=\frac{S}{(2\pi)^2} \tag{5.40}$$

故在 $\boldsymbol{k}$ 到 $\boldsymbol{k}+\mathrm{d}\boldsymbol{k}$ 的面积元 $\mathrm{d}\boldsymbol{k}=\mathrm{d}k_x\mathrm{d}k_y$ 中，再计及电子有两个自旋相反的状态，电子

态数目为

$$dZ = 2\times\frac{S}{(2\pi)^2}d\boldsymbol{k} = \frac{S}{2\pi^2}d\boldsymbol{k} \tag{5.41}$$

现在我们来计算能量从 E 到 $E+dE$ 之间，即在波矢空间中面积元为 $2\pi k dk$ 中的状态数目（含自旋态）为

$$dZ = \frac{S}{2\pi^2}2\pi k dk \tag{5.42}$$

利用关系式 $k dk = \frac{m dE}{\hbar^2}$，可得能量 E 到 $E+dE$ 之间的状态数（含自旋态）为

$$dZ = \frac{S}{\pi}\frac{m}{\hbar^2}dE = \frac{mS}{\pi\hbar^2}dE \tag{5.43}$$

能态密度为

$$D(E) = \frac{dZ}{dE} = \frac{mS}{\pi\hbar^2} \tag{5.44}$$

或能态密度定义为单位面积单位能量间隔内的状态数，有

$$g(E) = \frac{1}{S}\frac{dZ}{dE} = \frac{m}{\pi\hbar^2} \tag{5.45}$$

二维自由电子气的能态密度随能量的变化曲线如图 5-3 所示。由此可见，二维电子气的能态密度不随能量的变化而发生变化，是一个常数。

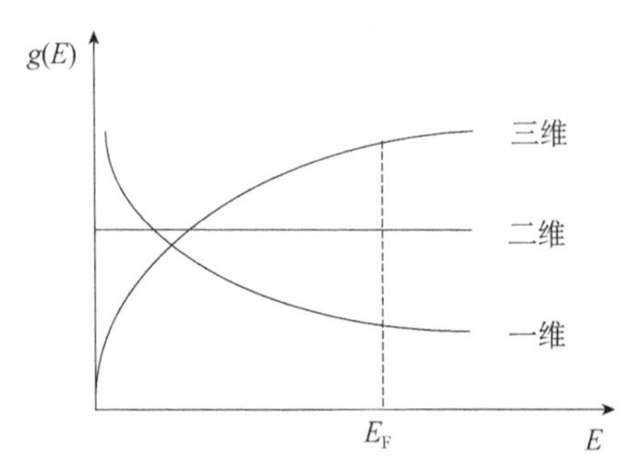

图 5-3　一维、二维和三维自由电子气能态密度和能量的关系

3. 一维金属晶体自由电子气的能态密度

对于一维晶体，在波矢空间中，每个状态的代表点占有长度为 $2\pi/L$，代表点在 k 空间是均匀分布的，k 空间单位长度中含有代表点的数目等于 $2\times L/(2\pi)=L/\pi$，乘以 2 的原因是考虑到 k 和 $-k$ 是两个等价的状态。利用 $E=\frac{\hbar^2k^2}{2m}$，得

$$dk = \left(\frac{m}{2\hbar^2}\right)^{\frac{1}{2}}E^{-\frac{1}{2}}dE \tag{5.46}$$

其中的状态数目（含自旋态）为

$$dZ = 2\times\frac{L}{\pi}dk = \frac{2L}{\pi}\left(\frac{m}{2\hbar^2}\right)^{\frac{1}{2}}E^{-\frac{1}{2}}dE \tag{5.47}$$

能态密度为

$$D(E) = \frac{dZ}{dE} = \frac{L}{\pi}\left(\frac{2m}{\hbar^2}\right)^{\frac{1}{2}}E^{-\frac{1}{2}} \tag{5.48}$$

或能态密度定义为单位长度单位能量间隔内的状态数，有

$$g(E) = \frac{1}{L}\frac{dZ}{dE} = \frac{1}{\pi}\left(\frac{2m}{\hbar^2}\right)^{\frac{1}{2}}E^{-\frac{1}{2}} \tag{5.49}$$

以上所述的一维、二维和三维金属晶体自由电子气的能态密度与能量之间的关系如图 5-3 所示。

5.2.2　电子气的费米能量

1. 费米-狄拉克统计分布函数的一些性质

在热平衡条件下，无相互作用的自由电子气占据能级为 E 的概率为

$$f(E,T) = \frac{1}{\exp[(E-\mu)/(k_B T)]+1} \tag{5.50}$$

$f(E,T)$ 称为费米-狄拉克统计分布函数，式中 μ 为系统的化学势，是温度的函数，它是决定电子在各能级上分布的参量，能够正确地算出系统中粒子的总数 N，即

$$N = \int_0^\infty Vf(E,T)g(E)dE \tag{5.51}$$

下面我们分析一下这个分布函数具有哪些独特的性质。

首先看绝对零度，即 T=0 K 时，很显然，这个分布函数是个阶跃函数，当能量 $E>\mu$ 时，$f(E,T)=0$；当能量 $E<\mu$ 时，$f(E,T)=1$。这表明在 $E=\mu$ 以上的能级不为电子所占据，处于空态；而在 $E=\mu$ 以下的能级全部被电子填满；$E=\mu=E_F$，E_F 定义为费米能级。这一分布情况可以这样来理解：在 T=0 K 时，电子尽可能占据能量最低的状态，但泡利不相容原理限制每个能级上最多只能容纳两个电子，对应每一量子态最多只能容纳一个电子，因此电子从 E=0 的状态依次由低到高填充至最大能量 E_F 为止。E_F 就是绝对零度时电子的最大能量。

$$f(E,T) = \begin{cases} 1, & E<\mu=E_F \\ 0, & E>\mu=E_F \end{cases} \tag{5.52}$$

在一定温度下，即 $T\neq 0$ K 时，在 E_F 的过渡区域也会迅速地由 1 变成零，这一过渡区域的范围约为 $k_B T$ 的量级。温度升高后，低于 E_F 的能级被电子占据的概率下降，高于 E_F 的能级被电子占据的概率增加。但系统总的电子数不会变，这就意味着一部分电子从低于 E_F 的能级激发到高于 E_F 的能级上去，事实上，这部分

电子对固体的导电性质和对比热的贡献起着关键性的作用。在 $E_F=\mu$ 处，被电子占据的概率正好是二分之一。

如果令 $\Delta E=E-\mu=E-E_F$，先看 $f(E,T)$ 在费米能级附近的变化情况。从表 5-1 中可以明显看出，只有在 E_F 附近 k_BT 范围内，$f(E,T)$ 的值才有明显的变化。也就是说 $f(E,T)$ 对能级的导数随 E 的变化在费米能级处最为显著，这种变化关系用 $-\dfrac{\partial f(E,T)}{\partial E}\sim E$ 函数曲线示于图 5-4 中。很显然，$-\dfrac{\partial f(E,T)}{\partial E}$ 具有 δ 函数的性质，在 E_F 附近有一峰值，在其他各处可视为零。这也可根据下式进一步加以理解

$$\begin{aligned}-\frac{\partial f(E,T)}{\partial E}&=\frac{1}{k_BT}\frac{\exp[(E-E_F)/(k_BT)]}{\{\exp[(E-E_F)/(k_BT)]+1\}^2}\\&=\frac{1}{k_BT}\frac{1}{\{\exp[(E-E_F)/(2k_BT)]+\exp[-(E-E_F)/(2k_BT)]\}^2}\end{aligned}$$

只要 E 偏离 E_F，分母就会变得很大，使得 $-\dfrac{\partial f(E,T)}{\partial E}\to 0$。$f(E,T)$在 E_F 附近的变化情况可以从表 5-1 清楚地看出。

表 5-1　$f(E,T)$在 E_F 附近的变化情况

$(E-E_F)/(k_BT)$	−2.0	−1.0	−0.75	−0.50	−0.25	0	0.25	0.50	0.75	1.0	2.0
$f(E,T)$	0.88	0.73	0.68	0.62	0.56	0.50	0.44	0.38	0.32	0.27	0.12

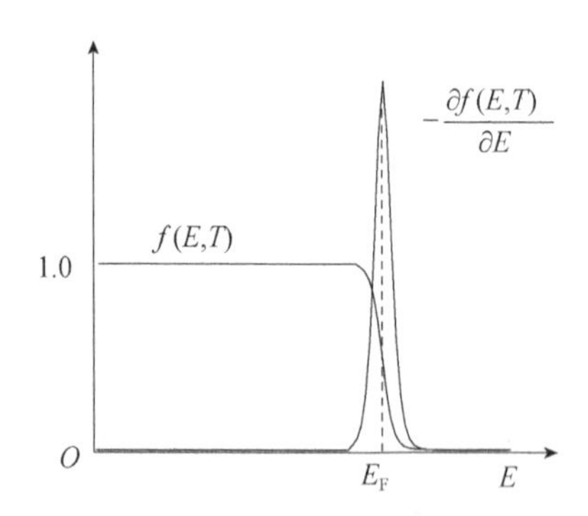

图 5-4　费米-狄拉克统计分布函数在费米能级附近对能量的一阶导数具有 δ 函数的性质

另外，函数 $f(E)$具有关系 $f(\Delta E)=1-f(-\Delta E)$，这一关系在表 5-1 中也可以反映出来，也可给予证明，即 $f(\Delta E)=\dfrac{1}{\exp\left(\dfrac{\Delta E}{k_BT}\right)+1}=1-\dfrac{1}{\exp\left(\dfrac{-\Delta E}{k_BT}\right)+1}=1-f(-\Delta E)$。

当 $\Delta E=E-E_F\gg k_BT$ 时，费米-狄拉克统计分布函数可以近似写成

$$f(E,T)\approx\exp[(E_F-E)/(k_BT)]\qquad(5.53)$$

这个极限形式分布清楚地表明，在电子能量比较高的情况下，费米–狄拉克统计分布函数过渡到玻尔兹曼统计分布或麦克斯韦统计分布。

2. 电子在空间的占据半径

考虑体积为 V 的金属电子气体系中，有 N 个自由电子，为了说明电子数密度 n，引入一个无量纲参数 r_s，这样可以将电子在空间的占据半径表示为玻尔半径的倍数，当电子占据半径为玻尔半径时，r_s=1。r_s 与电子数密度 n 有如下关系：

$$\frac{4}{3}\pi(r_s a_{\mathrm{B}})^3 = \frac{1}{n} = \frac{V}{N} \tag{5.54}$$

式中 a_{B}＝0.529 Å 为玻尔半径，$r_s a_{\mathrm{B}}$ 代表了平均一个电子出现在一个球体内的球半径，这样，表示球半径的参数 r_s 可与玻尔半径联系起来。根据具体的晶体结构，可以估算出参数 r_s 的大小，例如，碱金属 Li，Na，K，Rb 等都为体心立方结构，其晶格常数分别为 3.49 Å，4.23 Å，5.23 Å，5.59 Å，每个立方体内含有两个碱金属原子，每个碱金属原子贡献一个价电子，由于 $\frac{4}{3}\pi(r_s a_{\mathrm{B}})^3 = \frac{a^3}{2}$，可以求得 $r_s = 0.492\frac{a}{a_{\mathrm{B}}}$。

由此式可求得碱金属 Li，Na，K，Rb 的 r_s 分别为 3.25，3.94，4.87 和 5.20。对于其他类型的金属如 Al，其晶体结构为面心立方，晶格常数 a=4.05 Å，每个晶胞中包含 4 个 Al 原子，每个 Al 原子含有 3 个价电子，因此有 $\frac{4}{3}\pi(r_s a_{\mathrm{B}})^3 = \frac{a^3}{12}$，可求得 r_s=2.07。一般来说，大多数金属晶体计算得到的 r_s 在 2～6，如表 5-2 所示。

表 5-2　一些金属的价电子数 Z、电子数密度 n、电子占据球体积的半径 r、电子占据半径与玻尔半径之比 $r_s=r/a_{\mathrm{B}}$、费米能 E_{F}、费米波矢 k_{F}、费米速度 v_{F} 和费米温度 T_{F}；电子数密度和电子占据半径数据是在常温和常压下得到的（特别标明温度的元素除外）

元素	Z	$n/(\times10^{28}\ \mathrm{m^{-3}})$	$r=(3/(4\pi n))^{\frac{1}{3}}$ /Å	$r_s=r/a_{\mathrm{B}}$	E_{F} /eV	$k_{\mathrm{F}}/(\times10^{10}\ \mathrm{m^{-1}})$	$v_{\mathrm{F}}/(\times10^6\ \mathrm{m/s})$	$T_{\mathrm{F}}/(\times10^4\ \mathrm{K})$
Li(78 K)	1	4.70	1.72	3.25	4.74	1.12	1.29	5.51
Na(5 K)	1	2.65	2.08	3.93	3.24	0.92	1.07	3.77
K(5 K)	1	1.40	2.57	4.86	2.12	0.75	0.86	2.46
Rb(5 K)	1	1.15	2.75	5.20	1.85	0.70	0.81	2.15
Cs(5 K)	1	0.91	2.98	5.62	1.59	0.65	0.75	1.84
Cu	1	8.47	1.41	2.67	7.00	1.36	1.57	8.16
Ag	1	5.86	1.60	3.02	5.49	1.20	1.39	6.38
Au	1	5.9	1.59	3.01	5.53	1.21	1.40	6.42
Be	2	24.7	0.99	1.87	14.3	1.94	2.25	16.6

续表

元素	Z	$n/(\times10^{28}$ $m^{-3})$	$r=(3/(4\pi n))^{\frac{1}{3}}/Å$	$r_s=r/a_B$	E_F /eV	$k_F/(\times10^{10}$ $m^{-1})$	$v_F/(\times10^6$ m/s)	$T_F/(\times10^4$ K)
Mg	2	8.61	1.41	2.66	7.08	1.36	1.58	8.23
Ca	2	4.61	1.73	3.27	4.69	1.11	1.28	5.44
Sr	2	3.55	1.89	3.57	3.93	1.02	1.18	4.57
Ba	2	3.15	1.96	3.71	3.64	0.98	1.13	4.23
Nb	1	5.56	1.63	3.07	5.32	1.18	1.37	6.18
Fe	2	17.0	1.12	2.12	11.1	1.71	1.98	13.0
Mn(α)	2	16.5	1.13	2.14	10.9	1.70	1.96	12.7
Zn	2	13.2	1.22	2.30	9.47	1.58	1.83	11.0
Cd	2	9.27	1.37	2.59	7.47	1.40	1.62	8.68
Hg(78 K)	2	8.65	1.40	2.65	7.13	1.37	1.58	8.29
Al	3	18.1	1.10	2.07	11.7	1.75	2.03	13.6
Ga	3	15.4	1.16	2.19	10.4	1.66	1.92	12.1
In	3	11.5	1.27	2.41	8.63	1.51	1.74	10.0
Tl	3	10.5	1.31	2.48	8.15	1.46	1.69	9.46
Sn	4	14.8	1.17	2.22	10.2	1.64	1.90	11.8
Pb	4	13.2	1.22	2.30	9.47	1.58	1.83	11.0
Bi	5	14.1	1.19	2.25	9.90	1.61	1.87	11.5
Sb	5	16.5	1.13	2.14	10.9	1.70	1.96	12.7

3. 费米球和费米能

接下来介绍费米球和费米能的概念，以及由此引出的费米波矢、费米温度及其与上述电子占据半径之间的关系。

由 N 个电子组成的自由电子系统，电子从 $\boldsymbol{k}=0$ 态开始，能量由低到高依次占据每个状态 $\boldsymbol{k}$，而每个状态可容纳自旋向上和自旋向下两个电子。占据到最高的能量，形成一个球体，称为费米球，费米球半径对应的波矢 $\boldsymbol{k}_F$ 称为费米波矢，如图 5-5 所示。费米球面称为费米面，费米面对应的能量，即是费米能。费米面以下的状态全部被电子填满，费米面以上的状态为空态，因此费米能就是最高被电子占据的能量状态，用 E_F 来表示。绝对零度时，根据（5.50）式和（5.51）式，积分上限为费米能，系统总的电子数为

$$N=\int_0^{E_F} Vg(E)\,\mathrm{d}E \tag{5.55}$$

容易求出费米能为

$$E_F=\frac{\hbar^2 k_F^2}{2m} \tag{5.56}$$

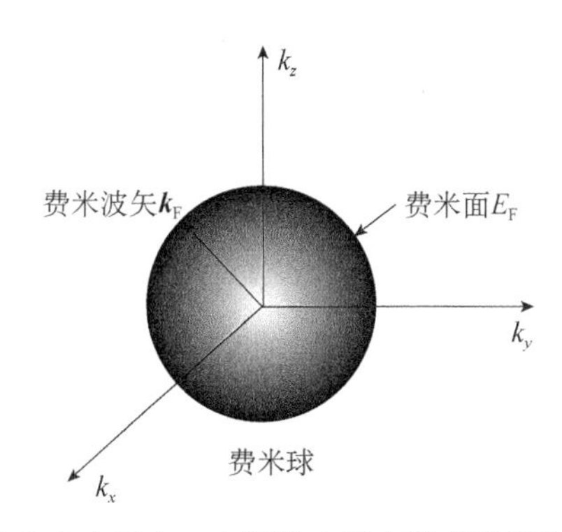

图 5-5　N 个自由电子在 k 空间的占据态形成半径为 k_F 的费米球

为了确定电子的费米波矢 $\boldsymbol{k}_F$，在 k 空间中，根据体积为 $\frac{4}{3}\pi\boldsymbol{k}_F^3$ 费米球内的电子总数等于晶体的电子总数，有（考虑电子自旋）

$$N = 2\times\frac{V}{(2\pi)^3}\times\frac{4}{3}\pi\boldsymbol{k}_F^3$$

据此可求出费米波矢大小为

$$k_F = \left(3\pi^2\frac{N}{V}\right)^{1/3} = (3\pi^2 n)^{1/3} \tag{5.57}$$

式中 $n = \frac{N}{V}$ 为电子数密度。

根据（5.54）式，费米波矢也可以写成

$$k_F = \left(\frac{9\pi}{4}\right)^{1/3}\frac{1}{r_s a_B} \approx \frac{1.919}{r_s a_B}$$

利用玻尔半径 $a_B = \frac{4\pi\varepsilon_0\hbar^2}{me^2}$ 和精细结构常量 $\alpha = \frac{e^2}{4\pi\varepsilon_0\hbar c} = \frac{1}{137.036}$，费米速度与光速之比可写为

$$\frac{v_F}{c} = \frac{\hbar}{mc}k_F = \frac{e^2}{4\pi\varepsilon_0\hbar c}\frac{4\pi\varepsilon_0\hbar^2}{me^2}k_F = \alpha a_B k_F = \frac{1}{137.036}\frac{1.919}{r_s}$$

由此比较可知，费米速度大约是光速的数百分之一。

在绝对零度时的费米能为

$$E_F = \frac{\hbar^2 k_F^2}{2m} = \frac{\hbar^2}{2ma_B^2}\frac{1.919^2}{r_s^2} = \frac{3.683}{r_s^2}\ (\text{Ry})$$

Ry 为能量单位（里德伯（Rydberg））$1\text{Ry} = \frac{\hbar^2}{2ma_B^2} = 13.606\ \text{eV}$，相当于氢原子的第一电离能，也是一种常用的能量单位。如费米能用电子伏特为单位表示时，经过

单位换算，应为

$$E_{\mathrm{F}}=\frac{50.11}{r_s^2}(\mathrm{eV})$$

金属的费米能一般在 1～10 eV，费米温度定义为$T_{\mathrm{F}}=\dfrac{E_{\mathrm{F}}}{k_{\mathrm{B}}}$，1 eV/$k_{\mathrm{B}}$=11 604.5 K，所以费米温度一般为 10^4～10^5 K。如表 5-2 所示。

由此可见，引入 r_s 这一参数后，费米能、费米波矢、费米速度和费米温度等一些参数都可以很方便地进行计算。

4. 费米能级处的能态密度

由（5.57）式并利用（5.56）式可得出

$$N=\frac{V}{3\pi^2}\left(\frac{2mE_{\mathrm{F}}}{\hbar^2}\right)^{\frac{3}{2}} \tag{5.58}$$

从而可求得在费米能级处的能态密度为

$$g(E_{\mathrm{F}})=\frac{1}{V}\frac{\mathrm{d}N}{\mathrm{d}E}=\frac{1}{2\pi^2}\left(\frac{2m}{\hbar^2}\right)^{\frac{3}{2}}E_{\mathrm{F}}^{\frac{1}{2}}$$

另外，求费米能级处的能态密度更为简便的方法，只需对（5.58）式求自然对数 $\ln N=\dfrac{3}{2}\ln E_{\mathrm{F}}+$常数，再进行微分，即

$$\frac{\mathrm{d}N}{N}=\frac{3}{2}\frac{\mathrm{d}E_{\mathrm{F}}}{E_{\mathrm{F}}}$$

可得能态密度

$$g(E_{\mathrm{F}})=\frac{1}{V}\frac{\mathrm{d}N}{\mathrm{d}E_{\mathrm{F}}}=\frac{3n}{2E_{\mathrm{F}}} \tag{5.59}$$

式中 $n=\dfrac{N}{V}$，为电子数密度，此式在后面的比热公式推导中将会用到。

5. 基态下电子的平均能量

下面我们计算基态下电子的平均能量。在波矢空间，金属自由电子气的费米面是球面，如图 5-5 所示，在费米面以下的所有状态被电子所填满，费米面以上的状态是空态。

在基态中，设自由电子的平均能量为 $\overline{E}$，那么，N 个自由电子气的总能量应为

$$\begin{aligned}N\overline{E}&=\int_0^{E_{\mathrm{F}}}Vg(E)E\mathrm{d}E=\int_0^{E_{\mathrm{F}}}VCE^{\frac{1}{2}}E\mathrm{d}E=VC\int_0^{E_{\mathrm{F}}}E^{\frac{3}{2}}\mathrm{d}E=\frac{2}{5}VCE_{\mathrm{F}}^{\frac{5}{2}}\\&=\frac{2}{3}VCE_{\mathrm{F}}^{\frac{3}{2}}\times\frac{3}{5}E_{\mathrm{F}}\end{aligned}$$

根据（5.39）式，可得等式右端系数正好是（5.58）式，即

$$\frac{2}{3}VCE_{\mathrm{F}}^{\frac{3}{2}}=\frac{2}{3}V\frac{1}{2\pi^2}\left(\frac{2m}{\hbar^2}\right)^{3/2}E_{\mathrm{F}}^{\frac{3}{2}}=\frac{V}{3\pi^2}\left(\frac{2mE_{\mathrm{F}}}{\hbar^2}\right)^{\frac{3}{2}}=N$$

因此，得到电子的平均能量为

$$\bar{E}=\frac{3}{5}E_{\mathrm{F}}$$

如代入前面以参数 r_s 表示的费米能 $E_{\mathrm{F}}=\dfrac{3.683}{r_s^2}$，可得电子的平均能量为

$$\bar{E}=\frac{3}{5}E_{\mathrm{F}}=\frac{3}{5}\times\frac{3.683}{r_s^2}=\frac{2.21}{r_s^2}(\mathrm{Ry})$$

这里应该强调：自由电子的平均能量实际就是电子的平均动能（前面解薛定谔方程时已经假设晶体中离子实对自由电子产生的势能为零）。由此可知在绝对零度时，电子的平均动能很大，而按经典理论应该趋于零，两者是截然不同的。

5.2.3　化学势与温度关系

当温度 $T\neq0$ K 时，接近费米面的电子由于获得热能 $k_{\mathrm{B}}T$ 而跃迁到费米面以外的状态。这样会导致费米面内厚约 $k_{\mathrm{B}}T$ 的球壳层内的部分电子态处于空态，电子被激发到费米面外厚约 $k_{\mathrm{B}}T$ 的球壳层中。图 5-6 是不同温度下的费米-狄拉克统计分布函数。根据这个分布函数以及能态密度，系统总的电子数为

$$N=\int_0^{\infty}Vg(E,T)f(E)\,\mathrm{d}E \tag{5.60}$$

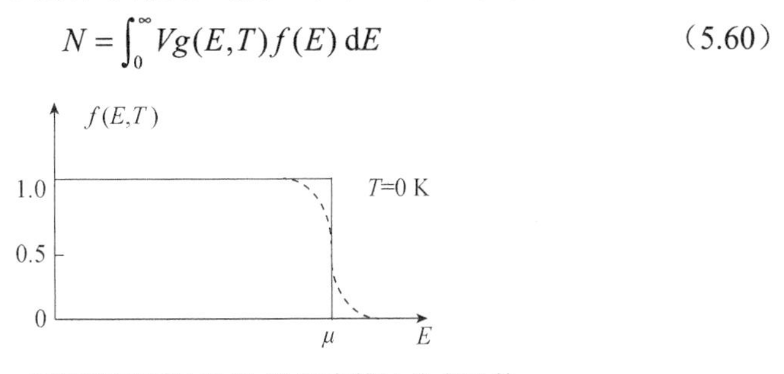

图 5-6　不同温度下的费米-狄拉克统计分布函数

将能态密度表达式（5.38）式代入（5.60）式，并进行分部积分，可得

$$N=\int_0^{\infty}VCE^{\frac{1}{2}}f(E)\,\mathrm{d}E=\frac{2}{3}VC\int_0^{\infty}f(E)\,\mathrm{d}E^{\frac{3}{2}}$$

$$\xlongequal{\text{分部积分}}\frac{2}{3}VC\,f(E)E^{\frac{3}{2}}\bigg|_0^{\infty}-\frac{2}{3}VC\int_0^{\infty}E^{\frac{3}{2}}\frac{\partial f(E)}{\partial E}\,\mathrm{d}E$$

很显然，第一项为零，故有

$$n = N/V = \int_0^\infty \frac{2}{3} C E^{\frac{3}{2}} \left[-\frac{\partial f(E)}{\partial E} \right] \mathrm{d}E \tag{5.61}$$

n 为电子数密度。为了书写简洁和计算方便，令

$$y(E) = \frac{2}{3} C E^{\frac{3}{2}}$$

因此，（5.61）式可写为

$$n = \int_0^\infty y(E) \left[-\frac{\partial f(E)}{\partial E} \right] \mathrm{d}E$$

由于 $k_B T \ll E_F$，如前面所述，$-\frac{\partial f(E)}{\partial E}$ 只有在 μ 附近取最大值，具有 δ 函数的性质。因此，可以把积分下限由零改为$-\infty$，这样对积分结果也不会造成太大的影响，即

$$n = \int_{-\infty}^\infty y(E) \left[-\frac{\partial f(E)}{\partial E} \right] \mathrm{d}E \tag{5.62}$$

利用泰勒级数将 $y(E)$在 μ 附近展开

$$y(E) = y(\mu) + y'(\mu)(E-\mu) + \frac{1}{2} y''(\mu)(E-\mu)^2 + \cdots$$

令 $x = (E-\mu)/(k_B T)$，作变量代换，可将（5.62）式积分改写成

$$\begin{aligned} n = {} & y(\mu)\int_{-\infty}^\infty \left[-\frac{\partial f(x)}{\partial x} \right] \mathrm{d}x + k_B T y'(\mu) \int_{-\infty}^\infty x \left[-\frac{\partial f(x)}{\partial x} \right] \mathrm{d}x \\ & + \frac{1}{2}(k_B T)^2 y''(\mu) \int_{-\infty}^\infty x^2 \left[-\frac{\partial f(x)}{\partial x} \right] \mathrm{d}x \end{aligned} \tag{5.63}$$

显然，（5.63）式第一项积分等于 1，第二项积分号内的函数为奇函数，积分应为零，而第三项积分为

$$\begin{aligned} & \int_{-\infty}^\infty x^2 \left[-\frac{\partial f(x)}{\partial x} \right] \mathrm{d}x = \int_{-\infty}^\infty x^2 \frac{\mathrm{e}^{-x}}{(\mathrm{e}^{-x}+1)^2} \mathrm{d}x \\ & \underline{\underline{\text{偶函数}}}\ 2\int_0^\infty x^2 \frac{\mathrm{e}^{-x}}{(\mathrm{e}^{-x}+1)^2} \mathrm{d}x = 2\int_0^\infty x^2 (\mathrm{e}^{-x} - 2\mathrm{e}^{-2x} + 3\mathrm{e}^{-3x} + \cdots) \mathrm{d}x \\ & \underline{\underline{\text{分部积分}}}\ 2\left[2\left(1 - \frac{1}{2^2} + \frac{1}{3^2} - \cdots \right) \right] = 4\sum_{n=1}^\infty \frac{(-1)^{n-1}}{n^2} = \frac{\pi^2}{3} \end{aligned} \tag{5.64}$$

式中用到级数 $\sum_{n=1}^\infty \frac{(-1)^{n-1}}{n^2} = \frac{\pi^2}{12}$（证明见附录）。

将（5.64）式代入（5.63）式，最后可得如下结果：

$$n = y(\mu) + \frac{\pi^2}{6}(k_B T)^2 y''(\mu) \tag{5.65}$$

而

$$y(\mu)=\frac{2}{3}C\mu^{\frac{3}{2}},\ y''(\mu)=\frac{1}{2}C\mu^{-\frac{1}{2}} \tag{5.66}$$

将（5.66）式代入（5.65）式，求得

$$n=\frac{2}{3}C\mu^{\frac{3}{2}}+\frac{\pi^2}{12}(k_{\mathrm{B}}T)^2C\mu^{-\frac{1}{2}} \tag{5.67}$$

而在基态下，（5.60）式中积分上限为费米能，式中费米-狄拉克统计分布函数应等于 1，有

$$N=\int_0^{E_{\mathrm{F}}}VCE^{\frac{1}{2}}\mathrm{d}E=\frac{2}{3}VCE_{\mathrm{F}}^{\frac{3}{2}}$$

$$n=\frac{N}{V}=\frac{2}{3}CE_{\mathrm{F}}^{\frac{3}{2}} \tag{5.68}$$

将（5.68）式代入（5.67）式，得

$$\frac{2}{3}CE_{\mathrm{F}}^{\frac{3}{2}}=\frac{2}{3}C\mu^{\frac{3}{2}}+\frac{\pi^2}{12}(k_{\mathrm{B}}T)^2C\mu^{-\frac{1}{2}}$$

即

$$E_{\mathrm{F}}^{\frac{3}{2}}=\mu^{\frac{3}{2}}\left[1+\frac{\pi^2}{8}\left(\frac{k_{\mathrm{B}}T}{\mu}\right)^2\right]$$

所以

$$E_{\mathrm{F}}=\mu\left[1+\frac{\pi^2}{8}\left(\frac{k_{\mathrm{B}}T}{\mu}\right)^2\right]^{\frac{2}{3}}$$

由于在室温下，$k_{\mathrm{B}}T/\mu\ll 1$，上式用泰勒级数展开后取一阶近似，可求得的费米能为

$$E_{\mathrm{F}}\approx\mu\left[1+\frac{\pi^2}{12}\left(\frac{k_{\mathrm{B}}T}{\mu}\right)^2\right]$$

整理成 μ 的一元二次方程形式

$$\mu^2-E_{\mathrm{F}}\mu+\frac{\pi^2}{12}(k_{\mathrm{B}}T)^2=0$$

解这个一元二次方程，求得

$$\begin{aligned}\mu&=\frac{1}{2}\left\{E_{\mathrm{F}}\pm\left[E_{\mathrm{F}}{}^2-\frac{\pi^2}{3}(k_{\mathrm{B}}T)^2\right]^{\frac{1}{2}}\right\}\overset{\text{舍去减号}}{=\!=\!=}\frac{1}{2}E_{\mathrm{F}}+\frac{1}{2}E_{\mathrm{F}}\left[1-\frac{\pi^2}{3}\left(\frac{k_{\mathrm{B}}T}{E_{\mathrm{F}}}\right)^2\right]^{\frac{1}{2}}\\&\approx\frac{1}{2}E_{\mathrm{F}}+\frac{1}{2}E_{\mathrm{F}}^0\left[1-\frac{1}{2}\frac{\pi^2}{3}\left(\frac{k_{\mathrm{B}}T}{E_{\mathrm{F}}}\right)^2\right]=E_{\mathrm{F}}\left[1-\frac{\pi^2}{12}\left(\frac{k_{\mathrm{B}}T}{E_{\mathrm{F}}}\right)^2\right]\end{aligned} \tag{5.69}$$

在室温下，$(k_BT/E_F)^2 \sim 10^{-4}$，化学势与温度 $T=0$ K 时自由电子气的费米能级 E_F 相当，因此，一般把化学势也称为费米能。

5.3　自由电子气的比热

在温度 T 时，由 N 个电子组成的自由电子气，每个电子的平均能量为

$$\bar{E}=\frac{1}{N}\int_0^{\infty} Vf(E)g(E)E\mathrm{d}E=\frac{C}{N}\int_0^{\infty} Vf(E)E^{\frac{3}{2}}\mathrm{d}E=\frac{2CV}{5N}\int_0^{\infty} f(E)\mathrm{d}E^{\frac{5}{2}}$$

仍利用 $-\frac{\partial f(E)}{\partial E}$ 只有在 μ 附近取最大值，类似于 δ 函数，把积分下限由零改为$-\infty$，不会影响积分结果，即

$$\bar{E}=\frac{2CV}{5N}\int_{-\infty}^{\infty} f(E)\mathrm{d}E^{\frac{5}{2}}$$

这里也采用分部积分方法，可得每个电子的平均能量为

$$\bar{E}=\frac{2CV}{5N}f(E)E^{\frac{5}{2}}\Big|_{-\infty}^{\infty}-\frac{2CV}{5N}\int_{-\infty}^{\infty}\frac{\partial f(E)}{\partial E}E^{\frac{5}{2}}\mathrm{d}E=\frac{2CV}{5N}\int_{-\infty}^{\infty}\left[-\frac{\partial f(E)}{\partial E}\right]E^{\frac{5}{2}}\mathrm{d}E \tag{5.70}$$

同样是为了书写和计算方便，令函数

$$y(E)=\frac{2CV}{5N}E^{\frac{5}{2}} \tag{5.71}$$

与 5.2.3 节中计算化学势表达式的方法类似，利用泰勒级数将 $y(E)$在 μ 附近展开，（5.70）式最后写为

$$\bar{E}\approx y(\mu)+\frac{\pi^2}{6}(k_BT)^2y''(\mu)+\cdots \tag{5.72}$$

并利用系统总的电子数 $N=\frac{2}{3}CVE_F^{\frac{3}{2}}$，可得

$$\frac{CV}{N}=\frac{3}{2}E_F^{-\frac{3}{2}} \tag{5.73}$$

将（5.71）式代入（5.72）式，并利用（5.73）式，得

$$\begin{aligned}\bar{E}&\approx\frac{2CV}{5N}\left[\mu^{\frac{5}{2}}+\frac{\pi^2}{6}(k_BT)^2\left(\mu^{\frac{5}{2}}\right)''\right]=\frac{2}{5}\times\frac{3}{2}E_F^{-\frac{3}{2}}\left[\mu^{\frac{5}{2}}+\frac{5\pi^2}{8}(k_BT)^2\mu^{\frac{1}{2}}\right]\\&=\frac{3}{5}E_F^{-\frac{3}{2}}\left[\mu^{\frac{5}{2}}+\frac{5\pi^2}{8}(k_BT)^2\mu^{\frac{1}{2}}\right]\end{aligned} \tag{5.74}$$

再回过头来对（5.69）式分别乘以 5/2 和 1/2 次幂，并用泰勒级数展开，取一级近似，有

$$\begin{cases} \mu^{\frac{5}{2}} = \left\{ E_F \left[1 - \dfrac{\pi^2}{12} \left(\dfrac{k_B T}{E_F} \right)^2 \right] \right\}^{\frac{5}{2}} \approx E_F^{\frac{5}{2}} \left[1 - \dfrac{5\pi^2}{24} \left(\dfrac{k_B T}{E_F} \right)^2 \right] & (5.75a) \\ \mu^{\frac{1}{2}} = \left\{ E_F \left[1 - \dfrac{\pi^2}{12} \left(\dfrac{k_B T}{E_F} \right)^2 \right] \right\}^{\frac{1}{2}} \approx E_F^{\frac{1}{2}} \left[1 - \dfrac{\pi^2}{24} \left(\dfrac{k_B T}{E_F} \right)^2 \right] & (5.75b) \end{cases}$$

将（5.75a）式和（5.76b）式代入（5.74）式，可得

$$\begin{aligned} \bar{E} &= \frac{3}{5} E_F^{-\frac{3}{2}} \left\{ E_F^{\frac{5}{2}} \left[1 - \frac{5\pi^2}{24} \left(\frac{k_B T}{E_F} \right)^2 \right] + \frac{5}{8} \pi^2 (k_B T)^2 E_F^{\frac{1}{2}} \left[1 - \frac{\pi^2}{24} \left(\frac{k_B T}{E_F} \right)^2 \right] \right\} \\ &\approx \frac{3}{5} \left\{ E_F - \frac{5\pi^2}{24} \frac{(k_B T)^2}{E_F} + \frac{5\pi^2}{8} \frac{(k_B T)^2}{E_F} - \frac{5\pi^4}{192} \frac{(k_B T)^2}{E_F^3} \right\} \approx \frac{3}{5} E_F + \frac{\pi^2}{4} \frac{(k_B T)^2}{E_F} \end{aligned} \tag{5.76}$$

（5.76）式对温度求导，于是可给出电子气的比热容

$$c_e = \frac{N}{V} \frac{\mathrm{d}\bar{E}}{\mathrm{d}T} = \frac{n\pi^2 k_B^2}{2E_F} T = \gamma T \tag{5.77}$$

式中 $\gamma = \dfrac{n\pi^2 k_B^2}{2E_F}$ 称为电子比热系数。若令 $k_B T_F = E_F$，T_F 称为费米温度（它与电子的实际温度没有任何关系，只是一个符号而已，具有温度的量纲）。这样，电子比热系数也可写为

$$\gamma = \frac{n\pi^2 k_B}{2T_F}$$

代入费米能级处的能态密度（5.59）式，可得电子比热系数与能态密度的关系为

$$\gamma = \frac{\pi^2 k_B^2}{3} g(E_F) \tag{5.78}$$

以上计算电子比热时，数学上运算很繁琐。关于电子气的比热与温度成正比的关系，也可利用下面的方法避开这些繁琐的运算而对电子气比热给出定性上的解释：金属中只有在费米面附近 $E_F - \dfrac{3}{2} k_B T \sim E_F$ 范围内的电子受热激发而跃迁到费米面以外更高的能级状态，这部分跃迁到高能级上的电子才对比热有贡献，跃迁激发的电子总数为

$$\begin{aligned} N' &= \int_{E_F - \frac{3}{2}k_B T}^{E_F} V g(E)\, \mathrm{d}E = CV \int_{E_F - \frac{3}{2}k_B T}^{E_F} E^{1/2} \mathrm{d}E = \frac{2}{3} CV \left[E_F^{\frac{3}{2}} - (E_F - \frac{3}{2} k_B T)^{\frac{3}{2}} \right] \\ &= \frac{2}{3} CV \left[E_F^{\frac{3}{2}} - E_F^{\frac{3}{2}} \left(1 - \frac{3}{2} \frac{k_B T}{E_F} \right)^{\frac{3}{2}} \right] \approx \frac{2}{3} CV \left[E_F^{\frac{3}{2}} - E_F^{\frac{3}{2}} \left(1 - \frac{9}{4} \frac{k_B T}{E_F} \right) \right] = \frac{9}{4} N \frac{k_B T}{E_F} \end{aligned}$$

此处用到了（5.73）式的关系 $N = \dfrac{2}{3} VC(E_F)^{3/2}$。

每个电子具有热能为 $3k_BT/2$，所以这部分电子气的平均能量应为

$$\bar{E}=\frac{N'\frac{3}{2}k_BT}{N}=\frac{27}{8}\frac{k_B^2T^2}{E_F}$$

上式对温度求导就得出电子比热与温度成正比的关系，即

$$c_e=\frac{N}{V}\frac{\partial\bar{E}}{\partial T}=\frac{27}{4}n\frac{k_B^2T}{E_F}=\gamma'T$$

这与前面经过分部积分和级数展开等一系列复杂的近似运算得到的结果一致，只是系数略有差别。通常温度下，$k_BT\ll E_F$，说明对系统比热有贡献的电子数仅占很少一部分（约占百分之一数量级）。在通常温度下，比热主要由晶格振动所贡献，所以，金属的比热仍然服从杜隆-珀蒂定律。

金属整体的比热由晶格振动的贡献和电子气的贡献两部分组成。在第 4 章中已经得出，在低温下晶格振动比热按德拜 T^3 规律变化，因此，二者对比热的贡献之和应为

$$c_V=c_e+c_L=\gamma T+\beta T^3$$

或改写成

$$c_V/T=\gamma+\beta T^2 \tag{5.79}$$

图 5-7 给出了低温下面心正交复式格子 $TiSi_2$ 单晶的 C_p/T 与 T^2 的实验结果。通过对实验曲线的拟合，可获得电子比热系数 γ 和晶格振动部分的 β 值

$$\gamma=(3.35\pm0.05)\ \text{mJ/(mol}\cdot\text{K}^2)$$

$$\beta=(0.0201\pm0.0005)\ \text{mJ/(mol}\cdot\text{K}^4)$$

根据拟合结果，并考虑到复式格子 $TiSi_2$ 晶体原胞中包含两个分子，由（5.78）式可求出电子的能态密度为

$$g(E_F)=\frac{3\gamma}{\pi^2k_B^2}\approx0.535\times10^{43}\ \text{states / (J}\cdot\text{mol)}$$

$$=0.535\times10^{43}\times\frac{2\times1.602\times10^{-19}}{6.022\times10^{23}}\approx2.85\ \text{states/(eV}\cdot\text{cell)}$$

由第 4 章中晶格振动贡献的摩尔比热（4.128）式 $C_V=\frac{12\pi^4}{5}\frac{R}{\Theta_D^3}T^3=\beta T^3$，可得 $\beta=\frac{12\pi^4}{5}\frac{R}{\Theta_D^3}$，即有 $\Theta_D=\left(\frac{12\pi^4}{5}\frac{R}{\beta}\right)^{\frac{1}{3}}$，式中 R 为普适气体常量。代入具体数值，可求出德拜温度 $\Theta_D\approx459\ \text{K}$。

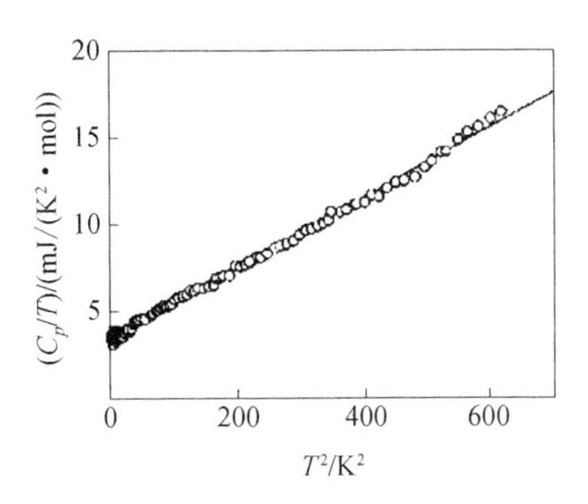

图 5-7　$TiSi_2$ 单晶的 C_p/T 与 T^2 的实验数据，实线为利用公式 $C_p/T=\gamma+\beta T^2$ 进行拟合的曲线[11]

电子气的量子理论表明，由于电子在能态中的分布受到泡利不相容原理的限制，只有费米面以内约 k_BT 能量范围内的电子有机会受热激发而跃迁到费米面以上的空态，从而对电子气的比热产生贡献。这部分电子数与总电子数之比 k_BT/E_F 在室温下的数量级是 10^{-2}，与实验结果符合得很好，并能给出 C_V 与温度 T 呈线性关系。

表 5-3 给出了一些金属低温比热系数的实验值和利用索末菲自由电子论获得的计算值，一些金属的比热系数实验值和理论值比较接近，但某些金属，如表中 Mn 元素的实验值比理论值高出两个数量级之多，这种严重偏离与电子在晶体中的有效质量有关。关于有效质量的概念将在第 6 章固体能带理论中进行介绍。

表 5-3　一些金属低温比热系数的实验值和理论值比较

（单位：$\times10^{-4}$ J/（mol・K^2））

元素	Li	Na	K	Cu	Ag	Be	Bi	Mn
$\gamma_{实验值}$	18	15	20	7	7	2	1	170
$\gamma_{理论值}$	7.4	11	17	5.0	6.4	2.5	5.0	5.2

5.4　金属的电导率和欧姆定律

电子热激发的平均能量为 k_BT 量级，在室温下 k_BT 约为 0.025 eV。计算表明，在室温下只有约 1%的电子才能跃迁到更高能级上而参与导电，也就是说，并不是全部价电子都参与导电，在外电场作用下，只有费米能级附近的少数电子才有可能被激发到空态能级上而参与导电。

由量子力学可知，自由电子的动量和波矢之间的关系为 $m\boldsymbol{v}=\hbar\boldsymbol{k}$，在外加电场 $\boldsymbol{\varepsilon}$ 和磁场 $\boldsymbol{B}$ 共同作用下，根据牛顿第二定律，有

$$m\frac{\mathrm{d}\boldsymbol{v}}{\mathrm{d}t}=\hbar\frac{\mathrm{d}\boldsymbol{k}}{\mathrm{d}t}=-e(\boldsymbol{\varepsilon}+\boldsymbol{v}\times\boldsymbol{B})\tag{5.80}$$

在外场作用下，电子动量的改变表现为 k 空间相应状态点的改变，对应费米球在外场作用下的整体移动。当不存在磁场并且不考虑电子与晶体缺陷、离子实的碰撞情况下，对（5.80）式积分可得

$$\delta \boldsymbol{k} = \boldsymbol{k}(t) - \boldsymbol{k}(0) = -\frac{e\boldsymbol{\varepsilon} t}{\hbar} \tag{5.81}$$

$\delta \boldsymbol{k}$ 代表在外电场作用下，在波矢空间中费米球在 t 时间内整体平移的位移，如图 5-8 所示，如果不考虑碰撞，费米球一直做匀加速运动。但事实是由于电子与杂质、晶体缺陷以及声子的相互碰撞，最终可使费米球保持一种稳态。如果电子的碰撞弛豫时间为 τ，则在这段时间内，费米球移动的位移为 $\delta \boldsymbol{k} = -\frac{e\boldsymbol{\varepsilon}\tau}{\hbar}$，速度增量为 $\boldsymbol{v} = \frac{\hbar\delta\boldsymbol{k}}{m} = -\frac{e\boldsymbol{\varepsilon}\tau}{m}$。如果金属的电子数密度为 n，则根据电流密度的定义，可得电流密度

$$\boldsymbol{j} = nq\boldsymbol{v} = ne^2\tau\boldsymbol{\varepsilon} / m = \sigma\boldsymbol{\varepsilon} \tag{5.82}$$

这就是欧姆定律的微分形式，式中 σ 就是电导率

$$\sigma = ne^2\tau / m \tag{5.83}$$

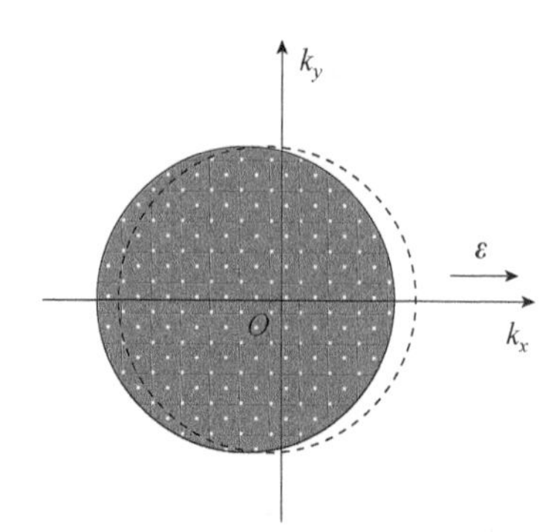

图 5-8　在外场作用下电子在 k 空间的移动

碰撞弛豫时间 τ 可分为两部分：一部分是与声子碰撞引起的，用 τ_l 表示；另一部分是与杂质、缺陷碰撞引起的，用 τ_i 表示。这时，电子的平均自由时间 τ 由下式给出：

$$\frac{1}{\tau} = \frac{1}{\tau_l} + \frac{1}{\tau_i} \tag{5.84}$$

金属的电阻率

$$\rho = \frac{1}{\sigma} = \frac{m}{ne^2\tau} \tag{5.85}$$

这样，总的电阻率可以写成

$$\rho = \rho_l + \rho_i \tag{5.86}$$

式中 ρ_l 和 ρ_i 分别为热声子引起的电阻率和杂质及缺陷散射而引起的电阻率。在缺陷浓度不大时，ρ_l 不依赖于缺陷数目，而 ρ_i 与温度无关。这种经验性的结论是马西森（Matthiessen）在 1840 年通过实验发现的，因此，被称为马西森定则（Matthiessen rule）。

因为在绝对零度下，热声子引起的电阻率 $\rho_l = 0$，因此，$\rho = \rho_i$，ρ_i 叫做剩余电阻率，ρ_i 可以根据 ρ-T 实验曲线，外推到 T=0 K 时得到。

5.5　金属的热传导

金属中温度梯度为 dT/dx 的自由电子气的能流密度为

$$J = -\kappa \mathrm{d}T/\mathrm{d}x \tag{5.87}$$

将 5.1.3 节中给出的德鲁特自由电子气模型下的热导率表达式（5.18），重写于此，即

$$\kappa = \frac{1}{3} n\overline{v^2} c_v \tau \tag{5.88}$$

式中 c_V 是德鲁特自由电子气模型的电子比热容，$\overline{v^2}$ 是电子的方均速率，τ 是电子的平均弛豫时间。

对于索末菲自由电子气，完全可以借用（5.88）式，但需要把电子气的比热容 c_V 换成索末菲自由电子气的比热容（5.77）式。由于只有费米能级附近的电子受到碰撞，因此把德鲁特自由电子气模型中的电子速度换成索末菲自由电子气模型下的电子费米速度 $\boldsymbol{v}_\mathrm{F}$，而费米温度为

$$T_\mathrm{F} = \frac{\varepsilon_\mathrm{F}}{k_\mathrm{B}} = \frac{m v_\mathrm{F}^2}{2k_\mathrm{B}} \tag{5.89}$$

将（5.89）式代入电子比热表达式（5.77）式，即

$$c_e = \frac{1}{2}\frac{\pi^2 n k_\mathrm{B} T}{T_\mathrm{F}} = \frac{n\pi^2 k_\mathrm{B}^2 T}{m v_\mathrm{F}^2}$$

对每一个电子的比热应为

$$c_v = \frac{\pi^2 k_\mathrm{B}^2 T}{m v_\mathrm{F}^2} \tag{5.90}$$

将（5.90）式代入（5.88）式，可得索末菲自由电子气的热导率为

$$\kappa = \frac{1}{3} n v_\mathrm{F}^2 \frac{\pi^2 k_\mathrm{B}^2 T}{m v_\mathrm{F}^2}\tau = \frac{n\pi^2 k_\mathrm{B}^2 T\tau}{3m} \tag{5.91}$$

将热导率（5.91）式和电导率（5.83）式相除，即热导率与电导率之比为

$$\frac{\kappa}{\sigma}=\frac{n\pi^2 k_B^2 T\tau/3m}{ne^2\tau/m}=\frac{\pi^2 k_B^2}{3e^2}T \tag{5.92}$$

（5.92）式改写为$\dfrac{\kappa}{\sigma T}=\dfrac{\pi^2 k_B^2}{3e^2}$，并令

$$L=\frac{\kappa}{\sigma T}=\frac{\pi^2 k_B^2}{3e^2} \tag{5.93}$$

代入具体数值，可得

$$L=2.44\times10^{-8}\ \text{W}\cdot\Omega/\text{K}^2 \tag{5.94}$$

（5.93）式清楚地表明，在一定的温度下，热导率与电导率和温度的乘积之比是一个常量，这是维德曼（Wiedemann）和弗兰兹（Franz）在 1853 年发现的，称之为维德曼-弗兰兹定律。1881 年洛伦兹进一步发现，此比值$L\equiv\kappa/(\sigma T)$是一个与温度无关的常量，故把 L 称为洛伦兹常量。表 5-4 列出了一些金属在 273 K 温度下测得的热导率和洛伦兹常量的数值，可以看出，与德鲁特自由电子论得到的洛伦兹常量理论值$L=1.11\times10^{-8}\ \text{W}\cdot\Omega/\text{K}^2$相比，仅是实验值的一半，而索末菲自由电子论得到的洛伦兹常量理论值$L=2.44\times10^{-8}\ \text{W}\cdot\Omega/\text{K}^2$更接近这些实验值，这说明索末菲自由电子理论模型比前者更为合理。

表 5-4　一些金属在 273 K 温度下测得的热导率和洛伦兹常量

元素	κ /（W/（cm・K））	（κ/（σT））/（$\times10^{-8}$ W・Ω/K²）	元素	κ /（W/（cm・K））	（κ/（σT））/（$\times10^{-8}$ W・Ω/K²）
Li	0.71	2.22	Au	3.1	2.32
Na	1.38	2.12	Fe	0.8	2.61
K	1.0	2.23	Zn	1.13	2.28
Rb	0.6	2.42	Al	2.38	2.14
Cu	3.85	2.20	Sn	0.64	2.48
Ag	4.18	2.31	Sb	0.18	2.57

图 5-9 是金属 Ti 多晶和单晶材料测得的热导率随温度的变化曲线，在纯金属中电子对热导率的贡献占主导地位。从图 5-9 中可以看出，单晶样品的热导率明显高于多晶样品的热导率，可以认为是电子受到晶粒间界的散射，平均自由时间有所减小，而根据（5.88）式可知，在一定温度下$\kappa\propto\tau$，多晶样品的热导率有所降低。

事实上，德鲁特模型关于自由电子气的电导率和热导率理论同样可用（5.83）式和（5.91）式给予解释，但是，电子的平均速度$\bar{v}$比费米速度v_F小一个数量级。室温附近，德鲁特模型计算得到的电子比热相比索末菲自由电子模型得到的电子比热大两个数量级，这恰好与$\overline{v^2}$的估算值小两个数量级相一致（$\overline{v^2}$在（5.90）式

中的分母上)，而索末菲自由电子论计算的比热值与实验上测得的结果符合得很好。但对于洛伦兹常量来说，这二者得到了相近的数值，这是德鲁特理论模型比较成功的一个方面。

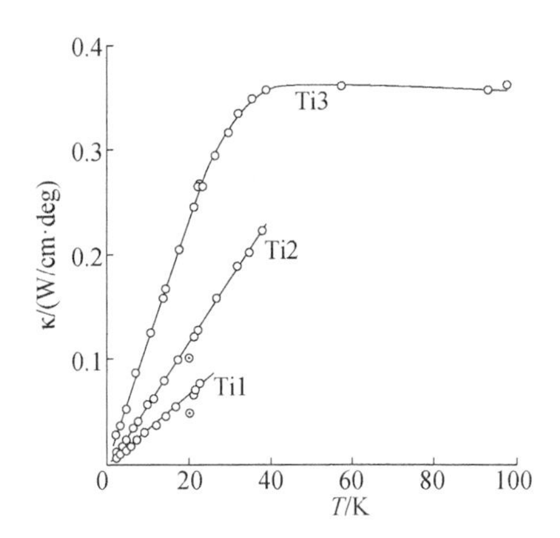

图 5-9　金属 Ti 的多晶样品（未退火样品 Ti1 和退火样品 Ti2）和单晶样品 Ti3 的热导率 κ 随温度 T 的变化曲线[12]

带芯圆圈为利用维德曼-弗兰兹定律拟合的数值

5.6　电子在磁场中的运动

5.6.1　朗道能级

没有外场时，自由电子的哈密顿量为

$$H=\frac{p^2}{2m}=\frac{(-\mathrm{i}\hbar\nabla)^2}{2m}=-\frac{\hbar^2}{2m}\nabla^2$$

在外磁场 $\boldsymbol{B}$ 的作用下，设磁场的矢势为 $\boldsymbol{A}$ ，这时自由电子的哈密顿量应为

$$H=\frac{1}{2m}(\boldsymbol{p}+e\boldsymbol{A})^2 \tag{5.95}$$

若 $\boldsymbol{B}$ 沿 z 轴方向，即 $B_x=B_y=0, B_z=B$，磁场

$$\boldsymbol{B}=B\hat{k}=\nabla\times\boldsymbol{A}=\left(\frac{\partial}{\partial x}\hat{i}+\frac{\partial}{\partial y}\hat{j}+\frac{\partial}{\partial z}\hat{k}\right)\times(A_x\hat{i}+A_y\hat{j}+A_z\hat{k})$$

$$=\left(\frac{\partial A_z}{\partial y}-\frac{\partial A_y}{\partial z}\right)\hat{i}+\left(\frac{\partial A_x}{\partial z}-\frac{\partial A_z}{\partial x}\right)\hat{j}+\left(\frac{\partial A_y}{\partial x}-\frac{\partial A_x}{\partial y}\right)\hat{k}$$

即得

$$B_x=\frac{\partial A_z}{\partial y}-\frac{\partial A_y}{\partial z}=0,\ B_y=\frac{\partial A_x}{\partial z}-\frac{\partial A_z}{\partial x}=0,\ B_z=\frac{\partial A_y}{\partial x}-\frac{\partial A_x}{\partial y}=B$$

不难看出， $\boldsymbol{A}$ 具有任意性，例如，有解时

$$A_z = A_y = 0,\ A_x = -By$$

也可以是

$$A_z = A_x = 0,\ A_y = Bx$$

这说明，磁场的矢势 $\boldsymbol{A}$ 可以唯一地确定磁场 $\boldsymbol{B}$，但 $\boldsymbol{B}$ 不能唯一地确定 $\boldsymbol{A}$，我们可选取 $\boldsymbol{A} = Bx\hat{j}$，那么，由（5.95）式，电子在磁场中的薛定谔方程可写为

$$\frac{1}{2m}(-\mathrm{i}\hbar\nabla + eBx\hat{j})^2\phi = E\phi \tag{5.96}$$

在此方程中，与无磁场的自由电子情形相比多了含 x 项。波函数在 x 方向不再是平面波的形式，但在 y, z 方向上仍保持平面波的形式，因此可采用分离变量法，把试探波函数写成

$$\phi = \mathrm{e}^{\mathrm{i}(k_y + k_z)}\varphi(x) \tag{5.97}$$

（5.97）式代入（5.96）式，可得薛定谔方程

$$-\frac{\hbar^2}{2m}\frac{\mathrm{d}^2}{\mathrm{d}x^2}\varphi(x) + \frac{m\omega_c^2}{2}(x - x_0)^2\varphi(x) = E\varphi(x) \tag{5.98}$$

式中 $\omega_c = \dfrac{eB}{m}$ 称为回旋频率，$x_0 = \dfrac{\hbar k_y}{eB}$。

（5.98）式是一个以 x_0 为中心的一维谐振子的薛定谔方程，其解为

$$\varphi_n(x - x_0) = \exp\left[-\frac{\omega_c}{2}(x - x_0)^2\right]\cdot H_n[\omega_c(x - x_0)] \tag{5.99}$$

式中 H_n 为厄米多项式。

一维谐振子的能量

$$\varepsilon_n = \left(E - \frac{\hbar^2 k_z^2}{2m}\right) = \left(n + \frac{1}{2}\right)\hbar\omega_c,\quad n = 0,1,2,3,\cdots \tag{5.100}$$

与自由电子的能量 $E(\boldsymbol{k}) = \hbar^2(k_x^2 + k_y^2 + k_z^2)/(2m)$ 相比，施加沿 z 轴的磁场后，电子沿 z 轴不受洛伦兹力的作用，因此仍以能量 $\hbar^2 k_z^2/(2m)$ 保持自由运动，而在垂直于磁场方向的 x-y 平面内，从原来准连续的能带变为一系列的一维子能带 $(n + 1/2)\hbar\omega_c$。电子在 x-y 平面内的匀速圆周运动对应于一种简谐振动，其能量是量子化的，这一结论是由朗道（Landau）在 1930 年首先提出的，因此量子化的能级就被称为朗道能级（Landau level）。

在 k 空间中，波矢沿 z 轴形成一系列同轴的"圆柱面"，如图 5-10（a）所示，每一个圆柱面对应一个确定的量子数 n，可以看成是一个子能带。每个圆柱面上的能量由

$$E_n(k_z) = \frac{\hbar^2 k_z^2}{2m} + \left(n + \frac{1}{2}\right)\hbar\omega_c \tag{5.101}$$

确定，如图 5-10（b）所示。

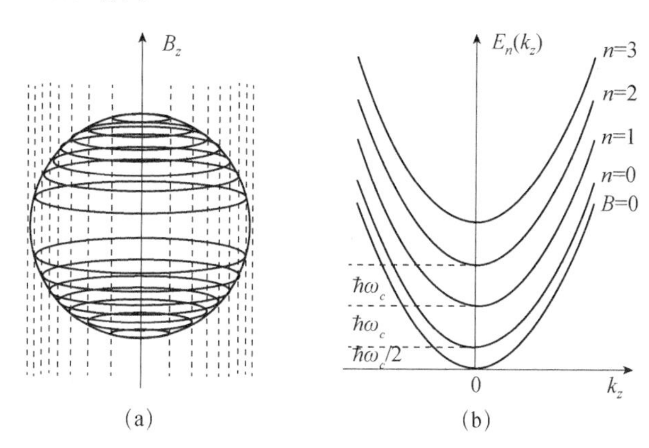

图 5-10　外加磁场下自由电子形成的朗道管和子带：（a）外磁场下的朗道管；（b）自由电子磁子能带

5.6.2　朗道能级的简并度

自由电子气准连续的能谱在垂直磁场下聚集成间隔为 $\hbar\omega_c$ 的分立能级。这种改变是量子态的改变，但量子态的总数应当保持不变。也就是说，每个朗道能级所包含的量子态总数等于原来连续能谱中能量间隔 $\hbar\omega_c$ 内的量子态数目，即朗道能级的简并度。磁场中电子能量本征值由 n, k_z 决定，而相应的本征函数 $\varphi = \mathrm{e}^{\mathrm{i}(k_y+k_z)}\phi(x)$ 是由 n, k_y, k_z 三个量子数决定的。当 n, k_z 给定后，能量唯一地确定，但 k_y 可以取任意值，即这些不同的 k_y 所对应的本征函数对 $E_n(k_z)$ 是简并的。下面求此简并度。

在外磁场中，能量等于 $(n+1/2)\hbar\omega_c$ 的谐振子，电子在其中心 x_0 附近振动，它可以处于晶体中不同位置，但只能在晶体的线度内，即

$$-\frac{L_x}{2} < x_0 = \frac{\hbar k_y}{eB} < \frac{L_x}{2} \tag{5.102}$$

因此，k_y 的取值范围在 $k_y \in \left(-\frac{eB}{2\hbar}L_x, \frac{eB}{2\hbar}L_x\right)$ 之间，此区间均匀分布 k_y 代表点的线度为 $2\pi/L_y$，在此区间共有

$$\rho = \frac{2eBL_x/(2\hbar)}{2\pi/L_y} = \frac{eB}{2\pi\hbar}L_xL_y = \frac{m\omega_c}{2\pi\hbar}L_xL_y \tag{5.103}$$

个 k_y 代表点，也就是总的状态数，即为简并度。

简并度也可以通过朗道环进行计算。在 k 空间中，许可态的代表点将简并到圆柱面朗道管上，其截面称作朗道环，由

$$\varepsilon = \frac{\hbar^2 k_{xy}^2}{2m} = \frac{\hbar^2 k_x^2}{2m} + \frac{\hbar^2 k_y^2}{2m} = \left(n + \frac{1}{2}\right)\hbar\omega_c,\quad k_{xy}^2 = k_x^2 + k_y^2$$

得到$\Delta\varepsilon = \frac{\hbar^2 k_{xy}}{m}\mathrm{d}k_{xy}$和$\Delta\varepsilon = \hbar\omega_c$，由此可得相邻两个朗道环间的面积为

$$\Delta A = 2\pi k_{xy}\mathrm{d}k_{xy} = \frac{2\pi m\Delta\varepsilon}{\hbar^2} = \frac{2\pi m\omega_c}{\hbar} \tag{5.104}$$

因为在 x-y 平面内每个状态代表点的面积为$(2\pi)^2/(L_x L_y)$，因此，无磁场时上述面积所包含的所有的状态数是

$$\rho = \frac{\Delta A}{(2\pi)^2/(L_x L_y)} = \frac{m\omega_c}{2\pi\hbar}L_x L_y \tag{5.105}$$

这就是每个朗道环的简并度，显然，（5.105）式与（5.103）式所得结果完全一致。这说明本来在 k_x-k_y 平面上均匀分布的代表点（图 5-11（a）），在磁场的作用下聚集到圆周上（图 5-11（b））。自由电子气在磁场中形成一系列高度简并的朗道能级，这实际上反映了状态代表点在 k 空间的一种重新分布，而总的状态数目没有改变。朗道能级简并度随磁场强度变化，使得电子气系统的能量随磁场强度变化而变化。另外，由（5.103）式可知，简并度与子能带的序号无关。

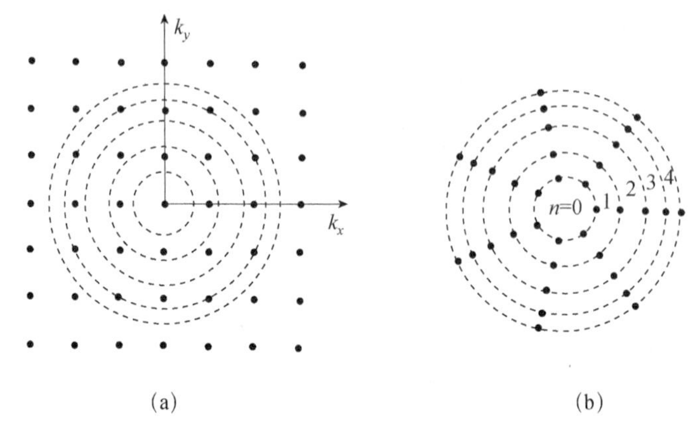

图 5-11　磁场中自由电子波矢分布：（a）无外场时状态点在 k 空间均匀分布；（b）有外场时状态点在 k 空间形成朗道环

5.6.3　磁场中电子的能态密度

在 $k_z \to k_z + \mathrm{d}k_z$ 范围内代表点的数目为

$$\frac{\mathrm{d}k_z}{2\pi/L_z} = \frac{L_z}{2\pi}\mathrm{d}k_z \tag{5.106}$$

式中 $2\pi/L_z$ 是代表点在 z 方向上的线度。由于对每一组给定的量子数(n,k_z)都对应 ρ 个不同的 k 值，考虑到自旋，在 $k_z \sim k_z + \mathrm{d}k_z$ 范围内的状态数目为

$$\mathrm{d}N = 2\rho\left(\frac{L_z}{2\pi}\right)(2\mathrm{d}k_z) = 2\left(\frac{m\omega_c}{2\pi\hbar}L_xL_y\right)\left(\frac{L_z}{2\pi}\right)(2\mathrm{d}k_z) = \frac{4V}{(2\pi)^2}\frac{m\hbar\omega_c}{\hbar^2}\mathrm{d}k_z \quad (5.107)$$

式中 $V = L_xL_yL_z$ 为晶体的体积。dk 前面乘以 2 是考虑到 k_z 和 $-k_z$ 是两个等价的状态。

由朗道能级的本征能量 $E_n(k_z) = \left(n+\frac{1}{2}\right)\hbar\omega_c + \frac{\hbar^2k_z^2}{2m}$，可得

$$\begin{aligned}\mathrm{d}k_z &= \frac{m}{\hbar^2k_z}\mathrm{d}E = \frac{m}{\hbar^2}\frac{\hbar}{\sqrt{2m}}\left\{\left[E-\left(n+\frac{1}{2}\right)\hbar\omega_c\right]\right\}^{-1/2}\mathrm{d}E \\ &= \frac{\sqrt{2m}}{2\hbar}\left[E-\left(n+\frac{1}{2}\right)\hbar\omega_c\right]^{-1/2}\mathrm{d}E\end{aligned} \quad (5.108)$$

把（5.108）式代入（5.107）式中，整合系数后得到在 $E \to E+\mathrm{d}E$ 能量之间的状态数表达式为

$$\mathrm{d}N = \frac{V\hbar\omega_c}{(2\pi)^2}\left(\frac{2m}{\hbar^2}\right)^{3/2}[E-(n+1/2)\hbar\omega_c]^{-1/2}\mathrm{d}E \quad (5.109)$$

由此可得第 n 个子能带的能态密度

$$g_n(E) = \frac{1}{V}\frac{\mathrm{d}N}{\mathrm{d}E} = \frac{\hbar\omega_c}{(2\pi)^2}\left(\frac{2m}{\hbar^2}\right)^{3/2}[E-(n+1/2)\hbar\omega_c]^{-1/2} \quad (5.110)$$

由于能量等于 E 的电子可以处于不同的子能带，所以总的能态密度必须对所有子能带求和得到，即

$$g(E) = \sum_{n=0}^{l} g_n(E) = \frac{\hbar\omega_c}{(2\pi)^2}\left(\frac{2m}{\hbar^2}\right)^{3/2}\sum_{n=0}^{l}[E-(n+1/2)\hbar\omega_c]^{-1/2} \quad (5.111)$$

（5.111）式中求和 l 上限满足

$$(n+1/2)\hbar\omega_c < E \quad (5.112)$$

图 5-12 中表示的是（5.111）式能态密度随能量 E 的变化曲线以及 B=0 时自由电子的能态密度曲线。可以看出，在外场作用下，每当电子能量 $E=(n+1/2)\hbar\omega_c$ 时，能态密度出现一次峰值。两峰之间的能量间隔为 $\hbar\omega_c$，由于回旋频率 $\omega_c = Be/m$，所以能态密度的峰值位置及两峰之间的间隔也随磁场的变化而变化。能态密度的这种特点将会深刻地影响着金属的物理性质。

5.6.4　德哈斯-范阿尔芬效应

早在 1930 年，德哈斯（de Haas）和范阿尔芬（van Alphen）做了一个非常著名的物理实验，他们发现，在低温（14.2 K）和强磁场的实验条件下，铋（Bi）单晶样品的磁化率会随着磁场的变化而发生振荡，如图 5-13 所示，这种奇特的物理现象，后来被人们称之为德哈斯-范阿尔芬效应（de Haas-van Alphen effect）。

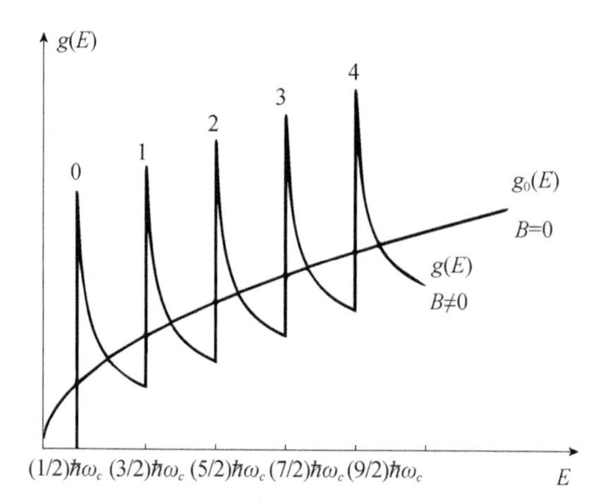

图 5-12　能态密度随能量 E 的变化曲线以及 B=0 时自由电子的能态密度曲线

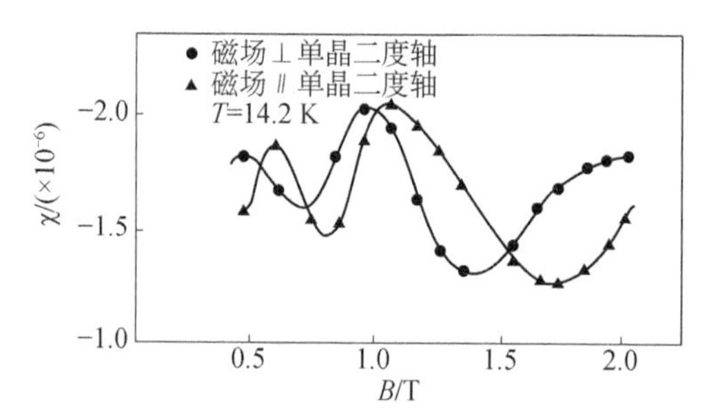

图 5-13　铋单晶在低温 14.2 K 温度下，沿不同晶体方向测得的磁化率随磁场的振荡情况[13]

根据 5.6.1～5.6.3 节的内容可以对德哈斯-范阿尔芬效应给予合理的解释：由能态密度（5.111）式可知，在 $E=(n+1/2)\hbar\omega_c$ 处能态密度出现峰值，相邻峰值间能量差为 $\hbar\omega_c=\dfrac{\hbar eB}{m}$。外加磁场变化时，由于系统中电子总数 N 并不随外加磁场的增大而发生变化，因此，费米能 $E_{\mathrm{F}}=\dfrac{\hbar^2}{2m}(3\pi^2 n)^{\frac{2}{3}}$（$n$ 为电子数密度）保持不变。假设 $B=B_1$ 时，有 n 个峰，费米面正好跟最外层朗道管相切，费米能为 $E_{\mathrm{F}}=\left(n+\dfrac{1}{2}\right)\dfrac{\hbar eB_1}{m}$，现将磁场增大到 $B=B_2$ 时，出现 $n-1$ 个峰，费米面又正好跟最外层朗道管相切时，这时费米能 $E_{\mathrm{F}}=\left(n-\dfrac{1}{2}\right)\dfrac{\hbar eB_2}{m}$，由此可得

$$\frac{1}{B_1}-\frac{1}{B_2}=\Delta\left(\frac{1}{B}\right)=\frac{e\hbar}{mE_{\mathrm{F}}} \tag{5.113}$$

而费米能也可以写为

$$E_{\mathrm{F}}=\frac{\hbar^2 \boldsymbol{k}_{\mathrm{F}}^2}{2m}=\frac{\hbar^2\pi\boldsymbol{k}_{\mathrm{F}}^2}{2\pi m}=\frac{\hbar^2 S_{\mathrm{F}}}{2\pi m} \tag{5.114}$$

式中 $\boldsymbol{k}_{\mathrm{F}}$ 为费米波矢，$S_{\mathrm{F}}=\pi\boldsymbol{k}_{\mathrm{F}}^2$ 为波矢空间费米圆的面积。

将（5.114）式代入（5.113）式，得

$$\Delta\left(\frac{1}{B}\right)=\frac{2\pi e}{\hbar S_{\mathrm{F}}} \tag{5.115}$$

而由（5.104）式可知，相邻两个朗道环间的横截面积 $\Delta A=\dfrac{2\pi m\hbar\omega_c}{\hbar^2}$，代入 $\omega_c=\dfrac{eB}{m}$，可得

$$\Delta A=\frac{2\pi m\hbar\omega_c}{\hbar^2}=\frac{2\pi eB}{\hbar} \tag{5.116}$$

在 k 空间中处于两个朗道管之间的所有电子在磁场作用下简并集中到朗道能级上。由（5.116）式可知，随着磁场 B 的增加，朗道环的横截面 ΔA 也随之增大，朗道环会相继越过最高能量电子占据态，即费米能级 E_{F}（或者等价于费米波矢 $\boldsymbol{k}_{\mathrm{F}}$）。在这一朗道环区域内超越费米能级的电子占据态将进行重新分布至较低的能量状态，这样，原来在第 n 个子能带的电子全部落在下面的第 $n-1$ 个子能带上去，其结果会使整个电子系统的平均能量减小，再继续增大外加磁场时，整个电子系统的平均能量又一次随之增大，当能量超过费米能级时，电子系统的平均能量再一次随之减小，这样周而复始，电子系统的总能量将随着磁场的增大而呈现周期性的变化规律，变化的周期即为（5.113）式确定。这种电子系统的能量变化就会造成导出量，譬如磁化强度（在绝对零度下，其数值等于系统自由能对磁感应强度一阶导数的负值）将会发生变化。其结果是，电子态重新分布将引起系统能量发生变化，进而导致磁化强度随磁场倒数出现周期性振荡现象。

以上所述的是针对绝对零度下自由电子体系，加以推广可以应用于固体中的电子系统（这需要用到第 6 章固体能带理论中引入有效质量来代替晶体中的电子的惯性质量，以此来高度概括晶体势对晶体中电子的作用）。在一定温度下，只要温度足够低，一般 $k_{\mathrm{B}}T$ 应远小于相邻两个朗道管的能量间隔，即 $k_{\mathrm{B}}T\ll\hbar\omega_c=\dfrac{\hbar eB}{m}$，这样才能使振荡的结构不会由于热激发使费米面模糊不清而变得不确定，这就要求在低温和强磁场下才能够观察到这一效应，这是实验条件的基本要求。另外，对样品本身而言，也有很高的要求，其目的是确保有很确定的回旋频率 ω_c，需要有较长的弛豫时间，即要求 $\omega_c\tau\gg1$，这样就不会因为碰撞破坏轨道的确定和量子化。因此，实验用的样品应是无杂质的纯单晶样品，且无应变。在满足以上这些条件的前提下才有可能观察到这一效应。图 5-14 是纯的半金属二元合金 $\mathrm{TiSb_2}$ 单晶样品中观察到的德哈斯-范阿尔芬效应。纵坐标 ΔM 为磁化强度减去顺磁背底后的磁化强度振荡分量，横坐标为磁场的倒数。外加磁场平行于四方相单晶样品的

c 轴，实验结果表现出非常显著的量子振荡现象。

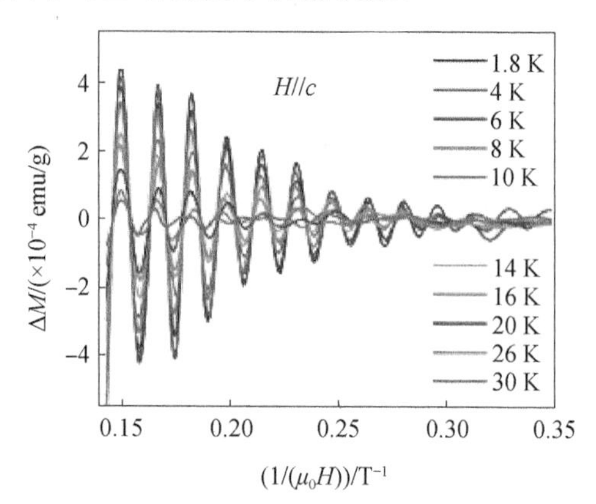

图 5-14　半金属二元合金 $TiSb_2$ 单晶在不同温度下测得的相对磁化强度与磁场倒数的振荡曲线[14]（彩图见封底二维码）

图中 emu（electromagnetic unit）为绝对电磁单位：1 emu=10^{-3} A · m^2

德哈斯-范阿尔芬效应与金属费米面附近的电子在强磁场中的运动行为有关，因此它就与费米面的形状结构紧密相关，这为研究费米面的形状提供了强有力的实验工具。外加强磁场仅仅使费米面发生微小的改变，这是因为在外加磁场下，状态代表点积聚在圆柱面的朗道管上，这些朗道管与不加外磁场情况下自由电子费米球面的交线分布非常密集，这些能量相等的交线就是费米能的量子化轨道，因此对费米面形状的影响微乎其微，垂直于磁场方向的极值面的形状仍然保持不变，这样一来，就可以从实验上测定磁化强度 M 在不同方向上随 $1/B$ 的变化周期，便可确定沿不同晶向的费米面，进一步得到整个费米面的形状。

继德哈斯-范阿尔芬效应现象发现之后不久，紧接着，舒布尼科夫（L. Shubnikov）和德哈斯同样是在铋单晶样品中发现了电阻在低温和高磁场中随磁场而发生量子振荡的现象[15]，这一物理现象称为舒布尼科夫-德哈斯效应（Shubnikov-de Haas effect）。后来人们进一步发现，不仅磁化强度、磁化率、电阻、电阻率和电导率表现出这种效应，比热、磁致伸缩等也有类似的振荡现象。这些物理现象都与费米面附近的电子在强磁场中的行为密切相关。

目前，舒布尼科夫-德哈斯效应在外尔半金属等研究领域得到了广泛的应用。图 5-15 是研究者利用这一效应对二砷化三镉（Cd_3As_2）单晶样品在不同温度下测得的纵向磁电阻 $\left[MR=\dfrac{R_{xx}(B)-R_{xx}(0)}{R_{xx}(0)}\times100\%\right]$ 随磁场的变化而产生的量子振荡现象。

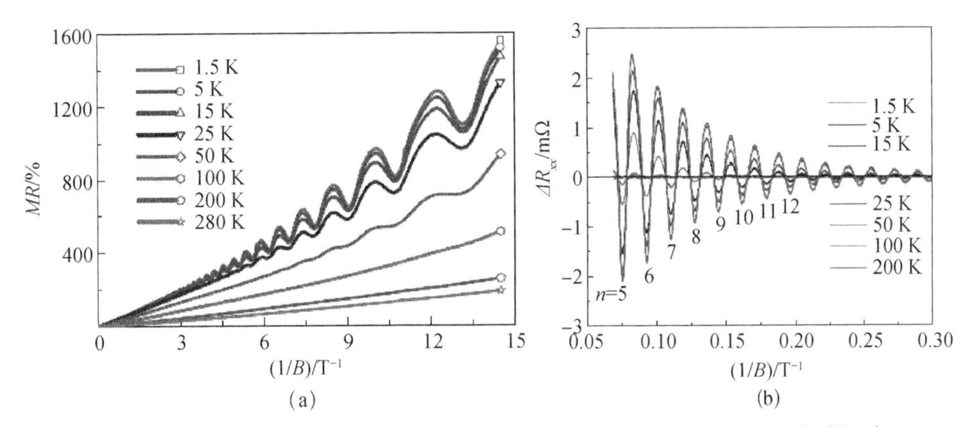

图 5-15　（a）在不同温度下纵向磁电阻 MR 随磁场的变化而产生的量子振荡现象，外加磁场垂直于单晶样品（112）晶面方向；（b）图（a）减去背底后纵向磁电阻相对值（ΔR_{xx}）随磁场倒数（$1/B$）变化的量子振荡关系图[16]（彩图见封底二维码）

5.6.5　霍尔效应

1879 年，美国霍普金斯大学研究生霍尔（E. H. Hall）在研究金属导电机理时发现，磁场中的载流导体，在垂直于电流方向的两个端面存在电势差，这种电磁现象，被称为霍尔效应。

利用自由电子气模型，可以合理地解释这一现象。如图 5-16 所示，给金属片通一沿 y 方向的电流 I_s，并在与电流垂直的 z 方向施加磁场 B，已知金属片的厚度为 d，宽度为 l。

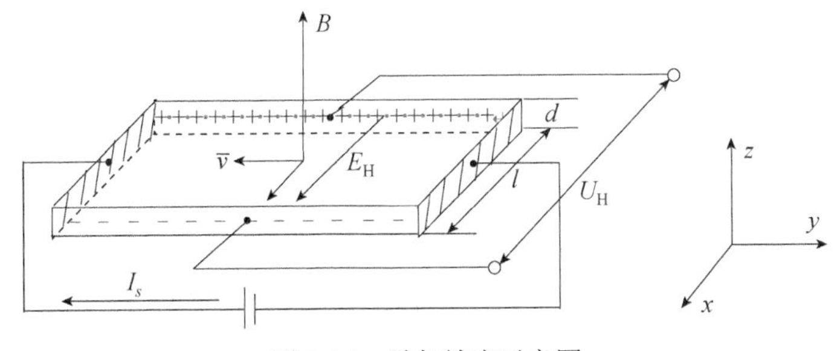

图 5-16　霍尔效应示意图

设 $\bar{v}$ 为电子的平均漂移速度，在磁场 B 作用下，电子所受洛伦兹力沿 x 方向

$$f_{\mathrm{L}} = e\bar{v}B$$

式中 e 为电子电量，同时，电子所受电场力沿 $-x$ 方向

$$f_{\mathrm{E}} = eE_{\mathrm{H}} = e\frac{U_{\mathrm{H}}}{l}$$

式中 E_{H} 为霍尔电场强度，U_{H} 为霍尔电势。当达到平衡后，$f_{\mathrm{L}}=f_{\mathrm{E}}$，有

$$e\overline{v}B = e\frac{U_{\mathrm{H}}}{l}$$

即得

$$U_{\mathrm{H}} = \overline{v}Bl \tag{5.117}$$

导体电流

$$I_s = ne\overline{v}ld$$

式中 n 为导体中载流子的浓度。可得电子平均漂移速度为

$$\overline{v}=\frac{I_s}{neld} \tag{5.118}$$

（5.118）式代入（5.117）式，可得霍尔电势为

$$U_{\mathrm{H}} = \frac{I_s Bl}{neld} = \frac{1}{ne}\frac{I_s B}{d} = K_{\mathrm{H}}\frac{I_s B}{d} \tag{5.119}$$

式中

$$K_{\mathrm{H}} = \frac{1}{ne} \tag{5.120}$$

称为霍尔系数。

对于传导电子，霍尔系数是负数。由（5.120）式可以看出，载流子浓度愈低，霍尔系数愈大，测量霍尔系数是确定载流子浓度的最好手段。

应当指出，在这里霍尔系数有时具有不同的含义，例如在处理二维问题时用其表示霍尔电阻。类似欧姆定律

$$R_{\mathrm{H}} = \frac{U_{\mathrm{H}}}{I_s} = \frac{K_{\mathrm{H}}B}{d} = \frac{B}{ned} \tag{5.121}$$

由此也可得霍尔电阻率

$$\rho_{\mathrm{H}} = \frac{R_{\mathrm{H}}S}{l} = \frac{R_{\mathrm{H}}ld}{l} = R_{\mathrm{H}}d \tag{5.122}$$

显然，若保持导体中载流子浓度不变，则霍尔电阻与磁场成正比关系，霍尔电阻率也与磁场成正比关系。

对霍尔效应研究不断有新发现，在半导体超晶格中霍尔电阻与磁场并不成正比关系。1980 年原西德物理学家冯·克利青（Klaus von Klitzing）利用 GaAs/AlGaAs 异质结制成的金属氧化物半导体场效应管（metal-oxide-semiconductor field-effect transistor，MOSFET），在液氦温度和强磁场下研究二维电子气系统的输运特性时，发现霍尔电压随着栅极电压的变化会出现平台，且在平台处纵向电压趋于零，平台值折算成横向电阻为

$$\rho_{yx}=\frac{h}{ie^2} \tag{5.123}$$

即霍尔电阻值呈现出量子化的现象，式中 i 为整数。这就是量子霍尔效应。为区别后来发现的分数量子霍尔效应（fractional quantum Hall effect，FQHE），此现象被称为整数量子霍尔效应（integer quantum Hall effect，IQHE），如图 5-17 所示。这是凝聚态物理领域最重要的发现之一，他也因此获得了 1985 年度诺贝尔物理奖。

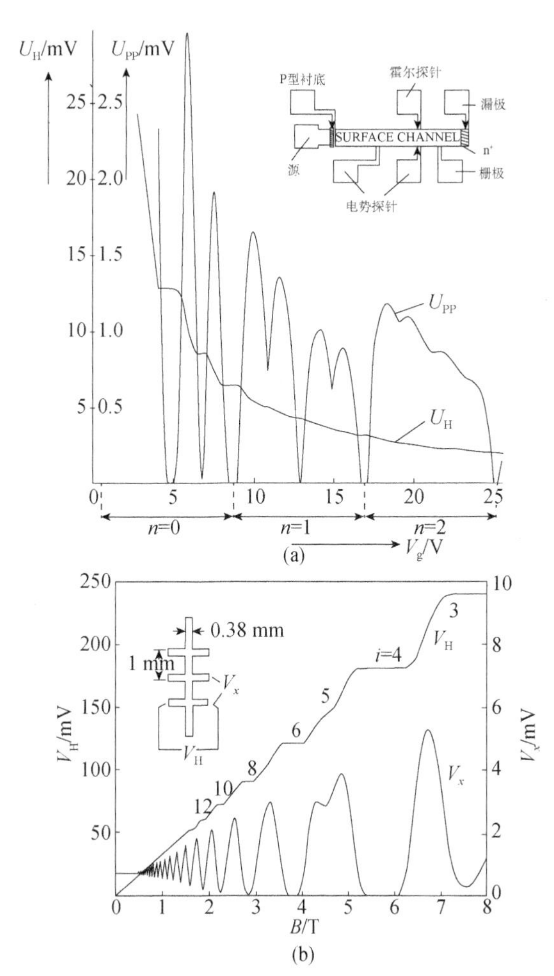

图 5-17　量子霍尔效应测量图：（a）外加磁场平行于 MOSFET 表面，外加电场垂直于器件表面，图中 U_H 为霍尔电压，U_{PP} 为两个电势探针（potential probes）之间的电压降；V_g 为栅极电压[17]；（b）在 1.2 K 温度下和 25.5 μA 电流下测得 GaAs 样品的横向电压（霍尔电压 V_H）和纵向电压（V_x）与外加磁场之间的关系。V_H 出现平台，V_x 在平台处趋于零。在平台处，根据电压数据换算出的霍尔电阻呈量子化效应，而纵向电阻趋于零[18]

根据二维电子气的能态密度和朗道能级的能量间隔$\hbar\omega_c$，可以得出朗道能级的简并度为

$$g(E)\hbar\omega_c = \frac{m}{\pi\hbar^2}\hbar\frac{eB}{m} = \frac{2eB}{h} \tag{5.124}$$

考虑到电子自旋在磁场中能量劈裂后，其自旋简并度被解除，态密度减半，因此朗道能级的简并度应为

$$\frac{1}{2}g(E)\hbar\omega_c = \frac{eB}{h} \tag{5.125}$$

如果电子刚好填满到第i个朗道能级，那么单位体积电子数为$n = ieB/h$，将其代入（5.121）式后并根据（5.122）式可得霍尔电阻形式（5.123）式，即$\rho_{\mathrm{H}} = \frac{h}{ie^2}$（$i$为整数），$R_{\mathrm{K}} = \frac{h}{e^2}$=25812.807 Ω称为冯·克利青常量。

很显然，在这种情况下，霍尔电阻与磁场B无关，即出现霍尔电阻平台，且平台呈现量子化现象，这就是量子霍尔效应的物理根源。实验还表明，量子霍尔效应与半导体材料体系、载流子导电类型以及样品的几何形状都无关，这一物理现象是一普适的规律，由于其精确性、稳定性和可复现性，因此使得量子霍尔效应得到了非常广泛的应用，如确定电阻的自然基准，可以极为精确地测量光谱精细结构常量等。

随后，在1982年，普林斯顿大学的美籍华人物理学家崔琦（Daniel C. Tsui）教授在高迁移率半导体异质结（GaAs/AlGaAs）中观察到了分数量子霍尔效应[19]。由他和哥伦比亚大学的史特莫（Horst L. Stormer）及斯坦福大学的劳夫林（Robert B. Laughlin）三人获得1998年诺贝尔物理奖。

2007年，安德烈·盖姆和康斯坦丁·诺沃肖洛夫研究了二维石墨烯中导带和价带结构，导带和价带能带结构交于一点，被称为狄拉克点（Dirac point），这种独特的能带结构使得石墨烯表现出异常的半整数量子霍尔效应，其霍尔电导是量子电导的奇数倍；当载流子趋于零时，仍然具有～$4e^2/h$的最小电导率；电子的运动速度约为光速的1/300，是已知材料中最高的传输速度。图5-18即为关于石墨烯中观察到的半整数量子霍尔效应。

另外，1988年，美国理论物理学家F. D. M. Haldane构想出基于六角蜂窝状石墨烯晶格体系模型，引入交错的磁通量（总磁通量为零）后发现，即使在无外磁场形成朗道能级的情况下，也能观察到整数量子霍尔效应，即具有量子化的霍尔电阻。为区别于上述传统的强磁场导致的量子霍尔效应，零磁场时形成的霍尔电导量子化的现象被称为量子反常霍尔效应（quantum anomalous Hall effect，QAHE）。在2005年后受到Haldane研究启发，人们基于能带理论，设计出多种拓扑绝缘体材料，引入磁有序破坏时间反演对称性来实现量子反常霍尔效应。2012

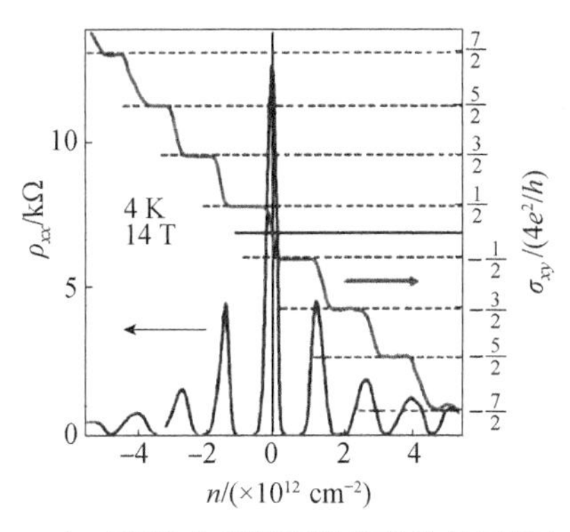

图 5-18　在石墨烯中观察到的半整数量子霍尔效应[5]

年中国科学院院士薛其坤研究团队在 Cr 掺杂（Bi，Sb）Te 拓扑绝缘体中分别测量了与电流方向垂直的电阻（ρ_{yx}）-霍尔电阻和与电流方向平行的电阻（ρ_{xx}）-纵向电阻，首次在实验上观察到了量子反常霍尔效应，如图 5-19 所示。目前，量子反常霍尔效应仍在深入持续的研究之中，并致力于探索基于量子反常霍尔效应的各种应用。由于不需要引入强磁场，设计基于量子反常霍尔效应的无耗散或低耗散的电子元器件成为可能。

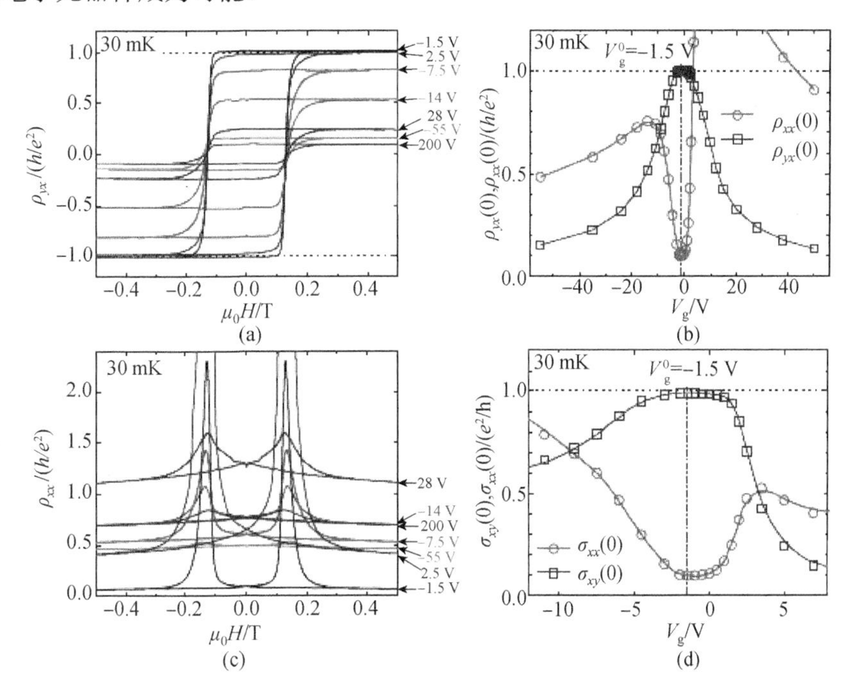

图 5-19　$Cr_{0.15}(Bi_{0.1}Sb_{0.9})_{1.85}Te_3$ 薄膜中在 30 mK 温度下观察到的量子反常霍尔效应：（a）不同栅极电压下霍尔电阻；（b）零磁场下霍尔电阻（ρ_{yx}）和纵向电阻（ρ_{xx}）随背栅极电压变化曲线；（c）纵向电阻（ρ_{xx}）随磁场变化曲线；（d）零磁场下霍尔电导率（σ_{yx}）和纵向电导率（σ_{xx}）随背栅极电压变化曲线[20]（彩图见封底二维码）

以上简单介绍了整数量子霍尔效应、分数量子霍尔效应和量子反常霍尔效应。应该指明，整数量子霍尔效应与分数量子霍尔效应和量子反常霍尔效应具有本质的区别，整数量子霍尔效应不涉及电子-电子之间的相互作用，可以用本章涉及的索末菲自由电子论进行分析解释，而分数量子霍尔效应和量子反常霍尔效应涉及电子-电子之间的强相互作用，是强关联电子体系所表现出的新奇物理现象，已不属于本章所叙述的自由电子气理论模型所能解释的范畴了。

作为本章结尾，最后应该指出，尽管索末菲自由电子论是在费米-狄拉克统计分布函数的基础上改进了德鲁特经典自由电子气的理论模型，从而克服了德鲁特经典自由电子气模型解释电导、比热和实验矛盾问题，但仍有不足之处，主要有如下几点。

（1）金属的电阻率与温度的依赖关系无法得以合理解释。

（2）对绝大多数金属来说，电子气对比热的贡献与温度成正比关系，但有些金属的比热系数偏大，有些金属的比热系数偏小，甚至有些金属的比热与温度成三次方的关系，利用自由电子论无法给予合理解释。

（3）最主要的不足之处还在于：不能解释金属、绝缘体和半导体的导电性的本质区别，尤其是对于导电性能良好的金属，电导率会随着温度的升高而下降；绝缘体导电性能很差；而半导体在低温下导电性能也很差，但是随着温度的升高，电导率变大，正好跟金属的电导率变化情况相反。事实上，室温下良导体和绝缘体电阻率的差异非常巨大，金属电阻率在 10^{-10}～10^{-6} Ω·cm，绝缘体在 10^{14}～10^{22} Ω·cm，而半导体在 10^{-2}～10^{9} Ω·cm，并且强烈地依赖温度。

（4）自由电子论中关于电子的弛豫时间近似，仅考虑正离子在外场作用下对移动的电子的散射，忽略了电子-电子之间的相互作用，而事实上，固体的性质与此密切相关。另外离子实分布在格点上，不是静止不动的，而是每时每刻绕其平衡位置在作振动，这就是所谓的电子-声子相互作用，这将影响电子在晶体中的运动。另外，自由电子论完全忽略了晶体缺陷和杂质的影响，也完全忽略了表面效应的影响。

为了理解这些问题，就必须考虑周期性排列在格点上的粒子（原子、离子等）对电子的影响，周期性排列的原子实（离子）将会产生周期势场。周期势场的存在，决定了电子在其中的运动完全不同于自由电子的情形，这将会导致新理论——固体能带理论的产生。固体能带理论可以解释金属、半金属、半导体和绝缘体导电性质的差异，这一理论也可以解释为什么很多固体的费米面都偏离了球面，而根据费米面的形状可以解释固体的很多物理性质。

习　　题

5.1 已知三维自由电子气的能态密度为 $g(E)=CE^{1/2}$，式中 $C=\dfrac{1}{2\pi^2}\left(\dfrac{2m}{\hbar^2}\right)^{3/2}$ 为常数。

证明：在基态下，自由电子气的

（1）费米能为

$$E_F=\frac{\hbar^2}{2m}(3n\pi^2)^{\frac{2}{3}}$$

式中 n 为自由电子数密度（$n=N/V$，N 为自由电子气总电子数，V 为自由电子气总体积）。

（2）费米波矢为

$$k_F=(3n\pi^2)^{\frac{1}{3}}$$

（3）每个电子的平均能量（平均动能）为

$$\bar{E}=\frac{3}{5}E_F$$

5.2 已知一维金属晶体共含有 N 个电子，晶体的长度为 L，设 T=0 K。试求：

（1）电子的能态密度；

（2）电子的费米能级；

（3）电子的平均能量。

5.3 限制在边长为 L 的正方形中的 N 个自由电子，电子的能量为

$$E(k_x,k_y)=\frac{\hbar^2}{2m}(k_x^2+k_y^2)$$

试求此二维系统：

（1）能量 E～E+dE 的状态数；

（2）在绝对零度时的费米能量；

（3）电子的平均能量。

5.4 二维电子气的能态密度 $g(E)=\dfrac{m}{\pi\hbar^2}$，证明：二维电子气的费米能

$$E_F=k_BT\ln(e^{n\pi\hbar^2/(mk_BT)}-1)$$

其中 n 为单位面积的电子数。

5.5 证明 N 个自由电子体系中费米能级 E_F 处能态密度（单位能量间隔的状态数）可以表示为

$$D(E_F)=\frac{3N}{2E_F}$$

5.6 金属锂具有体心立方结构，晶格常数为 $a=3.5\times10^{-10}$ m。试计算绝对零度时电子气的费米能量 E_F^0（以 eV 表示）。

5.7　铜的费米能级 E_F=7.1 eV，试计算每单位体积铜的平均电子数，并与从密度计算得到的电子数密度相比较。已知铜的密度等于 8.96 g/cm^3。

5.8　已知银是单价金属，费米面近似球面，银的密度为 ρ_m=10.5×10^3 kg/m^3，原子量为 A=107.87，在 295 K 时，电阻率为 ρ=1.61×10^{-8} Ω · m，在 20 K 时为 ρ=3.80×10^{-10} Ω · m。试计算：

（1）费米能级和费米温度；

（2）费米球半径；

（3）费米速度；

（4）费米球的最大截面积；

（5）室温下和绝对零度附近电子的平均自由程。

5.9　在温度 T=0 K 时，试求：

（1）一个金属中的自由电子气体，被填充到 $k_F=\left(\dfrac{6\pi^2}{a^3}\right)^{1/3}$，这里 a^3 是每个原子占据的体积，计算每个原子的价电子数目；

（2）导出自由电子气在温度为 T=0 K 时的费米能表达式。

5.10　在低温下，金属钾的摩尔热容实验结果可以写成

$$c=(2.08T+2.57T^3)\ \text{mJ}/(\text{mol}\cdot\text{K})$$

试求钾的费米温度和德拜温度。

5.11　在室温下，金属钾的摩尔电子热容实验测量结果可以写成

$$c=2.08T\ \text{mJ}/(\text{mol}\cdot\text{K})$$

试在自由电子气体模型下估算钾的费米温度，以及费米面处的能态密度。

5.12　铜中电子的弛豫时间为 2.3×10^{-14} s，试计算 300 K 时的热导率。如果在 273 K 时铜的电阻率为 1.5×10^{-8} Ω · m，试估计它在同一温度下的热导率。

5.13　已知钠是体心立方结构，晶格常数为 a=4.28 Å，试用自由电子气模型计算钠的霍尔系数。

习题解答提示及参考答案见封底二维码。

第 6 章　固体能带理论

本章主要内容：

本章主要介绍晶体中布洛赫波函数的形式；近自由电子模型和紧束缚近似模型计算能带的方法；电子在晶体中的准经典运动；有效质量和空穴的概念；能带理论对金属、半导体、半金属和绝缘体导电性的统一理论解释。

在第 5 章中，利用德鲁特的金属自由电子气模型对比热和热导率进行解释时遇到的一些困难，索末菲基于费米-狄拉克统计分布的自由电子气模型来解释，可得以克服。但是，这两者都没有考虑晶体势场对电子运动的影响，模型都过于简单，在解释一些物理现象时依然存在不符合实验事实的情况，例如，无法说明传导电子的数目不是由价电子密度所直接决定的；又如，对同一种元素所构成的不同结构，会表现出不同的导电类型，如在第 2 章中涉及的由碳形成的石墨、金刚石结构的材料，分别表现出导体、绝缘体的性质，自由电子模型都无法给予解释；再如，自由电子论也无法解释某些金属霍尔系数为正（如 Zn，Cd 等）的实验事实，以及不能解释为什么电子的平均自由程 λ 会比相邻原子间距大得多。关于费米面的形状问题，根据自由电子模型，金属的费米面形状为球面，而事实并非如此。在第 5 章中已经提到，不能用自由电子模型把导体、半导体（或半金属）和绝缘体等固体材料的导电类型用理论统一起来。

1928 年，布洛赫考虑到晶格周期势对电子运动状态的影响，提出了能带理论，清楚地给出了固体中电子能量和波矢的多重关系，克服了上面所涉及的固体中电子的基本理论问题，对无法解释的物理现象给予了合理解释。在能带论的基础上，从 20 世纪四五十年代开始，人们对半导体和绝缘体的理解逐步深入，尤其是对简单半导体能带和电学性质的认识理解已经超过了对任何金属的理解。在量子力学理论框架下建立了包括金属、半金属、半导体和绝缘体在内的固体电学性质的统一理论，从而奠定了固体物理学的理论基础。在此基础上，半导体工业开始快速发展，并最终导致了当今电子和信息时代的到来。因此，我们可以毫不夸张地说，是从固体物理学逐渐发展出了整个电子和信息硬件工业的理论基础。

本章，我们首先介绍固体能带计算的基本理论框架，再从晶格的周期性出发，得出晶体中电子波函数具有布洛赫波的形式。在此基础上，介绍两种计算能带的基本方法，即近自由电子近似模型和紧束缚近似模型。最后介绍电子在晶体中的准经典运动，并引入有效质量和空穴的基本概念，以及利用固体能带理论对导体、半金属、半导体和绝缘体导电性质的统一理论解释。

6.1　周期性势场和布洛赫电子

考虑到晶体中的电子并不是自由的，它会受到晶体中格点上的离子实和电子产生的势场影响，写出所有离子和电子动能以及它们之间的相互作用势能，并构造出哈密顿量，求解薛定谔方程，得出电子的本征函数和能量本征值，从而给出定量的物理关系。但是，由于组成晶体的原子和电子数量非常多，密度可达 10^{22}～10^{23} cm^{-3}，这样复杂的多体问题，即使利用当今高性能计算机服务器也是无法严格求解的。为此，人们采用了一系列近似处理方法，将多体问题转化成单电子问题，进而再简化为单电子在周期势场中的运动，晶体中所有其他电荷的影响均可用此单电子的周期场来概括，因此，固体能带理论也被称为固体单电子能带理论。

具体简化步骤包括以下三个方面的近似处理。

首先考虑绝热近似（adiabatic approximation），也称玻恩-奥本海默近似（Born-Oppenhemer approximation）：由于电子远小于离子的质量，离子的运动速度远小于电子的运动速度。也就是说，相对于电子而言，离子的运动速度如此缓慢，以至于离子对电子的运动几乎没有响应；而电子对离子的运动而言，反应迅速。电子体系的能量总是处于与离子某一瞬时位置相对应的最低能量，通常将此描述为电子绝热地响应离子位置的变化，因而这一近似被称为绝热近似。这样一来，在处理多体问题时，可以将离子和电子分开来考虑：离子可以认为在某一时刻固定在某一瞬时位置上，只考虑电子在做运动。经过这一绝热近似考虑，就可以把多体问题变成多电子问题。

其次是考虑平均场近似：在上述多电子系统中，每个电子都是在离子实和其他电子所形成的平均场中运动，这种近似方法采用哈特里平均场（Hartree mean field），如考虑电子自旋和电子间的库仑交换相互作用，则为哈特里-福克平均场（Hartree-Fock mean field），这些近似方法要用到自洽场方法（self-consistent field method，SCF），所以叫自洽场近似（self-consistent field approximation）。这样就把一个多电子问题转变为单电子问题。

最后是采用周期场近似（periodic potential approximation），认为所有离子产生的势场和其他电子的平均势场是周期性势场，其周期就是晶格的周期。

根据以上三个步骤的近似，采用数学上的变分原理运算，就可把多体问题简化为单电子在周期性势场中的运动问题。下式就是单电子波函数 $\varphi_k(\boldsymbol{r})$ 所满足的方程，称为哈特里方程，表示为

$$\left[-\frac{\hbar^2}{2m}\nabla^2+V_i(\boldsymbol{r})+\frac{e^2}{4\pi\varepsilon_0}\sum_{k'(\neq k)}\int\frac{\left|\phi_{k'}(\boldsymbol{r}')\right|}{\left|\boldsymbol{r}-\boldsymbol{r}'\right|}\mathrm{d}\tau'\right]\phi_k(\boldsymbol{r})=E_k\phi_k(\boldsymbol{r}) \tag{6.1}$$

方程式中左侧第一项代表电子动能项，第二项$V_i(\boldsymbol{r})$为离子实周期势场，第三项代表第 k（$k'\neq k$）个电子在所有其他电子形成的平均场作用势，$\boldsymbol{r}$ 和 $\boldsymbol{r}'$ 分别代表第 k 个和第 k' 个电子的位矢，$\mathrm{d}\tau'$ 是不包括 $k'=k$ 的体积元。方程右侧 E_k 就是第 k 个单电子波函数 $\varphi_k(\boldsymbol{r})$ 的能量本征值。

有意思的是，从（6.1）式第三项代表的物理意义上，其实际效果也相当于计及了电子之间的库仑相互作用。如果把第二项和第三项合在一起写为$V(\boldsymbol{r})$，那么，$V(\boldsymbol{r})$ 就代表了晶体离子势和其他电子平均势之和，因此上述方程回归到很普通的形式，即

$$H\varphi(\boldsymbol{r})=\left[-\frac{\hbar^2}{2m}\nabla^2+V(\boldsymbol{r})\right]\varphi(\boldsymbol{r})=E\varphi(\boldsymbol{r}) \tag{6.2}$$

这一方程就是后面计算能带结构经常用到的一般方程式。

在上述理论大框架下，已经发展出各种能带计算方法，譬如，近自由电子近似方法（nearly free electron approximation）、紧束缚近似方法（tight-binding approximation，TBA），也称原子轨道线性组合（linear combination of atomic orbital，LCAO）方法、实空间（real space）格点基矢方法、正交化平面波（orthogonalized plane wave，OPW）方法、赝势方法（pseudopotential method）、线性缀加平面波方法（linear augmented plane wave method，LAPW）、线性 muffin-tin 轨道方法（linear muffin-orbital method，LMTO）等。

能带计算比较复杂，因此，计算方法的进步离不开计算机技术的发展。随着计算服务器性能的快速提高，能带理论计算也得到了突飞猛进的发展。目前，各种计算软件包很多，都是根据不同理论计算模型发展起来的，常用的软件包有 VASP（vienna ab-initio simulation package）、Wien 2k、Materials Studio、Castep、Nanodcal、RESCU 等，为理论计算提供了强大的计算工具，特别是随着软件功能的日臻完善，使得用户操作界面变得更加友好（如集建模与计算于一体的平台软件 Device Studio），可操作性越来越强，本科生进入高年级就可以采用这些软件包很方便地进行理论计算工作。

能带理论为阐明许多晶体的物理性质提供了强大的理论基础。固体能带理论在解释晶体的电学性质、热学性质、光学性质等很多物理特性上获得了极大的成功，推动了半导体技术的快速发展。

固体能带理论也有其局限性，如不适用于短程有序的非晶态固体材料；不能把价电子视为在晶体中做共有化运动的情况，如声子-电子或电子-电子相互作用的强关联体系。固体超导电性、固体的元激发等都不能用能带论给出合理的解释等。

6.1.1　布洛赫波

1. 布洛赫定理

布洛赫定理是关于晶体的周期势场中电子波函数所具有的函数形式的定理，在单电子近似下，如果电子的势能$V(\boldsymbol{r})$是晶格周期的函数$V(\boldsymbol{r})=V(\boldsymbol{r}+\boldsymbol{R}_n)$，则薛定谔方程（6.2）式的本征函数应具有如下形式

$$\varphi_k(\boldsymbol{r})=\mathrm{e}^{\mathrm{i}\boldsymbol{k}\cdot\boldsymbol{r}}u_k(\boldsymbol{r}) \tag{6.3}$$

式中振幅

$$u_k(\boldsymbol{r})=u_k(\boldsymbol{r}+\boldsymbol{R}_n) \tag{6.4}$$

其中$\boldsymbol{R}_n$是任意格矢

$$\boldsymbol{R}_n=n_1\boldsymbol{a}_1+n_2\boldsymbol{a}_2+n_3\boldsymbol{a}_3$$

式中$\boldsymbol{a}_1,\boldsymbol{a}_2,\boldsymbol{a}_3$是正格子基矢；$n_1,n_2,n_3$为整数（包括零）。也就是说，晶体的单电子波函数不再是平面波，而是振幅受到晶格周期性调制的平面波，这是晶体中电子波函数的普遍形式，具有这种形式的波函数称为布洛赫波函数或布洛赫波，上述结论称为布洛赫定理。

如用$\boldsymbol{r}+\boldsymbol{R}_n$代替（6.3）式中的$\boldsymbol{r}$，可得

$$\varphi_k(\boldsymbol{r}+\boldsymbol{R}_n)=\mathrm{e}^{\mathrm{i}\boldsymbol{k}\cdot(\boldsymbol{r}+\boldsymbol{R}_n)}u_k(\boldsymbol{r}+\boldsymbol{R}_n)=\mathrm{e}^{\mathrm{i}\boldsymbol{k}\cdot\boldsymbol{R}_n}\mathrm{e}^{\mathrm{i}\boldsymbol{k}\cdot\boldsymbol{r}}u_k(\boldsymbol{r})=\mathrm{e}^{\mathrm{i}\boldsymbol{k}\cdot\boldsymbol{R}_n}\varphi_k(\boldsymbol{r})$$

即

$$\varphi_k(\boldsymbol{r}+\boldsymbol{R}_n)=\mathrm{e}^{\mathrm{i}\boldsymbol{k}\cdot\boldsymbol{R}_n}\varphi_k(\boldsymbol{r}) \tag{6.5}$$

这是布洛赫定理的又一表达形式。它表明在不同的原胞对应点上，波函数相差一个相位因子$\mathrm{e}^{\mathrm{i}\boldsymbol{k}\cdot\boldsymbol{R}_n}$，这也是晶体周期性的反映，两者完全等价。

2. 布洛赫定理的推导

为了证明布洛赫定理，先引入平移算符$\hat{T}(\boldsymbol{R}_n)$，然后再给出$\hat{T}(\boldsymbol{R}_n)$和哈密顿算符$\hat{H}(\boldsymbol{r})$具有对易性，在此基础上，给出$\hat{T}(\boldsymbol{R}_n)$和$\hat{H}(\boldsymbol{r})$的共同本征函数，再根据晶体周期性边界条件求出$\hat{T}(\boldsymbol{R}_n)$对应的本征值，进而推导出布洛赫定理。

1）平移算符的引入

晶体具有平移对称性，在平移对称操作下，晶体结构保持不变。现在引入平移算符$\hat{T}(\boldsymbol{R}_n)$，它的作用就是使位矢从$\boldsymbol{r}$变为$\boldsymbol{r}+\boldsymbol{R}_n$。$\hat{T}(\boldsymbol{R}_n)$作用于任意函数$f(\boldsymbol{r})$上，就有

$$\hat{T}(\boldsymbol{R}_n)f(\boldsymbol{r})=f(\boldsymbol{r}+\boldsymbol{R}_n)$$

如将平移算符作用在晶体势$V(\boldsymbol{r})$上，由于晶体势场是周期势场，就可得到

$$\hat{T}(\boldsymbol{R}_n)V(\boldsymbol{r})=V(\boldsymbol{r}+\boldsymbol{R}_n)=V(\boldsymbol{r})$$

2）$\hat{T}(\boldsymbol{R}_n)$和$\hat{H}(\boldsymbol{r})$的对易关系

现将$\hat{T}(\boldsymbol{R}_n)$作用于$\hat{H}(\boldsymbol{r})$上

$$\hat{T}(\boldsymbol{R}_n)\hat{H}(\boldsymbol{r}) = \hat{T}(\boldsymbol{R}_n)\left[-\frac{\hbar^2}{2m}\left(\frac{\partial^2}{\partial x^2}+\frac{\partial^2}{\partial y^2}+\frac{\partial^2}{\partial z^2}\right)+V(\boldsymbol{r})\right] = \hat{H}(\boldsymbol{r}+\boldsymbol{R}_n)$$

$$= -\frac{\hbar^2}{2m}\left[\frac{\partial^2}{\partial(x+n_1a_1)^2}+\frac{\partial^2}{\partial(y+n_2a_2)^2}+\frac{\partial^2}{\partial(z+n_3a_3)^2}\right]+V(\boldsymbol{r}+\boldsymbol{R}_n)$$

$$= -\frac{\hbar^2}{2m}\left(\frac{\partial^2}{\partial x^2}+\frac{\partial^2}{\partial y^2}+\frac{\partial^2}{\partial z^2}\right)+V(\boldsymbol{r}) = \hat{H}(\boldsymbol{r})$$

这里用到了微分算符改变一常数并不改变微分结果以及晶体势场具有周期性。因此，如将 $\hat{T}(\boldsymbol{R}_n)$ 作用于薛定谔方程（6.2）式左侧 $\hat{H}(\boldsymbol{r})\varphi(\boldsymbol{r})$ 上，就有

$$\hat{T}(\boldsymbol{R}_n)\hat{H}(\boldsymbol{r})\varphi(\boldsymbol{r}) = \hat{H}(\boldsymbol{r}+\boldsymbol{R}_n)\varphi(\boldsymbol{r}+\boldsymbol{R}_n) = \hat{H}(\boldsymbol{r})\hat{T}(\boldsymbol{R}_n)\varphi(\boldsymbol{r})$$

移项后可得

$$[\hat{T}(\boldsymbol{R}_n)\hat{H}(\boldsymbol{r}) - \hat{H}(\boldsymbol{r})\hat{T}(\boldsymbol{R}_n)]\varphi(\boldsymbol{r}) = 0$$

因为波函数 $\varphi(\boldsymbol{r}) \neq 0$, 所以一定有

$$[\hat{T}(\boldsymbol{R}_n)\hat{H}(\boldsymbol{r}) - \hat{H}(\boldsymbol{r})\hat{T}(\boldsymbol{R}_n)] = 0$$

表示为

$$[\hat{T}(\boldsymbol{R}_n), \hat{H}(\boldsymbol{r})] = 0$$

这说明 $\hat{T}(\boldsymbol{R}_n)$ 和 $\hat{H}(\boldsymbol{r})$ 对易。量子力学表明，两个可对易的算符一定具有共同的本征函数：如果 $\varphi(\boldsymbol{r})$ 是 $\hat{H}(\boldsymbol{r})$ 的本征函数，那么它一定也是 $\hat{T}(\boldsymbol{R}_n)$ 的本征函数。

3）平移算符 $\hat{T}(\boldsymbol{R}_n)$ 的本征值

设平移算符 $\hat{T}(\boldsymbol{R}_n)$ 的本征函数 $\varphi(\boldsymbol{r})$ 对应的本征值为 λ_n，则有

$$\hat{T}(\boldsymbol{R}_n)\varphi(\boldsymbol{r}) = \varphi(\boldsymbol{r}+\boldsymbol{R}_n) = \lambda_n\varphi(\boldsymbol{r}) \tag{6.6}$$

将 $\hat{T}(\boldsymbol{R}_m)$ 作用于（6.6）式，显然有

$$\hat{T}(\boldsymbol{R}_m)\hat{T}(\boldsymbol{R}_n)\varphi(\boldsymbol{r}) = \hat{T}(\boldsymbol{R}_m)\varphi(\boldsymbol{r}+\boldsymbol{R}_n) = \hat{T}(\boldsymbol{R}_m)\lambda_n\varphi(\boldsymbol{r}) = \lambda_m\lambda_n\varphi(\boldsymbol{r})$$

这里 $\boldsymbol{R}_m = m_1\boldsymbol{a}_1 + m_2\boldsymbol{a}_2 + m_3\boldsymbol{a}_3$，式中 $\boldsymbol{a}_1, \boldsymbol{a}_2, \boldsymbol{a}_3$ 是正格子基矢；m_1, m_2, m_3 为包括零在内的任意整数。

而如果将平移算符 $\hat{T}(\boldsymbol{R}_m+\boldsymbol{R}_n)$ 作用于 $\varphi(\boldsymbol{r})$，有

$$\hat{T}(\boldsymbol{R}_m+\boldsymbol{R}_n)\varphi(\boldsymbol{r}) = \lambda_{m+n}\varphi(\boldsymbol{r})$$

根据平移算符的一般性质 $\hat{T}(\boldsymbol{R}_m)\hat{T}(\boldsymbol{R}_n) = \hat{T}(\boldsymbol{R}_m+\boldsymbol{R}_n)$，因此可得

$$\lambda_m\lambda_n = \lambda_{m+n} \tag{6.7}$$

掌握了上述平移算符本征值的一些性质，下面就可以具体求出其本征值。

4）根据晶体周期性边界条件求出平移算符的本征值

设晶体在 $\boldsymbol{a}_1, \boldsymbol{a}_2, \boldsymbol{a}_3$ 三个方向上分别有 N_1, N_2, N_3 个原胞，根据电子波函数 $\varphi(\boldsymbol{r})$

周期性边界条件的限制

$$\begin{cases}\varphi(\boldsymbol{r})=\varphi(\boldsymbol{r}+N_1\boldsymbol{a}_1)\\\varphi(\boldsymbol{r})=\varphi(\boldsymbol{r}+N_2\boldsymbol{a}_2)\\\varphi(\boldsymbol{r})=\varphi(\boldsymbol{r}+N_3\boldsymbol{a}_3)\end{cases}$$

将平移矢量 $\boldsymbol{R}_n$ 分别换成沿三个矢量方向的分量形式，得

$$\begin{cases}\hat{T}(N_1\boldsymbol{a}_1)\varphi(\boldsymbol{r})=\varphi(\boldsymbol{r}+N_1\boldsymbol{a}_1)=(\lambda_{a_1})^{N_1}\varphi(\boldsymbol{r})\\\hat{T}(N_2\boldsymbol{a}_2)\varphi(\boldsymbol{r})=\varphi(\boldsymbol{r}+N_2\boldsymbol{a}_2)=(\lambda_{a_2})^{N_2}\varphi(\boldsymbol{r})\\\hat{T}(N_3\boldsymbol{a}_3)\varphi(\boldsymbol{r})=\varphi(\boldsymbol{r}+N_3\boldsymbol{a}_3)=(\lambda_{a_3})^{N_3}\varphi(\boldsymbol{r})\end{cases}$$

为了满足周期性边界条件，就要求

$$\begin{cases}(\lambda_{a_1})^{N_1}=1\\(\lambda_{a_2})^{N_2}=1\\(\lambda_{a_3})^{N_3}=1\end{cases}$$

由此解得

$$\begin{cases}\lambda_{a_1}=\mathrm{e}^{\mathrm{i}2\pi t_1/N_1}\\\lambda_{a_2}=\mathrm{e}^{\mathrm{i}2\pi t_2/N_2}\\\lambda_{a_3}=\mathrm{e}^{\mathrm{i}2\pi t_3/N_3}\end{cases}\tag{6.8}$$

其中 t_1, t_2, t_3 为包括零在内的任意整数。

而根据（6.6）式和（6.7）式，有

$$\begin{aligned}\hat{T}(\boldsymbol{R}_n)\varphi(\boldsymbol{r})&=\varphi(\boldsymbol{r}+\boldsymbol{R}_n)=\lambda_n\varphi(\boldsymbol{r})\\&=(\lambda_{a_1})^{n_1}(\lambda_{a_2})^{n_2}(\lambda_{a_3})^{n_3}\varphi(\boldsymbol{r})\end{aligned}$$

其中 n_1, n_2, n_3 为包括零在内的任意整数。

再代入（6.8）式，可得

$$\lambda_n=(\lambda_{a_1})^{n_1}(\lambda_{a_2})^{n_2}(\lambda_{a_3})^{n_3}=\mathrm{e}^{\mathrm{i}2\pi\left(n_1\frac{t_1}{N_1}+n_2\frac{t_2}{N_2}+n_3\frac{t_3}{N_3}\right)}\tag{6.9}$$

如引入倒空间矢量

$$\boldsymbol{k}=\frac{t_1}{N_1}\boldsymbol{b}_1+\frac{t_2}{N_2}\boldsymbol{b}_2+\frac{t_3}{N_3}\boldsymbol{b}_3$$

使得

$$\boldsymbol{k}\cdot\boldsymbol{R}_n=\left(\frac{t_1}{N_1}\boldsymbol{b}_1+\frac{t_2}{N_2}\boldsymbol{b}_2+\frac{t_3}{N_3}\boldsymbol{b}_3\right)\cdot(n_1\boldsymbol{a}_1+n_2\boldsymbol{a}_2+n_3\boldsymbol{a}_3)=2\pi\left(\frac{n_1t_1}{N_1}+\frac{n_2t_2}{N_2}+\frac{n_3t_3}{N_3}\right)$$

此处利用了正格子基矢和倒格子基矢之间的关系：

$$\boldsymbol{a}_i \cdot \boldsymbol{b}_j = \begin{cases} 2\pi, & i = j \\ 0, & i \neq j \end{cases} \quad (i, j = 1,2,3)$$

这样，（6.9）式就可写为

$$\lambda_n = (\lambda_{a_1})^{n_1} (\lambda_{a_2})^{n_2} (\lambda_{a_3})^{n_3} = \mathrm{e}^{\mathrm{i}\boldsymbol{k} \cdot \boldsymbol{R}_n}$$

将其代入（6.6）式，可得

$$\varphi(\boldsymbol{r} + \boldsymbol{R}_n) = \mathrm{e}^{\mathrm{i}\boldsymbol{k} \cdot \boldsymbol{R}_n} \varphi(\boldsymbol{r})$$

标注上 k 状态，也可写成

$$\varphi_k(\boldsymbol{r} + \boldsymbol{R}_n) = \mathrm{e}^{\mathrm{i}\boldsymbol{k} \cdot \boldsymbol{R}_n} \varphi_k(\boldsymbol{r})$$

至此，我们从晶体的平移对称性出发，证明了布洛赫定理的其中一种形式，即（6.5）式。

接下来为了给出布洛赫波另一种函数形式（6.3）式，可由自由电子波函数具有的平面波 $\varphi_k(\boldsymbol{r}) = \mathrm{e}^{\mathrm{i}\boldsymbol{k} \cdot \boldsymbol{r}}$ 形式出发，验证出其具有布洛赫波函数的形式，即满足（6.5）式。平面波 $\varphi_k(\boldsymbol{r}) = \mathrm{e}^{\mathrm{i}\boldsymbol{k} \cdot \boldsymbol{r}}$ 如果增加一个平移位矢 $\boldsymbol{R}_n$，有

$$\varphi_k(\boldsymbol{r} + \boldsymbol{R}_n) = \mathrm{e}^{\mathrm{i}\boldsymbol{k} \cdot (\boldsymbol{r} + \boldsymbol{R}_n)} = \mathrm{e}^{\mathrm{i}\boldsymbol{k} \cdot \boldsymbol{R}_n} \varphi_k(\boldsymbol{r})$$

因此前面定义的倒空间矢量 $\boldsymbol{k}$ 具有波矢的意义。如果波矢增加一个倒格矢

$$\boldsymbol{K}_h = h_1 \boldsymbol{b}_1 + h_2 \boldsymbol{b}_2 + h_3 \boldsymbol{b}_3$$

自由电子平面波 $\varphi_k(\boldsymbol{r}) = \mathrm{e}^{\mathrm{i}(\boldsymbol{k} + \boldsymbol{K}_h) \cdot \boldsymbol{r}}$，可写为

$$\varphi_k(\boldsymbol{r} + \boldsymbol{R}_n) = \mathrm{e}^{\mathrm{i}(\boldsymbol{k} + \boldsymbol{K}_h) \cdot (\boldsymbol{r} + \boldsymbol{R}_n)} = \mathrm{e}^{\mathrm{i}\boldsymbol{k} \cdot \boldsymbol{R}_n} \mathrm{e}^{\mathrm{i}\boldsymbol{K}_h \cdot \boldsymbol{R}_n} \mathrm{e}^{\mathrm{i}(\boldsymbol{k} + \boldsymbol{K}_h) \cdot \boldsymbol{r}} = \mathrm{e}^{\mathrm{i}\boldsymbol{k} \cdot \boldsymbol{R}_n} \varphi_k(\boldsymbol{r})$$

仍满足（6.5）式的布洛赫函数形式，因此晶体中电子波函数应是这些平面波的叠加，即为

$$\varphi_k(\boldsymbol{r}) = \sum_h a(\boldsymbol{k} + \boldsymbol{K}_h) \mathrm{e}^{\mathrm{i}(\boldsymbol{k} + \boldsymbol{K}_h) \cdot \boldsymbol{r}} = \mathrm{e}^{\mathrm{i}\boldsymbol{k} \cdot \boldsymbol{r}} \sum_h a(\boldsymbol{k} + \boldsymbol{K}_h) \mathrm{e}^{\mathrm{i}\boldsymbol{K}_h \cdot \boldsymbol{r}} = u_k(\boldsymbol{r}) \mathrm{e}^{\mathrm{i}\boldsymbol{k} \cdot \boldsymbol{r}}$$

令求和项

$$u_k(\boldsymbol{r}) = \sum_h a(\boldsymbol{k} + \boldsymbol{K}_h) \mathrm{e}^{\mathrm{i}\boldsymbol{K}_h \cdot \boldsymbol{r}} \tag{6.10}$$

这就得出布洛赫波第一种表现形式（6.3）式。另外，容易验证（6.10）式具有晶格的周期，即

$$\begin{aligned} u_k(\boldsymbol{r} + \boldsymbol{R}_n) &= \sum_h a(\boldsymbol{k} + \boldsymbol{K}_h) \mathrm{e}^{\mathrm{i}\boldsymbol{K}_h \cdot (\boldsymbol{r} + \boldsymbol{R}_n)} = \sum_h a(\boldsymbol{k} + \boldsymbol{K}_h) \mathrm{e}^{\mathrm{i}\boldsymbol{K}_h \cdot \boldsymbol{r}} \mathrm{e}^{\mathrm{i}\boldsymbol{K}_h \cdot \boldsymbol{R}_n} \\ &= \sum_h a(\boldsymbol{k} + \boldsymbol{K}_h) \mathrm{e}^{\mathrm{i}\boldsymbol{K}_h \cdot \boldsymbol{r}} = u_k(\boldsymbol{r}) \end{aligned}$$

综上所述，晶体中电子的布洛赫波函数形式是晶体中电子共有的形式，具有这种形式的电子称为布洛赫电子。布洛赫电子遵从周期势单电子薛定谔方程，布洛赫电子受到晶体场周期性的调制，从自由电子的平面波变成了调幅的平面波，即布洛赫波。这种调幅的平面波在整个晶体中无衰减地自由传播，不再受到晶格

的散射。平面波因子代表了布洛赫电子在晶体中的共有化运动，调幅因子描述了电子在原胞中的运动。

3. 对布洛赫波的进一步理解

（1）根据量子力学关于波函数的物理意义解释，即其模的平方代表电子在晶体中某处出现的概率。由布洛赫函数形式（6.3）式～（6.5）式可知，其概率为

$$\left|\varphi(\boldsymbol{r}+\boldsymbol{R}_n)\right|^2=\left|\varphi(\boldsymbol{r})\right|^2=\left|u_k(\boldsymbol{r})\right|^2$$

这表明在晶体中各个原胞对应点上电子出现的概率相同，即电子出现的概率具有晶格的周期性。

（2）布洛赫波函数本身不一定具有晶格的周期性。根据布洛赫函数形式（6.5）式可知 $\varphi_k(\boldsymbol{r}+\boldsymbol{R}_n)=\mathrm{e}^{\mathrm{i}\boldsymbol{k}\cdot\boldsymbol{R}_n}\varphi_k(\boldsymbol{r})$，除非 $\mathrm{e}^{\mathrm{i}\boldsymbol{k}\cdot\boldsymbol{R}_n}=1$，这时波矢正好等于倒格矢，$\boldsymbol{k}\cdot\boldsymbol{R}_n=\boldsymbol{K}_h\cdot\boldsymbol{R}_n=2\pi\mu$（$\mu$ 为整数），否则 $\varphi_k(\boldsymbol{r}+\boldsymbol{R}_n)\neq\varphi_k(\boldsymbol{r})$。但波矢并不总是正好等于倒格矢，因此 $\varphi_k(\boldsymbol{r}+\boldsymbol{R}_n)\neq\varphi_k(\boldsymbol{r})$。也就是说，波函数本身不一定具有晶格的周期性。

（3）在第 5 章金属自由电子论的 5.2.1 节中提到，自由电子波函数是动量算符 $\hat{p}=-\mathrm{i}\hbar\nabla$ 的本征态，这时电子具有确定的动量 $\boldsymbol{p}=\hbar\boldsymbol{k}$，但对晶体中电子的布洛赫波函数而言，由于

$$-\mathrm{i}\hbar\nabla\varphi_k(\boldsymbol{r})=-\mathrm{i}\hbar\nabla\left[\mathrm{e}^{\mathrm{i}\boldsymbol{k}\cdot\boldsymbol{r}}u_k(\boldsymbol{r})\right]=\hbar\boldsymbol{k}\varphi_k(\boldsymbol{r})-\mathrm{i}\hbar\mathrm{e}^{\mathrm{i}\boldsymbol{k}\cdot\boldsymbol{r}}\nabla u_k(\boldsymbol{r})$$

一般情况下 $\nabla u_k(\boldsymbol{r})\neq 0$，因此第二项不为零，也即

$$\hat{p}\varphi_k(\boldsymbol{r})\neq\hbar\boldsymbol{k}\varphi_k(\boldsymbol{r})$$

这表明布洛赫函数并不是动量算符的本征态，$\boldsymbol{p}=\hbar\boldsymbol{k}$ 不是晶体中电子的动量。后面将会看到，在外场作用下，$\hbar\boldsymbol{k}$ 具有与电子动量类似的性质，故把 $\hbar\boldsymbol{k}$ 称为布洛赫电子的晶体动量。

6.1.2　能带的三种表示方法

在介绍能带的表示方法之前，先介绍能带结构中波矢的取值数目以及能带的特点，再给出能带的三种表示方法。

1. 能带结构中波矢的取值数目

由 6.1.1 节所引入的倒空间矢量 $\boldsymbol{k}=\dfrac{t_1}{N_1}\boldsymbol{b}_1+\dfrac{t_2}{N_2}\boldsymbol{b}_2+\dfrac{t_3}{N_3}\boldsymbol{b}_3$ 式可知，描写晶体电子态的波矢在倒空间是均匀分布的，每一个波矢的端点，或称状态代表点在倒空间中占据的“体积”为

$$\frac{\boldsymbol{b}_1}{N_1}\cdot\left(\frac{\boldsymbol{b}_2}{N_2}\times\frac{\boldsymbol{b}_3}{N_3}\right)=\frac{1}{N}\Omega^*\tag{6.11}$$

即布洛赫波矢在倒空间占据的体积等于晶体的倒格子原胞体积的 1/N，简约布里

渊区容纳的代表点个数为 $\dfrac{\Omega^*}{\Omega^*/N}=N$，即波矢数目正好等于晶体原胞数目（$N=N_1N_2N_3$）。由于原胞数目是很大的，例如原胞体积为 10 Å^3、体积为 1 mm^3 的晶体就包含 10^{20} 个原胞，可见波矢数目在倒空间中是极其密集的，所以可把波矢在倒空间的分布看成是准连续的。这样一来，就可以把波矢点的求和变为积分形式来处理，这就需要首先给出状态代表点在倒空间的密度，即倒空间单位体积的波矢代表点数目：

$$\frac{N}{\Omega^*}=\frac{N\Omega}{(2\pi)^3}=\frac{V}{(2\pi)^3} \tag{6.12}$$

式中 $V=N\Omega$ 为晶体体积。这一密度与自由电子的情形完全相同。这一密度表达式将会用于 6.4 节关于能态密度的计算上。

2. 能带的特点

每一个波矢代表布洛赫电子的一个状态，但对于某一确定的状态 $\boldsymbol{k}$，布洛赫电子还会对应 n 个（$n=1,2,3,\cdots,\infty$）分立的能量本征值和本征函数，因此，布洛赫电子需要由 n 和 k 两个量子数进行描述，其波函数和相应的能量本征值可分别记为 $\varphi_{nk}(\boldsymbol{r}),E_n(\boldsymbol{k})$，$n$ 称为能带标号。波矢在简约布里渊区内有 N（原胞个数）个分立的取值，每一个能量本征值 $E_n(\boldsymbol{k})(n=1,2,3,\cdots,\infty)$，就对应 N 个能量值。由于 N 值很大，这些能量值表现出准连续的谱带，形成能带。各个能带即 $E_1(\boldsymbol{k})$，$E_2(\boldsymbol{k})$，$E_3(\boldsymbol{k}),\cdots$之间由带隙隔离开来，或者部分能带发生交叠。

既然 $\boldsymbol{k}$ 加上一个倒格矢 $\boldsymbol{k}'=\boldsymbol{k}+\boldsymbol{K}_h$ 代表相同的电子态，对每一个能带，就有如下关系：

$$E_n(\boldsymbol{k})=E_n(\boldsymbol{k}')=E_n(\boldsymbol{k}+\boldsymbol{K}_h) \tag{6.13}$$

这说明，电子能量与波矢的关系（能带色散关系）在倒格子空间中呈现出周期性。

另外，由于周期势是实数，可以证明能带色散关系在倒格子空间中是偶函数。

3. 能带的表示方法

能带 $E_n(\boldsymbol{k})$ 有三种表示方法，分别为：

（1）能带 $E_n(\boldsymbol{k})$ 表示在简约布里渊区内，称为简约区图式，这种表示方法可以在简约布里渊区内显示出能带结构的全貌；

（2）能带 $E_n(\boldsymbol{k})$ 以简约布里渊区为重复单元，扩展到全部倒格子空间，称为重复区图式，这种表示方法可以显示出每个能带都是倒空间中波矢的周期函数；

（3）将 $E_n(\boldsymbol{k})$ 用单值函数表示出来，能量由低到高分布在第一、第二、第三、…等各个布里渊区内，称为扩展区图式，这种表示方法可以很明显地表现出能带在布里渊区边界上的不连续性。

由此可见，三种能带结构的表示方法都有各自的特点。三种能带的表示方法示于图 6-1 中，最常用的能带表示方法是简约区表示法，在能带计算研究论文中几乎都采取这种表示方法，原因是这种表示方法既能表示出能带全貌又不会占用较大绘图空间。后面将会看到，实际上，在三维倒格子空间中描绘能带结构图时，都是通过沿着布里渊区某些高对称点和对称线进行描绘的。

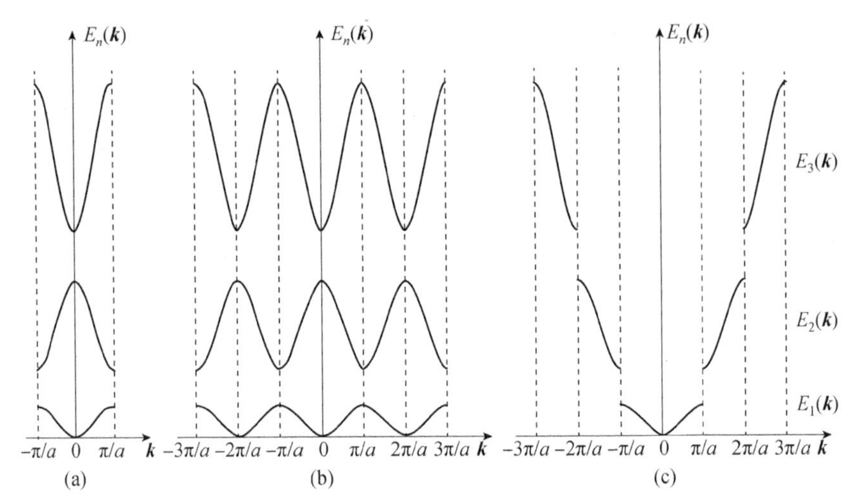

图 6-1　能带表示方法：（a）简约区图式表示；（b）重复区图式表示；（c）扩展区图式表示

通过本节对布洛赫波的系统论述，表明晶体中电子运动行为不同于自由电子，其波函数具有布洛赫波函数的形式。它们之间既有明显的区别，彼此也有密切的联系。为了进行比较，在本章结尾处表 6-1 中列出了自由电子和晶体中的布洛赫电子在各个方面的异同。

在掌握了上述布洛赫波的一些基本概念的前提下，本章后续内容对能带计算的两种理论模型，即近自由电子近似方法和紧束缚近似方法加以阐述。下面首先给出近自由电子近似模型计算能带的方法。

6.2　近自由电子近似

从晶体周期势场中所具有的平移对称性出发，得到了周期场中运动电子波函数的普遍形式，即布洛赫波函数，但它不能给出某一晶体中电子波函数的具体形式，也不能得到能带结构的具体表达式。要获得这些结果，必须求解单电子薛定谔方程，但是，求解这个方程实际上是比较困难的。为此，我们先讨论能带计算中的一个最简单模型——近自由电子模型。这个模型适用于周期性势场比较弱的情况，故也称为弱周期场近似。由于晶体势场的周期性起伏很弱，它可以看成是固定势场上外加一个微扰项，此时，晶体中的价电子行为就很接近自由电子，故又被称为近自由电子近似或准自由电子近似。这个模型虽然简单，却能够给出周期场中运动电子最本征的一些特点。

正因为近自由电子模型比较简单，当初曾一度被认为是一种很粗略的能带理论计算模型。从索末菲自由电子论出发，经过晶体周期势场的修正，把价电子看作是近自由电子，但却得到了令人惊奇的、接近于实验事实的理论结果。常规理解，价电子和离子实之间应该有较强的库仑相互作用，但实际上表现出的作用势很弱。在很多情况下，导电电子如此“自由”，必有其本质原因。事实上，对于金属元素组成的晶体，如 Na, K, Al 等，采用这一模型进行能带计算是一种很好的近似。由于价电子受泡利不相容原理的限制，电子不可能全部占据芯态能级，那么，占据在最外层的电子就可能不会被某个原子所紧紧束缚，另外，这些可移动的近自由电子也会对正离子实起到一定的屏蔽作用，这就使得某一电子“感知”到的周期势场会比较弱。接下来，首先从最简单的一维晶格引入这种近似模型，进而再推广到三维情况。下面将会看到，通过构建这种简单的模型，可得出显著不同于自由电子能量色散关系的能带结构。

6.2.1　一维周期势作为微扰

考虑最简单的模型，即一维简单晶格情况下，单电子薛定谔方程

$$H\varphi(x)=\left[-\frac{\hbar^2}{2m}\frac{\mathrm{d}^2}{\mathrm{d}x^2}+V(x)\right]\varphi(x)=E\varphi(x) \tag{6.14}$$

式中 $V(x+la)=V(x)$，即晶体势场具有与晶格相同的周期（a 为一维晶体的晶格常数，l 为包括零在内的任意整数）。V（x）为周期函数，可展开成傅里叶级数

$$V(x)=\sum_n V_n \mathrm{e}^{\mathrm{i}n\frac{2\pi}{a}x}=V_0+\sum_n{}' V_n \mathrm{e}^{\mathrm{i}n\frac{2\pi}{a}x} \tag{6.15}$$

展开式中第一项

$$V_0=\frac{1}{a}\int_{-\frac{a}{2}}^{\frac{a}{2}}V(x)\mathrm{d}x \tag{6.16}$$

V_0 为势能的平均值。

第二项求和号加撇代表不包括 n=0 项，而系数为

$$V_n=\frac{1}{a}\int_{-\frac{a}{2}}^{\frac{a}{2}}V(x)\mathrm{e}^{-\mathrm{i}n\frac{2\pi x}{a}}\mathrm{d}x \tag{6.17}$$

由于晶体势函数 V（x）为实数，显然有如下关系：

$$V_n^*=\left(\frac{1}{a}\int_{-\frac{a}{2}}^{\frac{a}{2}}V(x)\mathrm{e}^{-\mathrm{i}n\frac{2\pi x}{a}}\mathrm{d}x\right)^*=\frac{1}{a}\int_{-\frac{a}{2}}^{\frac{a}{2}}V(x)\mathrm{e}^{-\mathrm{i}(-n)\frac{2\pi x}{a}}\mathrm{d}x=V_{-n} \tag{6.18}$$

这里给出（6.18）式是因为后面在利用微扰论计算能带结构时将会用到。

为讨论方便起见，常令 $V_0=0$，这样势函数展开后可写为更简单的形式

$$V(x)=\sum_n{}' V_n \mathrm{e}^{\mathrm{i}n\frac{2\pi}{a}x} \tag{6.19}$$

周期性势场起伏较小，故可将势能项视为微扰。将（6.19）式代入薛定谔方程（6.14）式后，可化为

$$(H^0+H')\varphi=E\varphi \tag{6.20}$$

其中

$$H^0=-\frac{\hbar^2}{2m}\frac{\mathrm{d}^2}{\mathrm{d}x^2}，\ H'=V(x) \tag{6.21}$$

零级近似波函数就是自由电子的波函数 φ_k^0 形式，满足

$$H^0\varphi_k^0=E^0\varphi_k^0 \tag{6.22}$$

式中自由电子的波函数形式为

$$\varphi_k^0=\frac{1}{\sqrt{L}}\mathrm{e}^{\mathrm{i}kx} \tag{6.23}$$

其中 L 为一维晶体总长度，$L=Na$，系数由波函数的正交归一化条件

$$\int_0^L\left(\varphi_{k'}^0\right)^*\varphi_k^0\mathrm{d}x=\delta_{k'k} \tag{6.24}$$

来确定。根据周期性边界条件

$$\varphi_k^0(x)=\varphi_k^0(L+x) \tag{6.25}$$

可限制 k 取值，即

$$k=\frac{2\pi}{L}l \tag{6.26}$$

式中 l 为任意整数，波矢 k 在第一布里渊区的取值范围为

$$k\in\left(-\frac{\pi}{a},\frac{\pi}{a}\right)$$

另外，零级近似下的能量色散关系就是自由电子的色散关系

$$E^0(k)=\frac{\hbar^2k^2}{2m} \tag{6.27}$$

一级微扰能量

$$\begin{aligned}E^{(1)}(k)=H'_{kk}&=\int_0^L(\varphi_k^0)^*\sum_n{}'V_n\mathrm{e}^{\mathrm{i}\frac{2\pi n}{a}x}\varphi_k^0\mathrm{d}x\\&=\int_0^L\frac{1}{\sqrt{L}}\mathrm{e}^{-\mathrm{i}kx}\sum_n{}'V_n\mathrm{e}^{\mathrm{i}\frac{2\pi n}{a}x}\frac{1}{\sqrt{L}}\mathrm{e}^{\mathrm{i}kx}\mathrm{d}x\\&=\frac{1}{L}\int_0^L\sum_n{}'V_n\mathrm{e}^{\mathrm{i}\frac{2\pi n}{a}x}\mathrm{d}x=0\end{aligned} \tag{6.28}$$

因此，必须计及二级微扰修正，二级微扰能量为

$$E^{(2)}=E^{(2)}(k)=\sum_{k'}{}'\frac{\left|H'_{k'k}\right|^2}{E^0(k)-E^0(k')} \tag{6.29}$$

求和不包括 $k=k'$。

对（6.29）式进行微扰计算，首先求解

$$H'_{k'k}=\int_0^L(\varphi_{k'}^0)^*\sum_n{}'V_n\mathrm{e}^{\mathrm{i}n\frac{2\pi}{a}x}\varphi_k^0\mathrm{d}x=\int_0^L\frac{1}{\sqrt{L}}\mathrm{e}^{-\mathrm{i}k'x}\sum_n{}'V_n\mathrm{e}^{\mathrm{i}n\frac{2\pi}{a}x}\frac{1}{\sqrt{L}}\mathrm{e}^{\mathrm{i}kx}\mathrm{d}x \tag{6.30}$$

在（6.30）式中，以 Na 代替 L，并把积分号移到求和号之内后，遍及整个晶体（长度 L）的积分可转化为对某一个周期（$na\to na+a$）的积分，即有

$$H'_{k'k}=\frac{1}{Na}\sum_n{}'\int_{na}^{na+a}\mathrm{e}^{\mathrm{i}(k-k')x}V_n\mathrm{e}^{\mathrm{i}n\frac{2\pi}{a}x}\mathrm{d}x \tag{6.31}$$

令 $x=\xi+na$，因此，（6.31）式可改写为

$$\begin{aligned}H'_{k'k}&=\frac{1}{N}\sum_n{}'\frac{1}{a}\int_0^a\mathrm{e}^{\mathrm{i}(k-k')(na+\xi)}V_n\mathrm{e}^{\mathrm{i}n\frac{2\pi}{a}(na+\xi)}\mathrm{d}\xi\\&=\frac{1}{N}\sum_n{}'\mathrm{e}^{\mathrm{i}(k-k')na}\frac{1}{a}\int_0^a\mathrm{e}^{\mathrm{i}(k-k')\xi}V_n\mathrm{e}^{\mathrm{i}2\pi n^2}\mathrm{e}^{\mathrm{i}n\frac{2\pi}{a}\xi}\mathrm{d}\xi\end{aligned} \tag{6.32}$$

当 $k'-k=n\dfrac{2\pi}{a}$ 时，$\dfrac{1}{N}\sum_n{}'\mathrm{e}^{\mathrm{i}(k-k')na}=1$，因此，（6.32）式成为

$$H'_{k'k}=\frac{1}{a}\int_0^a\mathrm{e}^{-\mathrm{i}n\frac{2\pi}{a}\xi}V_n\mathrm{e}^{\mathrm{i}n\frac{2\pi}{a}\xi}\mathrm{d}\xi=\frac{1}{a}\int_0^aV_n\mathrm{d}\xi=V_n \tag{6.33}$$

当 $k'-k\neq n\dfrac{2\pi}{a}$ 时

$$\frac{1}{N}\sum_n{}'\mathrm{e}^{\mathrm{i}(k-k')na}=\frac{1}{N}\frac{1-\mathrm{e}^{\mathrm{i}(k-k')Na}}{1-\mathrm{e}^{\mathrm{i}(k-k')a}} \tag{6.34}$$

而根据（6.26）式，有

$$k'-k=\frac{2\pi}{Na}l'-\frac{2\pi}{Na}l=\frac{2\pi}{Na}(l'-l)=\frac{2\pi}{Na}m \tag{6.35}$$

其中 m 为整数，且 $m<N$。将（6.35）式代入（6.34）式得

$$\frac{1}{N}\sum_n{}'\mathrm{e}^{\mathrm{i}(k-k')na}=\frac{1}{N}\frac{1-\mathrm{e}^{-\mathrm{i}2\pi m}}{1-\mathrm{e}^{-\mathrm{i}\frac{2\pi m}{N}}} \tag{6.36}$$

（6.36）式中的分子为 $1-\mathrm{e}^{-\mathrm{i}2\pi m}=0$，分母为 $1-\mathrm{e}^{-\mathrm{i}\frac{2\pi m}{N}}\neq0$，（6.36）式代入（6.32）式，必有

$$H'_{k'k}=0 \tag{6.37}$$

综合（6.33）式和（6.37）式，可得

$$H'_{k'k}=\begin{cases}V_n, & k'-k=n\dfrac{2\pi}{a}\\ 0, & k'-k\neq n\dfrac{2\pi}{a}\end{cases}\tag{6.38}$$

于是（6.29）式中对 k'的累加可转化成对倒格矢的累加，即

$$E^{(2)}(k)=\sum_n{}'\frac{|V_n|^2}{\dfrac{\hbar^2}{2m}k^2-\dfrac{\hbar^2}{2m}\left(k+n\dfrac{2\pi}{a}\right)^2}\tag{6.39}$$

由此计入二级微扰修正后，晶体中电子的能量本征值为

$$E(k)=E^0(k)+E^{(2)}(k)=\frac{\hbar^2k^2}{2m}+\sum_n{}'\frac{|V_n|^2}{\dfrac{\hbar^2}{2m}k^2-\dfrac{\hbar^2}{2m}\left(k+n\dfrac{2\pi}{a}\right)^2}\tag{6.40}$$

而波函数只计及一级微扰即可

$$\varphi_k=\varphi_k^0+\varphi_k^{(1)}=\varphi_k^0+\sum_{k'}{}'\frac{H'_{k'k}}{E^0(k)-E^0(k')}\varphi_{k'}^0\tag{6.41}$$

式中一级微扰波函数为

$$\varphi_k^{(1)}=\sum_{k'}{}'\frac{H'_{k'k}}{E^0(k)-E^0(k')}\varphi_{k'}^0=\sum_n{}'\frac{V_n}{\dfrac{\hbar^2}{2m}k^2-\dfrac{\hbar^2}{2m}\left(k+n\dfrac{2\pi}{a}\right)^2}\frac{1}{\sqrt{L}}e^{i\left(k+n\frac{2\pi}{a}\right)x}$$

因此，晶体电子波函数（6.41）式可写为

$$\varphi_k=\frac{1}{\sqrt{L}}e^{ikx}\left[1+\sum_n{}'\frac{V_ne^{in\frac{2\pi}{a}x}}{\dfrac{\hbar^2}{2m}k^2-\dfrac{\hbar^2}{2m}\left(k+n\dfrac{2\pi}{a}\right)^2}\right]\tag{6.42}$$

将（6.42）式与（6.3）式进行比较可知，在晶体中运动的电子波函数具有调幅平面波的形式，其调幅周期为晶格的周期。如将（6.42）式写成（6.3）式一维布洛赫函数的形式

$$\varphi_k=e^{ikx}u_k(x)$$

则函数

$$u_k(x+la)=\frac{1}{\sqrt{L}}\left[1+\sum_n{}'\frac{V_n}{\dfrac{\hbar^2}{2m}k^2-\dfrac{\hbar^2}{2m}\left(k+n\dfrac{2\pi}{a}\right)^2}e^{in\frac{2\pi}{a}(x+la)}\right]=u_k(x)\tag{6.43}$$

明显具有晶格周期性。

6.2.2　一维简并微扰

当$(k')^2=\left(k+n\frac{2\pi}{a}\right)^2=k^2$，即当$k=-n\frac{\pi}{a}$时，会导致（6.40）式和（6.42）式的发散，上述微扰计算不再适用。此时一个能量对应两个状态$k=\pm n\frac{\pi}{a}$，相应的波函数分别为$\varphi_k^0=\mathrm{e}^{ikx},\varphi_{k'}^0=\mathrm{e}^{ik'x}$，这种情况属于简并微扰，因此必须用简并微扰论来处理。为此，可令布里渊区边界附近的波矢状态为

$$k=-n\frac{\pi}{a}(1+\varDelta) \tag{6.44a}$$

$$k'=k+n\frac{2\pi}{a}=n\frac{\pi}{a}(1-\varDelta) \tag{6.44b}$$

式中$\varDelta\ll 1$。

在简并状态情况下，零级近似波函数可写为两个状态波函数的线性组合形式

$$\varphi^0=A\varphi_k^0+B\varphi_{k'}^0 \tag{6.45}$$

将电子波函数的近似形式（6.45）式代入薛定谔方程（6.20）式中，得

$$(H^0+H')(A\varphi_k^0+B\varphi_{k'}^0)=E(A\varphi_k^0+B\varphi_{k'}^0) \tag{6.46}$$

用$(\varphi_k^0)^*$和$(\varphi_{k'}^0)^*$分别左乘方程（6.46）式两边，并在整个晶体内进行积分，得到

$$\int_0^L(\varphi_k^0)^*(H^0+H')(A\varphi_k^0+B\varphi_{k'}^0)\mathrm{d}x=\int_0^L(\varphi_k^0)^*E(k)(A\varphi_k^0+B\varphi_{k'}^0)\mathrm{d}x \tag{6.47a}$$

$$\int_0^L(\varphi_{k'}^0)^*(H^0+H')(A\varphi_k^0+B\varphi_{k'}^0)\mathrm{d}x=\int_0^L(\varphi_{k'}^0)^*E(k)(A\varphi_k^0+B\varphi_{k'}^0)\mathrm{d}x \tag{6.47b}$$

（6.47a）方程左边可写为

$$\int_0^L(\varphi_k^0)^*(H^0+H')(A\varphi_k^0+B\varphi_{k'}^0)\mathrm{d}x=E^0(k)A+H'_{kk'}B \tag{6.48}$$

这里（6.48）式在运算过程中用到了（6.22）式、（6.23）式、（6.28）式矩阵元$H'_{kk}=0$、$\int_0^L(\varphi_k^0)^*H^0B\varphi_{k'}^0\mathrm{d}x=0$和$\int_0^L(\varphi_k^0)^*H^0A\varphi_k^0\mathrm{d}x=E^0(k)A$。

而式中矩阵元

$$H'_{kk'}=\int_0^L(\varphi_k^0)^*H'\varphi_{k'}^0\mathrm{d}x=\int_0^L(\varphi_k^0)^*\sum_n V_n\mathrm{e}^{\mathrm{i}n\frac{2\pi}{a}x}\varphi_{k'}^0\mathrm{d}x \tag{6.49}$$

再看方程（6.47a）的右边

$$\int_0^L(\varphi_k^0)^*E(k)(A\varphi_k^0+B\varphi_{k'}^0)\mathrm{d}x=E(k)A \tag{6.50}$$

（6.50）式在演算过程中用到了$\int_0^L(\varphi_k^0)^*E(k)B\varphi_{k'}^0\mathrm{d}x=0$和$\int_0^L(\varphi_k^0)^*E(k)A\varphi_k^0\mathrm{d}x=E(k)A$

根据（6.48）式和（6.50）式，方程（6.47a）可写成

$$E^0(k)A+H'_{kk'}B=E(k)A \tag{6.51a}$$

经过上述类似于（6.47a）式的运算过程后，方程（6.47b）可写为

$$E^0(k')B + H'_{k'k}A = E(k')B \tag{6.51b}$$

这里运算中用到了（6.22）式、（6.23）式、（6.28）式 $H'_{k'k'}=0$、$\int_0^L (\varphi_{k'}^0)^* H^0 A\varphi_k^0 \mathrm{d}x=0$、$\int_0^L (\varphi_{k'}^0)^* E(k) A\varphi_k^0 \mathrm{d}x=0$、$\int_0^L (\varphi_{k'}^0)^* H^0 B\varphi_{k'}^0 \mathrm{d}x=E^0(k')B$ 和 $\int_0^L (\varphi_{k'}^0)^* E(k) B\varphi_{k'}^0 \mathrm{d}x=E(k')B$。

而（6.51b）式中矩阵元为

$$H'_{k'k}=\int_0^L (\varphi_{k'}^0)^* H'\varphi_k^0 \mathrm{d}x = \int_0^L (\varphi_{k'}^0)^* \sum_n V_n \mathrm{e}^{\mathrm{i}n\frac{2\pi}{a}x} \varphi_k^0 \mathrm{d}x \tag{6.52}$$

根据（6.51a）式和（6.51b）式，整理后得出以 A，B 为未知数的线性齐次方程组

$$[E(k)-E^0(k)]A - H'_{kk'}B=0 \tag{6.53a}$$

$$-H'_{k'k}A + [E(k')-E^0(k')]B=0 \tag{6.53b}$$

下面具体计算（6.53a）式中的矩阵元 $H'_{kk'}$ 和（6.53b）中的矩阵元 $H'_{k'k}$，计算类似（6.30）式~（6.37）式的计算过程。我们首先计算（6.53b）方程式中的矩阵元 $H'_{k'k}$

$$\begin{aligned}
H'_{k'k} &= \frac{1}{Na}\sum_n{}' \int_{na}^{na+a} \mathrm{e}^{\mathrm{i}(k-k')x} V_n \mathrm{e}^{\mathrm{i}n\frac{2\pi}{a}x} \mathrm{d}x \\
&\xlongequal{\text{令}x=\xi+na} \frac{1}{N}\sum_n{}' \frac{1}{a}\int_0^a \mathrm{e}^{\mathrm{i}(k-k')(na+\xi)} V_n \mathrm{e}^{\mathrm{i}n\frac{2\pi}{a}(na+\xi)} \mathrm{d}\xi \\
&= \begin{cases} V_n, & k'-k=n\dfrac{2\pi}{a} \\ 0, & k'-k\neq n\dfrac{2\pi}{a} \end{cases}
\end{aligned} \tag{6.54}$$

而（6.53a）式中的矩阵元：

$$\begin{aligned}
H'_{kk'} &= \frac{1}{Na}\sum_n{}' \int_{na}^{na+a} \mathrm{e}^{\mathrm{i}(k'-k)x} V_n \mathrm{e}^{\mathrm{i}n\frac{2\pi}{a}x} \mathrm{d}x \\
&= \left[\frac{1}{Na}\sum_n{}' \int_{na}^{na+a} \mathrm{e}^{\mathrm{i}(k-k')x} V_n^* \mathrm{e}^{-\mathrm{i}n\frac{2\pi}{a}x} \mathrm{d}x\right]^* \\
&= \left[\frac{1}{Na}\sum_n{}' \int_{na}^{na+a} \mathrm{e}^{\mathrm{i}(k-k')x} V_{-n}^* \mathrm{e}^{\mathrm{i}n\frac{2\pi}{a}x} \mathrm{d}x\right]^* \\
&= \begin{cases} V_{-n}, & k'-k=n\dfrac{2\pi}{a} \\ 0, & k'-k\neq n\dfrac{2\pi}{a} \end{cases}
\end{aligned} \tag{6.55}$$

将（6.54）式和（6.55）式分别代入（6.53a）式和（6.53b）式，得到下列关于系数 A 和 B 的线性齐次方程组

$$\left.\begin{aligned}[E(k)-E^0(k)]A-V_{-n}B=0\\ -V_nA+[E(k')-E^0(k')]B=0\end{aligned}\right\}\tag{6.56}$$

由于波函数不应为零，有非零解的条件是

$$\begin{vmatrix}E(k)-E^0(k) & -V_{-n}\\ -V_n & E(k')-E^0(k')\end{vmatrix}=0\tag{6.57}$$

利用（6.18）式 $V_n^*=V_{-n}$ 和 $E(k)=E\left(k+n\dfrac{2\pi}{a}\right)=E(k')$，由（6.57）式可得能量本征值的一元二次方程

$$E^2(k)-[E^0(k)+E^0(k')]E(k)+E^0(k)E^0(k')-V_n^{\ 2}=0\tag{6.58}$$

由此解得能量本征值为

$$\begin{aligned}E(k)&=\frac{1}{2}\left\{[E^0(k)+E^0(k')]\pm\sqrt{[E^0(k)+E^0(k')]^2-4[E^0(k)E^0(k')-|V_n|^2]}\right\}\\&=\frac{1}{2}\left\{[E^0(k)+E^0(k')]\pm\sqrt{[E^0(k)-E^0(k')]^2+4|V_n|^2]}\right\}\end{aligned}\tag{6.59}$$

将（6.44a）式和（6.44b）式分别代入（6.59）式，并令

$$T_n=\frac{\hbar^2}{2m}\left(n\frac{\pi}{a}\right)^2$$

可将（6.59）式化为

$$\begin{aligned}E(k)&=\frac{1}{2}\left\{[T_n(1+\varDelta)^2+T_n(1-\varDelta)^2]\pm\sqrt{[T_n(1+\varDelta)^2-T_n(1-\varDelta)^2]^2+4|V_n|^2}\right\}\\&=T_n(1+\varDelta^2)\pm\sqrt{4T_n^2\varDelta^2+|V_n|^2}=T_n(1+\varDelta^2)\pm|V_n|\left(1+\frac{4T_n^2}{|V_n|^2}\varDelta^2\right)^{\frac{1}{2}}\end{aligned}$$

由于 $\varDelta$ 是小量，将式中的第二项进行泰勒级数展开，$(1+x)^n\approx 1+nx$，即得

$$E(k)_+=T_n\left(1+\varDelta^2\right)+|V_n|\left(1+\frac{1}{2}\frac{4T_n^2\varDelta^2}{|V_n|^2}+\cdots\right)\approx T_n+|V_n|+T_n\left(1+\frac{2T_n}{|V_n|}\right)\varDelta^2$$

$$E(k)_-=T_n\left(1+\varDelta^2\right)-|V_n|\left(1+\frac{1}{2}\frac{4T_n^2\varDelta^2}{|V_n|^2}+\cdots\right)\approx T_n-|V_n|-T_n\left(\frac{2T_n}{|V_n|}-1\right)\varDelta^2$$

即

$$E(k)_+=T_n+|V_n|+T_n\left(1+\frac{2T_n}{|V_n|}\right)\varDelta^2\tag{6.60a}$$

$$E(k)_-=T_n-|V_n|-T_n\left(\frac{2T_n}{|V_n|}-1\right)\varDelta^2\tag{6.60b}$$

由（6.60a）式和（6.60b）式可以看出，$E(k)_+$ 相对于无微扰时的能量高；$E(k)_-$

相对于无微扰时的能量低。在布里渊区边界附近，即 $\varDelta \to 0$ 时，$E(k)_+$ 和 $E(k)_-$ 分别以二次函数即抛物线的形式趋于 $T_n + |V_n|$ 和 $T_n - |V_n|$。也就是说，在布里渊区边界附近，能带结构具有抛物线形式（这在后续章节中计算能带底和能带顶附近电子的有效质量会用到），在布里渊区边界处，即 $\varDelta = 0$ 时，（6.60a）式和（6.60b）式相减后可得两能级之差为

$$\Delta E(k) = E(k)_+ - E(k)_- = 2|V_n| \tag{6.61}$$

这说明在布里渊区边界处，有不被电子占据的能量状态，故将它称为禁带。显然，禁带的出现正是由于电子在晶体周期性势场中运动所造成的。

可以从物理机制上来理解产生禁带的原因，从以下三个方面来理解：

（1）入射波和反射波形成驻波。

在布里渊区附近，零级近似波函数由两个波函数线性组合而来，第一项是入射波，第二项是反射波，当入射波的波矢接近布里渊区边界时，与其相差 $k = n\dfrac{2\pi}{a}$ 的散射波幅会特别大，与入射波会相互干涉而形成驻波，在这种情况下，运动的电子在晶体中是被禁止的。

（2）在布里渊区附近处形成布拉格反射。

在布里渊区附近处，$k = \dfrac{2\pi}{\lambda} = n\dfrac{\pi}{a}$（$\lambda$ 为电子波长），$2a = n\lambda$，这正是垂直入射的布拉格反射条件，这说明两个相邻的原子散射电子相互干涉而不能进入晶体。其本质仍然是形成驻波。

（3）电子在晶体场中的分布情况。

$E(k)_-$ 能带中能量较高的电子受离子实的束缚比较强，分布在离子实周围，势能负值较大（势能较低）；$E(k)_+$ 能带中能量较低的电子受离子实的束缚比较弱，分布在离子实之间区域，势能负值较小（势能较高）；与自由电子相比较，$E(k)_+$ 能量增加了，$E(k)_-$ 能量减小了，因此造成了能级差。

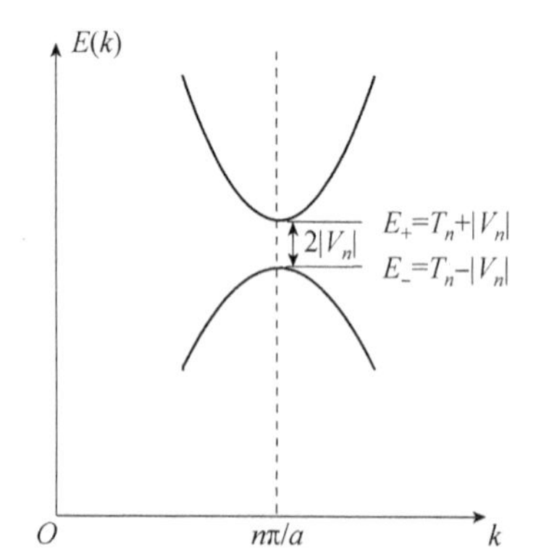

图 6-2　布里渊区边界 $k=n\pi/a$ 处能隙

总的来说，在近自由电子近似下，共有化运动电子是近自由的，零级近似波函数是平面波。当波矢不满足布拉格反射条件时，晶格影响很小，电子状态与自由电子接近（电子能量与自由电子相近）。当波矢在布里渊区边界（$k=n\pi/a$）时，满足布拉格反射条件，反射波与入射波干涉形成驻波，电子能量出现禁带（能隙），宽度为 $2|V_n|$。当波矢在布里渊区边界附近时，能带底电子能量与波矢呈向上弯曲抛物线，能带顶电子能量与波矢呈向下弯曲抛物线，如图 6-2 所示。

6.2.3　三维情况

现在我们可以将以上一维情况下计算能带的方法推广到三维情况。仍然将周期场$V(\boldsymbol{r})$展开成傅里叶级数，并取平均场 $V_0=0$ 可得

$$V(\boldsymbol{r})=\sum_{K_h}V_h\mathrm{e}^{\mathrm{i}\boldsymbol{K}_h\cdot\boldsymbol{r}}=\sum_{K_h}{}'V_h\mathrm{e}^{\mathrm{i}\boldsymbol{K}_h\cdot\boldsymbol{r}} \tag{6.62}$$

其中$\boldsymbol{K}_h$为倒格矢。

$\boldsymbol{K}_h=h_1\boldsymbol{b}_1+h_2\boldsymbol{b}_2+h_3\boldsymbol{b}_3$，式中$\boldsymbol{b}_1,\boldsymbol{b}_2,\boldsymbol{b}_3$是倒格子基矢；$h_1,h_2,h_3$为整数（包括零）。晶体势具有周期性，即

$$V(\boldsymbol{r})=V(\boldsymbol{r}+\boldsymbol{R}_n) \tag{6.63}$$

其中$\boldsymbol{R}_n$是任意正格矢

$$\boldsymbol{R}_n=n_1\boldsymbol{a}_1+n_2\boldsymbol{a}_2+n_3\boldsymbol{a}_3$$

式中$\boldsymbol{a}_1,\boldsymbol{a}_2,\boldsymbol{a}_3$是正格子基矢；$n_1,n_2,n_3$为整数。

类似于（6.14）式的一维情况，将三维晶体的薛定谔方程写成

$$(H^0+H')\varphi(\boldsymbol{r})=E\varphi(\boldsymbol{r}) \tag{6.64}$$

式中

$$H^0=-\frac{\hbar^2}{2m}\nabla^2$$

而

$$H'=V(\boldsymbol{r})=\sum_{K_h}{}'V_h\mathrm{e}^{\mathrm{i}\boldsymbol{K}_h\cdot\boldsymbol{r}} \tag{6.65}$$

一级微扰能量为

$$E^{(1)}(\boldsymbol{k})=H'_{kk}=\int_V\varphi_k^{0*}H'\varphi_k^0\mathrm{d}\tau$$

零级近似下电子波函数具有自由电子平面波的形式

$$\varphi_k^0=\frac{1}{\sqrt{V}}\mathrm{e}^{\mathrm{i}\boldsymbol{k}\cdot\boldsymbol{r}} \tag{6.66}$$

由于除非$\boldsymbol{K}_h$=0，否则

$$E^{(1)}(\boldsymbol{k})=\int_V\varphi_k^{0*}\sum_{K_h}{}'V_h\,\mathrm{e}^{\mathrm{i}\boldsymbol{K}_h\cdot\boldsymbol{r}}\varphi_k^0\mathrm{d}\tau=\frac{1}{V}\int_V\sum_{K_h}{}'V_h\,\mathrm{e}^{\mathrm{i}\boldsymbol{K}_h\cdot\boldsymbol{r}}\mathrm{d}\tau=0$$

与一维情况一样，必须计及二级微扰

$$E^{(2)}(\boldsymbol{k})=\sum_{k'}{}'\frac{\left|H'_{k'k}\right|^2}{E^0(\boldsymbol{k})-E^0(\boldsymbol{k}')} \tag{6.67}$$

式中

$$H'_{k'k}=\frac{1}{V}\int_V\sum_{\boldsymbol{K}_h}{}'\mathrm{e}^{\mathrm{i}(\boldsymbol{k}-\boldsymbol{k}')\cdot\boldsymbol{r}}V_h\mathrm{e}^{\mathrm{i}\boldsymbol{K}_h\cdot\boldsymbol{r}}\,\mathrm{d}\tau$$

计算矩阵元 $H'_{k'k}$ 时，和一维情况完全类似，把整个晶体的积分划为对不同原胞体积 Ω 内的积分，然后作变量代换 $\boldsymbol{r}=\boldsymbol{R}_n+\boldsymbol{\xi}$

$$\begin{aligned} H'_{k'k} &= \frac{1}{N}\sum_n{}' \frac{1}{\Omega}\int_\Omega \mathrm{e}^{\mathrm{i}(\boldsymbol{k}-\boldsymbol{k}')\cdot(\boldsymbol{R}_n+\boldsymbol{\xi})} V_h \mathrm{e}^{\mathrm{i}\boldsymbol{K}_h\cdot(\boldsymbol{R}_n+\boldsymbol{\xi})}\mathrm{d}\boldsymbol{\xi} \\ &= \frac{1}{N}\sum_n{}' \mathrm{e}^{\mathrm{i}(\boldsymbol{k}-\boldsymbol{k}')\cdot\boldsymbol{R}_n} \frac{1}{\Omega}\int_\Omega \mathrm{e}^{\mathrm{i}(\boldsymbol{k}-\boldsymbol{k}')\cdot\boldsymbol{\xi}} V_h \mathrm{e}^{\mathrm{i}\boldsymbol{K}_h\cdot\boldsymbol{R}_n}\mathrm{e}^{\mathrm{i}\boldsymbol{K}_h\cdot\boldsymbol{\xi}}\mathrm{d}\boldsymbol{\xi} \end{aligned} \tag{6.68}$$

$\boldsymbol{K}_h\cdot\boldsymbol{R}_n=(h_1\boldsymbol{b}_1+h_2\boldsymbol{b}_2+h_3\boldsymbol{b}_3)\cdot(n_1\boldsymbol{a}_1+n_2\boldsymbol{a}_2+n_3\boldsymbol{a}_3)=2\pi\mu$，$\mu$ 为整数，因此（6.68）式中 $\mathrm{e}^{\mathrm{i}\boldsymbol{K}_h\cdot\boldsymbol{R}_n}=1$。

当 $\boldsymbol{k}'-\boldsymbol{k}=\boldsymbol{K}_h=h_1\boldsymbol{b}_1+h_2\boldsymbol{b}_2+h_3\boldsymbol{b}_3$ 时，有 $\mathrm{e}^{\mathrm{i}(\boldsymbol{k}-\boldsymbol{k}')\cdot\boldsymbol{R}_n}=1$，这样就可将（6.68）式写为

$$H'_{k'k}=\frac{1}{\Omega}\int_\Omega \mathrm{e}^{\mathrm{i}[(\boldsymbol{k}-\boldsymbol{k}')+\boldsymbol{K}_h]\cdot\xi}V_h\mathrm{d}\boldsymbol{\xi}=V_h \tag{6.69a}$$

而在 $\boldsymbol{k}'-\boldsymbol{k}\neq\boldsymbol{K}_h$ 的情况下，即

$$\begin{aligned} \boldsymbol{k}'-\boldsymbol{k} &= \left(l'_1\frac{1}{N_1}\boldsymbol{b}_1+l'_2\frac{1}{N_2}\boldsymbol{b}_2+l'_3\frac{1}{N_3}\boldsymbol{b}_3\right)-\left(l_1\frac{1}{N_1}\boldsymbol{b}_1+l_2\frac{1}{N_2}\boldsymbol{b}_2+l_3\frac{1}{N_3}\boldsymbol{b}_3\right) \\ &= (l'_1-l_1)\frac{1}{N_1}\boldsymbol{b}_1+(l'_2-l_2)\frac{1}{N_2}\boldsymbol{b}_2+(l'_3-l_3)\frac{1}{N_3}\boldsymbol{b}_3 \\ &= \frac{1}{N_1}m_1\boldsymbol{b}_1+\frac{1}{N_2}m_2\boldsymbol{b}_2+\frac{1}{N_3}m_3\boldsymbol{b}_3 \end{aligned}$$

其中 N_1, N_2, N_3 分别为沿 $\boldsymbol{a}_1,\boldsymbol{a}_2,\boldsymbol{a}_3$ 三个正格子基矢方向上的原胞个数，晶体总的原胞数为 $N=N_1N_2N_3$，$l_i,l'_j(i,j=1,2,3)$ 均为整数，因此，m_1，m_2，m_3 也为整数，这样（6.68）式求和项可写为分量形式

$$\begin{aligned} \frac{1}{N}\sum_n{}'\mathrm{e}^{\mathrm{i}(\boldsymbol{k}-\boldsymbol{k}')\cdot\boldsymbol{R}_n} &= \left(\frac{1}{N_1}\sum_{n_1}{}'\mathrm{e}^{-\mathrm{i}\frac{1}{N_1}m_1\boldsymbol{b}_1\cdot n_1\boldsymbol{a}_1}\right)\left(\frac{1}{N_2}\sum_{n_2}{}'\mathrm{e}^{-\mathrm{i}\frac{1}{N_2}m_2\boldsymbol{b}_2\cdot n_2\boldsymbol{a}_2}\right)\left(\frac{1}{N_3}\sum_{n_3}{}'\mathrm{e}^{-\mathrm{i}\frac{1}{N_3}m_3\boldsymbol{b}_3\cdot n_3\boldsymbol{a}_3}\right) \\ &= \left(\frac{1}{N_1}\frac{1-\mathrm{e}^{-\mathrm{i}2\pi m_1}}{1-\mathrm{e}^{-\mathrm{i}\frac{2\pi m_1}{N_1}}}\right)\left(\frac{1}{N_2}\frac{1-\mathrm{e}^{-\mathrm{i}2\pi m_2}}{1-\mathrm{e}^{-\mathrm{i}\frac{2\pi m_2}{N_2}}}\right)\left(\frac{1}{N_3}\frac{1-\mathrm{e}^{-\mathrm{i}2\pi m_3}}{1-\mathrm{e}^{-\mathrm{i}\frac{2\pi m_3}{N_3}}}\right) \end{aligned}$$

式中括号中的三项，只要有一项等于零，整个式子就等于零，如第一项分子为 $1-\mathrm{e}^{-\mathrm{i}2\pi m_1}=0$，且 $m_1<N_1$，分母为 $1-\mathrm{e}^{-\mathrm{i}\frac{2\pi m_1}{N_1}}\neq 0$，则（6.68）式必有

$$H'_{k'k}=\frac{1}{N}\sum_n{}'\mathrm{e}^{\mathrm{i}(\boldsymbol{k}-\boldsymbol{k}')\cdot\boldsymbol{R}_n}\frac{1}{\Omega}\int_\Omega \mathrm{e}^{\mathrm{i}(\boldsymbol{k}-\boldsymbol{k}')\cdot\xi}V_h\mathrm{e}^{\mathrm{i}\boldsymbol{K}_h\cdot\boldsymbol{R}_n}\mathrm{e}^{\mathrm{i}\boldsymbol{K}_h\cdot\xi}\mathrm{d}\boldsymbol{\xi}=0 \quad (\boldsymbol{k}'-\boldsymbol{k}\neq\boldsymbol{K}_h) \tag{6.69b}$$

将（6.69a）式和（6.69b）式代入（6.67）式，可得

$$E^{(2)}(\boldsymbol{k})=\sum_{K_h}{}'\frac{|V_h|^2}{E^0(\boldsymbol{k})-E^0(\boldsymbol{k}+\boldsymbol{K}_h)} \tag{6.70}$$

由此得到近自由电子能量为

$$E(\boldsymbol{k})=E^0(\boldsymbol{k})+E^{(2)}(\boldsymbol{k})=\frac{\hbar^2k^2}{2m}+\sum_{K_h}{}'\frac{|V_h|^2}{E^0(\boldsymbol{k})-E^0(\boldsymbol{k}+\boldsymbol{K}_h)} \tag{6.71}$$

对应的电子波函数

$$\begin{aligned}\varphi_k&=\varphi_k^0+\sum_{K_h}{}'\frac{H'_{k'k}}{E^0(\boldsymbol{k})-E^0(\boldsymbol{k}+\boldsymbol{K}_h)}\varphi_{k'}^0\\&=\mathrm{e}^{\mathrm{i}\boldsymbol{k}\cdot\boldsymbol{r}}+\sum_{K_h}{}'\frac{H'_{k'k}}{E^0(\boldsymbol{k})-E^0(\boldsymbol{k}+\boldsymbol{K}_h)}\mathrm{e}^{\mathrm{i}(\boldsymbol{k}+\boldsymbol{K}_h)\cdot\boldsymbol{r}}\\&=\mathrm{e}^{\mathrm{i}\boldsymbol{k}\cdot\boldsymbol{r}}\left(1+\sum_{K_h}{}'\frac{V_h\mathrm{e}^{\mathrm{i}\boldsymbol{K}_h\cdot\boldsymbol{r}}}{E^0(\boldsymbol{k})-E^0(\boldsymbol{k}+\boldsymbol{K}_h)}\right)\end{aligned} \tag{6.72}$$

如果将（6.72）式写为布洛赫函数 $\varphi_k=\mathrm{e}^{\mathrm{i}\boldsymbol{k}\cdot\boldsymbol{r}}u_k(\boldsymbol{r})$ 的形式，并将位矢 $\boldsymbol{r}$ 改变一个正格矢，即 $\boldsymbol{r}\to\boldsymbol{r}+\boldsymbol{R}_n$，有 $\mathrm{e}^{\mathrm{i}\boldsymbol{K}_h\cdot(\boldsymbol{r}+\boldsymbol{R}_n)}=\mathrm{e}^{\mathrm{i}\boldsymbol{K}_h\cdot\boldsymbol{r}}$，则

$$\begin{aligned}u_k(\boldsymbol{r}+\boldsymbol{R}_n)&=1+\sum_{K_h}{}'\frac{V_h\mathrm{e}^{\mathrm{i}\boldsymbol{K}_h\cdot(\boldsymbol{r}+\boldsymbol{R}_n)}}{E^0(\boldsymbol{k})-E^0(\boldsymbol{k}+\boldsymbol{K}_h)}\\&=1+\sum_{K_h}{}'\frac{V_h\mathrm{e}^{\mathrm{i}\boldsymbol{K}_h\cdot\boldsymbol{r}}}{E^0(\boldsymbol{k})-E^0(\boldsymbol{k}+\boldsymbol{K}_h)}=u_k(\boldsymbol{r})\end{aligned} \tag{6.73}$$

这说明加一个正格矢后，（6.72）式的函数形式并未改变，仍具有布洛赫函数的形式，即平面波乘以调幅因子 $u_k(\boldsymbol{r})$，而调幅因子的周期和晶格周期相同。

至此，我们得到了三维晶体在近自由电子近似下的能带结构和布洛赫波函数的具体形式。在一维情况下，我们已经知道，在布里渊区边界 $k_x=n\pi/a$ 附近，导致计算结果发散，必须用简并微扰来处理，其结果是在布里渊区边界处出现带隙。同样，对于三维晶体，在布里渊区边界处非简并微扰理论也不再适用，代之以简并微扰方法进行计算，但一维情况只存在二度简并。三维情况的简并态比较复杂，简并度不一定是两个，可能是两个以上。事实上，$E^0(\boldsymbol{k})=E^0(\boldsymbol{k}+\boldsymbol{K}_h)$ 意味着 $\boldsymbol{k}^2=(\boldsymbol{k}+\boldsymbol{K}_h)^2$，即 $2\boldsymbol{k}\cdot\boldsymbol{K}_h+(\boldsymbol{K}_h)^2=0$，改写为

$$\left(\boldsymbol{k}+\frac{\boldsymbol{K}_h}{2}\right)\cdot\boldsymbol{K}_h=0 \tag{6.74}$$

这种矢量关系在图 6-3（a）中可以清楚地表示出来，若波矢 $\boldsymbol{k}$ 垂直于倒格矢的分量平分倒格矢，即有 $\boldsymbol{k}+\dfrac{\boldsymbol{K}_h}{2}$，则波矢必满足（6.74）式。由图 6-3（a）中还可以看出，当波矢 $\boldsymbol{k}$ 满足（6.74）式时，有

$$k\sin\theta=\frac{1}{2}|\boldsymbol{K}_h|$$

由于晶面间距 $d=\frac{2\pi}{|\boldsymbol{K}_h|}$， $k=\frac{2\pi}{\lambda}$，代入即得

$$2d\sin\theta=\lambda \tag{6.75}$$

显然满足布拉格反射，反射加强，电子不能进入晶体，这就会在能带中出现禁带。上述倒格矢的垂直平分面为实空间中晶体的布拉格反射面，即为晶体的衍射面。根据我们第 1 章所学的知识，如图 6-3（b）所示，晶面与 $\boldsymbol{K}_h$ 垂直，则该晶面族的面间距为

$$d=\boldsymbol{r}\cdot\frac{\boldsymbol{K}_h}{|\boldsymbol{K}_h|} \tag{6.76}$$

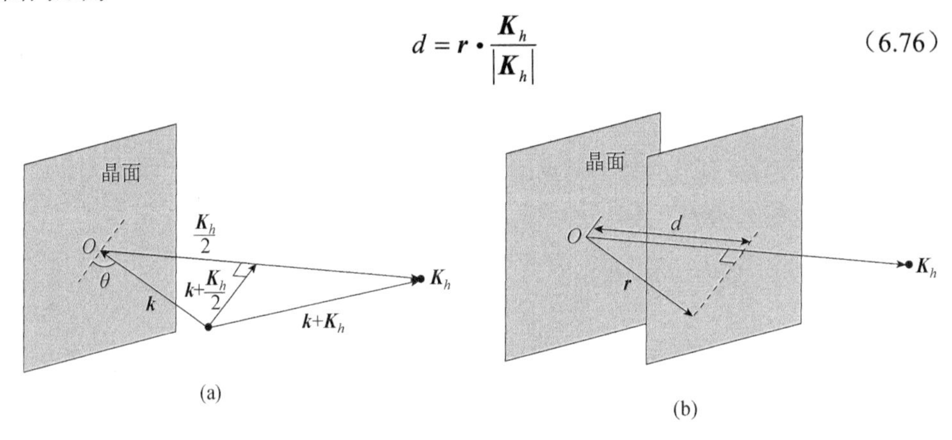

图 6-3　倒格矢与波矢以及晶面间距的关系：(a) 倒格矢 $\boldsymbol{K}_h$ 与波矢 $\boldsymbol{k}$ 之间的关系；(b) 倒格矢 $\boldsymbol{K}_h$ 与晶面间距 d 之间的关系

三维晶体和一维晶体存在重要的区别，尽管沿不同波矢方向能带色散关系 $E(\boldsymbol{k})\sim\boldsymbol{k}$ 出现能隙，但由于晶体的各向异性，不同波矢方向上出现能隙的能量值不同，能隙宽度也不一样，能带可能会发生交叠，使能隙消失。另外，对于三维晶体，如果在布里渊区边界处势场函数的傅里叶展开系数等于零，也不会出现能隙，对于多原子原胞晶体（复式晶格），若结构因子等于零，就属于这种情况。图 6-4 是关于面心立方结构钙晶体的能带结构图，图中横坐标代表布里渊区不同波矢方向的数值大小，Γ 点为布里渊区中心，布里渊区的各对称点位置分别为 X: $2\pi/a$（1,0,0），L: $2\pi/a$（1/2,1/2,1/2），W: $2\pi/a$（1,1/2,0），K: $2\pi/a$（3/4,3/4,0）；Δ, Λ, Q, N, Σ 分别代表图中标注的不同波矢方向的任意位置，例如，Δ 代表 $2\pi/a$（δ, 0, 0），（$0<\delta<1$）方向上任意一点，Λ 代表 $2\pi/a$（λ,λ,λ），（$0<\lambda<1/2$）方向上任意一点，Σ 代表 $2\pi/a$（$\sigma,\sigma,0$），（$0<\sigma<3/4$）方向上任意一点等。纵坐标中横线为费米能级 E_F 位置，在费米能级附近，不同波矢方向上出现了能带交叠的情形，如在 Δ 方向上有能隙出现，而在其他方向都存在不同程度的能带交叠，能隙消失，因此钙晶体是导体。

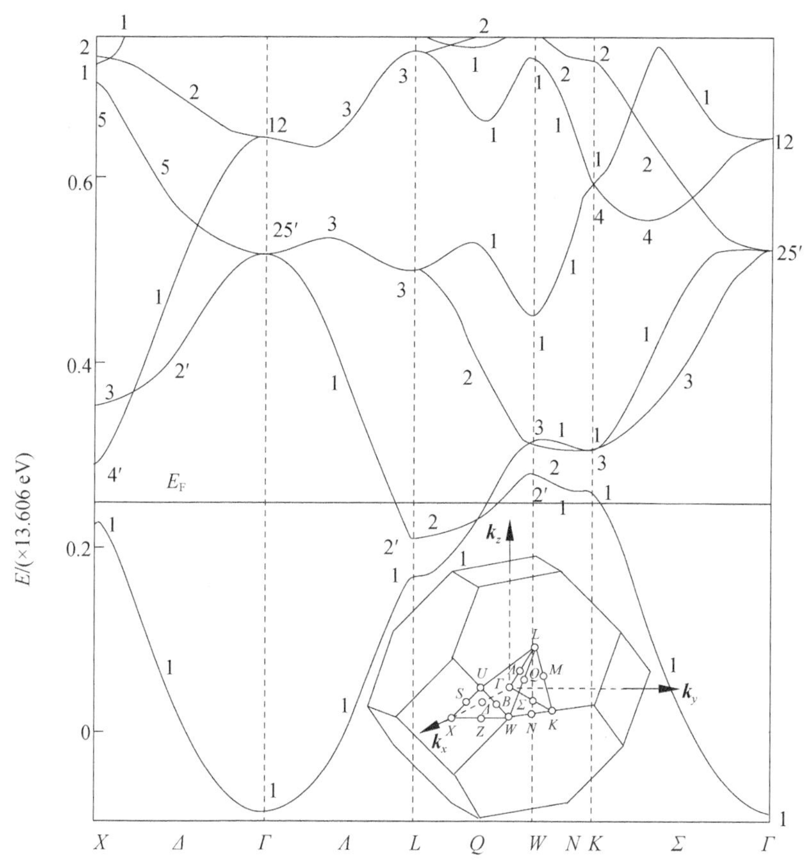

图 6-4　面心立方（fcc）结构的钙晶体在不同波矢方向发生能带交叠的情况[21]

6.3　紧束缚近似

1928 年，布洛赫首次提出了紧束缚近似计算能带的理论模型。紧束缚近似方法认为原子对电子所产生的势场很强，电子基本被束缚于某一个原子周围，而其他原子所产生的势场可看作是对该电子的一种微扰。这样，在某一原子实附近的电子就如同在孤立原子中的电子一样，被该处的离子实束缚着。由于隧道效应或者是相邻原子间电子波函数的交叠，电子会有一定的概率从该离子实运动到周围其他离子实附近，电子从而在整个晶体中运动。正因为如此，晶体中电子的波函数可以用单原子波函数的线性组合来代替，所有原子的电子波函数的线性叠加作为零级近似或尝试波函数。

6.3.1　紧束缚近似能带结构计算

考虑简单晶格，设晶体由 N 个原子组成，原子处于格矢 $\boldsymbol{R}_n$ 处（$n=1, 2, 3, \cdots$,

N），晶体中某一电子处在格点 $\boldsymbol{R}_n$ 附近时，如忽略其他格点上的离子实所产生的势场对该电子的影响，电子仅处在 $\boldsymbol{R}_n$ 处孤立原子势场 $V^{\text{at}}(\boldsymbol{r}-\boldsymbol{R}_n)$ 当中，其波函数是 $\varphi_i^{\text{at}}(\boldsymbol{r}-\boldsymbol{R}_n)$（$i$ 代表不同的电子态，如 1s, 2p, 3d, …等），$E_i^{\text{at}}(\boldsymbol{k})$ 就是位于 $\boldsymbol{R}_n$ 处原子附近该电子的能量。晶体中单电子满足孤立原子的薛定谔方程

$$\left[-\frac{\hbar^2}{2m}\nabla^2+V^{\text{at}}(\boldsymbol{r}-\boldsymbol{R}_n)\right]\varphi_i^{\text{at}}(\boldsymbol{r}-\boldsymbol{R}_n)=E_i^{\text{at}}(\boldsymbol{k})\varphi_i^{\text{at}}(\boldsymbol{r}-\boldsymbol{R}_n) \tag{6.77}$$

实际上，$\boldsymbol{R}_n$ 共有 N 个，波函数也有 N 个，对应的能量本征值都是 $E_i^{\text{at}}(\boldsymbol{k})$，因此这 N 个态是 N 重简并的。上述孤立原子的薛定谔方程共有 N 个。图 6-5 画出了晶体中某一格点处的离子位矢和其周围附近的电子位矢之间的关系。

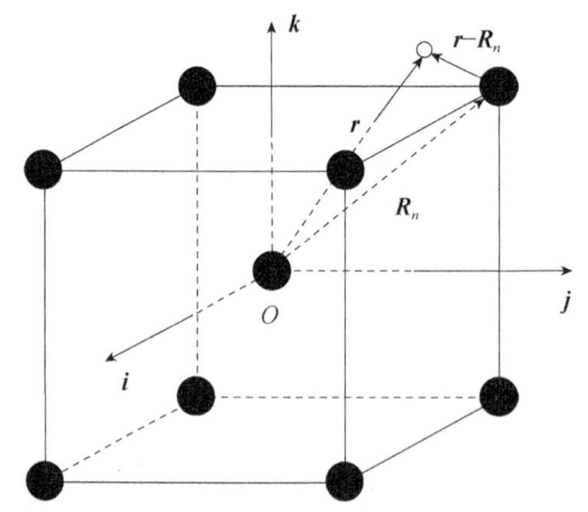

图 6-5　某格点处的离子位矢和其周围附近的电子位矢之间的关系

紧束缚近似是以孤立原子作为零级近似，而将其他离子的作用视为微扰的近似方法，这样，电子在晶体势场中运动，其波函数就可以用孤立原子的轨道 $\varphi_i^{\text{at}}(\boldsymbol{r}-\boldsymbol{R}_n)$ 的线性组合来构造。设晶体中电子的近似波函数写成

$$\psi_k(\boldsymbol{r})=\sum_{\boldsymbol{R}_n}a_n\varphi_i^{\text{at}}(\boldsymbol{r}-\boldsymbol{R}_n) \tag{6.78}$$

正因为如此，紧束缚近似也被称为原子轨道线性组合法（linear combination atomic orbital，LCAO 法）。由布洛赫定理组合后的波函数 $\psi_k(\boldsymbol{r})$，是周期性晶体势场的电子波函数，应具有布洛赫波函数的形式，即

$$\psi_k(\boldsymbol{r})=\mathrm{e}^{\mathrm{i}\boldsymbol{k}\cdot\boldsymbol{r}}\left[\sum_{\boldsymbol{R}_n}a_n\mathrm{e}^{-\mathrm{i}\boldsymbol{k}\cdot\boldsymbol{r}}\varphi_i^{\text{at}}(\boldsymbol{r}-\boldsymbol{R}_n)\right]=A\mathrm{e}^{\mathrm{i}\boldsymbol{k}\cdot\boldsymbol{r}}u_k(\boldsymbol{r}) \tag{6.79}$$

式中方括号内的函数应具有晶体的周期性。为此可选取 $a_n=A\mathrm{e}^{\mathrm{i}\boldsymbol{k}\cdot\boldsymbol{R}_n}$，可验证（6.79）式中 $u_k(\boldsymbol{r})$ 具有周期性。将 $a_n=A\mathrm{e}^{\mathrm{i}\boldsymbol{k}\cdot\boldsymbol{R}_n}$ 代入（6.79）式，可得

$$u_k(\boldsymbol{r})=\sum_{\boldsymbol{R}_n}\mathrm{e}^{-\mathrm{i}\boldsymbol{k}\cdot(\boldsymbol{r}-\boldsymbol{R}_n)}\varphi_i^{\text{at}}(\boldsymbol{r}-\boldsymbol{R}_n) \tag{6.80}$$

位矢 $\boldsymbol{r} \to \boldsymbol{r}+\boldsymbol{R}_m$ 后，（6.80）式变成

$$u_k(\boldsymbol{r}+\boldsymbol{R}_m)=\sum_{\boldsymbol{R}_n}\mathrm{e}^{-\mathrm{i}\boldsymbol{k}\cdot(\boldsymbol{r}+\boldsymbol{R}_m-\boldsymbol{R}_n)}\varphi_i^{\mathrm{at}}(\boldsymbol{r}+\boldsymbol{R}_m-\boldsymbol{R}_n) \tag{6.81}$$

如令 $\boldsymbol{R}_l=\boldsymbol{R}_n-\boldsymbol{R}_m$，则（6.81）式可写成与（6.80）式相同的形式，即

$$u_k(\boldsymbol{r}+\boldsymbol{R}_m)=\sum_{\boldsymbol{R}_l}\mathrm{e}^{-\mathrm{i}\boldsymbol{k}\cdot(\boldsymbol{r}-\boldsymbol{R}_l)}\varphi_i^{\mathrm{at}}(\boldsymbol{r}-\boldsymbol{R}_l)=u_k(\boldsymbol{r})$$

说明取 $a_n=A\mathrm{e}^{\mathrm{i}\boldsymbol{k}\cdot\boldsymbol{R}_n}$ 后能确保（6.79）式方括号内的函数具有晶体的周期性。也即（6.79）式具有布洛赫波函数的形式。将（6.80）式代入（6.79）式，得

$$\begin{aligned}\psi_k(\boldsymbol{r})&=A\mathrm{e}^{\mathrm{i}\boldsymbol{k}\cdot\boldsymbol{r}}u_k(\boldsymbol{r})=A\mathrm{e}^{\mathrm{i}\boldsymbol{k}\cdot\boldsymbol{r}}\sum_{\boldsymbol{R}_n}\mathrm{e}^{-\mathrm{i}\boldsymbol{k}\cdot(\boldsymbol{r}-\boldsymbol{R}_n)}\varphi_i^{\mathrm{at}}(\boldsymbol{r}-\boldsymbol{R}_n)\\&=A\sum_{\boldsymbol{R}_n}\mathrm{e}^{\mathrm{i}\boldsymbol{k}\cdot\boldsymbol{R}_n}\varphi_i^{\mathrm{at}}(\boldsymbol{r}-\boldsymbol{R}_n)\end{aligned} \tag{6.82}$$

式中 A 是归一化常数，其值可由

$$\left[-\frac{\hbar^2}{2m}\nabla^2+V(\boldsymbol{r})\right]\psi_k(\boldsymbol{r})=E(\boldsymbol{k})\psi_k(\boldsymbol{r})$$

和

$$\int\psi_k(\boldsymbol{r})^*\psi_k(\boldsymbol{r})\mathrm{d}\tau=1$$

来确定。由于孤立原子的电子波函数交叠甚少，同一原子的电子波函数归一，也即这一零级近似波函数满足正交归一化条件，有

$$\begin{aligned}\int\psi_k(\boldsymbol{r})^*\psi_k(\boldsymbol{r})\mathrm{d}\tau&=\int\sum_{\boldsymbol{R}_n}A\mathrm{e}^{-\mathrm{i}\boldsymbol{k}\cdot\boldsymbol{R}_n}\varphi_i^{\mathrm{at}*}(\boldsymbol{r}-\boldsymbol{R}_n)\sum_{\boldsymbol{R}_m}A\mathrm{e}^{\mathrm{i}\boldsymbol{k}\cdot\boldsymbol{R}_m}\varphi_i^{\mathrm{at}}(\boldsymbol{r}-\boldsymbol{R}_m)\,\mathrm{d}\tau\\&=A^2\sum_{\boldsymbol{R}_n}\sum_{\boldsymbol{R}_m}\delta_{nm}=NA^2=1\end{aligned} \tag{6.83}$$

可得

$$A=\frac{1}{\sqrt{N}} \tag{6.84}$$

将（6.84）式代入（6.82）式，在紧束缚近似下晶体的电子波函数（6.78）式就可以表示为

$$\psi_k(\boldsymbol{r})=\frac{1}{\sqrt{N}}\sum_{\boldsymbol{R}_n}\mathrm{e}^{\mathrm{i}\boldsymbol{k}\cdot\boldsymbol{R}_n}\varphi_i^{\mathrm{at}}(\boldsymbol{r}-\boldsymbol{R}_n) \tag{6.85}$$

$\boldsymbol{\Psi}_k(\boldsymbol{r})$ 也称为布洛赫和。

现在考虑由 N 个原子组成的晶体中单电子薛定谔方程的试解（考虑 s 电子，i=s），将近似波函数（6.85）式代入薛定谔方程，得

$$\left[-\frac{\hbar^2}{2m}\nabla^2+V(\boldsymbol{r})\right]\frac{1}{\sqrt{N}}\sum_{\boldsymbol{R}_n}\mathrm{e}^{\mathrm{i}\boldsymbol{k}\cdot\boldsymbol{R}_n}\varphi_s^{\mathrm{at}}(\boldsymbol{r}-\boldsymbol{R}_n)=E_s(\boldsymbol{k})\frac{1}{\sqrt{N}}\sum_{\boldsymbol{R}_n}\mathrm{e}^{\mathrm{i}\boldsymbol{k}\cdot\boldsymbol{R}_n}\varphi_s^{\mathrm{at}}(\boldsymbol{r}-\boldsymbol{R}_n) \tag{6.86}$$

式中 $V(\boldsymbol{r})$ 为晶体的周期势函数

$$V(\boldsymbol{r})=\sum_{\boldsymbol{R}_n}V^{\text{at}}(\boldsymbol{r}-\boldsymbol{R}_n)$$

将（6.86）式左乘以 $\varphi_s^{*\text{at}}(\boldsymbol{r})$，并对整个晶体进行积分，得

$$\begin{aligned}&\sum_{\boldsymbol{R}_n}\mathrm{e}^{\mathrm{i}\boldsymbol{k}\cdot\boldsymbol{R}_n}\int\varphi_s^{*\text{at}}(\boldsymbol{r})\left[-\frac{\hbar^2}{2m}\nabla^2+V(\boldsymbol{r})\right]\varphi_s^{\text{at}}(\boldsymbol{r}-\boldsymbol{R}_n)\mathrm{d}\tau\\&=\sum_{\boldsymbol{R}_n}\mathrm{e}^{\mathrm{i}\boldsymbol{k}\cdot\boldsymbol{R}_n}\int\varphi_s^{*\text{at}}(\boldsymbol{r})E_s(\boldsymbol{k})\varphi_s^{\text{at}}(\boldsymbol{r}-\boldsymbol{R}_n)\mathrm{d}\tau\end{aligned}\tag{6.87}$$

对晶体中 s 态单电子满足孤立原子的薛定谔方程（6.77）式也左乘以 $\varphi_s^{*\text{at}}(\boldsymbol{r})$，并对整个晶体积分，即 $\int\varphi_s^{*\text{at}}(\boldsymbol{r})\left[-\frac{\hbar^2}{2m}\nabla^2+V^{\text{at}}(\boldsymbol{r}-\boldsymbol{R}_n)\right]\varphi_s^{\text{at}}(\boldsymbol{r}-\boldsymbol{R}_n)\mathrm{d}\tau=\int\varphi_s^{*\text{at}}(\boldsymbol{r})E_s^{\text{at}}(\boldsymbol{k})$ $\varphi_s^{\text{at}}(\boldsymbol{r}-\boldsymbol{R}_n)\mathrm{d}\tau$，再乘以 $\mathrm{e}^{\mathrm{i}\boldsymbol{k}\cdot\boldsymbol{R}_n}$ 后取 $\sum\limits_{\boldsymbol{R}_n}$ 得

$$\begin{aligned}&\sum_{\boldsymbol{R}_n}\mathrm{e}^{\mathrm{i}\boldsymbol{k}\cdot\boldsymbol{R}_n}\int\varphi_s^{*\text{at}}(\boldsymbol{r})\left[-\frac{\hbar^2}{2m}\nabla^2+V^{\text{at}}(\boldsymbol{r}-\boldsymbol{R}_n)\right]\varphi_s^{\text{at}}(\boldsymbol{r}-\boldsymbol{R}_n)\mathrm{d}\tau\\&=\sum_{\boldsymbol{R}_n}\mathrm{e}^{\mathrm{i}\boldsymbol{k}\cdot\boldsymbol{R}_n}\int\varphi_s^{*\text{at}}(\boldsymbol{r})E_s^{\text{at}}(\boldsymbol{k})\varphi_s^{\text{at}}(\boldsymbol{r}-\boldsymbol{R}_n)\mathrm{d}\tau\end{aligned}\tag{6.88}$$

（6.87）式与（6.88）式等式两侧相减得

$$\begin{aligned}&\sum_{\boldsymbol{R}_n}\mathrm{e}^{\mathrm{i}\boldsymbol{k}\cdot\boldsymbol{R}_n}\int\varphi_s^{*\text{at}}(\boldsymbol{r})\left[-\frac{\hbar^2}{2m}\nabla^2+V(\boldsymbol{r})\right]\varphi_s^{\text{at}}(\boldsymbol{r}-\boldsymbol{R}_n)\mathrm{d}\tau\\&-\sum_{\boldsymbol{R}_n}\mathrm{e}^{\mathrm{i}\boldsymbol{k}\cdot\boldsymbol{R}_n}\int\varphi_s^{*\text{at}}(\boldsymbol{r})\left[-\frac{\hbar^2}{2m}\nabla^2+V^{\text{at}}(\boldsymbol{r}-\boldsymbol{R}_n)\right]\varphi_s^{\text{at}}(\boldsymbol{r}-\boldsymbol{R}_n)\mathrm{d}\tau\\&=\sum_{\boldsymbol{R}_n}\mathrm{e}^{\mathrm{i}\boldsymbol{k}\cdot\boldsymbol{R}_n}\int\varphi_s^{*\text{at}}(\boldsymbol{r})E_s(\boldsymbol{k})\varphi_s^{\text{at}}(\boldsymbol{r}-\boldsymbol{R}_n)\mathrm{d}\tau\\&-\sum_{\boldsymbol{R}_n}\mathrm{e}^{\mathrm{i}\boldsymbol{k}\cdot\boldsymbol{R}_n}\int\varphi_s^{*\text{at}}(\boldsymbol{r})E_s^{\text{at}}(\boldsymbol{k})\varphi_s^{\text{at}}(\boldsymbol{r}-\boldsymbol{R}_n)\mathrm{d}\tau\end{aligned}$$

整理后为

$$\begin{aligned}&\sum_{\boldsymbol{R}_n}\mathrm{e}^{\mathrm{i}\boldsymbol{k}\cdot\boldsymbol{R}_n}\int\varphi_s^{*\text{at}}(\boldsymbol{r})\left[V(\boldsymbol{r})-V^{\text{at}}(\boldsymbol{r}-\boldsymbol{R}_n)\right]\varphi_s^{\text{at}}(\boldsymbol{r}-\boldsymbol{R}_n)\mathrm{d}\tau\\&=\left[E_s(\boldsymbol{k})-E_s^{\text{at}}\right]\sum_{\boldsymbol{R}_n}\mathrm{e}^{\mathrm{i}\boldsymbol{k}\cdot\boldsymbol{R}_n}\int\varphi_s^{*\text{at}}(\boldsymbol{r})\varphi_s^{\text{at}}(\boldsymbol{r}-\boldsymbol{R}_n)\mathrm{d}\tau\end{aligned}\tag{6.89}$$

将（6.89）式中 $\boldsymbol{R}_n$=0 项提出后，可写为

$$\begin{aligned}&\int\varphi_s^{*\text{at}}(\boldsymbol{r})\left[V(\boldsymbol{r})-V^{\text{at}}(\boldsymbol{r})\right]\varphi_s^{\text{at}}(\boldsymbol{r})\mathrm{d}\tau\\&+\sum_{\boldsymbol{R}_n\neq0}\mathrm{e}^{\mathrm{i}\boldsymbol{k}\cdot\boldsymbol{R}_n}\int\varphi_s^{*\text{at}}(\boldsymbol{r})\left[V(\boldsymbol{r})-V^{\text{at}}(\boldsymbol{r}-\boldsymbol{R}_n)\right]\varphi_s^{\text{at}}(\boldsymbol{r}-\boldsymbol{R}_n)\mathrm{d}\tau\\&=\left[E_s(\boldsymbol{k})-E_s^{\text{at}}\right]+\left[E_s(\boldsymbol{k})-E_s^{\text{at}}\right]\sum_{\boldsymbol{R}_n\neq0}\mathrm{e}^{\mathrm{i}\boldsymbol{k}\cdot\boldsymbol{R}_n}\int\varphi_s^{*\text{at}}(\boldsymbol{r})\varphi_s^{\text{at}}(\boldsymbol{r}-\boldsymbol{R}_n)\mathrm{d}\tau\end{aligned}\tag{6.90}$$

在（6.90）式中，令

$$\begin{cases} C = \int \varphi_s^{*\text{at}}(\boldsymbol{r})\left[V(\boldsymbol{r}) - V^{\text{at}}(\boldsymbol{r})\right]\varphi_s^{\text{at}}(\boldsymbol{r})\mathrm{d}\tau \\ J(\boldsymbol{R}_n) = -\int \varphi_s^{*\text{at}}(\boldsymbol{r})\left[V(\boldsymbol{r}) - V^{\text{at}}(\boldsymbol{r}-\boldsymbol{R}_n)\right]\varphi_s^{\text{at}}(\boldsymbol{r}-\boldsymbol{R}_n)\mathrm{d}\tau \\ A = \int \varphi_s^{*\text{at}}(\boldsymbol{r})\varphi_s^{\text{at}}(\boldsymbol{r}-\boldsymbol{R}_n)\mathrm{d}\tau \end{cases} \tag{6.91}$$

式中 C 为库仑项，$J(\boldsymbol{R}_n)$ 为交叠积分项，将（6.91）式的各项表示字母代入（6.90）式，得

$$C - \sum_{\boldsymbol{R}_n \neq 0} J(\boldsymbol{R}_n)\mathrm{e}^{\mathrm{i}\boldsymbol{k}\cdot\boldsymbol{R}_n} = \left[E_s(\boldsymbol{k}) - E_s^{\text{at}}\right] + \left[E_s(\boldsymbol{k}) - E_s^{\text{at}}\right]\sum_{R_n \neq 0} A\mathrm{e}^{\mathrm{i}\boldsymbol{k}\cdot\boldsymbol{R}_n} \tag{6.92}$$

如果原子间相互作用比较弱，则相邻原子波函数交叠甚少，在此情形下，即使不同原子之间的轨道不正交，但也可近似地认为

$$A = \int \varphi^*(\boldsymbol{r})\varphi(\boldsymbol{r}-\boldsymbol{R}_n)\mathrm{d}\tau = 0$$

这样，可将（6.92）式写成

$$C - \sum_{\boldsymbol{R}_n \neq 0} J(\boldsymbol{R}_n)\mathrm{e}^{\mathrm{i}\boldsymbol{k}\cdot\boldsymbol{R}_n} = E_s(\boldsymbol{k}) - E_s^{\text{at}} \tag{6.93}$$

为了给出整个晶体势和孤立原子势之差的正负，现以一维晶体为例加以说明。图 6-6 是一维情形下晶体势 $V(x)$（小钟形曲线）和原子势 $V^{\text{at}}(x-na)$（虚线）及二者之差 $V(x)-V^{\text{at}}(x-na)$（大钟形曲线），说明积分是一负值。可见库仑项 $C<0$，交叠积分项 $-J(\boldsymbol{R}_n)<0$。

最后将（6.93）式改写为

$$E_s(\boldsymbol{k}) = E_s^{\text{at}} + C - \sum_{\boldsymbol{R}_n \neq 0} J(\boldsymbol{R}_n)\mathrm{e}^{\mathrm{i}\boldsymbol{k}\cdot\boldsymbol{R}_n} \tag{6.94}$$

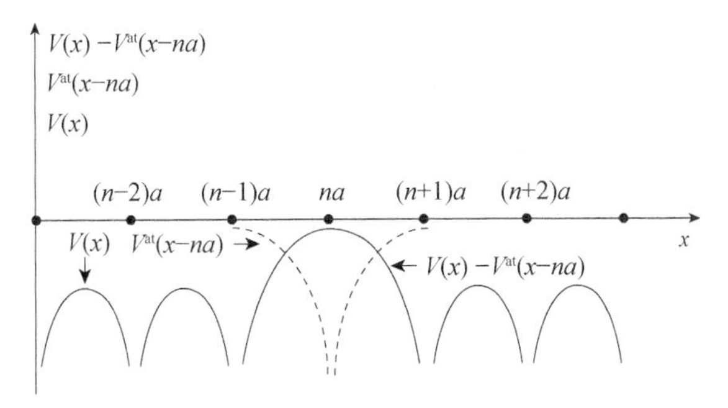

图 6-6　晶体势和原子势之差示意图

由于孤立原子的电子波函数随核间距离增大而很快下降，所以上式常采用最近邻代替。另外，上述推导过程中我们只考虑 s 态电子，而 s 态电子具有球对称分布，所以交叠积分项 $J(\boldsymbol{R}_n)$ 与方向无关，对所有最近邻都是相同的，即 $J(\boldsymbol{R}_n)=J$。因此，将（6.94）式中的 J 提到积分号外，可得

$$E_s(\boldsymbol{k}) = E_s^{\text{at}} + C - J\sum_{\boldsymbol{R}_n \neq 0}^{\text{最近邻}} e^{i\boldsymbol{k}\cdot\boldsymbol{R}_n} \tag{6.95}$$

这就是紧束缚近似下得到的晶体能带结构表达式,式中的 k 可取 N 个准连续的值,所以对应于同一个孤立原子中的电子能级,晶体电子能量可取 N 个准连续的能级,形成能带。这是由于孤立原子相互接近结合成晶体时，原子间的相互作用使电子的能级分裂成能带。

如果是对于 p 态电子，能带的情况就变得稍微复杂些，p 态电子分布具有哑铃形，分别以 $\varphi_{p_x}(\boldsymbol{r})$， $\varphi_{p_y}(\boldsymbol{r})$ 和 $\varphi_{p_z}(\boldsymbol{r})$ 三个方向的布洛赫函数表示：

$$\psi_{p_\alpha,k}(\boldsymbol{r}) = \frac{1}{\sqrt{N}}\sum_{n}^{N} e^{i\boldsymbol{k}\cdot\boldsymbol{R}_n}\varphi_{p_\alpha}^{\text{at}}(\boldsymbol{r}-\boldsymbol{R}_n)$$

其能量本征值为

$$E_{p_\alpha}(\boldsymbol{k}) = E_{p_\alpha}^{\text{at}} + C - \sum_{\boldsymbol{R}_n \neq 0}^{\text{最近邻}} J(\boldsymbol{R}_n)e^{i\boldsymbol{k}\cdot\boldsymbol{R}_n}$$

式中 $\alpha = x, y, z$ 。

上述紧束缚近似方法适用于原子间距比较大的晶体或内层电子，如绝缘体或者是 3d 过渡族金属等都能得到很好的近似结果。

6.3.2　立方晶体的能带和有效质量

在紧束缚近似模型下，利用（6.95）式，下面针对具体的立方晶体结构进行计算和讨论。

1. 简单立方晶体的能带结构

简单立方结构的每个格点都有 6 个最近邻，如晶格常数为 a，6 个最近邻原子的位置分别是

$$a(\pm1,0,0),\quad a(0,\pm1,0),\quad a(0,0,\pm1)$$

由（6.95）式可得简单立方结构 s 态的能带结构

$$E(\boldsymbol{k}) = E_s^{\text{at}} + C - 2J[\cos(k_x a) + \cos(k_y a) + \cos(k_z a)] \tag{6.96}$$

根据此能带结构，可以求出第一布里渊区一些特殊对称点（图 6-7）的能量，即

$$\Gamma\text{点：}\quad \boldsymbol{k} = (0,0,0),\qquad E(\Gamma) = E_s^{\text{at}} + C - 6J$$

$$X\text{点：}\quad \boldsymbol{k} = \left(0,0,\frac{\pi}{a}\right),\qquad E(X) = E_s^{\text{at}} + C - 2J$$

$$M\text{点：}\quad \boldsymbol{k} = \left(\frac{\pi}{a},\frac{\pi}{a},0\right),\qquad E(M) = E_s^{\text{at}} + C + 2J$$

$$R\text{ 点：}\quad \boldsymbol{k}=\left(\frac{\pi}{a},\frac{\pi}{a},\frac{\pi}{a}\right),\qquad E(R)=E_s^{\text{at}}+C+6J$$

R 点和 $\varGamma$ 点分别对应一个能带的带顶和带底，可得此能带宽度为

$$\Delta E=E(R)-E(\varGamma)=12J \tag{6.97a}$$

X 点和 $\varGamma$ 点分别对应一个能带的带顶和带底，可得此能带宽度为

$$\Delta E=E(X)-E(\varGamma)=4J \tag{6.97b}$$

图 6-8 画出了简约布里渊区内沿 $\varDelta$ 方向 $\frac{\pi}{a}(0,0,\delta)$ 和 $\varLambda$ 方向 $\frac{\pi}{a}(\lambda,\lambda,\lambda)$ 的能带曲线。$\varDelta$ 方向的能带宽度为 $4J$；$\varLambda$ 方向的能带宽度为 $12J$。

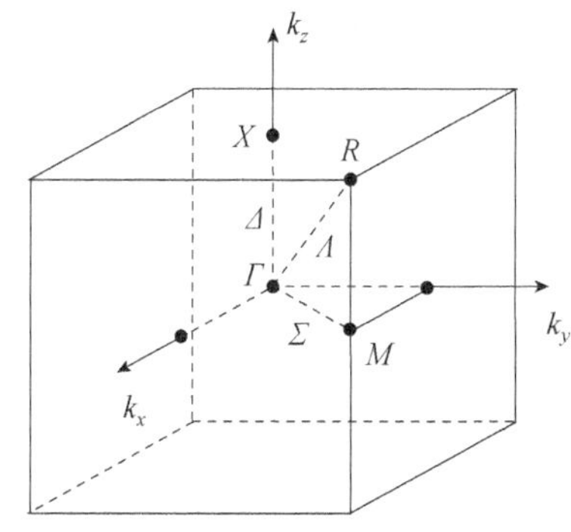

图 6-7　简单立方晶体的简约布里渊区特殊对称点

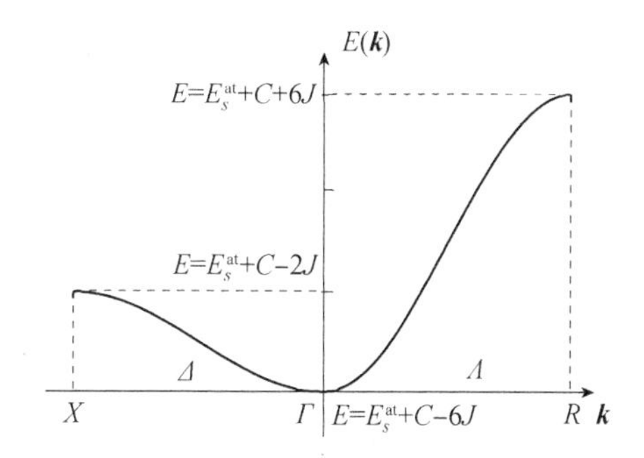

图 6-8　简约布里渊区沿 $\varDelta$ 方向 $\frac{\pi}{a}(0,0,\delta)$ 和 $\varLambda$ 方向 $\frac{\pi}{a}(\lambda,\lambda,\lambda)$ 的能带曲线

在能带底 $\varGamma$ 点 $\boldsymbol{k}=(0,0,0)$ 附近，对能带色散关系（6.96）式进行泰勒级数展开，可求出能带底电子的有效质量，即

$$\begin{aligned}E(\boldsymbol{k})&\approx E_s^{\text{at}}+C-2J\left[\left(1-\frac{1}{2}k_x^2a^2\right)+\left(1-\frac{1}{2}k_y^2a^2\right)+\left(1-\frac{1}{2}k_z^2a^2\right)\right]\\&=E_s^{\text{at}}+C-6J+Ja^2(k_x^2+k_y^2+k_z^2)\\&=E_{\min}+Ja^2(k_x^2+k_y^2+k_z^2)=E_{\min}+Ja^2k^2\end{aligned} \tag{6.98}$$

式中 $E_{\min}=E_s^{\text{at}}+C-6J$。

将（6.98）式与 $E(\boldsymbol{k})=E_{\min}+\frac{\hbar^2k^2}{2m^*}$ 进行比较，可得出能带底电子的有效质量为

$$m_{底}^*=\frac{\hbar^2}{2Ja^2} \tag{6.99}$$

在能带顶 R 点 $\boldsymbol{k}=\left(\frac{\pi}{a},\frac{\pi}{a},\frac{\pi}{a}\right)$ 附近，将能带色散关系进行泰勒级数展开，为此，可令

$k_x=\frac{\pi}{a}+\delta k_x, k_y=\frac{\pi}{a}+\delta k_y, k_z=\frac{\pi}{a}+\delta k_z$，代入（6.96）式后成为

$$
\begin{aligned}
E(\boldsymbol{k}) &= E_s^{\text{at}}+C-2J\left\{\cos\left[\left(\frac{\pi}{a}+\delta k_x\right)a\right]\right. \\
&\quad \left.+\cos\left[\left(\frac{\pi}{a}+\delta k_y\right)a\right]+\cos\left[\left(\frac{\pi}{a}+\delta k_z\right)a\right]\right\} \\
&= E_s^{\text{at}}+C+2J[\cos(a\delta k_x)+\cos(a\delta k_y)+\cos(a\delta k_z)] \\
&\approx E_s^{\text{at}}+C+2J\left[1-\frac{1}{2}(a\delta k_x)^2+1-\frac{1}{2}(a\delta k_y)^2+1-\frac{1}{2}(a\delta k_z)^2\right] \\
&= E_s^{\text{at}}+C+6J-Ja^2[(\delta k_x)^2+(\delta k_y)^2+(\delta k_z)^2] \\
&= E_{\max}-Ja^2(\delta k)^2
\end{aligned}
\tag{6.100}
$$

式中 $E_{\max}=E_s^{\text{at}}+C+6J$。

将（6.100）式与 $E(\boldsymbol{k})=E_{\max}+\frac{\hbar^2(\delta k)^2}{2m_{顶}^*}$ 进行比较，可求得能带顶电子的有效质量为

$$
m_{顶}^*=-\frac{\hbar^2}{2Ja^2} \tag{6.101}
$$

2. 体心立方晶体的能带结构

体心立方的每个格点都有 8 个最近邻，如晶格常数为 a，8 个最近邻原子的位置分别为

$$
\frac{a}{2}(1,1,1),\ \frac{a}{2}(-1,1,1),\ \frac{a}{2}(1,-1,1),\ \frac{a}{2}(1,1,-1),\ \frac{a}{2}(-1,-1,1),\ \frac{a}{2}(1,-1,-1),
$$
$$
\frac{a}{2}(-1,1,-1),\ \frac{a}{2}(-1,-1,-1)
$$

可得体心立方 s 态的能带结构为

$$
E(\boldsymbol{k})=E_s^{\text{at}}+C-8J\cos\frac{k_xa}{2}\cos\frac{k_ya}{2}\cos\frac{k_za}{2} \tag{6.102}
$$

在布里渊区的一些特殊点，如图 6-9 所示，图中各点代表为中心点 Γ：$2\pi/a$（0,0,0）；H: $2\pi/a$（0,0,1）；P: $2\pi/a$（1/2,1/2,1/2）；N: $2\pi/a$（1/2,1/2,0）。Δ 方向：$2\pi/a$（$0, 0, \delta$），（$0<\sigma<1$）；Σ 方向：$2\pi/a$（$\sigma,\sigma,0$），（$0<\sigma<1/2$）；Λ 方向：$2\pi/a$（λ,λ,λ），（$0<\lambda<1/2$）。

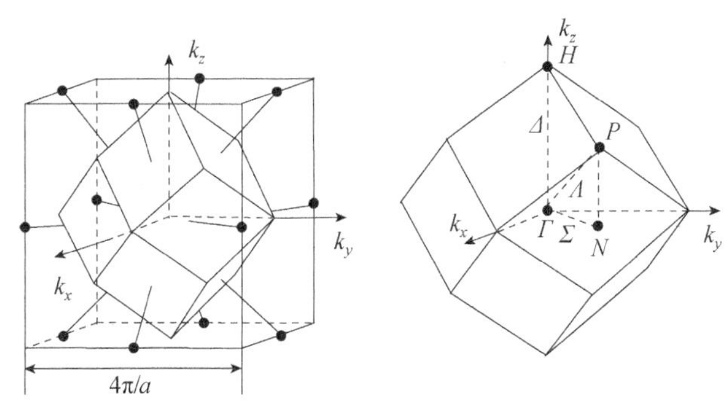

图 6-9　体心立方晶体第一布里渊区

在中心点 Γ，能量具有最小值

$$E_{\min} = E_s^{\mathrm{at}} + C - 8J \tag{6.103}$$

而在布里渊区六个端点 H 点，实际上有六个等价点，分别是 $\left(\pm\frac{2\pi}{a},0,0\right)$，$\left(0,\pm\frac{2\pi}{a},0\right)$，$\left(0,0,\pm\frac{2\pi}{a}\right)$，这些点能量具有最大值，即为

$$E_{\max} = E_s^{\mathrm{at}} + C + 8J \tag{6.104}$$

沿波矢 Δ 方向 $\frac{2\pi}{a}(\pm\delta,0,0),\frac{2\pi}{a}(0,\pm\delta,0),\frac{2\pi}{a}(0,0,\pm\delta)$ 能带宽度为

$$\Delta E = E_{\max} - E_{\min} = 16J \tag{6.105}$$

将（6.102）式中的三角函数在 k=0 附近用泰勒级数展开，可得

$$E(\boldsymbol{k}) = E_{\min} + Ja^2(k_x^2 + k_y^2 + k_z^2) = E_{\min} + Ja^2k^2 \tag{6.106}$$

（6.106）式与 $E(\boldsymbol{k}) = E_{\min} + \frac{\hbar^2k^2}{2m^*}$ 相比较，可得能带底电子的有效质量为

$$m^* = \hbar^2 / 2a^2J > 0 \tag{6.107}$$

同样在能带极大值附近，如 H 点：$\left(0,0,\frac{2\pi}{a}\right)$ 附近，可令 $k_x = \delta k_x, k_y = \delta k_y, k_z = \frac{2\pi}{a} + \delta k_z$，代入（6.102）式并进行泰勒级数展开，最后得

$$E(\boldsymbol{k}) = E_{\max} - Ja^2\left[(\delta k_x)^2 + (\delta k_y)^2 + (\delta k_z)^2\right] = E_{\max} - Ja^2(\delta k)^2 \tag{6.108}$$

与 $E(\boldsymbol{k}) = E_{\max} + \frac{\hbar^2}{2m'^*}(\delta k)^2$ 相比较，就可得能带顶电子的有效质量为

$$m'^* = -\frac{\hbar^2}{2a^2J} < 0 \tag{6.109}$$

3. 面心立方晶体的能带结构

面心立方的每个格点都有 12 个最近邻，如晶格常数为 a，12 个最近邻原子的

位置分别为

$$\frac{a}{2}(1,1,0),\ \frac{a}{2}(1,-1,0),\ \frac{a}{2}(-1,1,0),\ \frac{a}{2}(-1,-1,0)$$

$$\frac{a}{2}(1,0,1),\ \frac{a}{2}(1,0,-1),\ \frac{a}{2}(-1,0,1),\ \frac{a}{2}(-1,0,-1,)$$

$$\frac{a}{2}(0,1,1),\ \frac{a}{2}(0,1,-1),\ \frac{a}{2}(0,-1,1),\ \frac{a}{2}(0,-1,-1,)$$

根据（6.95）式可求得面心立方的能带结构为

$$E(\boldsymbol{k})=E_s^{\mathrm{at}}+C-4J\left[\cos\frac{k_x a}{2}\cos\frac{k_y a}{2}+\cos\frac{k_y a}{2}\cos\frac{k_z a}{2}+\cos\frac{k_z a}{2}\cos\frac{k_x a}{2}\right] \tag{6.110}$$

图 6-10 是面心立方晶体第一布里渊区。对于（6.110）式表示的能带，其最小值位于布里渊区中心 Γ 点（0,0,0）

$$E_{\min}=E_s^{\mathrm{at}}+C-12J \tag{6.111}$$

而最大值位于第一布里渊区的端点 X 点，共有六个端点，分别为$\left(\pm\frac{2\pi}{a},0,0\right)$，$\left(0,\pm\frac{2\pi}{a},0\right),\left(0,0,\pm\frac{2\pi}{a}\right)$，根据（6.110）式，求得的能量具有最大值，为

$$E_{\max}=E_s^{\mathrm{at}}+C+4J \tag{6.112}$$

波矢沿 Δ 方向 $\frac{2\pi}{a}(\pm\delta,0,0),\frac{2\pi}{a}(0,\pm\delta,0),\frac{2\pi}{a}(0,0,\pm\delta)$ 能带宽度为

$$\Delta E=E_{\max}-E_{\min}=16J \tag{6.113}$$

能带顶和能带底的有效质量在本章最后作为作业题，进行求解，这里不再赘述。

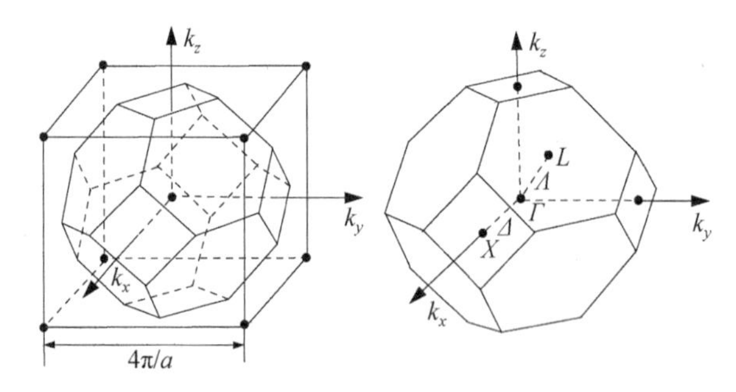

图 6-10　面心立方晶体第一布里渊区

由以上举例可以看出，原子组成晶体后形成准连续的能级，即能带，能带的宽度取决于原子波函数交叠积分的大小。交叠积分愈大，带宽愈宽。而有效质量的情况与此恰恰相反，交叠积分愈大，所得有效质量的数值愈小。

另外，能量愈低的能带，能带宽度愈窄，这是因为能量愈低，对应于原子中的内层电子，不同原子间的能带交叠比较小，从而形成较窄的能带。而对于外层

电子，对应于能带较高的电子，不同原子间波函数交叠较多，导致能带变宽，如图 6-11 所示。

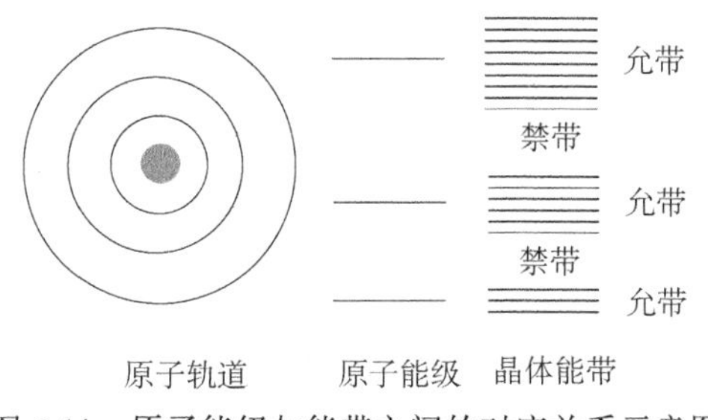

图 6-11　原子能级与能带之间的对应关系示意图

从上面几个能带结构的例子还可以看出，$E(\boldsymbol{k})$ 都明显满足倒空间的周期性和反演对称性，即 $E(\boldsymbol{k}+\boldsymbol{K}_h)=E(\boldsymbol{k})$ 和 $E(\boldsymbol{k})=E(-\boldsymbol{k})$ 。

上述所计算的能带都是 s 态能带，对于 p 态和 d 态等其他态能带，由于轨道简并和方向性，不再是球对称形状，计算起来较为复杂。能带的宽度取决于原子间的交叠积分，也就是说，能带的形成来源于原子轨道的重叠和简并性，一个能带的状态数目为原子能级的简并度，晶体体积愈大，晶体中包含的原胞数就愈多，能带中电子能级就呈现准连续分布。当晶体体积变小时，晶体中的原胞数就减少，电子能级间距离就逐渐增大；当晶体减小到纳米量级时，原来准连续能级就会变成离散的能级，这就出现了量子尺寸效应。

6.4　布洛赫电子的等能面和能态密度

6.4.1　布洛赫电子的等能面

能量 $E_n(\boldsymbol{k})$ 是波矢 $\boldsymbol{k}$ 的函数，当波矢发生变化时，能量保持恒值的能量面就称为等能面。如在第 5 章中自由电子的等能面，费米面就是球面。而在晶体中，布洛赫电子的能带表现出复杂的函数关系，三维空间中等能面随着波矢的变化不再是一个球面，以简单立方晶体在紧束缚近似下得到的能带结构（6.96）式为例，能量取固定值 $E_0(\boldsymbol{k})$ 时，等能面为

$$E_0(\boldsymbol{k})=E_s^{\mathrm{at}}+C-2J[\cos(k_x a)+\cos(k_y a)+\cos(k_z a)]$$

式中 E_s^{at},C,J 分别为孤立原子 s 态电子能级、库仑项和交叠积分项，都为常数。因此

$$\cos(k_x a)+\cos(k_y a)+\cos(k_z a)=A$$

式中 A 为常数。

在布里渊区中心附近，由泰勒级数展开可得

$$\cos(k_x a)+\cos(k_y a)+\cos(k_z a)\approx 1-\frac{1}{2}(k_x a)^2+1-\frac{1}{2}(k_y a)^2+1-\frac{1}{2}(k_z a)^2$$

$$=3-\frac{a^2}{2}(k_x^2+k_y^2+k_z^2)=A$$

即

$$k_x^2+k_y^2+k_z^2=\frac{2(3-A)}{a^2}$$

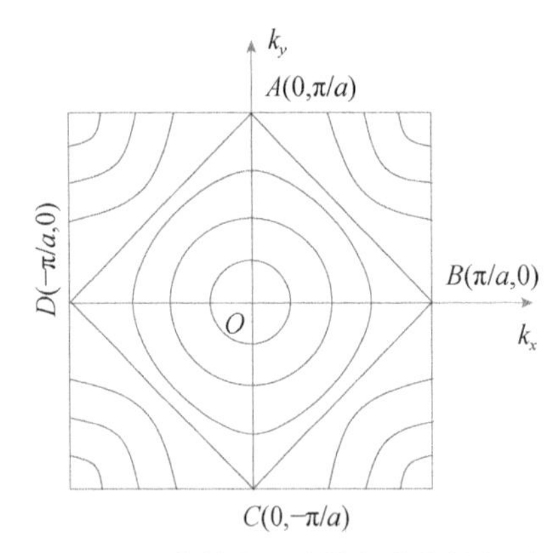

图 6-12　简单立方结构能带的等能面在第一布里渊区内的分布情况（k_z=0 时的剖面图）

A<3 为常数，即波矢在布里渊区中心附近时，三维情况下与自由电子一样，等能面为球面；远离布里渊区中心时，等能面就不再是球面。图 6-12 画出了第一布里渊区内 k_z=0 时等能面的剖面图分布情况。靠近布里渊区边界的中心，即 A, B, C, D 各点，等能面向布里渊区边界中心凸起，这是由于布洛赫电子受晶体场的影响，在布里渊区边界中心附近能量会有所降低（相对于自由电子球面形状的等能面而言），为了达到等能面处同样的能量值，就需要增大波矢，因此就造成等能面向布里渊区边界中心凸起。当靠近布里渊区顶角时，等能面将会收缩成一点。这显然与自由电子的等能面大不相同，其根源正是由晶体中电子运动受到晶体势场影响所造成的。

6.4.2　布洛赫电子的能态密度

正如第 5 章金属自由电子论中所述，k 空间中自由电子波矢是不连续的分立值，而且分布非常密集，对应的能级也是如此，因此标出每一个能级是没有意义的，为此引入能态密度的概念：即单位体积、单位能量间隔的状态数。自由电子在一维、二维和三维情形下的能态密度可根据 k 空间线元、环面积元和球壳体积元中的状态数，并考虑自旋，再根据能态密度的定义就能很方便地给出。这是因为自由电子波矢在 k 空间中均匀分布，电子能量分布也是各向同性对称分布的。而对于晶体中布洛赫电子的能量分布，由于受周期势场的作用，随波矢的变化表现出复杂的能带结构，因此等能面不是球面（二维也不是圆），这就需要采用与第 4 章中求格波模式密度相类似的方式（模式密度定义为单位格波波矢间隔的频率数），即把格波的频率 ω 换成能量 $E_n(\boldsymbol{k})$，并考虑电子的自旋，通过求垂直于等能面法线方向的能级梯度，再进行积分求得。

固体中布洛赫电子状态代表点在三维 k 空间中均匀分布，波矢密度为 $\frac{V}{(2\pi)^3}$（二维：$\frac{S}{(2\pi)^2}$，一维：$\frac{L}{2\pi}$），对于一个具体的能带 $E_n(\boldsymbol{k})$，在 $E_n(\boldsymbol{k}) \sim E_n(\boldsymbol{k}) + \mathrm{d}E_n(\boldsymbol{k})$ 的状态数除以体积（考虑自旋后）应为

$$g_n(E)\mathrm{d}E_n(\boldsymbol{k}) = 2\frac{V}{(2\pi)^3 V}\iiint_{E_n(\boldsymbol{k})}^{E_n(\boldsymbol{k})+\mathrm{d}E_n(\boldsymbol{k})} \mathrm{d}\boldsymbol{k} = \frac{1}{4\pi^3}\iiint_{E_n(\boldsymbol{k})}^{E_n(\boldsymbol{k})+\mathrm{d}E_n(\boldsymbol{k})} \mathrm{d}\boldsymbol{k} \tag{6.114}$$

式中 $g_n(E)$ 即为第 n 个能带的能态密度，式中表示的积分实际上是在 k 空间中的一个薄壳层体积内的积分（这里不再给出图，可以类比图 4-9）。薄壳层两面是能量恒定的等能面。一面为 $E_n(\boldsymbol{k})$，另一面为 $E_n(\boldsymbol{k}) + \mathrm{d}E_n(\boldsymbol{k})$。令 $\mathrm{d}S_n$ 是波矢空间中等能面 $E_n(\boldsymbol{k})$ 上的一个面积元。在等能面之间的体积元是以 $\mathrm{d}S_n$ 为底面、以 $\mathrm{d}\boldsymbol{k}_\perp$ 为高的圆柱，圆柱的体积即为 $\mathrm{d}\boldsymbol{k}=\mathrm{d}S_n\mathrm{d}k_\perp$。梯度 $\nabla E_n(\boldsymbol{k})$ 垂直于等能面，这样，两个等能面之间的能量差应为 $\mathrm{d}E_n(\boldsymbol{k}) = |\nabla E_n(\boldsymbol{k})|\mathrm{d}k_\perp$，即有 $\mathrm{d}\boldsymbol{k}_\perp = \frac{\mathrm{d}E_n(\boldsymbol{k})}{|\nabla E_n(\boldsymbol{k})|}$，所以 $\mathrm{d}\boldsymbol{k}=\frac{\mathrm{d}S_n\mathrm{d}E_n(\boldsymbol{k})}{|\nabla E_n(\boldsymbol{k})|}$，由此，（6.114）式就可写成

$$g_n(E)\mathrm{d}E_n(\boldsymbol{k}) = \frac{1}{4\pi^3}\mathrm{d}E_n(\boldsymbol{k})\iint_{E_n(\boldsymbol{k})}\frac{\mathrm{d}S_n}{|\nabla_k E(\boldsymbol{k})|}$$

考虑到 $\mathrm{d}E_n(\boldsymbol{k})$ 的任意性，则三维晶体的能态密度为

$$g_n(E) = \frac{1}{4\pi^3}\iint_{E_n(\boldsymbol{k})}\frac{\mathrm{d}S_n}{|\nabla_k E(\boldsymbol{k})|} \tag{6.115}$$

积分是沿着能量为 $E_n(\boldsymbol{k})$ 的等能面进行的。对于能带发生交叠的情形，总的能态密度应为各个能态密度的代数和，即为

$$g(E) = \sum_n g_n(E) = \frac{1}{4\pi^3}\sum_n\iint_{E_n(\boldsymbol{k})}\frac{\mathrm{d}S_n}{|\nabla_k E(\boldsymbol{k})|} \tag{6.116}$$

能带函数比较复杂，因此能态密度的计算也比较繁琐。另外，能态密度也可以采用实验的方法进行测定，如用软 X 射线发射谱来测定能态密度。

6.5　布洛赫电子的准经典运动

6.5.1　布洛赫电子的平均速度

在具有平移对称性的晶体周期势场中，晶体中的电子就是布洛赫电子，电子波函数具有布洛赫波函数的形式，求解薛定谔方程，计算其能量本征值，就可以得到晶体的能带结构。为了研究晶体的电学等性质，我们需要考虑在外加电场作

用下晶体中布洛赫电子的运动行为，但是，外加电场产生的电势能会破坏布洛赫电子哈密顿量的平移对称性，因此考虑外加电场下布洛赫电子的量子本征态是比较困难的。解决这一问题的办法是把电子的运动当作经典粒子来处理，而固体中的电子对外场的响应犹如一个具有有效质量为 m^* 的经典自由电子，这样等价的经典粒子可以用经典运动学和动力学理论来进行分析。

由量子力学可知，哈密顿算符中的势能项与动量算符不对易，所以它们没有共同的本征函数。也就是说，如果 φ_k 是势能项的本征函数，那么它就不是动量算符的本征函数。这说明电子没有确定的速度和位置，因此只能计算其平均速度才有意义，定义为

$$\bar{v}(\boldsymbol{k})=\frac{\bar{p}}{m}=\int_V \varphi_k^* \frac{\hat{p}}{m}\varphi_k \mathrm{d}\tau \tag{6.117}$$

下面就根据（6.117）定义式，推导出电子平均速度的表达式。从波函数 φ_k 满足的薛定谔方程出发，进行推导，有

$$\hat{H}\varphi_k = E(\boldsymbol{k})\varphi_k \tag{6.118}$$

其能量本征值为

$$E(\boldsymbol{k})=\int_V \varphi_k^*\hat{H}\varphi_k \mathrm{d}\tau \tag{6.119}$$

将布洛赫波函数的具体形式，即 $\varphi_k=\mathrm{e}^{\mathrm{i}\boldsymbol{k}\cdot\boldsymbol{r}}u_k(\boldsymbol{r})$ 代入（6.119）式，然后再将波矢空间的梯度算符 $\nabla_k=\frac{\partial}{\partial k_x}\hat{i}+\frac{\partial}{\partial k_y}\hat{j}+\frac{\partial}{\partial k_z}\hat{k}$ 作用于（6.119）式两侧，得到

$$\begin{aligned}
\nabla_k E(\boldsymbol{k}) &=\int_V \nabla_k[\mathrm{e}^{\mathrm{i}\boldsymbol{k}\cdot\boldsymbol{r}}u_k(\boldsymbol{r})]^*\hat{H}\varphi_k\mathrm{d}\tau+\int_V[\mathrm{e}^{\mathrm{i}\boldsymbol{k}\cdot\boldsymbol{r}}u_k(\boldsymbol{r})]^*\hat{H}\nabla_k[\mathrm{e}^{\mathrm{i}\boldsymbol{k}\cdot\boldsymbol{r}}u_k(\boldsymbol{r})]\mathrm{d}\tau\\
&=\int_V(-\mathrm{i}\boldsymbol{r})\mathrm{e}^{-\mathrm{i}\boldsymbol{k}\cdot\boldsymbol{r}}u_k^*(\boldsymbol{r})\hat{H}\mathrm{e}^{\mathrm{i}\boldsymbol{k}\cdot\boldsymbol{r}}u_k(\boldsymbol{r})\mathrm{d}\tau+\int_V\mathrm{e}^{-\mathrm{i}\boldsymbol{k}\cdot\boldsymbol{r}}\nabla_k u_k^*(\boldsymbol{r})\hat{H}\mathrm{e}^{\mathrm{i}\boldsymbol{k}\cdot\boldsymbol{r}}u_k(\boldsymbol{r})\mathrm{d}\tau\\
&\quad+\int_V\mathrm{e}^{-\mathrm{i}\boldsymbol{k}\cdot\boldsymbol{r}}u_k^*(\boldsymbol{r})\hat{H}\mathrm{i}\boldsymbol{r}\mathrm{e}^{\mathrm{i}\boldsymbol{k}\cdot\boldsymbol{r}}u_k(\boldsymbol{r})\mathrm{d}\tau+\int_V\mathrm{e}^{-\mathrm{i}\boldsymbol{k}\cdot\boldsymbol{r}}u_k^*(\boldsymbol{r})\hat{H}\mathrm{e}^{\mathrm{i}\boldsymbol{k}\cdot\boldsymbol{r}}\nabla_k u_k(\boldsymbol{r})\mathrm{d}\tau\\
&=\mathrm{i}\int_V\varphi_k^*(\boldsymbol{r})(\hat{H}\boldsymbol{r}-\boldsymbol{r}\hat{H})\varphi_k\mathrm{d}\tau+E(\boldsymbol{k})\int_V\mathrm{e}^{-\mathrm{i}\boldsymbol{k}\cdot\boldsymbol{r}}\nabla_k u_k^*(\boldsymbol{r})\varphi_k\mathrm{d}\tau\\
&\quad+\int_V\varphi_k^*\hat{H}\mathrm{e}^{\mathrm{i}\boldsymbol{k}\cdot\boldsymbol{r}}\nabla_k u_k(\boldsymbol{r})\mathrm{d}\tau
\end{aligned} \tag{6.120}$$

根据哈密顿算符 $\hat{H}$ 的厄米性质，即 $\hat{H}^+=\hat{H}$，（6.120）式连等式最后的第三项可写为

$$\begin{aligned}
\int_V\varphi_k^*\hat{H}^+\mathrm{e}^{\mathrm{i}\boldsymbol{k}\cdot\boldsymbol{r}}\nabla_k u_k(\boldsymbol{r})\mathrm{d}\tau &=\int_V\mathrm{e}^{\mathrm{i}\boldsymbol{k}\cdot\boldsymbol{r}}\nabla_k u_k(\boldsymbol{r})(\hat{H}\varphi_k)^*\mathrm{d}\tau\\
&=E^*(\boldsymbol{k})\int_V\mathrm{e}^{\mathrm{i}\boldsymbol{k}\cdot\boldsymbol{r}}\nabla_k u_k(\boldsymbol{r})\varphi_k^*\mathrm{d}\tau=E(\boldsymbol{k})\int_V\mathrm{e}^{\mathrm{i}\boldsymbol{k}\cdot\boldsymbol{r}}\nabla_k u_k(\boldsymbol{r})\varphi_k^*\mathrm{d}\tau
\end{aligned} \tag{6.121}$$

式中用到厄米算符的本征值一定是实数，（6.121）式代入（6.120）式，可得

$$\begin{aligned}\nabla E(\boldsymbol{k}) &= \mathrm{i}\int_V \varphi_k^*(\boldsymbol{r})(\hat{H}\boldsymbol{r}-\boldsymbol{r}\hat{H})\varphi_k \mathrm{d}\tau \\ &\quad + E(\boldsymbol{k})\int_V \nabla_k u_k^*(\boldsymbol{r})u_k(\boldsymbol{r})\mathrm{d}\tau + E(\boldsymbol{k})\int_V \nabla_k u_k(\boldsymbol{r})u_k^*(\boldsymbol{r})\mathrm{d}\tau \\ &= \mathrm{i}\int_V \varphi_k^*(\boldsymbol{r})(\hat{H}\boldsymbol{r}-\boldsymbol{r}\hat{H})\varphi_k \mathrm{d}\tau + E(\boldsymbol{k})\nabla_k \int_V u_k^*(\boldsymbol{r})u_k(\boldsymbol{r})\mathrm{d}\tau\end{aligned} \tag{6.122}$$

因为，波函数模平方在整个空间的积分为常数（如波函数是归一化的，就应等于 1），对一常数求梯度，必有

$$\nabla_k \int_V u_k^*(\boldsymbol{r})u_k(\boldsymbol{r})\mathrm{d}\tau = \nabla_k \int_V |u_k(\boldsymbol{r})|^2 \mathrm{d}\tau = \nabla_k \int_V |\varphi_k|^2 \mathrm{d}\tau = 0$$

所以（6.122）式成为

$$\nabla_k E(\boldsymbol{k}) = \mathrm{i}\int_V \mathrm{e}^{-\mathrm{i}\boldsymbol{k}\cdot\boldsymbol{r}} u_k^*(\boldsymbol{r})(\hat{H}\boldsymbol{r}-\boldsymbol{r}\hat{H})\mathrm{e}^{\mathrm{i}\boldsymbol{k}\cdot\boldsymbol{r}} u(\boldsymbol{r})\mathrm{d}\tau \tag{6.123}$$

将哈密顿算符和位移矢量的对易关系

$$\hat{H}\boldsymbol{r} - \boldsymbol{r}\hat{H} = -\frac{\mathrm{i}\hbar}{m}\hat{p} \tag{6.124}$$

代入（6.123）式，并与（6.117）式进行比较，即得

$$\overline{v}(\boldsymbol{k}) = \frac{1}{\hbar}\nabla_k E(\boldsymbol{k}) \tag{6.125}$$

这就是布洛赫电子的平均速度与能带的关系式。

这样利用对易关系（6.124）式，很方便地给出了（6.125）式。关于这一对易关系，这里附带给予证明。

量子力学表明，力学量（可观测量）总可用一个算符来表示，如：$\hat{p} \to -\mathrm{i}\hbar\nabla$，$\hat{H} \to -\dfrac{\hbar^2}{2m}\nabla^2 + V(\boldsymbol{r})$，其中 $\nabla = \dfrac{\partial}{\partial x}\hat{i} + \dfrac{\partial}{\partial y}\hat{j} + \dfrac{\partial}{\partial z}\hat{k}$，$\nabla^2 = \dfrac{\partial}{\partial x^2} + \dfrac{\partial}{\partial y^2} + \dfrac{\partial}{\partial z^2}$。现将算符 $\hat{H}\boldsymbol{r}$ 作用于电子波函数 φ_k，有

$$\begin{aligned}\hat{H}\boldsymbol{r}\varphi_k &= -\frac{\hbar^2}{2m}(2\nabla\varphi_k + \boldsymbol{r}\nabla^2\varphi_k) + V(\boldsymbol{r})\boldsymbol{r}\varphi_k \\ &= -\frac{\mathrm{i}\hbar(-\mathrm{i}\hbar\nabla)}{m}\varphi_k + \boldsymbol{r}\left[-\frac{\hbar^2}{2m}\nabla^2 + V(\boldsymbol{r})\right]\varphi_k = -\frac{\mathrm{i}\hbar}{m}\hat{p}\varphi_k + \boldsymbol{r}\hat{H}\varphi_k\end{aligned}$$

移项后为 $(\hat{H}\boldsymbol{r} - \boldsymbol{r}\hat{H})\varphi_k = -\dfrac{\mathrm{i}\hbar}{m}\hat{p}\varphi_k$，表示为 $[\hat{H}, \boldsymbol{r}] = -\dfrac{\mathrm{i}\hbar}{m}\hat{p}$。（6.124）式得证。

为了更好地理解布洛赫电子的平均速度，可以跟自由电子进行综合比较。

不同之处：

（1）如前所述，自由电子的速度 $\boldsymbol{v} = \boldsymbol{v}(\boldsymbol{k}) = \dfrac{\hbar\boldsymbol{k}}{m}$ 具有确定值，而布洛赫电子波函

数不是动量的本征态，因此没有确定的速度，需用平均速度来描述，这种平均速度实际上代表了以不同的电子波矢组成的波包的群速度。

（2）自由电子的速度与波矢成正比关系，而且速度方向与波矢 $\boldsymbol{k}$ 的方向一致。晶体中电子平均速度与能量梯度成正比，其方向与等能面正交。如果等能面为一球面，那么速度方向与自由电子一样，与 $\boldsymbol{k}$ 的方向一致；但如果等能面不是球面，因为速度的方向总是沿着等能面梯度的方向，即与等能面正交，而波矢方向不与等能面正交，那么晶体中电子速度方向就跟 $\boldsymbol{k}$ 的方向不一致。

相同之处：

（1）不管是自由电子还是布洛赫电子，其速度都是波矢的函数，但其量纲仍然是实空间的单位量纲（$[\mathrm{m}][\mathrm{s}]^{-1}$）。

（2）能带 $E(\boldsymbol{k})$ 为波矢的偶函数，自由电子的能量关系 $E=\dfrac{\hbar^2\boldsymbol{k}^2}{2m}$，也同样是偶函数，因此两者的速度 $\boldsymbol{v}(\boldsymbol{k})$ 一定都为奇函数，即 $\boldsymbol{v}(-\boldsymbol{k})=-\boldsymbol{v}(\boldsymbol{k})$。

6.5.2　布洛赫电子的加速度及有效质量

将（6.125）式对时间求导，即可计算出电子的加速度，即

$$\boldsymbol{a}=\frac{\mathrm{d}\boldsymbol{v}}{\mathrm{d}t}=\frac{\mathrm{d}}{\mathrm{d}t}\left[\frac{1}{\hbar}\nabla_k E(\boldsymbol{k})\right]=\frac{1}{\hbar}\frac{\partial}{\partial\boldsymbol{k}}[\nabla_k E(\boldsymbol{k})]\cdot\frac{\partial\boldsymbol{k}}{\partial t}=\frac{1}{\hbar^2}\nabla_k[\nabla_k E(\boldsymbol{k})]\cdot\frac{\partial(\hbar\boldsymbol{k})}{\partial t} \tag{6.126}$$

电子在外场作用下，受力为

$$\boldsymbol{F}=\frac{\partial(\hbar\boldsymbol{k})}{\partial t} \tag{6.127}$$

故

$$\boldsymbol{a}=\frac{1}{\hbar^2}\nabla_k[\nabla_k E(\boldsymbol{k})]\cdot\boldsymbol{F} \tag{6.128}$$

（6.126）式用矩阵表示，即

$$\begin{bmatrix}a_x\\a_y\\a_z\end{bmatrix}=\frac{1}{\hbar^2}\begin{bmatrix}\dfrac{\partial^2E(\boldsymbol{k})}{\partial k_x^2} & \dfrac{\partial^2E(\boldsymbol{k})}{\partial k_x\partial k_y} & \dfrac{\partial^2E(\boldsymbol{k})}{\partial k_x\partial k_z}\\ \dfrac{\partial^2E(\boldsymbol{k})}{\partial k_y\partial k_x} & \dfrac{\partial^2E(\boldsymbol{k})}{\partial k_y^2} & \dfrac{\partial^2E(\boldsymbol{k})}{\partial k_y\partial k_z}\\ \dfrac{\partial^2E(\boldsymbol{k})}{\partial k_z\partial k_x} & \dfrac{\partial^2E(\boldsymbol{k})}{\partial k_z\partial k_y} & \dfrac{\partial^2E(\boldsymbol{k})}{\partial k_z^2}\end{bmatrix}\cdot\begin{bmatrix}F_x\\F_y\\F_z\end{bmatrix} \tag{6.129}$$

对比 $\boldsymbol{a}=\dfrac{1}{m}\boldsymbol{F}$ 可以看出，（6.129）式所表示的张量形式和 $\dfrac{1}{m}$ 相当，它是一个二阶张量，称其为有效质量倒易张量，记为 $\dfrac{1}{m^*}$，把 m^* 称为有效质量（effective mass），

即

$$\frac{1}{m^*}=\frac{1}{\hbar^2}\nabla_k[\nabla_k E(\boldsymbol{k})]=\frac{1}{\hbar^2}\begin{bmatrix}\dfrac{\partial^2 E(\boldsymbol{k})}{\partial k_x^2} & \dfrac{\partial^2 E(\boldsymbol{k})}{\partial k_x\partial k_y} & \dfrac{\partial^2 E(\boldsymbol{k})}{\partial k_x\partial k_z}\\ \dfrac{\partial^2 E(\boldsymbol{k})}{\partial k_y\partial k_x} & \dfrac{\partial^2 E(\boldsymbol{k})}{\partial k_y^2} & \dfrac{\partial^2 E(\boldsymbol{k})}{\partial k_y\partial k_z}\\ \dfrac{\partial^2 E(\boldsymbol{k})}{\partial k_z\partial k_x} & \dfrac{\partial^2 E(\boldsymbol{k})}{\partial k_z\partial k_y} & \dfrac{\partial^2 E(\boldsymbol{k})}{\partial k_z^2}\end{bmatrix} \tag{6.130}$$

其中分量矩阵元为

$$\left[\frac{1}{m^*}\right]_{ij}=\frac{1}{\hbar^2}\frac{\partial^2 E(\boldsymbol{k})}{\partial k_i\partial k_j},\quad i,j=x,y,z \tag{6.131}$$

选择合适的坐标轴，即选 k_x, k_y, k_z 沿张量主轴方向，可将矩阵对角化，即

$$\begin{bmatrix}a_x\\a_y\\a_z\end{bmatrix}=\begin{bmatrix}\dfrac{1}{m_{xx}} & & \\ & \dfrac{1}{m_{yy}} & \\ & & \dfrac{1}{m_{zz}}\end{bmatrix}\begin{bmatrix}F_x\\F_y\\F_z\end{bmatrix}=\frac{1}{\hbar^2}\begin{bmatrix}\dfrac{\partial^2 E(\boldsymbol{k})}{\partial k_x^2} & & \\ & \dfrac{\partial^2 E(\boldsymbol{k})}{\partial k_y^2} & \\ & & \dfrac{\partial^2 E(\boldsymbol{k})}{\partial k_z^2}\end{bmatrix}\begin{bmatrix}F_x\\F_y\\F_z\end{bmatrix} \tag{6.132}$$

式中

$$\frac{1}{m_{xx}}=\frac{1}{\hbar^2}\frac{\partial^2 E(\boldsymbol{k})}{\partial k_x^2},\quad \frac{1}{m_{yy}}=\frac{1}{\hbar^2}\frac{\partial^2 E(\boldsymbol{k})}{\partial k_y^2},\quad \frac{1}{m_{zz}}=\frac{1}{\hbar^2}\frac{\partial^2 E(\boldsymbol{k})}{\partial k_z^2} \tag{6.133}$$

如果 $E(\boldsymbol{k})$ 是各向同性的，就有

$$\frac{1}{\hbar^2}\frac{\partial^2 E(\boldsymbol{k})}{\partial k_x^2}=\frac{1}{\hbar^2}\frac{\partial^2 E(\boldsymbol{k})}{\partial k_y^2}=\frac{1}{\hbar^2}\frac{\partial^2 E(\boldsymbol{k})}{\partial k_z^2}=\frac{1}{\hbar^2}\frac{\partial^2 E(\boldsymbol{k})}{\partial k^2}=\frac{1}{m^*} \tag{6.134}$$

这样的话，（6.132）式可写为

$$\boldsymbol{a}=\frac{\boldsymbol{F}}{m^*}\quad 或\quad \boldsymbol{F}=m^*\boldsymbol{a} \tag{6.135}$$

上述引入的有效质量，与自由电子的质量相比，从形式上、代表的物理意义上及其物理本质上都有显著的不同。

（1）晶体中电子的有效质量与自由电子的质量比较：晶体中电子的有效质量是张量，是波矢 $\boldsymbol{k}$ 的函数；而自由电子的有效质量是标量，是常数（不考虑相对论效应）。晶体中电子的有效质量可正可负，例如，在能带底部附近，电子的有效质量为正值；而在能带顶附近，电子的有效质量为负值。

（2）晶体中电子有效质量的物理意义：描述布洛赫电子运动规律的运动方程

（6.135）式中，电子的惯性质量 m 代之以有效质量 m^*，其原因在于运动方程（6.135）式中的外力并不是电子在晶体中受力的总和，仅是电子所受的外力作用，但晶体中电子除了受到外力作用外，它还受到晶体中原子（离子）以及其他电子的势场的作用，电子的加速度应该是晶体内部势场和外场总的作用效果，但要找出内部势场的具体形式并求得加速度是很困难的。引进有效质量后，可直接把外力和电子的加速度联系起来，而晶体内部势场的作用则由有效质量加以概括，这样就可以直接考虑外力作用下布洛赫电子的运动规律，而不涉及晶体的内部势场，因而使运动规律可直接采用经典物理运动方程来描述，这样就会使问题得以简化。

（3）物理本质：有效质量与能带结构有关，不同能带或同一能带不同波矢方向处的电子有效质量也会不同，晶体中电子的有效质量 m^*可大可小、可正可负，可接近于零，甚至还可以趋于无限大。因此，m^*完全不同于自由电子的惯性质量，其物理本质归根结底还是由于计入晶体周期势场的影响，而这种影响主要是通过布拉格反射的形式和晶格之间交换动量：当 $m^*>0$ 时，意味着电子从外场获得的动量多于电子交给晶格的动量；当 $m^*<0$ 时，恰恰相反，这时电子交给晶格的动量多于电子从外场获得的动量；当电子从外场中获得的动量全部交给晶格时，意味着 $m^*\to\infty$（加速度与外力同向为正无穷大，反向为负无穷大），此时对应能量 $E(\boldsymbol{k})$ 对波矢的二阶导数趋于零，这意味着电子的加速度趋于零，而电子的平均速度达到最大，出现拐点。

下面对外场作用下晶体中电子的运动行为进行分析。

以晶格常数为 a 的一维原子链为例，假设在水平向左施加一恒定的电场$-\varepsilon$，电子所受到的电场力沿 x 方向，$F_x=e\varepsilon$，根据

$$F_x=\frac{\mathrm{d}p}{\mathrm{d}t}=\frac{\hbar\mathrm{d}k_x}{\mathrm{d}t}=e\varepsilon$$

可得

$$\frac{\mathrm{d}k_x}{\mathrm{d}t}=\frac{e\varepsilon}{\hbar} \tag{6.136}$$

$$k_x(t)=k_x(0)+\frac{e\varepsilon t}{\hbar}$$

假设 $t=0$ 时电子处在布里渊区中心位置，那么在 t 时刻，有

$$k_x(t)=\frac{e\varepsilon t}{\hbar} \tag{6.137}$$

由（6.136）式可知，外电场一定时，波矢随时间的变化率恒定。（6.137）式表明，波矢 $k_x(t)$随时间线性增加。对于自由电子，由于 $p_x=\hbar k_x(t)$，电子的动量不断增加，电子将不断被加速。但电子总会受到周围其他电子的散射，电子速度增大总是有限的。晶体中布洛赫电子运动情况跟自由电子不同，由于电子在布里渊

区边界处受到布拉格反射，电子在 k 空间做循环运动。具体来说，假设在沿着$-k_x$ 方向的电场作用下，电子所受电场力沿着 k_x 方向，电子运动到布里渊区边界后从 $k_x=\pi/a$ 处移出的同时又从 $k_x=-\pi/a$ 处进入，因为两者相差一个倒格矢，实际代表同一个状态。

为了求布洛赫电子的速度和加速度，首先根据前面叙述的紧束缚近似方法，由近邻原子位置（a,0）和（$-a$,0）可写出其能带结构，并将（6.137）式代入，即为

$$E(k)=E_s^{\text{at}}+C-2J\cos[k_x a]=E_s^{\text{at}}+C-2J\cos\left(\frac{e\varepsilon at}{\hbar}\right) \tag{6.138}$$

式中 E_s^{at}, C 均为常数，J（$J>0$）为交叠积分。

将（6.138）式代入（6.133）式，可得电子的有效质量表达式为

$$m^*=\frac{\hbar^2}{\partial^2 E(k_x)/\partial k_x{}^2}=\frac{\hbar^2}{2Ja^2}\frac{1}{\cos(k_x a)} \tag{6.139}$$

将（6.138）式代入（6.125）式，可得电子的速度表达式为

$$v_x=\frac{1}{\hbar}\nabla_k E(k_x)=\frac{2Ja}{\hbar}\sin(k_x a)=\frac{2Ja}{\hbar}\sin\left(\frac{ae\varepsilon}{\hbar}t\right) \tag{6.140}$$

（6.140）式对时间进行积分也可得到在实空间中电子的位置

$$x=-\frac{2J}{e\varepsilon}\cos\left(\frac{ae\varepsilon}{\hbar}t\right) \tag{6.141}$$

（6.140）式对时间求导，可得电子的加速度表达式为

$$a_x=\frac{\mathrm{d}v_x}{\mathrm{d}t}=\frac{2Ja^2}{\hbar}\cos(k_x a)\frac{\mathrm{d}k_x}{\mathrm{d}t}=\frac{2Ja^2}{\hbar^2}\cos\left(\frac{ae\varepsilon}{\hbar}t\right)e\varepsilon \tag{6.142}$$

由（6.140）式和（6.142）式可知，电子运动的速度和加速度随时间做周期性变化。（6.141）式也表明，电子在实空间位置的振荡，可导致恒定的外加电场有可能产生交变的电流，这种效应称为布洛赫振荡（Bloch oscillation）（但由于电子在晶体中存在各种散射，如声子散射、缺陷散射等，两次散射间电子在 k 空间移动的距离与布里渊区尺度相比甚小，一般观察不到）。

根据（6.139）式、（6.140）式和（6.142）式，可分别计算特殊波矢点的电子有效质量、速度和加速度。

在 $k_x=0$ 的能带底附近，由（6.139）式可求出带底电子的有效质量为

$$m^*_{\text{底}}=\frac{\hbar^2}{2Ja^2}>0 \tag{6.143}$$

此时电子的平均速度为零

$$v_x=\frac{2Ja}{\hbar}\sin(k_x a)=0 \tag{6.144}$$

而电子的平均加速度最大

$$a_x = \frac{2Ja^2}{\hbar}\cos(k_x a)\frac{\mathrm{d}k_x}{\mathrm{d}t} = \frac{2Ja^2}{\hbar^2}e\varepsilon \tag{6.145}$$

在 $k_x = \pm\frac{\pi}{2a}$ 处，电子的有效质量为

$$m^* \to \infty \tag{6.146}$$

此时电子的平均速度最大

$$v_x = \frac{2Ja}{\hbar}\sin(k_x a) = \frac{2Ja}{\hbar} \tag{6.147}$$

电子的平均加速度为零

$$a_x = \frac{2Ja^2}{\hbar}\cos(k_x a)\frac{\mathrm{d}k_x}{\mathrm{d}t} = 0 \tag{6.148}$$

在 $k_x = \pm\frac{\pi}{a}$ 的能带顶附近，电子的有效质量为

$$m^*_{顶} = -\frac{\hbar^2}{2Ja^2} < 0 \tag{6.149}$$

此时电子的平均速度为零

$$v_x = \frac{2Ja}{\hbar}\sin(k_x a) = 0 \tag{6.150}$$

电子的平均加速度的大小最大

$$a_x = \frac{2Ja^2}{\hbar}\cos(k_x a)\frac{\mathrm{d}k_x}{\mathrm{d}t} = -\frac{2Ja^2}{\hbar^2}e\varepsilon \tag{6.151}$$

由此可见，电子的速度和加速度都是波矢的周期函数，图 6-13（a）、（b）和（c）分别为电子的加速度、速度和有效质量随波矢变化的函数曲线。在布里渊区中心位置，在外场作用下，电子的加速度为最大，随后电子做加速度减小的加速运动，速度由零逐渐增大，显然，这时电子从外场中获得的动量多于电子传递给晶格的动量，电子的有效质量 $m^*_{底}$ 为正，当波矢 $k_x = \frac{\pi}{2a}$ 时，电子的加速度减小到零，而速度加速到最大，此时速度出现拐点。在此拐点处，电子的有效质量由正无穷大变为负无穷大；此后电子做加速度增大的减速运动，速度逐渐减小，当达到布里渊区边界处，即波矢 $k_x = \frac{\pi}{a}$ 时，电子加速度数值达到最大，速度减小到零，在这个过程中，电子从外场中获得的动量少于传递给晶格的动量，电子的有效质量 $m^*_{顶}$ 为负。

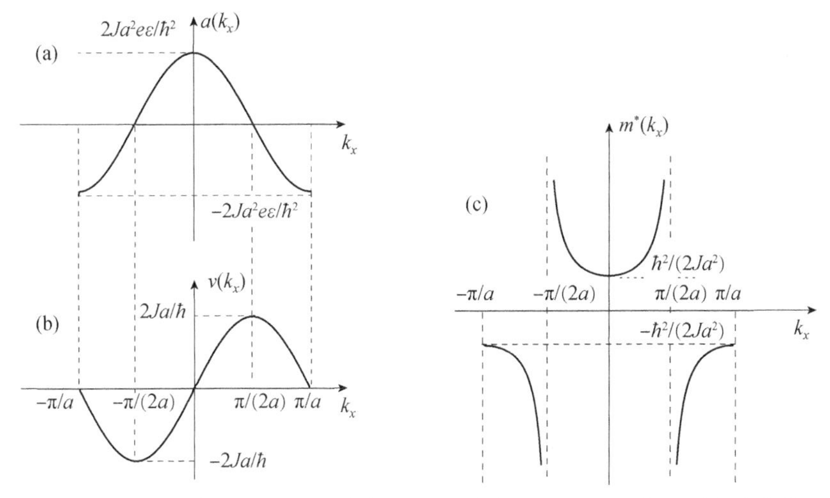

图 6-13　电子的加速度（a）、速度（b）和有效质量（c）随波矢的变化曲线

6.6　固体导电性能的能带理论解释

不论何种固体材料，都包含大量的电子，但它们的导电性能差别却很大，人们很早就认识到固体导电性能的这种巨大差别，但在能带理论建立之前，长期得不到合理的解释。按照自由电子气理论，金属的电导与电子数密度成正比，这显然与实验事实是不符合的。能带理论建立之后，这一长期困扰人们的问题才得以根本解决，这也是能带理论建立初期的一个巨大成就。

6.6.1　满带和不满带对电流的贡献

图 6-14 是一个填满的能带示意图，表示能带中所有的状态都被电子所占据，这种情况下，能带中的电子对电导无贡献，这可以根据能带理论加以解释。根据能带理论，能量色散关系是偶函数，即有

$$E_n(\boldsymbol{k}) = E_n(-\boldsymbol{k}) \tag{6.152}$$

而布洛赫电子速度是奇函数，即有

$$\boldsymbol{v}(\boldsymbol{k}) = -\boldsymbol{v}(-\boldsymbol{k}) \tag{6.153}$$

外加电场 $\boldsymbol{\varepsilon}$ 下电子受到电场力的作用，即

$$\frac{\hbar \mathrm{d}\boldsymbol{k}}{\mathrm{d}t} = -e\boldsymbol{\varepsilon} \tag{6.154}$$

也即

$$\frac{\mathrm{d}\boldsymbol{k}}{\mathrm{d}t} = -\frac{e\boldsymbol{\varepsilon}}{\hbar} \tag{6.155}$$

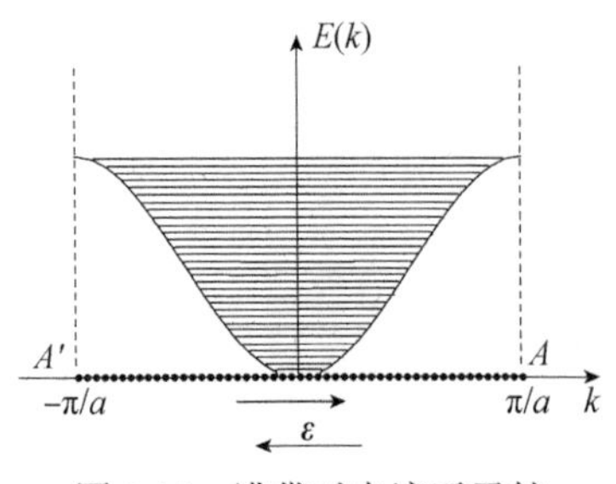

图 6-14　满带对电流无贡献

这说明所有电子所处的状态都按相同的变化率变化。也就是说，k 轴上各点以相同的速度移动。

满带不导电：在一个完全为电子所充满的能带中，尽管每个电子都贡献一定的电流$-ev$，由于 $\boldsymbol{k}$ 和 $-\boldsymbol{k}$ 态对称地分布，处于这两种状态的电子形成的电流完全抵消，所以总电流等于零，即没有电流产生。即使存在外加电场的情况下，仍然无电流的形成。仍以一维情形为例加以分析，如图 6-14 所示，当电场 $\boldsymbol{\varepsilon}$ 方向水平向左时，由于电子带负电，其漂移速度与外加电场 $\boldsymbol{\varepsilon}$ 方向相反，电子向右漂移，由于布里渊区边界 A 和 A'点代表同一状态，从 A 点移动出去的电子同时又从 A'点进入，而且所有电子所处的状态都以相同的速度移动，保持整个能带均匀填满的状态。可见，满带情况下，整个电子的分布状态在外场作用下没有发生任何变化，造成满带不导电。

不满带电子参与导电：电子在不满带中的填充情形如图 6-15 所示。在无电场的情况下（图 6-15（a）），由于电子在 k 空间中对称分布，总的电流等于零。但施加一水平向左的外电场后（图 6-15（b）），所有状态代表点将向右移动，使原来电子状态的对称性分布遭受破坏，分布不再保持中心对称。电子向右做漂移运动和碰撞达到平衡后，形成一个稳定分布，这时出现的不对称分布部分中未被抵消的电子形成电流，因此，不满能带中的电子参与导电。

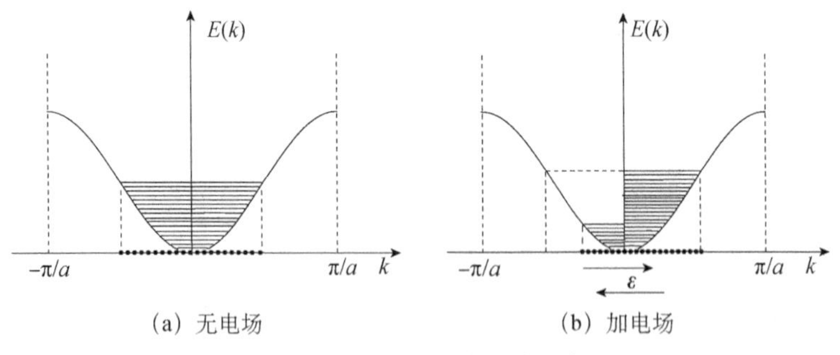

图 6-15　不满带对电流有贡献

6.6.2　绝缘体、导体、半导体和半金属

对满壳层的原子能级来说，电子能量由低到高填满一系列能级，形成闭合壳层，过渡到晶体就是所有电子按能量由低到高逐一填充各个能带，这种填满的能带中的电子不参与导电，晶体就是绝缘体。而对于原子外层不满壳层的情况，外层电子为价电子，具有导电性，过渡到晶体就是外层电子形成不满的能带，对电

导有贡献。把能量最高的满带称为价带，价带中能量最高的能级称为价带顶。能量再高的能带，不被电子所占据，即为空带，把能量最低的空带称为导带，把导带中能量最低的能级称为导带底，导带底和价带顶之间为禁带，称为能隙或带隙。价带为满带的情况下对电导自然毫无贡献，因此，判断固体材料的导电性，只需分析价电子填充价带情况。

绝缘体的价带为满带，而且导带和价带之间的带隙很宽，激发电子需要很大的能量，在常温下，能激发到导带中的电子很少，所以导电性很差。价带为半满的情况，应为导体，金属中导电电子数密度高达 10^{23} cm^{-3} 数量级，电阻率一般在 10^{-6} Ω · cm，碱卤族绝缘体的电阻率通常在 10^2～10^8 Ω · cm。因此，对于导电的固体材料一定有不满的能带，而在绝缘体材料中，只有满带或者没有电子的空带。介于导体和绝缘体之间的材料称为半导体。事实上，半导体和绝缘体都有带隙，从本质上来说没有区别，只是带隙的大小不同而已。半导体禁带宽度比较小，一般在 1 eV 左右，在绝对零度下是绝缘体，但在通常温度下已有不少电子被激发到导带中去，所以具有一定的导电能力。

在金属和半导体之间还存在一种称为半金属（semimetal）（也称为类金属，metalloid）的固体材料。半金属的导带底部和价带顶部有相同的能量（零带隙）或发生交叠（负带隙），但因为能带交叠，导带中就已有一定的电子密度，价带中也有相等的空穴密度。也就是说，同时存在两类载流子，即电子和空穴。以四方结构的 TiS_2 晶体为例，其能带结构是根据紧束缚近似计算得到的，如图 6-16 所示。TiS_2 晶体的能带中价带在 Γ 点附近费米面以上有空态，而在 L 点附近导带底部已横跨过费米面，在费米面以下的导带底有电子占据，表现出能带交叠。但不同于碱土金属等金属材料，能带交叠甚少，参与导带中导电的电子数和价带中未满的状态数都很少，其中载流子的数密度在 10^{17}～10^{20} cm^{-3} 量级，比金属中导电电子数密度低几个数量级，导电性很弱。实际上，这就是半金属与半导体的根本区别。半金属的种类很多，某些单质材料如 As, Sb, Bi 等、氧化物如 CrO_2, $LaVMnO_6$ 等和化合物如 Mn_2VAl，CuV_2S_4 等都具有半金属性质。

应该指出的是，1983 年 R. A. de Groot 等研究者从理论上预言一类合金材料具有半金属性质，属于铁磁性半金属（half metal），被称为半金属铁磁体（half metallic ferro-magnets）[23]，这类固体材料不同于上述传统的半金属（类金属），这种半金属在宏观上表现出金属性，但是，它只在一个自旋方向有带隙，而在另一个自旋方向上无带隙。也就是说，在一个自旋方向上有传导电子，具有导电性；而在另一个自旋方向上传导电子很少，是半导体。这种特殊结构在微观上实现了金属和半导体的共存，而且还实现了自旋极化（spin polarization）作用，这类合金有很多，如 NiMnSb, PtMnSb, Co_2YZ（Y = Ti, Zr, V, Cr, Mn; Z = Ga, Al, Sn, Si, In,

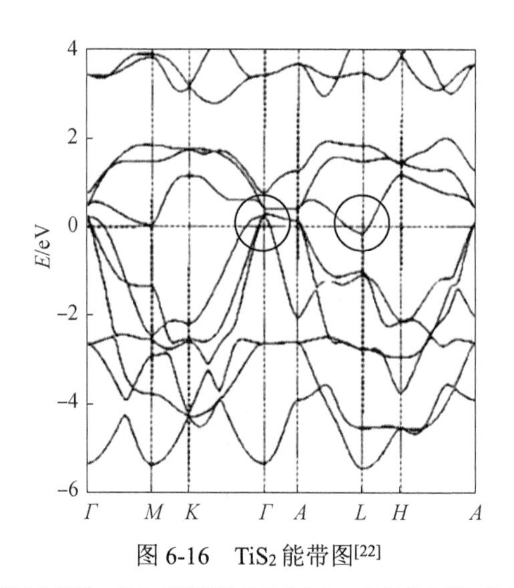

图 6-16　TiS_2 能带图[22]

图中画圈处分别是 Γ 处价带顶附近处于空态和 L 处导带底附近被部分电子占据的状态，因此 TiS_2 具有半金属性质

Sb）等，这类半金属材料在自旋电子学（spintronics）领域具有广泛的潜在应用前景，因此受到人们的普遍关注。作者根据能带理论计算了 Cu 替代三元 Co_2MnSb 合金中一个 Co 原子后形成的四元 CoCuMnSb 合金的结构与磁性，发现其具有铁磁半金属性质，如图 6-17 所示。从能带图（左侧）和能态密度图（右侧）都可以清楚地看出，自旋向上电子在费米面（图中虚线位置）附近无带隙存在，具有金属性质，而自旋向下的电子在费米面（图中虚线位置）附近存在约 0.5 eV 的间接带隙，具有半导体性质，即存在不同自旋方向上金属和半导体共存的微观导电机制。

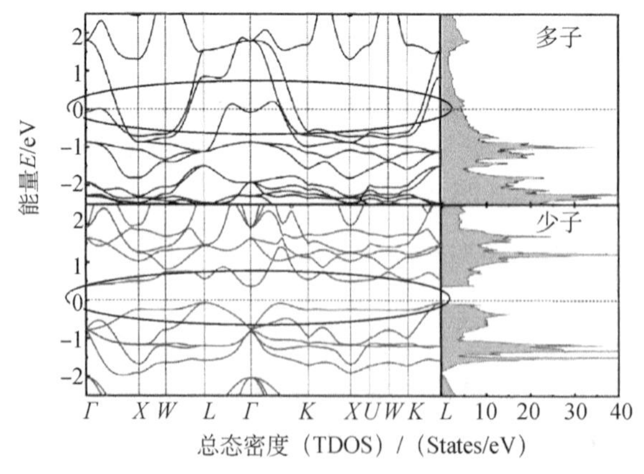

图 6-17　CoCuMnSb 合金自旋向上多子（majority）和自旋向下少子（minority）的能带结构及总的能态密度理论计算图，水平虚线是费米能参考位置，能量设为零[24]。晶胞选取 16 个原子进行计算

6.6.3　近满带和空穴的概念

1. 近满带和空穴的引入

满带缺少少数电子就是近满带，近满带中缺少少量电子的状态出现在价带顶附近。近满带在半导体研究中占有特别重要的地位，如半导体在带隙不太宽的情况下，受热激发就能够使一部分价带顶的电子跃迁到导带底而在价带上留下空态。价带上的空态也参与导电，也就是说，这种近满带具有一定的导电性，为此引入空穴（hole）的概念。固体的导电性是在外加电场作用下电子运动漂移的集体行为，涉及大量的电子，在分析处理上有些困难，引入空穴这一概念后使问题的分析变得相当地简单明晰，这就是引入空穴概念的目的。

空穴的概念可进行如下分析解释：如果有一个未被电子占据的 $\boldsymbol{k}$ 态，即处于空态，因不满带在外场作用下会形成电流 $\boldsymbol{j}(\boldsymbol{k})$ 而参与导电。现在假设在这一空态内填充上电子，这个电子漂移速度为 $\boldsymbol{v}(\boldsymbol{k})$，那么，填充上电子后又变成了满带，如前所述，不管加不加外场，满带都不导电，因此有

$$\boldsymbol{j}(\boldsymbol{k})+[-e\boldsymbol{v}(\boldsymbol{k})]=0 \tag{6.156}$$

$$j(\boldsymbol{k})=e\boldsymbol{v}(\boldsymbol{k}) \tag{6.157}$$

（6.157）式表明空缺一个状态的近满带所形成的电流犹如一个带正电荷 e，具有空缺态电子的速度 $\boldsymbol{v}(\boldsymbol{k})$ 的“粒子”对电流的贡献，这一粒子称为空穴。也就是说，缺少一个电子的近满带中所有电子对电流的贡献可等同于一个带正电荷 e 的空穴的贡献。在外场 $\boldsymbol{\varepsilon}$ 作用下，波矢为 $\boldsymbol{k}$ 的空状态跟其他电子占据的状态一起运动，所受到的外力与电子相同，因此其加速度也跟电子相同，即

$$\boldsymbol{a}=\frac{\mathrm{d}\boldsymbol{v}(\boldsymbol{k})}{\mathrm{d}t}=-\frac{e\boldsymbol{\varepsilon}}{m^*} \tag{6.158}$$

空穴的加速度（6.158）式可改写为

$$\boldsymbol{a}=\frac{e\boldsymbol{\varepsilon}}{-m^*}=\frac{e\boldsymbol{\varepsilon}}{m_h} \tag{6.159}$$

（6.159）式中令 $m_h^*=-m^*$，称为空穴的有效质量。因为电子先占据能带中能量较低的能级，空状态总是出现在能带中能量较高的带顶附近，而在带顶附近，电子的有效质量 m^* 总为负值，因此，空穴的有效质量 m_h^* 应为正值。

2. 空穴的性质

由以上关于空穴概念的引入，可以得出空穴具有的一些性质：

（1）空穴带正电荷，$q=+e$。

（2）空穴的有效质量为正，$m_h^*=|m^*|$。

（3）空穴的波矢与电子的波矢大小相等，方向相反，即 $\boldsymbol{k}_h = -\boldsymbol{k}_e$ 。

证明：满带中根据布里渊区的反演对称性，布里渊区内总的波矢应为零，即 $\sum_{k}\boldsymbol{k}=0$ 。如果缺失一个波矢为 $\boldsymbol{k}_e$ 的电子后，剩余电子总的波矢就等价于一个空穴的波矢 $\boldsymbol{k}_h$ ，即有 $\boldsymbol{k}_h=\sum_{k\neq k_e}\boldsymbol{k}=\sum_{k}\boldsymbol{k}-\boldsymbol{k}_e=-\boldsymbol{k}_e$ 。

（4）空穴能量等于逸失一个波矢为 $\boldsymbol{k}_e$ 的电子后系统的能量变化，有 $E_h(\boldsymbol{k}_h)=-E_e(\boldsymbol{k}_e)$ 。

证明：$E_h(\boldsymbol{k}_h)=\sum_{k\neq k_e}E(\boldsymbol{k})-\sum_{k}E(\boldsymbol{k})=\sum_{k\neq k_e}E(\boldsymbol{k})-\left[\sum_{k\neq k_e}E(\boldsymbol{k})+E_e(\boldsymbol{k}_e)\right]=-E_e(\boldsymbol{k}_e)$ 。

（5）空穴速度等于电子速度。

证明：$\boldsymbol{v}_h(\boldsymbol{k}_h)=\dfrac{1}{\hbar}\nabla_h E_h(\boldsymbol{k}_h)=\dfrac{1}{\hbar}\nabla_{-k_e}[-E_e(\boldsymbol{k}_e)]=\dfrac{1}{\hbar}\nabla_{k_e}E_e(\boldsymbol{k}_e)=\boldsymbol{v}_e(\boldsymbol{k}_e)$ 。

（6）空穴的运动方程为带正电荷“粒子”的运动方程。

在外加电场 $\boldsymbol{E}$ 和磁场 $\boldsymbol{B}$ 的作用下，半经典的运动方程可写为

$$\hbar\frac{\mathrm{d}\boldsymbol{k}_h}{\mathrm{d}t}=e(\boldsymbol{E}+\boldsymbol{v}_h\times\boldsymbol{B})$$

实际上，上面所述关于空穴的几点性质，相互之间可以得到印证。最后应该强调，虽然我们赋予了空穴的质量和电荷属性，但它并不是一种真实的粒子，即是一种准粒子。空穴代表近满带（价带）中少量的空态，相当于具有正的电荷和正的有效质量的粒子，描述了近满带中大量电子的运动行为，这样可实现近满带中大量电子的导电行为用空穴来代替，使得问题得以简化。

引入空穴的概念之后，在半导体物理中，可以根据载流子的正负，判断哪种载流子主要参与导电，从而判断半导体的导电类型。另外，在自由电子论中得不到解释的物理问题，如霍尔系数是正值，自从引入空穴的概念后便迎刃而解。事实上，载流子类型就是根据霍尔效应测得的霍尔系数正负来判断的：空穴载流子的霍尔系数为正值，而电子载流子的霍尔系数为负值。引入空穴的概念后，无论是半导体还是半金属，电子和空穴都参与导电，但二者的电荷符号相反。这里应该注意，总电流是二者电流的叠加，而不是二者相抵消。

作为本章的结尾，也是本书的结尾，最后对自由电子以及能带理论建立起来的布洛赫波的性质进行一些比较与总结，两者本质的区别就在于晶体中的电子受到周期势场的作用，表现出与自由电子截然不同的性质，归纳起来如表 6-1 所描述。此表可作为第 5 章和第 6 章涉及的物理概念和物理思想的高度概括。

表 6-1　平面波和布洛赫波的比较

性质	自由电子平面波	晶体中电子的布洛赫波
电子受力	零	受晶体周期势场的作用
势能	常数	位矢的周期函数
波函数形式	$\varphi(\boldsymbol{r})=A\mathrm{e}^{\mathrm{i}\boldsymbol{k}\cdot\boldsymbol{r}}$	$\varphi(\boldsymbol{r})=\mathrm{e}^{\mathrm{i}\boldsymbol{k}\cdot\boldsymbol{r}}u_k(\boldsymbol{r})$，$u_k(\boldsymbol{r}+\boldsymbol{R}_n)=u_k(\boldsymbol{r})$
波幅	波幅 A 为常数	波幅 $u_k(\boldsymbol{r})$ 随位矢 $\boldsymbol{r}$ 发生变化而变化，变化周期与晶体势的周期相同
波矢 k 的变化	在整个 k 空间	通常取在简约布里渊区内
波的特征参数	无	能带标号 $n=1, 2, 3, \cdots$
动量和速度	$\boldsymbol{p}=\hbar\boldsymbol{k}, \boldsymbol{v}=\hbar\boldsymbol{k}/m$	$\boldsymbol{p}=\hbar\boldsymbol{k}$ 为晶体动量，但不是真实动量，速度也不是 $\hbar\boldsymbol{k}/m$，布洛赫波函数不是速度和动量的本征函数
平移性质	$\varphi_k(\boldsymbol{r}+\boldsymbol{R})=\mathrm{e}^{\mathrm{i}\boldsymbol{k}\cdot\boldsymbol{R}}\varphi_k(\boldsymbol{r})$，$\boldsymbol{R}$ 为任意位矢	$\varphi_{nk}(\boldsymbol{r}+\boldsymbol{R}_l)=\mathrm{e}^{\mathrm{i}\boldsymbol{k}\cdot\boldsymbol{R}_l}\varphi_{nk}(\boldsymbol{r})$，$\boldsymbol{R}_l$ 不是任意矢量，是布喇菲正格矢
能量色散关系	偶函数，$E(\boldsymbol{k})=\dfrac{\hbar^2\boldsymbol{k}^2}{2m}$	偶函数，$E_n(\boldsymbol{k})$ 与波矢 $\boldsymbol{k}$ 呈复杂的函数关系
电子质量	惯性质量 $m=9.11\times10^{-31}$ kg	有效质量 m^* 可正可负，其倒数为 $\dfrac{1}{m^*}=\dfrac{1}{\hbar^2}\dfrac{\partial E^2(\boldsymbol{k})}{\partial\boldsymbol{k}_i\partial\boldsymbol{k}_j}, i, j=1,2,3$，是二阶张量
平均速度	奇函数，$\boldsymbol{v}=\hbar\boldsymbol{k}/m$	奇函数，$\boldsymbol{v}=\dfrac{1}{\hbar}\nabla_k E(\boldsymbol{k})$
能态密度	$\dfrac{1}{2\pi^2}\left(\dfrac{2m}{\hbar^2}\right)^{\frac{3}{2}}E^{\frac{1}{2}}$	非单调的函数关系
k 空间的状态密度（考虑自旋）	$\dfrac{V}{4\pi^3}$	$\dfrac{V}{4\pi^3}$
运动方程	$\hbar\boldsymbol{k}/\mathrm{d}t=\boldsymbol{F}_{总合力}$	$\hbar\boldsymbol{k}/\mathrm{d}t=\boldsymbol{F}_{外加力}$

习　　题

6.1　晶格常数为 a 的一维晶体中，电子的波函数为

（1）$\Psi_k(x)=\sin\left(\dfrac{\pi}{a}x\right)$；

（2）$\Psi_k(x)=\mathrm{i}\cos\left(\dfrac{3\pi}{a}x\right)$；

（3）$\Psi_k(x)=\sum\limits_{l=-\infty}^{\infty}f(x-la)$，$f$ 为某一函数。

求电子在以上状态中的波矢。

6.2　一维周期势场为

$$V(x)=\begin{cases}\dfrac{1}{2}m\omega^2[b^2-(x-na)^2], & \text{当 } na-b\leqslant x\leqslant na+b\\ 0, & \text{当 } (n-1)a+b\leqslant x\leqslant na-b\end{cases}$$

其中 $a=4b$，ω 均为常数。

（1）试画出此势能曲线，并求出势能的平均值；

（2）运用近自由电子模型，确定晶体的第一及第二禁带宽度。

6.3　二维正方晶格的周期势场可表示为

$$V(x,y)=-4U\cos\left(\frac{2\pi}{a}x\right)\cos\left(\frac{2\pi}{a}y\right)$$

式中 a 为晶格常数，试利用近自由电子近似方法计算布里渊区边界顶角处 $\left(\dfrac{\pi}{a},\dfrac{\pi}{a}\right)$ 的能隙。

6.4　已知一维晶格中电子的能带可写成

$$E(k)=\frac{\hbar^2}{ma^2}\left[\frac{7}{8}-\cos(ka)+\frac{1}{8}\cos(2ka)\right]$$

式中 a 是晶格常数，m 是电子的质量，求：

（1）能带宽度；

（2）电子的平均速度；

（3）在能带顶和能带底处电子的有效质量。

6.5　某二维正方格子晶体，晶格常数为 a，能带色散关系为

$$E(\boldsymbol{k})=E_s+C-J\sum_{\text{最近邻}}\cos(\boldsymbol{k}\cdot\boldsymbol{R})$$

式中 E_s, C, J 为常数（$J>0$）。

试求：

（1）能带底和能带顶的位置及带宽；

（2）能带底和能带顶电子的有效质量；

（3）电子的平均速度；

（4）在第一布里渊区画出 $E(\boldsymbol{k})=E_s+C$ 的等能线。

6.6　对于简单立方结构的晶体，其晶格常数为 a。

（1）用紧束缚近似方法求出 s 态电子的能带；

（2）分别画出第一布里渊区[110]方向的能带、电子的平均速度、有效质量以及沿[110]方向有恒定电场时的加速度曲线。

6.7　用紧束缚近似方法处理面心立方晶格的 s 态电子，试导出其能带结构为

$$E_s=E_s^{\text{at}}+C_s-4J_s\left(\cos\frac{k_xa}{2}\cos\frac{k_ya}{2}+\cos\frac{k_ya}{2}\cos\frac{k_za}{2}+\cos\frac{k_za}{2}\cos\frac{k_xa}{2}\right),\quad J_s>0$$

并求出能带底电子的有效质量。

6.8 用紧束缚近似方法处理体心立方晶体 s 态电子：

（1）试导出其能带结构为

$$E_s = E_s^{\text{at}} + C_s - 8J_s \cos\frac{k_x a}{2}\cos\frac{k_y a}{2}\cos\frac{k_z a}{2}\ ;$$

（2）画出第一布里渊区[111]方向的能带曲线；

（3）求出能带底和能带顶处电子的有效质量。

6.9 已知某简单立方晶体结构的晶格常数为 a，其价电子的能带为

$$E = A\cos(k_x a)\cos(k_y a)\cos(k_z a) + B$$

式中 A, B 均为常数。

（1）已测得能带顶电子的有效质量为 $m^* = -\dfrac{\hbar^2}{2a^2}$，试求参数 A；

（2）求出能带宽度；

（3）求出布里渊区中心点附近电子的能态密度。

6.10 下图是二维正三角形晶格，相邻原子间距为 a，试用紧束缚近似模型求最近邻近似的 s 态电子能带，并给出能带中电子的速度表达式和有效质量张量表达式。

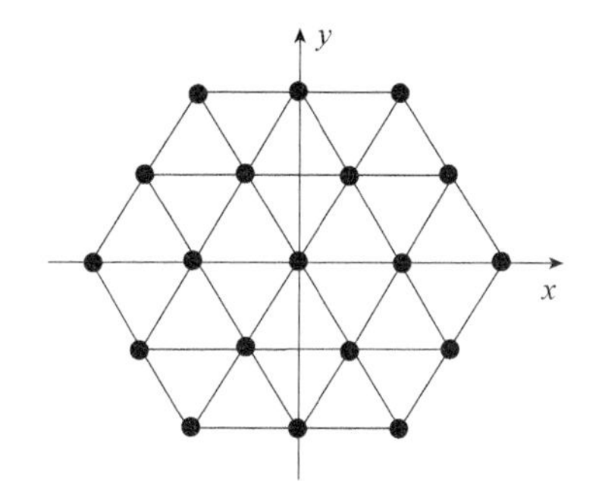

习题解答提示及参考答案见封底二维码。

参考书目及主要参考文献

参考书目：

芶清泉. 固体物理学简明教程[M]. 北京：人民教育出版社，1978.

黄昆，韩汝琦. 固体物理学[M]. 北京：高等教育出版社，1988.

陆栋，蒋平，徐至中. 固体物理学[M]. 上海：上海科学技术出版社，2003.

方俊鑫，陆栋. 固体物理学（上册）[M]. 上海：上海科学技术出版社，1980.

朱建国，郑文琛，郑家贵，等. 固体物理学[M]. 北京：科学出版社，2005.

王矜奉. 固体物理教程[M]. 济南：山东大学出版社，2004.

沈以赴. 固体物理学基础教程[M]. 北京：化学工业出版社，2005.

Kittel C. 固体物理导论[M]. 项金钟，吴兴惠，译. 北京：化学工业出版社，2005.

吕世骥，范印哲. 固体物理教程[M]. 北京：北京大学出版社，1990.

韦丹. 固体物理[M]. 北京：清华大学出版社，2003.

顾秉林，王喜坤. 固体物理学[M]. 北京：清华大学出版社，1989.

阎守胜. 固体物理学基础[M]. 北京：北京大学出版社，2000.

蔡伯壎. 固体物理基础[M]. 北京：高等教育出版社，1990.

陈洸. 固体物理基础[M]. 武汉：华中工学院出版社，1986.

徐婉棠，吴英凯. 固体物理学[M]. 北京：北京师范大学出版社，1991.

陈长乐. 固体物理学[M]. 北京：科学出版社，2007.

胡安，章维益. 固体物理学[M]. 北京：高等教育出版社，2005.

房晓勇，刘竞业，杨会静. 固体物理学[M]. 哈尔滨：哈尔滨工业大学出版社，2004.

孙会元. 固体物理基础[M]. 北京：科学出版社，2010.

吴代鸣. 固体物理基础[M]. 北京：高等教育出版社，2015.

曹全喜，雷天民，黄云霞，等. 固体物理学基础[M]. 西安：西安电子科技大学出版社，2017.

Bush G，Schade H. 固体物理学讲义[M]. 郭威孚，史敬孚，译. 北京：高等教育出版社，1987.

王少阶，陈志权，王波，等. 应用正电子谱学[M]. 武汉：湖北科学技术出版社，2008.

周公度，段连运. 结构化学基础[M]. 北京：北京大学出版社，2019.

谢希德，陆栋. 固体能带理论[M]. 上海：复旦大学出版社，1998.

钱伯初. 量子力学基本原理和计算方法[M]. 兰州：甘肃人民出版社，1984.

汪志诚. 热力学·统计物理[M]. 北京：高等教育出版社，1980.

肖士珣. 理论力学简明教程[M]. 北京：人民教育出版社，1979.

刘云圻等. 石墨烯从基础到应用[M]. 北京：化学工业出版社，2020.

Kittel C. Introduction to Solid State Physics[M]. 英文影印版·全球版. 北京：机械工业出版社，2020.

Ashcroft N W，Mermin N D. Solid State Physics[M]. 北京：世界图书出版公司北京公司，2007.

Tilley R J D. 固体缺陷[M]. 刘培生，田民波，朱永法，译. 北京：北京大学出版社，2013.

Hull D，Bacon D J. Introduction to Dislocations[M]. 5th ed. Oxford：Elsevier，2011.

Misra P K. Physics of Condensed Matter[M]. 影印版. 北京：北京大学出版社，2014.

Grosso G，Parravicini G P. Solid State Physics[M]. 2nd ed. 影印本. 北京：世界图书出版公司北京公司，2016.

Simon S H. The Oxford Solid State Basics[M]. New York：Oxford University Press，2013.

Economou E N. The Physics of Solids：Essentials and Beyond[M]. 北京：世界图书出版公司北京公司，2014.

Patterson J D，Bailey B C. Solid-State Physics Introduction to the Theory[M]. 影印本. 北京：世界图书出版公司北京公司，2011.

Gopal E S R. Specific Heats at Low Temperatures，Chapter 2，Lattice Heat Capacity[M]. Boston：Springer，1966.

主要参考文献：

[1] Cao Y M，Xiang M L，Zhao W Y，et al. Magnetic phase transition and giant anisotropic magnetic entropy change in $TbFeO_3$ single crystal[J]. Journal of Applied Physics，2016，119：063904.

[2] Jing C，Yang Y J，Li Z，et al. Tuning martensitic transformation and large magnetoresistance in $Ni_{50-x}Cu_xMn_{38}Sn_{12}$ Heusler alloys[J]. Journal of Applied Physics，2013，113：173902.

[3] Deng G，Cao Y，Ren W，et al. Spin dynamics and magnetoelectric coupling mechanism of $Co_4Nb_2O_9$[J]. Physical Review B，2018，97：085154.

[4] Hotop H，Lineberger W C. Binding energies in atomic negative ions[J]. Journal of Physical and Chemical Reference Data，1975，4：539.

[5] Geim A K，Novoselov K S. The rise of graphene[J]. Nature Materials，2007，6：183-191.

[6] Gergen K B，Schaefer H E. Thermal formation of atomic vacancies in Ni_3Al[J]. Physical Review B，1997，56：3032-3037.

[7] Giannozzi P，Gironcoli de S. Ab initio calculation of phonon dispersions in semiconductors[J]. Physical Review B，1991，43：7231-7241.

[8] Serauch D，Dorner B. Phonon dispersion in GaAs[J]. Journal of Physics：Condensed Matter，1990，2：1457-1474.

[9] Einstein A. Die plancksche theorie der strahlung und die theorie der spezifischen wärme[J]. Annalen der Physik，1907，327（1）：180-190.

[10] Woods A D B，Brockhouse B N，March R H，et al. Normal vibrations of sodium[J]. Process Physical Society，1962，79：440-441.

[11] Affronte M，Laborde O，Lasjaunias J C，et al. Electronic properties of $TiSi_2$ single crystals at low temperatures[J]. Physical Review B，1996，54：7799-7806.

[12] Rosenberg H M. The thermal conductivity of metals at low temperatures[J]. Philosophical Transaction of the Royal Society of London Series A，1955，247：441-497.

[13] Hass de W J，Alphn van P M. The dependence of the susceptibility of diamagnetic metals upon the field[R]. Leiden Communication，1930，212a.

[14] Xia W，Shi X B，Wang Y S，et al. The de Haas-van Alphen quantum oscillations in a three-dimensional Dirac semimetal $TiSb_2$[J]. Applied Physics Letters，2020，116：142103.

[15] Schubnikow L，de Hass W J. A new phenomenon in the change of resistance in a magnetic field of single crystals of bismuth[J]. Nature，1930，126（3179）：500-501.

[16] He L P，Hong X C，Dong J K，et al. Quantum transport evidence for the three-dimensional Dirac semimetal phase in Cd_3As_2[J]. Physical Review Letters，2014，113：246402.

[17] Klitzing K V，Dorda G，Pepper M. New method for high-accuracy determination of the fine-structure constant based on quantized Hall resistance[J]. Physical Review Letters，1980，45：494-497.

[18] Cage M. Dziuba R，Field B. A test of the quantum Hall effect as a resistance standard[J]. IEEE Transactions on Instrumentation and Measurement，1985，IM-34：301-303.

[19] Tsui D C，Stormer H L，Gossard A C. Two-dimensional magnetotransport in the extreme quantum limit[J]. Physical Review Letters，1982，48：1559-1561.

[20] Chang C Z，Zhang J S，Feng X，et al. Experimental observation of the quantum anomalous hall effect in a magnetic topological insulator[J]. Science，2013，340：167-170.

[21] Jan J P，Skriver H L. The electronic structure of calcium[J]. Journal of Physics F：Metal Physics，1981，11：805-820.

[22] Wu Z Y，Lemoigno F，Gressier P，et al. Experimental and theoretical studies of the electronic structure of TiS_2[J]. Physical Review B，1996，54：R11009.

[23] Groot de R A，Mueller F M，Engen van P G，et al. New class of materials：half-metallic ferromagnets[J]. Physical Review Letters，1983，50（25）：2024-2027.

[24] Huang Y S，Jing C，Wu Y，et al. Half-metallicity and spin transport studies on quaternary CoCuMnSb Heusler alloy[J]. Current Applied Physics，2019，19：1211-216.

[25] Yin M T，Cohen M L. Ground-state of [J]. Physical Review B，1981，12：6121-6124.

[26] Janak J F，MoruzziO V L，Williams A R. Ground state chermomechanical properties of some cubic elements in the local density formalism[J]. Physical Review B，1975，12：1257-1261.

[27] Balandin A A，Ghosh S，Bao W Z，et al. Superior thermal conductivity of single-layer graphene[J]. Nano Letters，2008，8（3）：902-907.

[28] Mohr P J，Newell D B，Taylor B N. CODATA recommended values of the fundamental physical constants：2014[J]. J. Phys. Chem. Ref. Data，2016，45（4）：043102.

常用基本物理常量[28]

物理量	符号	数值	单位	相对标准不确定度
真空中的光速	c	299792458	m/s	精确
普朗克常量	h	$6.626070040(81)\times10^{-34}$	J·s	1.2×10^{-8}
约化普朗克常量 $h/(2\pi)$	$\hbar$	$1.054571800(13)\times10^{-34}$	J·s	1.2×10^{-8}
玻尔兹曼常量	k_B	$1.38064852(79)\times10^{-23}$	J/K	5.7×10^{-7}
普适气体常量	R	8.3144598(48)	J/(mol·K)	5.7×10^{-7}
阿伏伽德罗常量	N_A	$6.022140857(74)\times10^{23}$	mol^{-1}	1.2×10^{-8}
真空磁导率	μ_0	$4\pi\times10^{-7}$ $12.566370614\cdots\times10^{-7}$	N/A^2 N/A^2	精确
真空介电常量 $1/(\mu_0 c^2)$	ε_0	$8.854187817\cdots\times10^{-12}$	F/m	精确
冯克利青常量 h/e^2	R_K	25812.8074555(59)	Ω	2.3×10^{-10}
玻尔磁子 $e\hbar/(2m_e)$	μ_B	$927.4009994(57)\times10^{-26}$	J/T	6.2×10^{-9}
精细结构常量：$e^2/(4\pi\varepsilon_0\hbar c)$	α	$7.2973525664(17)\times10^{-3}$		2.3×10^{-10}
精细结构常量倒数	α^{-1}	137.035999139(31)		2.3×10^{-10}
玻尔半径：$4\pi\varepsilon_0\hbar^2/(m_e e^2)$	a_B	$0.52917721067(12)\times10^{-10}$	m	2.3×10^{-10}
电子的经典半径：$\alpha^2 a_B = e^2/(4\pi\varepsilon_0 m_e c^2)$	r_e	$2.8179403227(19)\times10^{-15}$	m	6.8×10^{-10}
电子电荷	e	$1.6021766208(98)\times10^{-19}$	C	6.1×10^{-9}
原子质量单位：$m(^{12}C)/12 = 1u$	m_u	$1.660539040(20)\times10^{-27}$	kg	1.2×10^{-8}
电子静止质量	m_e	$9.10938356(11)\times10^{-31}$	kg	1.2×10^{-8}
质子静止质量	m_p	$1.672621898(21)\times10^{-27}$	kg	1.2×10^{-8}
中子静止质量	m_n	$1.674927471(21)\times10^{-27}$	kg	1.2×10^{-8}
1 电子伏特	1eV	$1.6021766208(98)\times10^{-19}$	J	6.1×10^{-9}
里德伯常量 $\alpha^2 m_e c/(2h)$	R_∞	10973731.568508（65）	m^{-1}	5.9×10^{-12}
$\alpha^2 m_e c^2/2$	$1Ry=R_\infty hc$	$2.179872325(27)\times10^{-18}$	J	1.2×10^{-8}
$=\hbar^2/(2m_e a_B^2)$	$1Ry=R_\infty hc$	13.605693009(84)	eV	6.1×10^{-9}

书中用到的主要公式及方程

一、泰勒公式和麦克劳林公式：

泰勒（Taylor）公式：

函数 $f(x)$在含有点 x_0 的某个开区间（a, b）内有直到 n+1 阶导数，则当 x 在（a, b）内时，有

$$f(x)=f(x_0)+\frac{f^{(1)}(x_0)}{1!}(x-x_0)+\frac{f^{(2)}(x_0)}{2!}(x-x_0)^2+\cdots+\frac{f^{(n)}(x_0)}{n!}(x-x_0)^n+R_n(x)$$

式中拉格朗日余项：$R_n(x)=\dfrac{f^{(n+1)}(\xi)}{(n+1)!}(x-x_0)^{n+1}$，（$\xi$ 在 x 和 x_0 之间）

麦克劳林（Maclaurin）公式（泰勒公式中 x_0=0 时）：

$$f(x)=f(0)+\frac{f^{(1)}(0)}{1!}x+\frac{f^{(2)}(0)}{2!}x^2+\cdots+\frac{f^{(n)}(0)}{n!}x^n$$

$$+\frac{f^{(n+1)}(\theta x)}{(n+1)!}x^{n+1}\quad (0<\theta<1)$$

例：对函数 $f(x)=(1+\xi)^{-n}$ 做泰勒展开式

$$(1+\xi)^{-n}=1+(-n)\xi+\frac{(-n)(-n-1)}{2!}\xi^2+\frac{(-n)(-n-1)(-n-2)}{3!}\xi^3+\cdots$$

例：对函数 $f(x)=\dfrac{1}{1+\mathrm{e}^{-x}}$ 做泰勒展开：$\dfrac{1}{1-\mathrm{e}^{-x}}=1+\mathrm{e}^{-x}+\mathrm{e}^{-2x}+\mathrm{e}^{-3x}+\cdots$

二、罗必达法则（L'Hospital rule）

$$\lim_{x\to a+0}\frac{f(x)}{g(x)}=\lim_{x\to a+0}\frac{f'(x)}{g'(x)}=A$$

三、分部积分法

$$\int u\mathrm{d}v=uv-\int v\mathrm{d}u$$

四、傅里叶级数和傅里叶变换

（1）傅里叶级数三角函数形式和复数形式

三角函数形式：

若函数 $f(x)$以 $2l$ 为周期，即 $f(x+2l)=f(x)$。

$f(x)$展开为级数：$f(x)=\dfrac{a_0}{2}+\displaystyle\sum_{n=1}^{\infty}\left(a_n\cos\frac{n\pi x}{l}+b_n\sin\frac{n\pi x}{l}\right)$。

$$a_0=\frac{1}{l}\int_{-l}^{l}f(x)\mathrm{d}x,\quad a_n=\frac{1}{l}\int_{-l}^{l}f(x)\cos\frac{n\pi x}{l}\mathrm{d}x,\quad b_n=\frac{1}{l}\int_{-l}^{l}f(x)\sin\frac{n\pi x}{l}\mathrm{d}x$$

复数函数形式：$f(x)=\sum_{n=-\infty}^{\infty} C_n \mathrm{e}^{\mathrm{i}\frac{n\pi x}{l}}$。

$$C_0=\frac{a_0}{2}=\frac{1}{2l}\int_{-l}^{l} f(x)\mathrm{d}x，\quad C_n=\frac{1}{2l}\int_{-l}^{l} f(x)\mathrm{e}^{-\mathrm{i}\frac{n\pi x}{l}}\mathrm{d}x，\quad C_{-n}=\frac{1}{2l}\int_{-l}^{l} f(x)\mathrm{e}^{\mathrm{i}\frac{n\pi x}{l}}\mathrm{d}x$$

例：利用傅里叶级数在 $x\in(-1\leqslant x\leqslant 1)$ 区域展开函数 $f(x)=x^2$

$$f(x)=x^2=\frac{1}{3}+\frac{4}{\pi^2}\left[-\frac{\cos\pi x}{1^2}+\frac{\cos 2\pi x}{2^2}+\cdots+\frac{(-1)^n\cos n\pi x}{n^2}\right] \qquad (-1\leqslant x\leqslant 1)$$

如令 x=0，可求出：

$$1-\frac{1}{2^2}+\frac{1}{3^2}-\frac{1}{4^2}+\cdots=\sum_{n=1}^{\infty}\frac{(-1)^{n-1}}{n^2}=\frac{\pi^2}{12}$$

如令 x=1，可求出：

$$1+\frac{1}{2^2}+\frac{1}{3^2}+\frac{1}{4^2}+\cdots=\sum_{n=1}^{\infty}\frac{1}{n^2}=\frac{\pi^2}{6}$$

（2）傅里叶变换

$$F(\omega)=\int_{-\infty}^{\infty} f(x)\mathrm{e}^{-\mathrm{i}\omega x}\mathrm{d}x,\ f(x)=\frac{1}{2\pi}\int_{-\infty}^{\infty}F(\omega)\mathrm{e}^{\mathrm{i}\omega x}\mathrm{d}\omega$$

五、拉格朗日方程和哈密顿正则方程

（1）用广义坐标 q_j 和体系动能 T 所表示的拉格朗日方程组

$$\frac{\mathrm{d}}{\mathrm{d}t}\frac{\partial T}{\partial \dot{q}_j}-\frac{\partial T}{\partial q_j}=Q_j \qquad (j=1,\ 2,\ 3,\ \cdots,\ n)$$

广义力 Q_j 具有势能函数 U 的情况下，其对应的广义坐标 q_j 和势能 U 的关系为

$$Q_j=\frac{\partial U}{\partial q_j}$$

（2）用拉格朗日函数表示的拉格朗日方程组

（a）拉格朗日函数

$L(q_j,\dot{q}_j,t)=T-U=T+V$，$U$ 为势函数，V 为力函数。

（b）用拉格朗日函数的拉格朗日方程组

$$\frac{\mathrm{d}}{\mathrm{d}t}\frac{\partial L}{\partial \dot{q}_j}-\frac{\partial L}{\partial q_j}=0 \qquad (j=1,\ 2,\ 3,\ \cdots,\ n)$$

（3）哈密顿函数、哈密顿正则方程

（a）哈密顿函数

$$H=H(q_j,p_j,t)=\sum_j p_j\dot{q}_j-L(q_j,\dot{q}_j,t)$$

式中 p_j 为广义动量。

$$p_j = \frac{\partial L}{\partial \dot{q}_j}$$

q_j 和 p_j 称为正则变量，它们是共轭的。

（b）勒让德变换

以 v_j 为主变量（参与变换的变量），u_j 为辅变量（不参与变换的变量）的旧函数 $F = F(v_j, u_j)$ 变为以 y_j 为新主变量，u_j 为辅变量的新函数 $G = G(y_j, u_j) = \sum_j y_j v_j - F(v_j, u_j)$，且式中新主变量 y_j 定义为旧函数对主变量 v_j 的一阶偏微商 $y_j = \frac{\partial F}{\partial v_j}$，对新函数 G 进行全微分

$$\begin{aligned} \mathrm{d}G &= \sum_j \left(\frac{\partial G}{\partial y_j}\mathrm{d}y_j + \frac{\partial G}{\partial u_j}\mathrm{d}u_j \right) = \sum_j \left(y_j \mathrm{d}v_j + v_j \mathrm{d}y_j - \frac{\partial F}{\partial v_j}\mathrm{d}v_j - \frac{\partial F}{\partial u_j}\mathrm{d}u_j \right) \\ &= \sum_j \left(v_j \mathrm{d}y_j - \frac{\partial F}{\partial u_j}\mathrm{d}u_j \right) \end{aligned}$$

由此可见，新旧两函数之间的关系为

$$v_j = \frac{\partial G}{\partial y_j}, \quad \frac{\partial F}{\partial u_j} = -\frac{\partial G}{\partial u_j}$$

即旧主变量 v_j 是新函数对新主变量 y_j 的一阶偏微商；新、旧函数对辅助变量 u_j 的一阶偏微商互为负数。以上二式这就是勒让德变换。

（c）哈密顿正则方程

对哈密顿函数定义式进行微分

$$\mathrm{d}H = \mathrm{d}H(q_j, p_j, t) = \mathrm{d}\left[\sum_j p_j \dot{q}_j - L(q_j, \dot{q}_j, t) \right] = \sum_{j=1}^{N} \dot{q}_j \mathrm{d}p_j + \sum_{j=1}^{N} p_j \mathrm{d}\dot{q}_j - \mathrm{d}L(q_j, \dot{q}_j, t)$$

式中是拉格朗日函数 $L(q_j, \dot{q}_j, t)$ 的微分

$$\mathrm{d}L(q_j, \dot{q}_j, t) = \sum_{j=1}^{N} \frac{\partial L}{\partial q_j}\mathrm{d}q_j + \sum_{j=1}^{N} \frac{\partial L}{\partial \dot{q}_j}\mathrm{d}\dot{q}_j + \frac{\partial L}{\partial t}\mathrm{d}t$$

根据广义动量 p_j 的定义式和拉格朗日方程，可得

$$\dot{p}_j = \frac{\partial L}{\partial q_j}$$

设新辅助变量为 q_j，再根据勒让德变换，新主变量为 $p_j = \frac{\partial L}{\partial \dot{q}_j}$，因此有

$$\mathrm{d}L = \sum_{j=1}^{N} \dot{p}_j \mathrm{d}q_j + \sum_{j=1}^{N} p_j \mathrm{d}\dot{q}_j + \frac{\partial L}{\partial t}\mathrm{d}t$$

从而得

$$dH = \sum_{j=1}^{N}\dot{q}_j dp_j + \sum_{j=1}^{N}p_j d\dot{q}_j - dL = \sum_{j=1}^{N}\dot{q}_j dp_j + \sum_{j=1}^{N}p_j d\dot{q}_j - \left(\sum_{j=1}^{N}\dot{p}_j dq_j + \sum_{j=1}^{N}p_j d\dot{q}_j + \frac{\partial L}{\partial t}dt\right)$$
$$= \sum_{j=1}^{N}\dot{q}_j dp_j - \sum_{j=1}^{N}\dot{p}_j dq_j - \frac{\partial L}{\partial t}dt$$

对哈密顿函数进行微分

$$dH = dH(q_j, p_j, t) = \sum_j \frac{\partial H}{\partial p_j}dp_j + \sum_j \frac{\partial H}{\partial q_j}dq_j + \frac{\partial H}{\partial t}dt$$

以上两式写在一起进行比较可得方程组

$$\left.\begin{aligned}\dot{q}_j &= \frac{\partial H}{\partial p_j}\\ \dot{p}_j &= -\frac{\partial H}{\partial q_j}\end{aligned}\right\} \quad (j = 1,2,3,\cdots,n) \text{ 及 } -\frac{\partial L}{\partial t} = \frac{\partial H}{\partial t}$$

这是一个以正则变量（q_j, p_j）为独立变量的 $2n$ 个一阶常微分方程组，等价于以 $(\boldsymbol{q}_j, \dot{\boldsymbol{q}}_j)$ 的 n 个二阶常微分方程组（拉格朗日方程组）。哈密顿正则方程的形式及其与变量的关系上，比其拉格朗日方程，特别简明扼要，在方程形式上总是对称的，因此，以正则（规整）（canonical）命名，称为哈密顿正则方程。

六、对称矩阵的对角化

设 $\boldsymbol{A}$ 为 n 阶对称矩阵，若数值 $\lambda_i(i=1, 2, 3,\cdots, n)$的非零列向量 $\boldsymbol{a}_i$ 满足 $\boldsymbol{A}\cdot\boldsymbol{a}_i=\lambda_i\boldsymbol{a}_i$，则称 λ_i 为 $\boldsymbol{A}$ 的特征值，$\boldsymbol{a}_i$ 为对称矩阵 $\boldsymbol{A}$ 对应 λ_i 的特征列向量。考虑两个特征列向量 $\boldsymbol{a}_i$ 和 $\boldsymbol{a}_j$（$i\neq j$）。

$$\lambda_i\boldsymbol{a}_i^{\mathrm{T}} = (\lambda_i\boldsymbol{a}_i)^{\mathrm{T}} = (\boldsymbol{A}\cdot\boldsymbol{a}_i)^{\mathrm{T}} = \boldsymbol{a}_i^{\mathrm{T}}\cdot\boldsymbol{A}^{\mathrm{T}} = \boldsymbol{a}_i^{\mathrm{T}}\cdot\boldsymbol{A}$$

$\boldsymbol{A}^{\mathrm{T}}$ 为 $\boldsymbol{A}$ 的转置矩阵，根据对称矩阵的性质：$\boldsymbol{A}=\boldsymbol{A}^{\mathrm{T}}$。

上式右乘以 $\boldsymbol{a}_j$，得

$$\lambda_i\boldsymbol{a}_i^{\mathrm{T}}\cdot\boldsymbol{a}_j = \boldsymbol{a}_i^{\mathrm{T}}\cdot\boldsymbol{A}\cdot\boldsymbol{a}_j = \boldsymbol{a}_i^{\mathrm{T}}\lambda_j\cdot\boldsymbol{a}_j = \lambda_j\boldsymbol{a}_i^{\mathrm{T}}\cdot\boldsymbol{a}_j$$

移项

$$(\lambda_i-\lambda_j)\boldsymbol{a}_i^{\mathrm{T}}\cdot\boldsymbol{a}_j = 0$$

当 $\lambda_i-\lambda_j\neq 0$ 时，必有

$$\boldsymbol{a}_i^{\mathrm{T}}\cdot\boldsymbol{a}_j = 0$$

即列向量彼此正交，因此，总能为对称矩阵 $\boldsymbol{A}$ 找到一组特征列向量 $\boldsymbol{a}_i$，组成正交方阵 $\boldsymbol{a}$，满足正交归一化条件，即

$$\boldsymbol{a}^{\mathrm{T}}\cdot\boldsymbol{a} = \boldsymbol{I}$$

式中 $\boldsymbol{I}$ 为单位矩阵。

即正交矩阵的转置矩阵 $\boldsymbol{a}^{\mathrm{T}}$ 等于可逆矩阵 $\boldsymbol{a}^{-1}$，这样可使 $\boldsymbol{A}$ 的特征值方阵对角化，即 $\boldsymbol{a}^{-1}\cdot\boldsymbol{A}\cdot\boldsymbol{a}=\boldsymbol{\Lambda}$（$\boldsymbol{\Lambda}$ 为对角化方阵），或表示为

$$\begin{bmatrix} a_{11} & a_{21} & \cdots & a_{n1} \\ a_{12} & a_{22} & \cdots & a_{n2} \\ \cdots & \cdots & \cdots & \cdots \\ a_{1n} & a_{2n} & \cdots & a_{nn} \end{bmatrix}\begin{bmatrix} A_{11} & A_{12} & \cdots & A_{1n} \\ A_{21} & A_{22} & \cdots & A_{2n} \\ \cdots & \cdots & \cdots & \cdots \\ A_{n1} & A_{n2} & \cdots & A_{nn} \end{bmatrix}\begin{bmatrix} a_{11} & a_{12} & \cdots & a_{1n} \\ a_{21} & a_{22} & \cdots & a_{2n} \\ \cdots & \cdots & \cdots & \cdots \\ a_{n1} & a_{n2} & \cdots & a_{nn} \end{bmatrix}=\begin{bmatrix} \lambda_{11} & 0 & \cdots & 0 \\ 0 & \lambda_{22} & \cdots & 0 \\ \cdots & \cdots & \cdots & \cdots \\ 0 & 0 & \cdots & \lambda_{nn} \end{bmatrix}$$

七、常用函数式

（1）$\dfrac{\sum\limits_{n=0}^{\infty} n\mathrm{e}^{-nx}}{\sum\limits_{n=0}^{\infty}\mathrm{e}^{-nx}}=-\dfrac{\mathrm{d}}{\mathrm{d}x}\ln\sum\limits_{n=0}^{\infty}\mathrm{e}^{-nx}=-\dfrac{\mathrm{d}}{\mathrm{d}x}\ln\dfrac{1}{1-\mathrm{e}^{-x}}=\dfrac{1}{\mathrm{e}^{x}-1}$。

（2）$\sum\limits_{n=0}^{N-1}x^{n}=\dfrac{1-x^{N}}{1-x}$。

（3）$\mathrm{e}^{\mathrm{i}\theta}=\cos\theta+\mathrm{i}\sin\theta$。

（4）斯特林近似公式 $\ln N!=N(\ln N-1)$，N 为远大于 1 的整数。

证明：

$$\ln N!=\ln 1+\ln 2+\ln 3+\cdots+\ln N\approx\int_{1}^{N}\ln x\mathrm{d}x=x\ln x\Big|_{1}^{N}-\int_{1}^{N}x\mathrm{d}\ln x=N\ln N-N$$

（5）$\sum\limits_{n=1}^{N}\mathrm{e}^{\mathrm{i}qna}=0\quad\left(q\neq 0,q=\dfrac{2\pi l}{Na},l=\pm1,\pm2,\cdots,\right)$。

证明：

$$\sum_{n=1}^{N}\mathrm{e}^{\mathrm{i}qna}=\sum_{l=-\frac{N}{2}+1}^{\frac{N}{2}}\mathrm{e}^{\frac{\mathrm{i}2\pi la}{Na}n}=\sum_{l=-\frac{N}{2}+1}^{-1}\mathrm{e}^{\frac{\mathrm{i}2\pi nl}{N}}+\sum_{l=0}^{\frac{N}{2}}\mathrm{e}^{\frac{\mathrm{i}2\pi nl}{N}}$$

第一项求和中令 $l'=l+N$

$$\sum_{l'=\frac{N}{2}+1}^{N-1}\mathrm{e}^{\frac{\mathrm{i}2\pi n(l'-N)}{N}}=\sum_{l'=\frac{N}{2}+1}^{N-1}\mathrm{e}^{-\mathrm{i}2\pi n}\cdot\mathrm{e}^{\frac{\mathrm{i}2\pi nl'}{N}}=\sum_{l'=\frac{N}{2}+1}^{N-1}\mathrm{e}^{\frac{\mathrm{i}2\pi nl'}{N}}$$

因此，有

$$\sum_{n=1}^{N}\mathrm{e}^{\mathrm{i}qna}=\sum_{l=\frac{N}{2}+1}^{N-1}\mathrm{e}^{\frac{\mathrm{i}2\pi nl}{N}}+\sum_{l=0}^{\frac{N}{2}}\mathrm{e}^{\frac{\mathrm{i}2\pi nl}{N}}=\sum_{l=0}^{N-1}\mathrm{e}^{\frac{\mathrm{i}2\pi nl}{N}}=\frac{\mathrm{e}^{\mathrm{i}2\pi n}-1}{\mathrm{e}^{\frac{\mathrm{i}2\pi n}{N}}-1}=0\quad(q\neq 0)$$

（6）积分 $I(n)=\int_{0}^{\infty}\exp(-\alpha x^{2})x^{n}\mathrm{d}x$。

$$I(0)=\int_{0}^{\infty}\exp(-\alpha x^{2})\,\mathrm{d}x=\frac{1}{2}\int_{-\infty}^{\infty}\exp(-\alpha x^{2})\,\mathrm{d}x$$

$$I^2(0)=\frac{1}{4}\int_{-\infty}^{\infty}\exp[-\alpha(x^2+y^2)]\mathrm{d}x\mathrm{d}y=\frac{1}{4}\int_0^{2\pi}\int_0^{\infty}\exp(-\alpha r^2)r\mathrm{d}r\mathrm{d}\theta$$

$$=-\frac{\pi}{4\alpha}\int_0^{\infty}\mathrm{d}[\exp(-\alpha r^2)]=\frac{\pi}{4\alpha}$$

$$I(0)=\frac{1}{2}\sqrt{\frac{\pi}{\alpha}}，\quad I(1)=\frac{1}{2}\alpha^{-\frac{1}{2}}，\quad I(n)=-\frac{\partial}{\partial\alpha}I(n-2)$$

$$I(2)=\int_0^{\infty}\exp(-\alpha x^2)x^2\mathrm{d}x=\frac{\sqrt{\pi}}{4}\alpha^{-\frac{3}{2}}$$

（7）积分 $\int_0^{\infty}\frac{x^4\mathrm{e}^x}{(\mathrm{e}^x-1)^2}\mathrm{d}x=\frac{4\pi^4}{15}$。

$$\int_0^{\infty}\frac{x^4\mathrm{e}^x}{(\mathrm{e}^x-1)^2}\mathrm{d}x=\int_0^{\infty}x^4\mathrm{e}^{-x}(1-\mathrm{e}^{-x})^{-2}\mathrm{d}x=\int_0^{\infty}x^4\mathrm{e}^{-x}\left(1+2\mathrm{e}^{-x}+3\mathrm{e}^{-2x}+\cdots\right)\mathrm{d}x$$

$$=\int_0^{\infty}x^4\left(\mathrm{e}^{-x}+2\mathrm{e}^{-2x}+3\mathrm{e}^{-3x}+\cdots\right)\mathrm{d}x=\sum_{n=1}^{\infty}\int_0^{\infty}n\mathrm{e}^{-nx}x^4\mathrm{d}x$$

$$=-\sum_{n=1}^{\infty}n\frac{1}{n}\int_0^{\infty}x^4\mathrm{d}(\mathrm{e}^{-nx})=-\sum_{n=1}^{\infty}\left(x^4\mathrm{e}^{-nx}\Big|_0^{\infty}-\int_0^{\infty}\mathrm{e}^{-nx}\mathrm{d}x^4\right)$$

$$=\sum_{n=1}^{\infty}4\int_0^{\infty}\mathrm{e}^{-nx}x^3\mathrm{d}x=-\sum_{n=1}^{\infty}\frac{4}{n}\int_0^{\infty}x^3\mathrm{d}(\mathrm{e}^{-nx})=-\sum_{n=1}^{\infty}\frac{4}{n}\left(x^3\mathrm{e}^{-nx}\Big|_0^{\infty}-\int_0^{\infty}\mathrm{e}^{-nx}\mathrm{d}x^3\right)$$

$$=\sum_{n=1}^{\infty}\frac{4\times3}{n}\int_0^{\infty}\mathrm{e}^{-nx}x^2\mathrm{d}x=-\sum_{n=1}^{\infty}\frac{4\times3}{n^2}\int_0^{\infty}x^2\mathrm{d}(\mathrm{e}^{-nx})=-\sum_{n=1}^{\infty}\frac{4\times3}{n^2}\left(x^2\mathrm{e}^{-nx}\Big|_0^{\infty}-\int_0^{\infty}\mathrm{e}^{-nx}\mathrm{d}x^2\right)$$

$$=\sum_{n=1}^{\infty}\frac{4\times3\times2}{n^2}\int_0^{\infty}x\mathrm{e}^{-nx}\mathrm{d}x=-\sum_{n=1}^{\infty}\frac{4!}{n^3}\int_0^{\infty}x\mathrm{d}(\mathrm{e}^{-nx})=-\sum_{n=1}^{\infty}\frac{4!}{n^3}\left(x\mathrm{e}^{-nx}\Big|_0^{\infty}-\int_0^{\infty}\mathrm{e}^{-nx}\mathrm{d}x\right)$$

$$=\sum_{n=1}^{\infty}\frac{4!}{n^3}\int_0^{\infty}\mathrm{e}^{-nx}\mathrm{d}x=-\sum_{n=1}^{\infty}\frac{4!}{n^4}\int_0^{\infty}\mathrm{d}(\mathrm{e}^{-nx})=-\sum_{0}^{\infty}\frac{4!}{n^4}\mathrm{e}^{-nx}\Big|_0^{\infty}=\sum_{n=1}^{\infty}\frac{4!}{n^4}=\frac{4\pi^4}{15}$$

（8）积分 $\int_0^{\infty}x^m\mathrm{e}^{-\alpha x}\mathrm{d}x=\frac{m!}{\alpha^{m+1}}$。

（9）$\lim\limits_{x\to0}\frac{\sin x}{x}=1$

八、矢量运算

（1）单位矢量

$$\hat{A}=\frac{\boldsymbol{A}}{|\boldsymbol{A}|}$$

（2）两矢量关系

数量积（点积）：$\boldsymbol{A}\cdot\boldsymbol{B}=|\boldsymbol{A}||\boldsymbol{B}|\cos\theta$，$\boldsymbol{A}\cdot\boldsymbol{B}=\boldsymbol{B}\cdot\boldsymbol{A}$

直角坐标表示：$\boldsymbol{A}=\{x_1,y_1,z_1\}$，$\boldsymbol{B}=\{x_2,y_2,z_2\}$

$$\boldsymbol{A}\cdot\boldsymbol{B}=(x_1\hat{i}+y_1\hat{j}+z_1\hat{k})\cdot(x_2\hat{i}+y_2\hat{j}+z_2\hat{k})=x_1x_2+y_1y_2+z_1z_2$$

夹角：$\cos\theta=\dfrac{\boldsymbol{A}\cdot\boldsymbol{B}}{|\boldsymbol{A}||\boldsymbol{B}|}=\dfrac{x_1x_2+y_1y_2+z_1z_2}{\sqrt{x_1^2+y_1^2+z_1^2}\sqrt{x_2^2+y_2^2+z_2^2}}$

矢量积（叉积）：$\boldsymbol{A}\times\boldsymbol{B}=\boldsymbol{C}=|\boldsymbol{A}||\boldsymbol{B}|\sin\theta\hat{C}$，$\boldsymbol{A}\times\boldsymbol{B}=-(\boldsymbol{B}\times\boldsymbol{A})$

直角坐标表示：$\boldsymbol{A}\times\boldsymbol{B}=\begin{vmatrix}\hat{i} & \hat{j} & \hat{k}\\ x_1 & y_1 & z_1\\ x_2 & y_2 & z_2\end{vmatrix}=\begin{vmatrix}y_1 & z_1\\ y_2 & z_2\end{vmatrix}\hat{i}-\begin{vmatrix}x_1 & z_1\\ x_2 & z_2\end{vmatrix}\hat{j}+\begin{vmatrix}x_1 & y_1\\ x_2 & y_2\end{vmatrix}\hat{k}$

（3）三矢量的运算关系

$(\boldsymbol{A}\times\boldsymbol{B})\cdot\boldsymbol{C}=(\boldsymbol{B}\times\boldsymbol{C})\cdot\boldsymbol{A}=(\boldsymbol{C}\times\boldsymbol{A})\cdot\boldsymbol{B}$，$(\boldsymbol{A}\times\boldsymbol{B})\cdot\boldsymbol{A}=(\boldsymbol{B}\times\boldsymbol{A})\cdot\boldsymbol{A}=(\boldsymbol{A}\times\boldsymbol{A})\cdot\boldsymbol{B}=0$

$$(\boldsymbol{A}\times\boldsymbol{B})\cdot\boldsymbol{C}=\begin{vmatrix}x_1 & y_1 & z_1\\ x_2 & y_2 & z_2\\ x_3 & y_3 & z_3\end{vmatrix},\quad \boldsymbol{A}\times(\boldsymbol{B}\times\boldsymbol{C})=(\boldsymbol{A}\cdot\boldsymbol{C})\boldsymbol{B}-(\boldsymbol{A}\cdot\boldsymbol{B})\boldsymbol{C}$$

九、三角函数公式

（1）和差公式

$\sin(\alpha\pm\beta)=\sin\alpha\cos\beta\pm\cos\alpha\sin\beta$，$\cos(\alpha\pm\beta)=\cos\alpha\cos\beta\mp\sin\alpha\sin\beta$

$$\tan(\alpha\pm\beta)=\frac{\tan\alpha\pm\tan\beta}{1\mp\tan\alpha\tan\beta}$$

（2）和差化积公式

$\sin\alpha+\sin\beta=2\sin\dfrac{\alpha+\beta}{2}\cos\dfrac{\alpha-\beta}{2}$，$\sin\alpha-\sin\beta=2\cos\dfrac{\alpha+\beta}{2}\sin\dfrac{\alpha-\beta}{2}$

$\cos\alpha+\cos\beta=2\cos\dfrac{\alpha+\beta}{2}\cos\dfrac{\alpha-\beta}{2}$，$\cos\alpha-\cos\beta=-2\sin\dfrac{\alpha+\beta}{2}\sin\dfrac{\alpha-\beta}{2}$

（3）积化和差公式

$\sin\alpha\cos\beta=\dfrac{1}{2}[\sin(\alpha+\beta)+\sin(\alpha-\beta)]$，$\cos\alpha\sin\beta=\dfrac{1}{2}[\sin(\alpha+\beta)-\sin(\alpha-\beta)]$

$\cos\alpha\cos\beta=\dfrac{1}{2}[\cos(\alpha+\beta)+\cos(\alpha-\beta)]$，$\sin\alpha\sin\beta=-\dfrac{1}{2}[\cos(\alpha+\beta)-\cos(\alpha-\beta)]$

（4）二倍角公式

$\sin2\theta=2\sin\theta\cos\theta$，$\cos2\theta=2\cos^2\theta-1=1-2\sin^2\theta=\cos^2\theta-\sin^2\theta$

$$\tan2\theta=\frac{2\tan\theta}{1-\tan^2\theta}$$

正 文 索 引

（以汉语拼音第一个字母排序）

E

F

G

H

J

K

L

Q

R

S

T

W

元素周期表

示例

示例	说明
原子序数→ 25	54.93804 ←原子量
元素符号→ Mn	7.3 ←密度 (g/cm^3)
中文名称→ 锰	1519 ←熔点(K)
	$[Ar]4s^2 3d^5$ ←电子排布
	Manganese ←英文名称

IA	IIA	IIIB	IVB	VB	VIB	VIIB	VIII	VIII	VIII	IB	IIB	IIIA	IVA	VA	VIA	VIIA	0
1 1.0080 H 8.988×10^{-5} 氢 13.81 $1s^1$ Hydrogen																	2 4.00260 He 1.785×10^{-4} 氦 0.95 $1s^2$ Helium
3 7.0 Li 0.534 锂 453.65 $[He]2s^1$ Lithium	4 9.012183 Be 1.85 铍 1560 $[He]2s^2$ Beryllium											5 10.81 B 2.37 硼 2348 $[He]2s^2 2p^1$ Boron	6 12.011 C 2.2670 碳 3823 $[He]2s^2 2p^2$ Carbon	7 14.007 N 1.2506×10^{-3} 氮 63.15 $[He]2s^2 2p^3$ Nitrogen	8 15.999 O 1.429×10^{-3} 氧 54.36 $[He]2s^2 2p^4$ Oxygen	9 18.99840316 F 1.696×10^{-3} 氟 53.53 $[He]2s^2 2p^5$ Fluorine	10 20.180 Ne 8.999×10^{-4} 氖 24.56 $[He]2s^2 2p^6$ Neon
11 22.9897693 Na 0.97 钠 370.95 $[Ne]3s^1$ Sodium	12 24.305 Mg 1.74 镁 923 $[Ne]3s^2$ Magnesium											13 26.981538 Al 2.70 铝 933.437 $[Ne]3s^2 3p^1$ Aluminum	14 28.085 Si 2.3296 硅 1687 $[Ne]3s^2 3p^2$ Silicon	15 30.97376200 P 1.82 磷 317.3 $[Ne]3s^2 3p^3$ Phosphorus	16 32.07 S 2.067 硫 388.36 $[Ne]3s^2 3p^4$ Sulfur	17 35.45 Cl 3.214×10^{-3} 氯 171.65 $[Ne]3s^2 3p^5$ Chlorine	18 39.9 Ar 1.7837×10^{-3} 氩 83.8 $[Ne]3s^2 3p^6$ Argon
19 39.098 K 0.89 钾 336.53 $[Ar]4s^1$ Potassium	20 40.08 Ca 1.54 钙 1115 $[Ar]4s^2$ Calcium	21 44.95591 Sc 2.99 钪 1814 $[Ar]4s^2 3d^1$ Scandium	22 47.87 Ti 4.5 钛 1941 $[Ar]4s^2 3d^2$ Titanium	23 50.941 V 6.0 钒 2183 $[Ar]4s^2 3d^3$ Vanadium	24 51.996 Cr 7.15 铬 2180 $[Ar]3d^5 4s^1$ Chromium	25 54.93804 Mn 7.3 锰 1519 $[Ar]4s^2 3d^5$ Manganese	26 55.84 Fe 7.874 铁 1811 $[Ar]4s^2 3d^6$ Iron	27 58.93319 Co 8.86 钴 1768 $[Ar]4s^2 3d^7$ Cobalt	28 58.693 Ni 8.912 镍 1728 $[Ar]4s^2 3d^8$ Nickel	29 63.55 Cu 8.933 铜 1357.77 $[Ar]4s^1 3d^{10}$ Copper	30 65.4 Zn 7.134 锌 692.68 $[Ar]4s^2 3d^{10}$ Zinc	31 69.72 Ga 5.91 镓 302.91 $[Ar]4s^2 3d^{10} 4p^1$ Gallium	32 72.63 Ge 5.323 锗 1211.4 $[Ar]4s^2 3d^{10} 4p^2$ Germanium	33 74.92159 As 5.776 砷 1090 $[Ar]4s^2 3d^{10} 4p^3$ Arsenic	34 78.97 Se 4.809 硒 493.65 $[Ar]4s^2 3d^{10} 4p^4$ Selenium	35 79.90 Br 3.11 溴 265.95 $[Ar]4s^2 3d^{10} 4p^5$ Bromine	36 83.80 Kr 3.733×10^{-3} 氪 115.79 $[Ar]4s^2 3d^{10} 4p^6$ Krypton
37 85.468 Rb 1.53 铷 312.46 $[Kr]5s^1$ Rubidium	38 87.6 Sr 2.64 锶 1050 $[Kr]5s^2$ Strontium	39 88.9058 Y 4.47 钇 1795 $[Kr]5s^2 4d^1$ Yttrium	40 91.22 Zr 6.52 锆 2128 $[Kr]5s^2 4d^2$ Zirconium	41 92.9064 Nb 8.57 铌 2750 $[Kr]5s^1 4d^4$ Niobium	42 96.0 Mo 10.2 钼 2896 $[Kr]5s^1 4d^5$ Molybdenum	43 97.90721 Tc 11 锝 2430 $[Kr]5s^2 4d^5$ Technetium	44 101.1 Ru 12.1 钌 2607 $[Kr]5s^1 4d^7$ Ruthenium	45 102.9055 Rh 12.4 铑 2237 $[Kr]5s^1 4d^8$ Rhodium	46 106.4 Pd 12.0 钯 1828.05 $[Kr]4d^{10}$ Palladium	47 107.868 Ag 10.501 银 1234.93 $[Kr]5s^1 4d^{10}$ Silver	48 112.41 Cd 8.69 镉 594.22 $[Kr]5s^2 4d^{10}$ Cadmium	49 114.82 In 7.31 铟 429.75 $[Kr]5s^2 4d^{10} 5p^1$ Indium	50 118.71 Sn 7.287 锡 505.08 $[Kr]5s^2 4d^{10} 5p^2$ Tin	51 121.76 Sb 6.685 锑 903.78 $[Kr]5s^2 4d^{10} 5p^3$ Antimony	52 127.6 Te 6.232 碲 722.66 $[Kr]5s^2 4d^{10} 5p^4$ Tellurium	53 126.9045 I 4.93 碘 386.85 $[Kr]5s^2 4d^{10} 5p^5$ Iodine	54 131.29 Xe 5.887×10^{-3} 氙 161.36 $[Kr]5s^2 4d^{10} 5p^6$ Xenon
55 132.9054520 Cs 1.93 铯 301.59 $[Xe]6s^1$ Cesium	56 137.33 Ba 3.62 钡 1000 $[Xe]6s^2$ Barium	57~71 La~Lu 镧系	72 178.5 Hf 13.3 铪 2506 $[Xe]6s^2 4f^{14} 5d^2$ Hafnium	73 180.9479 Ta 16.4 钽 3290 $[Xe]6s^2 4f^{14} 5d^3$ Tantalum	74 183.8 W 19.3 钨 3695 $[Xe]6s^2 4f^{14} 5d^4$ Tungsten	75 186.21 Re 20.8 铼 3459 $[Xe]6s^2 4f^{14} 5d^5$ Rhenium	76 190.2 Os 22.57 锇 3306 $[Xe]6s^2 4f^{14} 5d^6$ Osmium	77 192.22 Ir 22.42 铱 2719 $[Xe]6s^2 4f^{14} 5d^7$ Iridium	78 195.08 Pt 21.46 铂 2041.55 $[Xe]6s^1 4f^{14} 5d^9$ Platinum	79 196.96657 Au 19.282 金 1337.33 $[Xe]6s^1 4f^{14} 5d^{10}$ Gold	80 200.59 Hg 13.5336 汞 234.32 $[Xe]6s^2 4f^{14} 5d^{10}$ Mercury	81 204.383 Tl 11.8 铊 577 $[Xe]6s^2 4f^{14} 5d^{10} 6p^1$ Thallium	82 207 Pb 11.342 铅 600.61 $[Xe]6s^2 4f^{14} 5d^{10} 6p^2$ Lead	83 208.9804 Bi 9.807 铋 544.55 $[Xe]6s^2 4f^{14} 5d^{10} 6p^3$ Bismuth	84 208.98243 Po 9.32 钋 527 $[Xe]6s^2 4f^{14} 5d^{10} 6p^4$ Polonium	85 209.98715 At 7 砹 575 $[Xe]6s^2 4f^{14} 5d^{10} 6p^5$ Astatine	86 222.01758 Rn 9.73×10^{-3} 氡 202 $[Xe]6s^2 4f^{14} 5d^{10} 6p^6$ Radon
87 223.01973 Fr — 钫 300 $[Rn]7s^1$ Francium	88 226.02541 Ra 5 镭 973 $[Rn]7s^2$ Radium	89~103 Ac~Lr 锕系	104 267.122 Rf — 𬬻 — $[Rn]7s^2 5f^{14} 6d^2$ Rutherfordium	105 268.126 Db — 𬭊 — $[Rn]7s^2 5f^{14} 6d^3$ Dubnium	106 271.134 Sg — 𬭳 — $[Rn]7s^2 5f^{14} 6d^4$ Seaborgium	107 274.144 Bh — 𬭛 — $[Rn]7s^2 5f^{14} 6d^5$ Bohrium	108 277.152 Hs — 𬭶 — $[Rn]7s^2 5f^{14} 6d^6$ Hassium	109 278.156 Mt — 鿏 — $[Rn]7s^2 5f^{14} 6d^7$ Meitnerium	110 281.165 Ds — 𫟼 — $[Rn]7s^2 5f^{14} 6d^8$ Darmstadium	111 282.169 Rg — 𬬭 — $[Rn]7s^2 5f^{14} 6d^9$ Roentgenium	112 285.177 Cn — 鿔 — $[Rn]7s^2 5f^{14} 6d^{10}$ Copernicium	113 286.183 Nh — 鿭 — $[Rn]5f^{14} 6d^{10} 7s^2 7p^1$ Nihonium	114 289.191 Fl — 𫓧 — $[Rn]7s^2 7p^2 5f^{14} 6d^{10}$ Flerovium	115 290.196 Mc — 镆 — $[Rn]7s^2 7p^3 5f^{14} 6d^{10}$ Moscovium	116 293.205 Lv — 𫟷 — $[Rn]7s^2 7p^4 5f^{14} 6d^{10}$ Livermorium	117 294.211 Ts — 鿬 — $[Rn]7s^2 7p^5 5f^{14} 6d^{10}$ Tennessine	118 294.214 Og — 鿫 — $[Rn]7s^2 7p^6 5f^{14} 6d^{10}$ Oganesson

镧系	57 138.9055 La 6.15 镧 1191 $[Xe]6s^2 5d^1$ Lanthanum	58 140.12 Ce 6.770 铈 1071 $[Xe]6s^2 4f^1 5d^1$ Cerium	59 140.9077 Pr 6.77 镨 1204 $[Xe]6s^2 4f^3$ Praseodymium	60 144.24 Nd 7.01 钕 1294 $[Xe]6s^2 4f^4$ Neodymium	61 144.91276 Pm 7.26 钷 1315 $[Xe]6s^2 4f^5$ Promethium	62 150.4 Sm 7.52 钐 1347 $[Xe]6s^2 4f^6$ Samarium	63 151.96 Eu 5.24 铕 1095 $[Xe]6s^2 4f^7$ Europium	64 157.2 Gd 7.90 钆 1586 $[Xe]6s^2 4f^7 5d^1$ Gadolinium	65 158.92535 Tb 8.23 铽 1629 $[Xe]6s^2 4f^9$ Terbium	66 162.50 Dy 8.55 镝 1685 $[Xe]6s^2 4f^{10}$ Dysprosium	67 164.93033 Ho 8.80 钬 1747 $[Xe]6s^2 4f^{11}$ Holmium	68 167.26 Er 9.07 铒 1802 $[Xe]6s^2 4f^{12}$ Erbium	69 168.9342 Tm 9.32 铥 1818 $[Xe]6s^2 4f^{13}$ Thulium	70 173.04 Yb 6.90 镱 1092 $[Xe]6s^2 4f^{14}$ Ytterbium	71 174.967 Lu 9.84 镥 1936 $[Xe]6s^2 4f^{14} 5d^1$ Lutetium
锕系	89 227.0278 Ac 10.07 锕 1324 $[Rn]7s^2 6d^1$ Actinium	90 232.038 Th 11.72 钍 2023 $[Rn]7s^2 6d^2$ Thorium	91 231.0359 Pa 15.37 镤 1845 $[Rn]7s^2 5f^2 6d^1$ Protactinium	92 238.0289 U 18.95 铀 1408 $[Rn]7s^2 5f^3 6d^1$ Uranium	93 237.04817 Np 20.25 镎 917 $[Rn]7s^2 5f^4 6d^1$ Neptunium	94 244.06420 Pu 19.84 钚 913 $[Rn]7s^2 5f^6$ Plutonium	95 243.06138 Am 13.69 镅 1449 $[Rn]7s^2 5f^7$ Americium	96 247.07035 Cm 13.51 锔 1618 $[Rn]7s^2 5f^7 6d^1$ Curium	97 247.07031 Bk 14 锫 1323 $[Rn]7s^2 5f^9$ Berkelium	98 251.07959 Cf — 锎 1173 $[Rn]7s^2 5f^{10}$ Californium	99 252.0830 Es — 锿 1133 $[Rn]7s^2 5f^{11}$ Einsteinium	100 257.09511 Fm — 镄 1800 $[Rn]5f^{12} 7s^2$ Fermium	101 258.09843 Md — 钔 1100 $[Rn]7s^2 5f^{13}$ Mendelevium	102 259.10100 No — 锘 1100 $[Rn]7s^2 5f^{14}$ Nobelium	103 262.110 Lr — 铹 1900 $[Rn]7s^2 5f^{14} 6d^1$ Lawrencium

注：大图见封底二维码。